Das flüssige Dielektrikum

(Isolierende Flüssigkeiten)

Von

Dr.-Ing. A. Nikuradse

Privatdozent an der Technischen Hochschule
Berlin

Mit 82 Textabbildungen

Berlin
Verlag von Julius Springer
1934

ISBN 978-3-642-51935-2   ISBN 978-3-642-51997-0 (eBook)
DOI 10.1007/978-3-642-51997-0

Vorwort.

Wenn ich mich entschlossen habe, eine Monographie über flüssige Dielektrika zu verfassen und sie der Öffentlichkeit zu übergeben, so geschah dies auf Grund der Anregung und der Wünsche einiger Fachkollegen und Studenten.

Die Grundlage des vorliegenden Buches bildete einen Teil meiner zweisemestrigen Vorlesung, die ich an der Technischen Hochschule München für Elektrotechniker hielt und die das Verhalten des Dielektrikums im elektrischen Felde und der Elektronen und Ionen in Gasen, Flüssigkeiten und festen Körpern behandelte.

Es soll in diesem Buch zum erstenmal der Versuch gemacht werden, alle Grunderscheinungen zusammenzustellen, die in einer dielektrischen Flüssigkeit unter dem Einfluß einer von außen wirkenden elektrischen Feldstärke auftreten. Dabei sind auch solche experimentellen und theoretischen Erfahrungen besprochen worden, die in Gasen und festen Körpern gewonnen wurden, aber auch für Flüssigkeiten von Bedeutung sind. Eine stärkere Überbrückung der einzelnen Gebiete, die in gesonderten Abschnitten behandelt werden, wäre wohl einerseits wünschenswert gewesen, hätte aber auch gewisse Nachteile mit sich gebracht, denn der Stoff hätte gewaltsam aneinandergereiht, die einzelnen Gebiete zwangsmäßig einander angepaßt werden müssen, um die Einheitlichkeit und den Zusammenhang der Darstellung zu gewährleisten. Dabei wäre es unvermeidlich gewesen, widersprechende Ergebnisse der einzelnen Kapitel zu unterdrücken. Vom Standpunkt der Forschung aus aber war es geradezu notwendig, diese Widersprüche besonders zu betonen und hervorzuheben, um die wahren Verhältnisse nicht zu verwischen.

Bei Ausarbeitung des Manuskriptes wurde deshalb Wert darauf gelegt, die in der Literatur vorhandenen Resultate möglichst getreu zu übermitteln, wenn auch meine persönliche Einstellung deswegen zurücktreten mußte. Dies geschah deswegen, weil das vorliegende Buch nicht nur für die in der Praxis stehenden Physiker und Ingenieure, sondern auch für die Forscher dieses Gebietes gedacht ist. Die Einstellung verschiedener Forscher zu ein und demselben Problem ist von diesem Standpunkt aus von großem Interesse. Aus denselben Gründen sind die Literaturangaben möglichst ausführlich gemacht worden. Man ist daher jederzeit in der Lage, für das eingehende Studium einzelner Fragen in die betreffende Literatur schnell Einblick zu gewinnen.

Es ist eine in mancher Hinsicht undankbare Aufgabe, ein Buch über dieses Gebiet für zwei verschiedene Leserkreise mit ganz verschiedenen Gesichtspunkten und verschiedenen gebräuchlichen Maßsystemen zu schreiben, denn dadurch entsteht ein unvermeidlicher Zwiespalt, den ich auch bei der Niederschrift dieser Monographie empfand, und der sich hoffentlich beseitigen läßt, wenn das Gebiet abgeschlossener ist als heute.

Wegen der sehr raschen Entwicklung sind während des Druckes eine ganze Reihe neuer wichtiger Arbeiten erschienen. Ich habe mich bemüht, die wichtigsten wenigstens in einer kurzen Inhaltsangabe wiederzugeben.

Es wäre von Interesse gewesen, in diesem Buch auch die Theorie der elektrolytischen Leitfähigkeit zu berücksichtigen und ihren Zusammenhang mit der Stromleitung in dielektrischen Flüssigkeiten (verunreinigte Flüssigkeiten) hervorzuheben. Das Buch wäre aber dadurch zu umfangreich geworden, und da in anderen Monographien dieses Gebiet bereits gut behandelt wurde, habe ich davon Abstand genommen.

Aus demselben Grund ist der Ramaneffekt nicht mit einbezogen worden.

Die besprochenen Erscheinungen haben mannigfaltige technische Bedeutung, so die dielektrischen Verluste und der Durchschlag in der Hochspannungstechnik, der Kerreffekt in der Kerrzelle (Lichtsteuerorgan in Tonfilm, Bildtelegraphie, Fernsehen, Relais usw.), die Elektrokinetik in der Elektrochemie usw.

Da das vorliegende Buch sowohl für Physiker als auch für Elektrotechniker gedacht ist, und beide in verschiedenen Maßsystemen rechnen, müssen die Formeln sowohl für das elektrostatische C. G. S.-, als auch für das praktische Maßsystem gelten.

Die Formeln des ersten Abschnittes sind so gewählt worden, daß sie für beide Maßsysteme angewandt werden können, bis auf diejenigen, bei denen im Text betont wird, daß sie im elektrostatischen C. G. S.-System angeschrieben werden.

Im praktischen Maßsystem bedeutet

$$f = 1 \quad \text{und} \quad \varepsilon_0 = \frac{1}{4\,\pi\,9\cdot 10^{11}}\,.$$

Im elektrostatischen C. G. S.-Maßsystem bedeutet

$$f = 4\,\pi \quad \text{und} \quad \varepsilon_0 = 1\,.$$

Die Zusammenstellung einiger Formeln in beiden Maßsystemen am Ende des ersten Abschnittes beseitigt die Unannehmlichkeiten der Umschreibung der Formeln von einem Maßsystem in das andere. Für die anderen Abschnitte erübrigte sich eine derartige Darstellung der Formeln.

Das Literaturverzeichnis ist für jeden Abschnitt besonders zusammengestellt worden. Innerhalb der Abschnitte geschah die Zusammenstellung nicht nach irgendwelchen festen Gesichtspunkten, sondern sie ist ganz zufällig entstanden, wie es die Entwicklung des Manuskriptes mit sich brachte.

Allen den Herren Professoren, insbesondere Herrn Prof. Dr. W. O. Schumann, München, die mir mit freundlichen Ratschlägen geholfen haben, möchte ich bestens danken. Beim Durchlesen der Korrektur waren mir Frl. Dipl. Phys. Hertha Emde und Herr Dr. Ing. J. Müller behilflich, wofür ich ihnen meinen Dank ausspreche. Der Verlagsbuchhandlung danke ich für die freundliche Berücksichtigung meiner Wünsche und die schöne Ausstattung des Buches.

Berlin, im November 1933.

Alexander Nikuradse.

Inhaltsverzeichnis.

D. Potentialsprung, Elektrokinetik. Dispersoidik.

E. Durchschlag.

A. Theorie der Dielektrika.
Dielektrische Anomalien. Dielektrische Verluste.

1. Einleitung. Allgemeines über dielektrische Verschiebung und die Dielektrizitätskonstante.

Das Studium der dielektrischen Anomalien ist nicht nur vom wissenschaftlichen Standpunkt von Bedeutung (um einen tieferen Einblick in die Eigenschaften der Substanzen zu gewinnen), sondern auch für die Technik (Gebrauchsfähigkeit und Eignung des Isoliermaterials). Unter dielektrischen Anomalien sollen die Abweichungen des wirklichen Dielektrikums vom idealisierten, vollkommenen Dielektrikum verstanden werden. Dies ist allein durch seine Dielektrizitätskonstante ε und seine Leitfähigkeit λ vollständig charakterisiert; für die Vorgänge im Dielektrikum ist die Relaxationszeit $T = \dfrac{1}{f}\,\dfrac{\varepsilon}{\lambda}$ * maßgebend.

Legt man an ein Dielektrikum ein elektrisches Feld, so hat das einen Leitungs- und einen Verschiebungsstrom (Dielektrizität) zur Folge. Der Leitungsstrom transportiert fortwährend Elektrizität, die beim Aufhören der Feldwirkung im allgemeinen nicht wieder in ihre alte Verteilung zurückkehrt. Anders ist es beim Verschiebungsstrom, der einen reversiblen Vorgang darstellt; die Wirkung des Feldes im idealen Dielektrikum (kein Leitungsstrom) kann vollkommen rückgängig gemacht werden, wenn das Feld zu wirken aufhört. Je kleiner der Leitungsstrom ist, um so stärker sind die dielektrischen Eigenschaften eines Körpers ausgeprägt. Da die isolierenden Substanzen einen geringen Leitungsstrom aufweisen, sind sie am besten geeignet, die dielektrischen Eigenschaften von Substanzen zu untersuchen. Das bringt mit sich, daß die Begriffe Dielektrikum und Isolator in mancher Hinsicht zusammenfallen.

Die Dielektrizitätskonstante (DK) gibt das Verhältnis der Kapazität eines Kondensators an, der mit dem betreffenden Medium gefüllt ist, zu der Kapazität desselben Kondensators, wenn er mit Luft (genauer mit Vakuum) gefüllt ist. Faraday (60) deutete das Verhalten des Isolators (Dielektrikum) im elektrischen Felde folgendermaßen: Durch das Feld $\mathfrak{E}$ wird jedes Volumenelement $d\tau$ des Dielektrikums in einen solchen Zustand versetzt, daß es dieselbe Kraft ausübt

---

* Elst. $\quad f = 4\,\pi \qquad \varepsilon_{Vak} = 1$

Prkt. $\quad f = 1 \qquad \varepsilon_{Vak} = \varepsilon_0 = \dfrac{1}{4\,\pi\,9\cdot 10^{11}} = 0{,}8842 \cdot 10^{-19}\,\dfrac{\text{Coulomb}}{\text{Volt}\cdot\text{cm}}$

(siehe Maßsystemtabelle S. 46 und 47).

wie ein elektrischer Doppelpol vom Moment $\varkappa \cdot \mathfrak{E} \cdot d\tau$, dessen Achse in die Feldrichtung fällt („Polarisation"). Die Konstante $\varkappa$ wird als Dielektrisierungszahl bezeichnet. Sie ist mit der Dielektrizitätskonstante ε folgendermaßen verknüpft:

$$\varepsilon = \varepsilon_0 + f \cdot \varkappa \, .$$

Die Deutung der Polarisation gab Clausius (*1*) zum erstenmal an. Nach seiner Annahme enthält der Isolator eine große Zahl kleiner leitender Körperchen. Durch die Wirkung eines elektrischen Feldes werden positive und negative Ladungen in diesem Körperchen geschieden. Lampa (*61*) baute diese Theorie für Kristalle weiter aus. Helmholtz (*62*) formulierte den Gedanken physikalisch präziser, indem er annahm, daß das Feld die Ladungen innerhalb des Moleküls aus ihrer Ruhelage auseinandertreibt und so die Dipole bildet. Debye (*63*) und Schrödinger (*8*) nehmen außerdem noch an, daß es auch solche Moleküle geben könne, die von Natur aus fertige Dipole darstellen. Die Wärmebewegung hält die Dipole in ständiger Unordnung, und es herrscht keine bestimmte Richtung der Achse der Dipole vor. Läßt man auf diese Moleküle eine Feldstärke wirken, so wirkt sie auf die positive Hälfte jedes Dipols in einem, auf die negative in entgegengesetztem Sinn; es erfolgt eine Drehung jedes Dipolmoleküls, und sie werden mit ihrer Achse in Feldrichtung orientiert.

Denkt man sich senkrecht zu den Kraftlinien eine Fläche gelegt, so wird während des Entstehens des Feldes durch die Flächeneinheit eine bestimmte Elektrizitätsmenge (infolge Polarisation und Orientierung) verschoben. Auf der einen Seite dieser Fläche werden dann beispielsweise mehr positive, auf der anderen mehr negative Ladungen vorhanden sein. Schaltet man die Feldstärke ab, so geht durch die Flächeneinheit dieselbe Menge der Elektrizität zurück und auf beiden Seiten der gedachten Fläche sind jetzt wieder positive und negative Pole in gleicher Zahl vorhanden. Diese elektrische Verschiebung ist dem elektrischen Feld $\mathfrak{E}$ proportional und gleichgerichtet. Die Idee von Faraday wurde von Maxwell (*64*) mathematisch streng definiert. Kennt man die elektrische Feldstärke $\mathfrak{E}$, die in einem Volumenelement des Dielektrikums herrscht, so läßt sich der elektrische Zustand in diesem Volumenelement beschreiben. Die Energie W in dem Volumenelement 1 cm³ ist dann:

$$W_e = \frac{1}{f} \cdot \frac{\varepsilon}{2} \, \mathfrak{E}^2 \, . \tag{1}$$

Das elektrische Feld ruft die Verschiebung $\mathfrak{D}$ hervor. Die dielektrische Erregung $\mathfrak{D}$ ist

$$\mathfrak{D} = \varepsilon \cdot \mathfrak{E} \, , \tag{2}$$

wo ε die Dielektrizitätskonstante bedeutet. Außerdem hat die elektrische Feldstärke eine elektrische Stromdichte $\mathfrak{J}$

$$\mathfrak{J} = \lambda \cdot \mathfrak{E} \tag{3}$$

zur Folge, wo λ die Leitfähigkeit darstellt.

Ändert sich nun die Feldstärke zeitlich, so ruft sie nach Maxwell dieselbe magnetische Wirkung hervor, wie ein gewöhnlicher Leitungsstrom. Erfolgt diese Feldänderung im Vakuum, so ist die Dichte des „äquivalenten" Leitungsstroms (die Dichte des Verschiebungsstroms)

$$\frac{1}{f} \cdot \varepsilon_0 \cdot \frac{\partial \mathfrak{E}}{\partial t} \cdot$$

Erfolgt sie aber in einem (homogenen, isotropen) Dielektrikum mit der Dielektrizitätskonstante ε, so erhalten wir die „äquivalente" Leitungsstromdichte (die Dichte des Verschiebungsstroms)

$$\frac{1}{f} \cdot \varepsilon \cdot \frac{\partial \mathfrak{E}}{\partial t} \cdot \tag{4}$$

Man sieht daraus, daß die Dielektrizitätskonstante $\frac{\varepsilon}{\varepsilon_0}$ einer Substanz als Verhältnis des Verschiebungsstroms im Dielektrikum zu dem Verschiebungsstrom im Vakuum gedeutet werden darf. Die Differenz der Verschiebungsströme im Dielektrikum und im Vakuum

$$\frac{1}{f} \cdot \varepsilon \cdot \frac{\partial \mathfrak{E}}{\partial t} - \frac{1}{f} \varepsilon_0 \frac{\partial \mathfrak{E}}{\partial t} = \frac{1}{f} (\varepsilon - \varepsilon_0) \cdot \frac{\partial \mathfrak{E}}{\partial t} \tag{5}$$

wird als „Polarisationsstrom", der Ausdruck $\frac{1}{f} (\varepsilon - \varepsilon_0) \mathfrak{E}$ als Polarisation und der Ausdruck $\frac{1}{f} (\varepsilon - \varepsilon_0) \cdot$ als Dielektrisierungszahl bezeichnet. Aus der Energiegleichung geht hervor, daß die Dielektrizitätskonstante $\frac{\varepsilon}{\varepsilon_0}$ als Verhältnis der elektrischen Energiedichte im Dielektrikum zu derjenigen des Vakuums bei gleicher Feldstärke definiert werden kann.

Befindet sich ein Dielektrikum zwischen 2 Plattenelektroden im Abstande 1 cm (Kapazität C), an die zur Zeit $t = t_0$ die Spannung U angelegt wird, so wird dem Kondensator momentan die Elektrizitätsmenge $Q_1 = C \cdot U$ zugeführt. Mit der Zeit wächst diese Elektrizitätsmenge. Dank der Leitfähigkeit geht durch den Kondensator eine gewisse Elektrizitätsmenge $Q_2 = \lambda \cdot U (t_1 - t_0)$, während der Zeit $(t_1 - t_0)$. Wird die Spannung bei $t = t_1$ abgeschaltet, so wird die Elektrizitätsmenge $Q_3 = C \cdot U = Q_1$ wieder frei. Q_2 geht also verloren. Die Elektrizitätsmenge $Q = Q_1 = Q_3$ kann wieder gewonnen werden, der Vorgang ist reversibel und infolgedessen wird die Elektrizitätsmenge Q als verfügbare, disponible Ladung bezeichnet. Die Leitfähigkeit wirkt so, als läge parallel zum Kondensator ein Nebenschluß von bestimmtem Widerstand, durch den Q_2 fließt und in dem ein irreversibler Vorgang stattfindet. Je größer die Leitfähigkeit ist, desto größer ist die Elektrizitätsmenge Q_2, die durch den irreversiblen Vorgang verlorengeht. In Flüssigkeiten sind Strom und Spannung nur bei geringen Spannungen einander proportional; bei höheren Spannungen aber strebt der Strom mit wachsender Spannung einem Sättigungswert zu (65). Wir werden noch sehen, daß diese Ladungen durch Ionen getragen werden, die unter Umständen in großer Anzahl vorhanden sind. Diese Ionen können

1*

eine Polarisation (*66*) vor den Kondensatorplatten hervorrufen, die die Kapazitätsmessung stört. Auch die große Leitfähigkeit und ihre zeitliche Abhängigkeit(*66*) stört bei der Kapazitätsmessung. Eine Flüssigkeit kommt dem vollkommenen Dielektrikum am nächsten, wenn sie sehr weitgehend gereinigt wird. Die spezifische Leitfähigkeit in Hexan ist bis auf 10^{-19} bis $10^{-20} \dfrac{\text{Amp}}{\text{Volt}} \dfrac{\text{cm}}{\text{cm}^2}$ heruntergedrückt worden (*25*). Ein mit dieser Flüssigkeit erfüllter Kondensator besitzt sicher eine wohl definierte Kapazität und ergibt einen zuverlässigen Kapazitätswert.

2. Clausius-Mosottisches Gesetz. Molekulare Polarisation.

Wir wollen das Verhalten des Dielektrikums im elektrischen Feld ohne Leitfähigkeit betrachten.

Wie oben ausgeführt wurde, besteht ein Unterschied zwischen der Kapazität eines Kondensators, der mit einem Medium gefüllt ist und der Kapazität desselben Kondensators, der sich im Vakuum befindet. Das Verhältnis dieser Kapazitäten ergibt die Dielektrizitätskonstante des betreffenden Mediums. Die Messung dieser Konstante in Flüssigkeiten nach rein elektrostatischen Meßmethoden macht Schwierigkeiten, weil die Leitfähigkeit der flüssigen Dielektrika im allgemeinen stört. Die Bestimmung der Dielektrizitätskonstante in Gasen nach elektrostatischen Prinzipien ist möglich. Deshalb sind viele Messungen im Dampfzustand der Flüssigkeiten ausgeführt worden.

Die Beziehung zwischen der dielektrischen Erregung $\mathfrak{D}$ und der elektrischen Feldstärke $\mathfrak{E}$ hat Maxwell durch die Gleichung

$$\mathfrak{D} = \varepsilon \cdot \mathfrak{E} \tag{2}$$

gegeben. Die dielektrische Erregung $\mathfrak{D}$ können wir uns aus zwei Bestandteilen zusammengesetzt denken: 1. Dielektrische Erregung des leeren Raumes $\varepsilon_0 \cdot \mathfrak{E}$ und 2. Anteil $f \cdot \mathfrak{P}$, der durch Polarisation der Materie und der Einwirkung des Feldes bedingt wird. Danach läßt sich die obige Gleichung schreiben

$$\mathfrak{D} = \varepsilon_0 \cdot \mathfrak{E} + f \cdot \mathfrak{P}. \tag{6}$$

Der Vektor $\mathfrak{P}$ der elektrischen Polarisation liegt in isotropen Medien in Richtung des elektrischen Feldes. Die Gleichung (6) ist allgemein gültig.

Wir denken uns zwischen zwei Plattenelektroden einen Zylinder mit der Grundfläche q und der Länge h, dessen Achse mit der $\mathfrak{E}$-Richtung zusammenfällt. Ist kein elektrisches Feld vorhanden, so ist der Zylinder elektrisch neutral. Wird das Feld angelegt, so tritt die Verschiebung der Elektrizität im Innern der Materie ein, und die Endflächen des Zylinders erscheinen mit entgegengesetzt gleichen Ladungen $\mathfrak{P} \cdot q$ behaftet. Diese Ladungen befinden sich in der Entfernung h voneinander getrennt. Das Produkt, Ladung ($\mathfrak{P} \cdot q$) mal Abstand h, ergibt das Moment des gegebenen Zylinders

$$M = \mathfrak{P} \cdot q \cdot h = \mathfrak{P} \cdot v, \tag{7}$$

wo $v = q \cdot h$ das Volumen des Zylinders bedeutet. Das Moment des beliebigen Volumenelements $d\tau$ ist dementsprechend $\mathfrak{P} \cdot d\tau$.

Nehmen wir zunächst an, daß zwischen Polarisation und Feldstärke Proportionalität vorhanden ist

$$\mathfrak{P} = \varkappa \cdot \mathfrak{E}, \tag{8}$$

so erhalten wir aus (6)

$$\mathfrak{D} = \varepsilon_0 \cdot \mathfrak{E} + f \varkappa \mathfrak{E}, \tag{9}$$

wo $\varkappa$ als elektrische Suszeptibilität bezeichnet wird. Die absolute Verschiebbarkeit ε ist durch die Summe

$$\varepsilon = \varepsilon_0 + f \varkappa \tag{10}$$

gegeben. Das Verhältnis der absoluten Verschiebbarkeit ε zur relativen Verschiebbarkeit ε_0 ergibt die Dielektrizitätskonstante DK

$$DK = \frac{\varepsilon}{\varepsilon_0} = 1 + \frac{f \varkappa}{\varepsilon_0}. \tag{11}$$

Die Dielektrizitätskonstante DK ist den Messungen zugänglich, hingegen wird die Suszeptibilität $\varkappa$, die zur Charakterisierung der Eigenschaften des Mediums eine wichtige Konstante darstellt, aus den DK-Messungen mit Hilfe der obigen Gleichung bestimmt. Dividiert man die Volumensuszeptibilität $\varkappa$ durch die Dichte ϱ des Mediums, so erhält man die Massensuszeptibilität χ, die das elektrische Moment eines Grammes der Substanz bei der Feldstärke 1 darstellt. Es ist

$$\chi = \frac{\varkappa}{\varrho}. \tag{12}$$

Die ersten Gedanken über den Mechanismus des Polarisationsvorganges findet man bei Clausius (*1*). Den Vorgang kann man sich in zweierlei Weise vorstellen: 1. Innerhalb des Isolators befinden sich leitende Partikel molekularer Größe. Unter dem Einfluß des Feldes tritt eine elektrische Verteilung in ihnen ein, die nach außen wirksam wird. 2. Innerhalb des Isolators befinden sich elektrisch polare Partikelchen. Sie sind unregelmäßig gelagert und üben deswegen nach außen keine Wirkung aus. Unter dem Einfluß des Feldes werden sie gerichtet, und die Polarisation zeigt sich. Je stärker das Feld ist, desto größer ist dieser Einfluß.

Wird die Spannung abgeschaltet, so geht die Polarisation zurück. Über die Kräfte, die der Polarisation entgegenwirken, können zwei Annahmen gemacht werden. 1. Es sind elastische Gegenkräfte, die an den einzelnen Teilchen angreifen. Sie führen die Teilchen in die Ruhelage zurück. 2. Es besteht eine die Orientierung hemmende Wirkung nach Art einer starken inneren Reibung. Die Temperaturbewegung führt das Medium in den unpolarisierten Zustand zurück.

Die Kraftwirkung der Nachbarpartikelchen besitzt den Betrag $\frac{1}{3\,\varepsilon_0} \cdot \mathfrak{P}$, wenn $\mathfrak{P}$ die dielektrische Polarisation ist. Die Feldstärke $\mathfrak{F}$, die auf das Molekül der Flüssigkeit tatsächlich wirkt, wird weder allein durch $\mathfrak{E}$ noch durch $\mathfrak{D}$ ausgedrückt und gemessen. Im Gegensatz zu $\mathfrak{E}$

und $\mathfrak{D}$ wollen wir $\mathfrak{F}$ die innere Feldstärke nennen. Sie ist durch den Einfluß der Nachbarmoleküle bedingt. Der Zusammenhang zwischen $\mathfrak{F}$, $\mathfrak{E}$ und $\mathfrak{P}$ kann folgendermaßen geschrieben werden:

$$\mathfrak{F} = \mathfrak{E} + \frac{f}{3\,\varepsilon_0} \cdot \mathfrak{P}\,. \tag{13}$$

In den meisten Fällen kann mit genügender Genauigkeit mit der Proportionalität zwischen $\mathfrak{E}$, $\mathfrak{D}$, $\mathfrak{P}$ und $\mathfrak{F}$ gerechnet werden. Der zeitliche Mittelwert $\overline{\mathfrak{m}}$ des Moments, das ein Molekül im Innern des Feldes $\mathfrak{F}$ aufweist, kann demnach als

$$\overline{\mathfrak{m}} = \gamma \cdot \mathfrak{F} \tag{14}$$

angegeben werden, wo der Proportionalitätsfaktor γ die molekulare Polarisation bedeutet. Bezeichnen wir mit N die Loschmidtsche Zahl ($N = 6{,}06 \cdot 10^{23}$ Zahl der Moleküle in einem Mol [Molekulargewicht]), mit M das Molekulargewicht und mit ϱ die Dichte des Mediums, so ist das Moment eines Kubikzentimeters des Mediums

$$\mathfrak{P} = \left(\frac{\varrho}{M}\,N\right)\gamma \cdot \mathfrak{F}\,. \tag{15a}$$

Die Gleichungen (13) und (15a) ergeben

$$\mathfrak{P} = \left(\frac{\varrho}{M} \cdot N\right)\gamma\,\mathfrak{E} + \frac{f}{3\,\varepsilon_0}\left(\frac{\varrho}{M} \cdot N\right)\gamma \cdot \mathfrak{P} = \frac{\dfrac{\varrho}{M}\,N \cdot \gamma}{1 - \dfrac{f}{3\,\varepsilon_0}\dfrac{\varrho}{M}\,N \cdot \gamma} \cdot \mathfrak{E}\,. \tag{15b}$$

Jetzt können wir auch die Suszeptibilität $\varkappa$ mit Hilfe der Gleichungen (8) und (15b) ausrechnen

$$\varkappa = \frac{\mathfrak{P}}{\mathfrak{E}} = \frac{\dfrac{\varrho}{M} \cdot N \cdot \gamma}{1 - \dfrac{f}{3\,\varepsilon_0} \cdot \dfrac{\varrho}{M} \cdot N \cdot \gamma}\,. \tag{16}$$

Wird dieses Resultat in die Gleichung (11) eingesetzt, so ergibt sich die Dielektrizitätskonstante DK der Substanz, eine Größe, die auf experimentellem Wege ermittelt werden kann.

$$DK = 1 + \frac{f\varkappa}{\varepsilon_0} = 1 + \frac{f\dfrac{\varrho}{M}\,N\gamma}{\left(1 - \dfrac{f}{3\,\varepsilon_0} \cdot \dfrac{\varrho}{M}\,N\gamma\right) \cdot \varepsilon_0} \tag{17}$$

In dieser Gleichung ist nur die molekulare Polarisierbarkeit γ unbekannt, die hier rechnerisch leicht bestimmt werden kann. Es ergibt sich:

$$\gamma\left(\frac{f}{3\,\varepsilon_0} \cdot N\right) = \gamma \cdot c = \frac{\dfrac{\varepsilon}{\varepsilon_0} - 1}{\dfrac{\varepsilon}{\varepsilon_0} + 2} \cdot \frac{M}{\varrho} = \frac{DK - 1}{DK + 2} \cdot \frac{M}{\varrho} \tag{18}$$

wo $c = \dfrac{f}{3\,\varepsilon_0}\,N$ ist. So gelangen wir zum Clausius-Mosottischen Gesetz. Durch Messung von DK kann also die molekulare Polarisierbarkeit erhalten werden. Es hat sich vielfach experimentell ergeben, daß der linke Ausdruck (Molekularpolarisation) bei Dichteänderung konstant ist; deshalb kann die Polarisierbarkeit der Moleküle als konstant angesehen werden (Gültigkeit des Clausius-Mosottischen Gesetzes). Die Clausius-Mosottische Theorie behandelt den Vorgang rechnerisch. Im Innern der Moleküle des Isolators werden leitende Aggregate angenommen, die kugelförmig begrenzt sein mögen. Es darf kein Austausch der Ladungen zwischen den Kugeln stattfinden. Unter der Wirkung des äußeren Feldes findet eine Ladungsverteilung auf der Kugeloberfläche statt. Die Moleküle erhalten deswegen elektrische Momente. Die Rechnung ergab, daß bei konstanter Feldstärke das Moment mit der dritten Potenz des Kugelradius wächst. Die molekulare Polarisierbarkeit ist danach dem Kugelvolumen proportional. Sind die Molekularpolarisationen einer Substanz gemessen, so kann man nach der Theorie die Kugeldimensionen bestimmen und sie mit den Ergebnissen anderer Methoden vergleichen. Die Theorie wurde von Clausius später noch verfeinert.

3. Die Elektronen- und Dipoltheorie der Dielektrika.

Die Elektronentheorie der Dielektrika geht von der Vorstellung aus, daß das unbeeinflußte Molekül nach außen hin elektrisch neutral ist. Befindet sich ein solches Molekül in einem elektrischen Feld, so werden die Elektronen unter seinem Einfluß aus ihren Gleichgewichtslagen verschoben, an die sie durch eine quasielastische Kraft gebunden sind. Es ergibt sich Proportionalität zwischen der Feldstärke und dem resultierenden elektrischen Moment, und dies ist gleichbedeutend mit der Konstanz der molekularen Polarisierbarkeit γ. Das wurde tatsächlich in vielen Fällen auch bei Mischungen und Verbindungen festgestellt, obwohl auch zahlreiche Abweichungen beobachtet worden sind. Für die Temperaturabhängigkeit der dielektrischen Erregung muß eine andere Ursache vorhanden sein. Hier spielen offenbar solche Moleküle eine Rolle, die von vornherein schon polarisiert (fertige Dipole) und regellos orientiert sind. Diese Annahme hat Debye in ihren Konsequenzen geprüft. Die Wechselwirkung der Moleküle wird durch elektrische Kräfte bedingt angenommen. Für die Wirkung in größerem Abstand kommt in erster Linie der Unterschied der Summe der positiven und negativen Ladungen in Betracht. Bei elektrisch neutralen Molekülen ist dieser Unterschied (Gesamtladung) Null. Die Wirkung auf die Umgebung ist dann von dem elektrischen Moment abhängig (Dipol). Ist das Moment gleich Null, so besitzt das Molekül eine höhere Symmetrie, und es kann in dritter Annäherung durch eine Anordnung von 4 Ladungen (Quadrupol) dargestellt werden. Ist das Molekül unsymmetrisch gebaut, so kann immer das Moment eines Dipols angesetzt werden.

Das elektrische Feld wirkt auf die Dipole orientierend (Einstellung der Polachse in die Feldrichtung). Die Wärmewirkung wirkt dieser Orientierung entgegen. Dadurch entsteht ein Gleichgewicht. Für den zeitlichen Mittelwert des Moments $\overline{\mathfrak{m}}$ erhält man

$$\overline{\mathfrak{m}} = \frac{\mu^2}{3\,k\,T} \cdot \mathfrak{F}, \tag{19}$$

wo μ = Dipolmoment, k = Boltzmannsche Konstante, T = absolute Temperatur und $\mathfrak{F}$ = innere Feldstärke ist. Besitzt nun das Dielektrikum sowohl Verschiebungselektronen als auch Dipole, so ist

$$\frac{M}{\varrho} \cdot \frac{\varepsilon - 1}{\varepsilon + 2} = \frac{4\pi}{3} N\left(\gamma + \frac{\mu^2}{3\,k\,T}\right) = a + \frac{b}{T}, \tag{20}$$

wo $a = \dfrac{4\pi N}{3}\,\gamma$, $b = \dfrac{4\pi}{3} N \dfrac{\mu^2}{3\,k}$; (da in der Literatur die Dipolmomente immer im elektrostatischen Maßsystem angegeben werden, ist diese Gleichung auch in diesem Maßsystem angeschrieben worden). Diese Debyesche Gleichung entsteht durch Erweiterung der Clausius-Mosottischen durch das Dipolglied. Danach nimmt die Molekularpolarisation $P_m = \dfrac{M}{\varrho} \cdot \dfrac{\varepsilon - 1}{\varepsilon + 2}$ für eine Dipolsubstanz mit wachsender Temperatur ab. Die Größe a wird optisches Glied (abhängig von den Verschiebungselektronen) und b Dipolglied (wächst mit dem Quadrat der Dipolmomente) genannt.

An Hand der experimentellen Daten [Abegg und Seitz (2)] ließen sich Dipolmomente von 3 bis $12 \cdot 10^{-9}$ elektrostatische Einheiten berechnen. Die Debyesche Theorie gilt für Dämpfe und Gase gut und ist auf diese zu beschränken. Bei Flüssigkeiten beeinflußt die Assoziation der Moleküle die Beweglichkeit der Dipole. Deshalb ist die Berechnung der elektrischen Momente aus der Temperaturabhängigkeit der Dielektrizitätskonstante in Flüssigkeiten unzulässig. W. Pauli (3) zeigte, daß die Quantenstatistik dieselbe Abhängigkeit ergibt bis auf einen Zahlenfaktor (statt $\frac{1}{3}$ steht 1,5367). Die Temperaturabhängigkeit ist dieselbe, die Dipolmomente hingegen sind wesentlich kleiner. Durch quantenmechanische Überlegungen [Mensing und Pauli (4), Y. H. v. Vleck (5)] ergibt sich eine bessere Übereinstimmung mit den klassischen Werten. Für große T strebt der Zahlenfaktor $^1/_3$ zu.

Bereits Sutherland (6) und Reinganum (7) machten die Annahme über die festen Dipole und berechneten die Kräfte zwischen den Molekülen. Schrödinger (8) und J. J. Thomson (9) bildeten ähnliche Vorstellungen aus. Kroo (10) entwickelte die Elektronentheorie der Dielektrika und fand dieselbe Temperaturabhängigkeit wie Debye.

Nach der Debyeschen Theorie in der ursprünglichen Form nimmt die Dielektrizitätskonstante mit wachsender Temperatur ab. Es gibt tatsächlich Stoffe, die diese Eigenschaft zeigen. Es gibt aber Substanzen, die einen positiven Temperaturkoeffizienten der Dielektrizitätskonstante besitzen. Boguslawski (11) entwickelt eine allgemeinere Vorstellung, mit der er sowohl den negativen als auch den positiven Temperaturkoeffizienten zu erklären sucht [siehe auch Czukor (12) und Born (14)]. Er legt seiner Vorstellung nur die Verschiebungselektronen zugrunde. Die die Elektronen in die Ruhelage zurücktreibende Kraft bekommt eine komplizierte Form. Die Druckabhängigkeit der Molekularpolarisation erklärt Lundblad (13) durch Berücksichtigung des Einflusses der Nachbarmoleküle. Gans (15) überträgt Ergebnisse seiner Theorie des Paramagnetismus [siehe auch Isnardi (16)]. Die Theorie enthält gewisse

Unsicherheiten. Wellenmechanische Überlegungen über die Dielektrizitätskonstante hat Manneback (*17*) angestellt.

Das Verhältnis der Fortpflanzungsgeschwindigkeit der elektromagnetischen Wellen im Vakuum zu der in einem Isolator mit der dielektrischen Erregbarkeit $\dfrac{\varepsilon}{\varepsilon_0}$ gibt den Brechungsexponenten n. Es gilt (Magnetisierbarkeit des Mediums vernachlässigt)

$$n = \sqrt{\frac{\varepsilon}{\varepsilon_0}}\,.$$

n ist eine Funktion der Schwingungszahl. Für beliebig langsame Schwingungen geht $\dfrac{\varepsilon}{\varepsilon_0}$ in DK über. Setzt man statt $\dfrac{\varepsilon}{\varepsilon_0}$ den Brechungsexponenten in die Clausius-Mosottische Gleichung ein, so erhält man das Lorenz-Lorentzsche (*18*) Gesetz

$$\frac{n^2 - 1}{n^2 + 2} \cdot \frac{M}{\varrho} = P \tag{21a}$$

wo P die Molekularrefraktion bedeutet. Oder es kann auch geschrieben werden

$$P = \frac{f}{3\,\varepsilon_0} \cdot N\gamma\,, \tag{21b}$$

wo N eine universelle Konstante (Loschmidtsche Zahl) ist. Die Molekularrefraktion P ist direkt proportional der molekularen Polarisierbarkeit γ. Die obige Gleichung gilt für jede Schwingungszahl, also auch für den statischen Fall. Die Molekularrefraktion P für die Schwingungszahl Null ist die Molekularpolarisation P_0. In diesem Fall erhalten wir

$$P_0 = \frac{DK - 1}{DK + 2} \cdot \frac{M}{\varrho}\,, \tag{22}$$

wenn die magnetische Permeabilität vernachlässigt wird. Die experimentelle Forschung hat gezeigt, daß dieses Gesetz bei der überwiegenden Anzahl verschiedener Substanzen erfüllt ist, wenn die Messungen mit schnellen Schwingungen ausgeführt werden; bei langsamen Schwingungen hingegen ist die Anzahl der Substanzen, bei denen es erfüllt ist, geringer.

Drude (*19*) beobachtete, daß verschiedene Flüssigkeiten (Wasser, Alkohol usw.) im Gebiet der elektrischen Wellen eine starke Veränderung des Brechungsexponenten erleiden. Mit wachsender Schwingungszahl sinkt er. Bei den langwelligsten Wärmestrahlen erreicht er beinahe den Wert des optischen Brechungsindex. Diese anomale Dispersion der Dipolflüssigkeiten wird durch die Debyesche Dipoltheorie befriedigend gedeutet. Anschließend an eine Formel von Einstein (*20*) behandelt Debye den Vorgang rechnerisch. Die Geschwindigkeit der Drehbewegung ist dem Verhältnis zweier Kräfte proportional: Richtkraft des Moleküls (die dem elektrischen Moment des Moleküls und der Komponente der Feldstärke, die senkrecht zur Dipolachse steht, proportional ist) zur Reibungskraft (die von dem Radius a des Moleküls, das als Kugel gedacht wird, und von dem Koeffizienten η der inneren

Reibung der Flüssigkeit abhängt). Die Zusammenstöße infolge der thermischen Bewegung verursachen Schwankungen der Molekülachse um die Gleichgewichtslage; dieses ist für die obigen Ausführungen von Einfluß. Die für das Verhalten des Moleküls beachtenswerte Relaxationszeit τ ergibt sich als $\tau = \dfrac{8\,\pi\,\eta\,a^3}{2\,k\,T}$, wo $k =$ Boltzmannsche Konstante, $T =$ absolute Temperatur ist. Die Größenordnung von τ liegt bei etwa 10^{-10} sec. Bei einer Schwingungsdauer von dieser Größenordnung oder noch kleiner ist eine wesentliche Abnahme der Dipolpolarisation zu erwarten. Wechselt das Feld seine Richtung langsam, so folgen die Dipole den Schwingungen. Mit wachsender Periodenzahl bleibt die Einstellung der Dipole hinter der Feldstärke zeitlich zurück. Den Schwingungen des Feldes mit großer Frequenz folgen die Dipole nicht mehr, wohl aber die Verschiebungselektronen. Rubens (22) fand bei Wellen von etwa 6 mm Länge (Schwingungsdauer $= 2 \cdot 10^{-11}$ sec) den Hauptabfall des Brechungsexponenten (Reststrahlen und kurze elektrische Wellen. Versuchsmedium Wasser). Die Experimente bestätigen auch die Temperaturabhängigkeit der anomalen Dispersion, die durch den Koeffizienten der inneren Reibung, der in die Gleichung eingeht, bedingt ist. Born (23) hat darauf hingewiesen, daß auf Grund der Dipoltheorie ein Rotationseffekt vorhanden sein muß. Die Dipolmoleküle bleiben in einem elektrischen Drehfeld mit einer Phasenverschiebung (abhängig von der Relaxationszeit τ) mit ihren Achsen gegen das Feld zurück, und zwar infolge der inneren Reibung der Flüssigkeit. Das Dielektrikum erfährt ein Drehmoment. Lertes (24) benutzte diesen Rotationseffekt, um auf Grund der Bornschen Theorie die Dipolmomente abzuleiten.

4. Dielektrizitätskonstante.

Bei den Untersuchungen der Dielektrizitätskonstante von Flüssigkeiten stört die Leitfähigkeit, die nur bei wenigen Stoffen eine einigermaßen brauchbare Messung ermöglicht. Der Einfluß der Leitfähigkeit wird aber durch Anwendung der Wechselfelder beseitigt. Mit steigender Frequenz wird dieser Einfluß geringer. Bei 10^5 bis 10^{10} Hertz stört die Leitfähigkeit die Messungen der Polarisierbarkeit nicht, und zwar auch dann nicht, wenn die Flüssigkeit sogar eine relativ große Leitfähigkeit aufweist. Die bei mittleren Frequenzen beobachteten Änderungen der Dielektrizitätskonstante sind auf die dielektrischen Anomalien zurückzuführen. Aber auch bei hohen Frequenzen sind Abweichungen beobachtet worden. Dieses ist durch das Zurückbleiben der Dipole (anomale Dispersion) und durch das Eingreifen der optischen Eigenfrequenzen zu erklären. Die älteren Arbeiten sind zusammengestellt in den Aufsätzen von L. Graetz (26), E. Schrödinger (27) und E. v. Schweidler (28), die neueren von P. Debye (46) und G. Hoffmann (47).

a) Die Temperaturabhängigkeit der Dielektrizitätskonstante.

Isnardi (16) untersuchte Äthyläther und Chloroform. Er bestimmte die Kapazität eines Kondensators, der mit der betreffenden Flüssigkeit gefüllt war bei Hochfrequenz (den benutzten Schwingungen entsprach eine Wellenlänge von ca. 500 m). Die Temperatur wurde von -186^0 bis $+18^0$ variiert. Trägt man die beim Äther gewonnenen ε-Werte als Funktion der Temperatur auf, so erhält man Abb. 1, in der auch die Werte von Tangl (29) bis $+160^0$ eingetragen sind. Die Dielektrizitätskonstante weist bei -108^0 C ein scharfes Maximum auf, bei weiterer Erniedrigung der Temperatur fällt sie plötzlich scharf ab und bleibt dann konstant, bis der Äthyläther fest wird. Bei größeren Temperaturen als -108^0 fällt die Dielektrizitätskonstante, wie die Kurve ε zeigt. Die Veränderung des spezifischen Volumens $\frac{1}{\delta}$ mit der Temperatur ist durch die Kurve $\frac{1}{\delta}$ dargestellt. Außerdem sind hier der Clausius-Mosottische Ausdruck $\left[\frac{\varepsilon-1}{\varepsilon+2}\frac{1}{\delta}\right]$ und der Debyesche Ausdruck $\left[\frac{\varepsilon-1}{\varepsilon+2}\cdot\frac{T}{\delta}\right]$ dargestellt. Auch der Clausius-Mosottische Ausdruck zeigt bei -108^0C ein scharfes Maximum. Der Debyesche Ausdruck hingegen steigt von diesem Punkt mit der Temperatur und unterhalb -108^0 fällt er plötzlich und bleibt dann konstant. Die Molekularpolarisation erweist sich in dem gemessenen Temperaturbereich als nicht konstant.

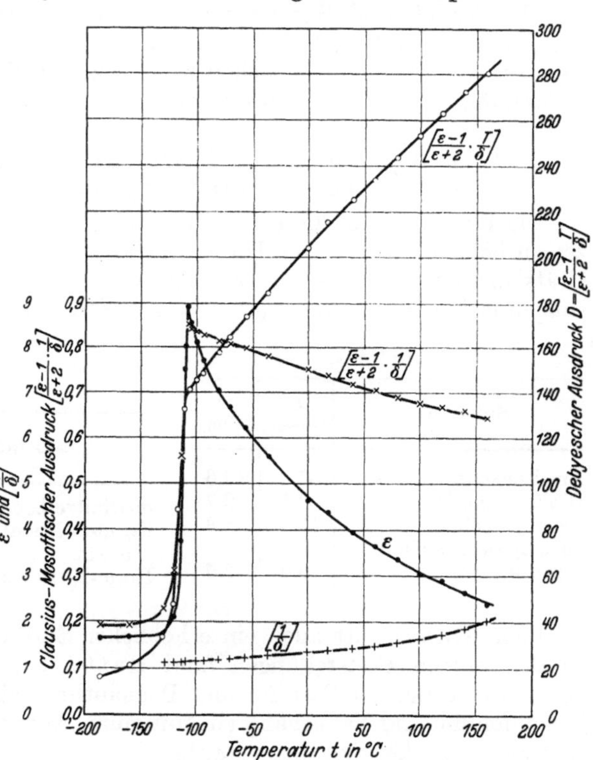

Abb. 1. Die Abhängigkeit der Größen ε, $\left[\frac{1}{\delta}\right]$, $\left[\frac{\varepsilon-1}{\varepsilon+2}\cdot\frac{1}{\delta}\right]$ und $\left[\frac{\varepsilon-1}{\varepsilon+2}\cdot\frac{T}{\delta}\right]$ von der Temperatur in Äthyläther.

Bei hohen Temperaturen verläuft $\left[\frac{\varepsilon-1}{\varepsilon+2}\cdot\frac{T}{\delta}\right]$ fast linear. Daraus läßt sich nach Debye das Dipolmoment für Äther zu $\mu=0,84\cdot10^{-18}$ ausrechnen. Für Chloroform fand Isnardi $\mu=1,256\cdot10^{-18}$. In Toluol erwies sich der Clausius-Mosottische Ausdruck als fast konstant. Toluol, Tetrachlorkohlenstoff, Benzol, m-Xylol und Schwefelkohlenstoff zeigten kein Dipolmoment.

Die Abhängigkeit der Dielektrizitätskonstante von der Temperatur wurde auch von anderen Forschern studiert: Graffunder (31): Gly zerin, Benzol und Azeton. Nach ihm ist es nicht zulässig, aus dieser Abhängigkeit auf die Dipole zu schließen. H. Meyer (*39*): Ungedämpfte Schwingungen. Die Temperaturabhängigkeit der Dielektrizitätskonstante zeigt keine Gesetzmäßigkeit, deshalb ist die Bestimmung der Dipolmomente daraus unzulässig. Jezewski (*32*): Anilin, Glyzerin, Wasser und Nitrobenzol. Er zeigt die Unzulässigkeit der Anwendung der Debyeschen Theorie auf Flüssigkeiten. Jackson (*33*): Organische Verbindungen: Methyl-, Äthyl-, Propyl- und Butylformiat, Methyl-, Äthyl-, Propyl- und Butylazetat bei tiefen Temperaturen. Folgerung: Das Säureradikal übt auf die Dielektrizitätskonstante bei tiefen Temperaturen keinen merklichen Einfluß aus. Bell und Poynton (*35*): Leinsamöl, Olivenöl und Kastoröl zwischen 18⁰ und 180⁰.

b) Änderung der Dielektrizitätskonstante bei Umwandlungspunkten.

Die Flüssigkeiten, die eine hohe Dielektrizitätskonstante aufweisen, zeigen beim Erstarren eine beträchtliche Verminderung ihrer Dielektrizitätskonstante. Es seien hier einige Daten aus den Drudeschen Messungen (schnelle Schwingungen $\nu = 4 \cdot 10^8$ Hz) mitgeteilt (*53*):

Augustin (*54*) fand folgende Werte:

Tabelle 1.

Substanz	ε flüssig	ε fest
Ameisensäure.	57,0	19,6
Diphenylmethan . . .	2,6	2,7
Benzoylazeton	15,4	2,8
Succinylobernstein-		
säureester	3,0	2,5

Tabelle 2.

Substanz	ε flüssig	ε fest
m-Dinitrolbenzol . . .	20,65	2,85
Norm-m-Nitrobenzal-	48,1	2,5
doxin		
Iso-m-Nitrobenzaldoxin	59,3	2,7

Beim Wasser tritt auch ein erheblicher Sprung auf. Im Gegensatz zu den oberen Feststellungen fand Hattwitch (*55*) beim Schwefel keine Änderung, bei Paraffin und Phenauthren ein Maximum und bei Kolophonium und Naphthalin ein Minimum. Aber alle diese Stoffe haben eine kleine Dielektrizitätskonstante.

Die Abhängigkeit der Dielektrizitätskonstante ε von der Anzahl N' der Moleküle in der Volumeneinheit und von der Polarisierbarkeit γ des Moleküls kann in einfacher Form durch die Gleichung

$$\varepsilon = 1 + K \cdot N' \cdot \gamma$$

gegeben werden. Danach besteht die Dielektrizitätskonstante aus dem Grundbetrag 1, der dem leeren Raum entspricht, und einem Zusatzbetrag $K \cdot N' \cdot \gamma$, der von dem betreffenden Medium herrührt. Die Beziehung gilt für Gase und auch da nicht streng. Die Clausius-Mosottische Gleichung

$$\frac{\varepsilon - 1}{\varepsilon + 2} = \frac{4\pi}{3} N' \cdot \gamma$$

gilt strenger, aber nur für Gase. Sie berücksichtigt nur die Polarisierbarkeit der Moleküle. Um dazu noch die Wirkung der fertigen Dipole zu berücksichtigen, ist die Clausius-Mosottische Beziehung durch Debye erweitert worden.

$$\frac{\varepsilon-1}{\varepsilon+2} = \frac{4\pi}{3}\,N'\left(\gamma + \frac{\mu^2}{3\,k\,T}\right),$$

wo k die Boltzmannsche Konstante, T die absolute Temperatur und μ das permanente Moment des Moleküls, das der Elektronenladung und der Größe des Moleküls proportional ist, bedeuten. Bei jeder Temperatur ist der resultierende Zustand ein Kompromiß zwischen der störenden Wärmebewegung und der orientierenden Wirkung des Feldes. Isolierende Flüssigkeiten, die aus Dipolmolekülen bestehen, müssen ein Abfallen der Dielektrizitätskonstante mit der Temperatur zeigen. Daß für Wasser im festen Zustand $\varepsilon = 2,8$ und im flüssigen $\varepsilon = 81$ oder für Methylalkohol im festen Zustand $\varepsilon = 3,07$ und im flüssigen $\varepsilon = 60$ gefunden wurde, kann dadurch erklärt werden, daß im gefrorenen Zustand die Ausrichtung der Moleküle unmöglich ist, während im flüssigen Zustand die Moleküle frei beweglich sind und zur Verschiebung viel beitragen können. Bei Stoffen, die einen wohldefinierten Schmelzpunkt haben, ist vorauszusehen, daß die Änderung der Dielektrizitätskonstante schroff einsetzt. Die meisten technischen Isoliermaterialien haben aber keinen definierten Schmelzpunkt. Bei Abkühlung wächst die Viskosität stetig. Daher zeigen diese Stoffe eine allmähliche Änderung der Dielektrizitätskonstante im Umwandlungsgebiet.

c) Die Dielektrizitätskonstante von Gemischen.

Die Dielektrizitätskonstante von Gemischen wurde von folgenden Forschern untersucht: Grützmacher (*34*): Schwebungsmethode. Durch die Formel, die von Pulfrich (*36*) und von Silberstein (*37*) angegeben ist, um aus den Dielektrizitätskonstanten der Komponenten die des Gemisches zu berechnen, können die erhaltenen Ergebnisse nicht dargestellt werden. Lange (*38*): Nernstsche Methode. Mischung von einer Dipolsubstanz mit einem dipolfreien Lösungsmittel. Organische Substanzen, die in Toluol, Benzol oder Schwefelkohlenstoff gelöst werden. Es wird angenommen, daß die Wirkung der Assoziation bei hoher Verdünnung gegen Null konvergiert und auf Grund dieser Annahme werden die Dipolmomente berechnet. Nitrobenzol $= 3,84\cdot10^{-18}$, Pyridin $= 2,11\cdot10^{-18}$, Äther $= 1,22\cdot10^{-18}$, Amylalkohol $= 1,83\cdot10^{-18}$ usw. Angervo bestätigt die Mischregel.

Grimm und Patrick (*40*) suchten die Beziehung zwischen Oberflächenspannung und Verdampfungswärme und bestimmten d'e Dielektrizitätskonstanten von 35 organischen Flüssigkeiten bei ihrem Siedepunkt.

d) Die Druckabhängigkeit der Dielektrizitätskonstante.

Röntgen (*41*) zeigte, daß die Abhängigkeit der Dielektrizitätskonstante vom Druck sehr gering ist. Falckenberg (*42*) fand im Wasser eine Vergrößerung der Dielektrizitätskonstante um nur 0,94% bei einer Drucksteigerung um 200 at. Das ist derselbe Betrag wie der bei der

Dichteänderung. Ein ähnliches Resultat erhielt er auch in Äthylalkohol und Methylalkohol. Dieses Resultat ist sehr beachtenswert. Wäre die Molekularpolarisation konstant, wenn die Dichte der Flüssigkeit durch Kompression bei konstanter Temperatur geändert wird, so müßte der Clausius-Mosottische Ausdruck $\dfrac{\varepsilon-1}{\varepsilon+2}$ mit der Dichte ϱ proportional wachsen. Besonders empfindlich darauf müßte das Wasser sein, denn da es eine hohe Dielektrizitätskonstante aufweist, ist der Ausdruck beinahe eins. Eine kleine Zunahme der Dichte sollte eine große Zunahme der Dielektrizitätskonstante zur Folge haben. Die Unstimmigkeit dieser Erwartungen der Theorie mit den Experimenten dürfte wohl ein Hinweis darauf sein, daß die Theorie auf Flüssigkeiten nicht ohne weiteres übertragen werden kann.

Grenacher (43) fand in Toluol, daß der Clausius-Mosottische Ausdruck bis 60 at auf 1% konstant ist (Schwebungsverfahren mit Schwingungen von 10^6 Hertz). Die Dipolsubstanzen scheinen eine größere Druckabhängigkeit zu besitzen, als die Substanzen mit symmetrischen Molekülen. Francke (44) wandte viel höhere Drucke an. Er ging bis 800 at und fand eine Zunahme der Dielektrizitätskonstante in Benzol von 2,28 (bei 50 at) auf 2,34 (bei 700 at), in Hexan von 1,89 (bei 50 at) auf 1,97 (bei 800 at). Die Zunahme der Dielektrizitätskonstante mit dem Druck wird geringer mit wachsendem Druck. Ähnliche Resultate erhielt auch Waibel (45).

Alle Methoden der experimentellen Bestimmung der Dielektrizitätskonstante gehen auf drei Grundtypen zurück: 1. Kapazitätsmethode, 2. Kraftwirkungsmethode und 3. Wellenmethode.

Bei der Kapazitätsmethode wird zuerst die Kapazität eines Kondensators mit dem betreffenden Medium und dann mit Luft gemessen. Da die Kapazität eines Kondensators ε-mal größer ist in einem Medium mit der Dielektrizitätskonstante ε als in Luft, so kann man aus den obigen Kapazitätsmessungen die Dielektrizitätskonstante bestimmen (Kapazitätsvergleichung). Bei der Kraftwirkungsmethode unterscheidet man zwei Gruppen. Bei der ersten werden die Kräfte auf Leiter gemessen, die von der Dielektrizitätskonstante des Mediums abhängen. Bei der zweiten Gruppe werden die Kräfte gemessen, die an einem Stück des Dielektrikums in einem elektrischen Felde infolge der darauf influenzierten Polarisationsladungen angreifen. Bei der Wellenmethode wird nicht direkt ε, sondern n bestimmt. Nach der Maxwellschen Relation ist $\dfrac{\varepsilon}{\varepsilon_0} = n^2$. Sie gilt streng bei nichtabsorbierenden Körpern.

Bei absorbierenden Körpern hingegen ist $\dfrac{\varepsilon}{\varepsilon_0} = n^2(1-\varkappa)^2$, wo $\varkappa$ den Absorptionsindex bedeutet. Oft ist $\varkappa$ sehr klein, doch erreicht er zuweilen bedeutende Werte. Neben der direkten Bestimmung des Wellenlängenverhältnisses [Lecher-Drudesche Methode (48, 49)] gibt es noch die Methode der Nachbildung optischer Versuche mit elektrischen Wellen [Prismenmethode von Ellinger (50), Reflexionsmethode von Cole (51), Interferenzmethode von Kossonogow (52)].

5. Assoziation in Dipolflüssigkeiten.

Die Dipoltheorie von Debye beschreibt die dielektrischen Erscheinungen in Gasen quantitativ gut. Da diese Theorie die starke gegenseitige Beeinflussung der Moleküle nicht berücksichtigt [Assoziation (*102, 103, 104* und *105*)], wie dies in Flüssigkeiten der Fall sein kann, können prinzipiell im einzelnen Abweichungen zwischen der Theorie und den Beobachtungen in Flüssigkeiten auftreten.

Malsch (*100*) untersuchte die Abhängigkeit der Dielektrizitätskonstante von der Feldstärke in Alkohol, Nitrobenzol und Wasser und fand, daß die Beziehung[1]

$$\varepsilon = \varepsilon_0 \left(1 - \alpha \, \mathfrak{E}^2\right)$$

erfüllt ist. Hier bedeuten ε die Dielektrizitätskonstante, $\mathfrak{E}$ die Feldstärke, ε_0 und α Konstanten. Hieraus folgert er, daß eine Übereinstimmung mit der Debyeschen Theorie vorhanden ist. Es sind aber auch Abweichungen festgestellt worden. Je kleiner die Dielektrizitätskonstante DK der Flüssigkeit ist, desto stärker ist der Effekt ausgeprägt. Bei $\mathfrak{E} = 250000 \, \dfrac{\text{Volt}}{\text{cm}}$ ergibt Wasser (mit großer DK) $\dfrac{\varDelta \varepsilon}{\varepsilon} = 0{,}7\%$ und Alkohol (mit kleiner DK) $\dfrac{\varDelta \varepsilon}{\varepsilon} = 1{,}5\%$. Dies führte zur Annahme von Assoziationserscheinungen, ohne die nach der einfachen Debyeschen Theorie viel größere Werte zu erwarten wären.

Bei kleinen Feldstärken ist die Polarisation proportional der wirkenden Feldstärke. Bei hohen Feldstärken muß zunächst der Zustand erreicht werden, bei dem alle Dipole vollkommen gerichtet sind. Steigert man die Spannung noch weiter, so kann eine weitere Steigerung der Polarisation durch Dipoldrehung nicht mehr erzielt werden. Deshalb ist zu erwarten, daß die DK bei hohen Feldstärken einen kleineren Wert annimmt als bei niedrigen Feldern. Die Änderungen der DK sind proportional den Quadraten der Feldstärken. Diese Proportionalität ist nach der Debyeschen Theorie zu erwarten, solange die Änderungen der DK klein sind. Deshalb können diese Messungen als qualitative Bestätigung der Theorie angesehen werden. Wir wissen, daß die Theorie die Moleküle der Flüssigkeit als vollständig voneinander unabhängig betrachtet, deshalb werden auch die Assoziationserscheinungen durch sie nicht berücksichtigt. Hat die Assoziation keinen nennenswerten Einfluß auf den Effekt, so ist eine Übereinstimmung zwischen Theorie und Experiment zu erwarten. Treten aber Abweichungen zwischen den errechneten und den gemessenen Werten auf, so kann man annehmen, daß diese Abweichungen durch die Assoziationserscheinungen hervorgerufen wurden. Als Maß für die Assoziation kann dann die Differenz zwischen dem beobachteten und dem errechneten Wert angesehen werden.

In der Tabelle 3 sieht man, daß bei Benzyl-Alkohol der errechnete Wert $\left(100 \, \dfrac{\varDelta \varepsilon}{\varepsilon_{ber}}\right)$ mit dem beobachteten $\left(100 \, \dfrac{\varDelta \varepsilon}{\varepsilon_{beob}}\right)$ der Größenordnung nach übereinstimmt. Auch andere Alkohole, die eine kleine DK haben,

---

[1] In diesem Abschnitt sind die Formeln im el. st. Maßsystem angeschrieben.

Tabelle 3.

Substanz	ε	$100\,\dfrac{\varDelta\varepsilon}{\varepsilon_{ber}}$	$100\,\dfrac{\varDelta\varepsilon}{\varepsilon_{beob}}$	μ_{ber}	μ_{beob}
Benzylalkohol	13,5	0,3	0,5	1,58	—
Methylalkohol	33	2,4	0,25	1,17	(1,73) (1,64)
Nitrobenzol·	36	5,4	0,16	1,72	(3,90) (3,84)
Glyzerin	56	17,8	0,14	1,52	—
Wasser	80	13,9	0,11	0,80	(1,70) (1,87)

μ_{ber} = berechnet nach der Debyeschen Theorie.
μ_{beob} = beobachtet in verdünnten Lösungen oder bei Gasen.

zeigen dieses Resultat. Bei Methylalkohol (hohe DK) stellen wir hingegen eine starke Abweichung fest. Bei Nitrobenzol, Glyzerin und Wasser ist die Differenz zwischen den berechneten und den beobachteten Werten sehr stark ausgeprägt, und zwar beobachten wir außerdem, daß $\left(100\,\dfrac{\varDelta\varepsilon}{\varepsilon_{beob}}\right)$ bei Substanzen mit größerer DK kleiner ist, ein Resultat, das bei den berechneten Werten nicht vorhanden ist.

Auch die Dipolmomente μ_{ber} (berechnet nach der Debyeschen Theorie) und μ_{beob} (beobachtet in verdünnten Lösungen oder Gasen) zeigen Abweichungen. Sie sind bei Substanzen mit kleiner DK gering, bei Stoffen aber, die starken Spannungseffekt zeigen, weisen die Abweichungen zwischen μ_{ber} und μ_{beob} große Differenzen auf. Auch dieses Resultat spricht für die Möglichkeit der Assoziationserscheinungen.

H. A. Lorentz (106) berücksichtigt die Assoziation (Einwirkung der Nachbarmoleküle) in dem allgemeinen Ansatz für die Kraft $\mathfrak{F}$ durch die Zusatzkraft $4\,\pi\cdot e\,s\,\mathfrak{P}$. Er heißt

$$\mathfrak{F} = \left(e\,\mathfrak{E} + \frac{4\,\pi}{3}\,e\,\mathfrak{P}\right) + 4\,\pi\cdot s\,e\,\mathfrak{P}.$$

($\mathfrak{E}$ = Feldstärke, $\mathfrak{P}$ = Polarisation = elektrisches Moment der Volumeneinheit, e = Ladung).

Ist keine Assoziation wirksam, so gilt

$$\mathfrak{F} = \left(e\,\mathfrak{E} + \frac{4\,\pi}{3}\,e\,\mathfrak{P}\right).$$

Die Einführung der Größe s (103, 105) erlaubt, die Assoziationserscheinungen quantitativ zu deuten. Zu diesem Zweck betrachtet J. Malsch (102) die Abhängigkeit der Dielektrizitätskonstante von der Temperatur (107, 108, 109), von der Feldstärke (110) und von der Frequenz (111, 112) und zeigt, daß die Einführung der Zusatzkraft $4\,\pi\cdot s\,\mathfrak{P} = \frac{4}{3}\,\pi\cdot\nu\,\mathfrak{P}$ (ν = Frequenz) genügt, um eine Reihe der verschiedensten Beobachtungen zu überblicken. Die Assoziation beeinflußt die Temperatur- und die Feldstärkeabhängigkeit der DK sehr stark; auf die Frequenzabhängigkeit dagegen übt sie geringeren Einfluß aus. Je größer die Assoziation ist, um so mehr bleibt die Abnahme der DK mit der Feldstärke hinter der theoretisch zu erwartenden zurück, und um so mehr verschiebt sich das Gebiet der anomalen elektrischen Dispersion und Absorption nach der Seite kürzerer Wellen hin. J. Malsch (102) zeigt, daß, wenn die

Molekularpolarisation, das Dipolmoment und der optische Brechungsindex einer Flüssigkeit bekannt sind, so können die Abweichungen vom
normalen theoretischen Verhalten, die infolge von Assoziation beim
Feldstärke- oder Hochfrequenzeffekt eintreten, ungefähr vorausberech-
net werden.

6. Dielektrische Verluste.

a) Einleitung.

Feste und flüssige Isolierstoffe (insbesondere feste Körper) zeigen
Anomalien ihres Verhaltens, die in folgendem bestehen: 1. Rückstands-
bildung, 2. Energieverlust (Umwandlung der elektrischen Energie in
Wärme), 3. die ponderomotorischen Kräfte, die ein Dielektrikum im
elektrischen Drehfeld erfährt, 4. Strömungen im Gleichfeld, 5. „scheinbare" Abhängigkeit der Kapazität und somit auch der Dielektrizitätskonstante von der Ladungsdauer ($U = $ const) oder Periodendauer bei
Wechselspannung.

Für die Elektrotechnik ist die wichtigste Eigentümlichkeit der Dielektrika die dielektrische Nachwirkung. Alle anderen Erscheinungen sind mit dieser verglichen beinahe unwesentlich. Deshalb soll
der dielektrischen Nachwirkung größere Aufmerksamkeit geschenkt
werden.

Die Theorien, die sich mit den oben erwähnten Erscheinungen befassen, können in 3 Gruppen geteilt werden: 1. Man kann die dielektrischen Anomalien durch die Annahme der Inhomogenität des Dielektrikums erklären, ohne den Boden der Maxwellschen Elektrodynamik
zu verlassen. 2. Molekularphysikalische Deutung (Dipole, Polarisation).
3. Ionentheoretische Deutung.

Bereits bei der technischen Frequenz ($v = 50$ Hertz) spielen die
Verluste besonders in festen Isolierstoffen eine beachtenswerte Rolle.
Ganz erheblich sind sie in der Fernsprechtechnik (mittlere Frequenz
der Fernsprechströme ca. 800 Hertz) und in der Hochfrequenztechnik.

b) Theorie der dielektrischen Verluste.

Herrscht in einem Dielektrikum mit der Dielektrizitätskonstante ε
eine Feldstärke $\mathfrak{E}$, so ist die dielektrische Verschiebung $\mathfrak{D}$ nach früheren
Ausführungen durch die Gleichung

$$\mathfrak{D} = \varepsilon \cdot \mathfrak{E} \tag{2}$$

gegeben. Die Dichte des Verschiebungsstroms i erhalten wir, wenn wir
die obige Gleichung nach der Zeit differenzieren.

$$i = \frac{1}{f}\frac{\partial \mathfrak{D}}{\partial t} = \frac{1}{f} \cdot \varepsilon \frac{\partial \mathfrak{E}}{\partial t}. \tag{4}$$

Ist C die Kapazität des Kondensators und die daran liegende Spannung U, so ist die Ladung Q:

$$Q = C \cdot U. \tag{23}$$

Der Ladestrom oder Verschiebungsstrom ergibt sich zu:

$$I = \frac{dQ}{dt} = C \cdot \frac{dU}{dt}.$$ (24a)

Ist die Spannung U von der Form

$$U = U_0 \sin(\omega t),$$

so wird

$$I = \omega C U_0 \cdot \cos(\omega t) = \omega C U \sin(\omega t + 90^0).$$ (24b)

Die Phasenverschiebung zwischen dem Strom I und der Spannung U beträgt 90^0 und die in dem Dielektrikum verbrauchte Leistung ist gleich Null.

Ganz anders sieht es in einem Dielektrikum aus, das Nachwirkungserscheinungen zeigt. Wird an eine unbeanspruchte Probe plötzlich eine Gleichspannung U_0 angelegt, die die Feldstärke $\mathfrak{E}_0$ erzeugt, so entsteht gleichzeitig mit $\mathfrak{E}_0$ eine Verschiebung

$$\mathfrak{D}_0 = \varepsilon \cdot \mathfrak{E}_0.$$ (25a)

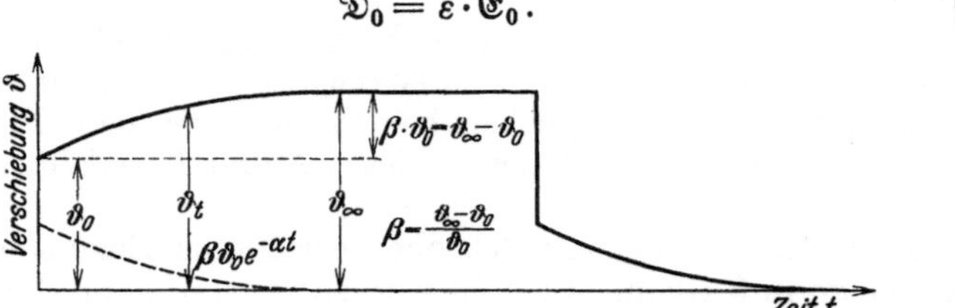

Abb. 2. Die Abhängigkeit der Verschiebung von der Zeit.

Bleibt nun die angelegte Spannung konstant, so wächst die Verschiebung mit der Zeit und strebt einem konstanten Endwert zu

$$\mathfrak{D}_t = \mathfrak{D}_0 + \mathfrak{D}',$$ (25b)

wie Abb. 2 zeigt. Wird die Spannung abgeschaltet, nachdem der konstante Wert von $\mathfrak{D}_\infty$ erreicht ist, so sinkt die Verschiebung plötzlich um den Betrag $\mathfrak{D}_0$ und nimmt dann allmählich ab, entsprechend Abb. 2. In dem Schließungskreis fließt deswegen ein Rückstandsstrom

$$I = \frac{1}{f} \frac{d\mathfrak{D}}{dt}$$ (26)

in entgegengesetzter Richtung wie der Ladestrom.

Im Falle des Wechselfeldes

$$\mathfrak{E} = \mathfrak{E}_0 \cdot \sin \omega t$$

eilt die Verschiebung hinter der Feldstärke $\mathfrak{E}$ um einen gewissen Winkel δ nach

$$\mathfrak{D} = \mathfrak{D}_0 \sin(\omega t - \delta),$$

und der Verschiebungsstrom durch die Flächeneinheit ist dann

$$I = \frac{1}{f} \frac{d\mathfrak{D}}{dt} = \frac{1}{f} \omega \mathfrak{D}_0 \cdot \cos(\omega t - \delta).$$ (27)

Die Veränderung des Phasenverschiebungswinkels um δ bringt einen Verlust im Dielektrikum mit sich.

Ist also ein Kondensator verlustfrei, so eilt der Strom J der Spannung U um 90^0 voraus. Befindet sich aber zwischen den Kondensatorplatten ein festes oder flüssiges Dielektrikum, so ist im allgemeinen die Phasenverschiebung zwischen dem Strom J und der Spannung U etwas kleiner als 90^0. Diese Abweichung von 90^0 wird als Verlustwinkel δ bezeichnet. Ist der Leistungsfaktor des Ladestroms $\cos\varphi$, so ergibt sich der Energieverlust

$$N = U\,I\,\cos\varphi = U\,I\cos(90^0 - \delta)$$
$$= U\,I\sin\delta \approx U\,I\,\mathrm{tg}\,\delta \qquad (\delta\ \text{sehr klein}).\quad (28)$$

Da die Leistung N hier einen Energieverlust bedeutet, soll $\cos\varphi$ als **dielektrischer Verlustfaktor** bezeichnet werden. Die Gleichungen

$$\mathfrak{i} = \lambda\,\mathfrak{E}, \qquad\qquad (3)$$
$$\mathfrak{D} = \varepsilon\cdot\mathfrak{E}, \qquad\qquad (2)$$
$$I = \frac{dQ}{dt} \qquad\qquad (24\,\mathrm{a})$$

gelten auch für den Fall des Wechselfeldes. Ist das Wechselfeld durch die Gleichung

$$\mathfrak{E} = E\cdot e^{\mathrm{j}\omega t}$$

mit der Frequenz $\dfrac{\omega}{2\pi}$ und mit der Amplitude E gegeben, wo $\mathrm{j} = \sqrt{-1}$ ist, so ist die Stromstärke $\mathfrak{J}$ durch die Summe aus dem Verschiebungsstrom $\mathfrak{i}_v$ und dem Leitungsstrom $\mathfrak{i}_l$ gegeben:

$$\mathfrak{J} = \mathfrak{i}_v + \mathfrak{i}_l. \qquad\qquad (29\,\mathrm{a})$$

Abb. 3. Vektordiagramm der Feldstärke, des Verschiebungs- und Leitungsstroms eines Dielektrikums bei Wechselspannung.
δ = Verlustwinkel,
$\mathrm{tg}\,\delta$ = Dielektrischer Verlustfaktor.

Den Verschiebungsstrom erhalten wir durch Differentiation nach der Zeit derjenigen Gleichung, die den Verschiebungsvektor $\mathfrak{D}$ mit der elektrischen Feldstärke $\mathfrak{E}$ verknüpft.

$$\mathfrak{i}_v = \frac{1}{f}\frac{d\mathfrak{D}}{dt} = \frac{1}{f}\varepsilon\frac{d\mathfrak{E}}{dt} = \frac{1}{f}\cdot\mathrm{j}\,\omega\,\varepsilon\,\mathfrak{E}.$$

Der Leitungsstrom ist

$$\mathfrak{i}_l = \lambda\cdot\mathfrak{E}.$$

Für den Gesamtstrom erhalten wir jetzt den Ausdruck:

$$\mathfrak{J} = \left(\lambda + \frac{1}{f}\cdot\mathrm{j}\,\omega\,\varepsilon\right)\mathfrak{E}. \qquad\qquad (29\,\mathrm{b})$$

Der Verschiebungsstrom eilt der Feldstärke um 90^0 voraus, wie aus der Abb. 3 ersichtlich ist, und wächst mit der Frequenz. Der Leitungsstrom liegt in Phase mit der Feldstärke und ist von der Frequenz unabhängig. Zwischen dem Gesamtstrom $\mathfrak{J}$ und der Feldstärke $\mathfrak{E}$ entsteht ein Phasenverschiebungswinkel φ. Der Leistungsfaktor ist demnach

$$\cos\varphi = \sin\delta \approx \mathrm{tg}\,\delta = \frac{\lambda}{\dfrac{1}{f}\varepsilon\,\omega}. \qquad\qquad (30)$$

In wirklichen Isolatoren gilt nach Maxwell neben der Poissonschen Gleichung auch noch die Kontinuitätsgleichung. Nach Poisson haben wir

$$\frac{\partial}{\partial x}\left(\varepsilon\,\frac{\partial U}{\partial x}\right) + \frac{\partial}{\partial y}\left(\varepsilon\,\frac{\partial U}{\partial y}\right) + \frac{\partial}{\partial z}\left(\varepsilon\,\frac{\partial U}{\partial z}\right) + f\cdot\varrho = 0\,, \qquad (31\,\text{a})$$

wo ε die Dielektrizitätskonstante, U das Potential und ϱ die Raumladungsdichte bedeuten. Die Kontinuitätsgleichung lautet:

$$\frac{\partial}{\partial x}\left(\lambda\,\frac{\partial U}{\partial x}\right) + \frac{\partial}{\partial y}\left(\lambda\,\frac{\partial U}{\partial y}\right) + \frac{\partial}{\partial z}\left(\lambda\,\frac{\partial U}{\partial z}\right) - \frac{\partial\varrho}{\partial t} = 0\,, \qquad (31\,\text{b})$$

wo λ die Leitfähigkeit bedeutet. Bei homogen isotropen Medien sind ε und λ konstant; deswegen ergeben die obigen Gleichungen in einem solchen Fall folgende Gleichungen:

$$\frac{\partial^2 U}{\partial x^2} + \frac{\partial^2 U}{\partial y^2} + \frac{\partial^2 U}{\partial z^2} = -f\,\frac{\varrho}{\varepsilon} = \frac{1}{\lambda}\cdot\frac{\partial\varrho}{\partial t}\,. \qquad (31)$$

Daraus ergibt sich

$$\varrho = \varrho_0\, e^{-f\frac{\lambda}{\varepsilon}t} = \varrho_0\cdot e^{-\frac{t}{T}}\,, \qquad (32)$$

wo $T = \frac{\varepsilon}{\lambda}\cdot\frac{1}{f}$ die Relaxationszeit bedeutet. Daraus sehen wir, daß in einem homogen leitenden Medium die vorhandenen Ladungen und die damit hierdurch bedingten statischen Felder nach einem Exponentialgesetz verschwinden.

Ist die Leitfähigkeit des Mediums beliebig groß, so wird $T = 0$. In solchen Medien kann kein Feld aufrecht erhalten werden, es ist im Innern überall Null. Diese Gruppe von Körpern gehört zu den idealen Leitern. Weist hingegen das Medium keine freibeweglichen Ladungsträger auf, d. h. ist $\lambda = 0$, so ist $T = \infty$. Das besagt, daß das Feld im Innern dieses Mediums ohne Energiezufuhr beliebig lange bestehen kann. Körper mit dieser Eigenschaft stellen ideale Isolatoren dar.

α) **Theorie des inhomogenen Dielektrikums (Maxwell, Wagner).** Wird an einem Kondensator, der durch eine Parallelschaltung einer Kapazität C und eines Widerstands R dargestellt werden soll, eine Spannung U angelegt, so ist die Elektrizitätsmenge an der Kondensatorbelegung $C\cdot U$, der hier durchströmende Strom $\frac{U}{R}$ und als Gesamtstrom ergibt sich

$$J = \frac{dQ}{dt} = \frac{U}{R} + C\,\frac{dU}{dt}\,,$$

oder dieselbe Stromstärke ist

$$\frac{dQ}{dt} = \frac{U_0 - U}{r} = \frac{U}{R} + C\,\frac{dU}{dt}\,,$$

wenn U_0 die Spannung und r den Widerstand der Batterie bedeuten. Um die Spannung U_1 zu ermitteln, die sich nach der Zeit t_1 nach Einschaltung der Spannung einstellt, integrieren wir die obige Gleichung

$$U_1 = U_0\,\frac{R}{R + r}\left(1 - e^{-\frac{t_1}{T_1}}\right)\,, \qquad (33\,\text{a})$$

wo $T_1 = C \cdot \dfrac{R\,r}{R+r}$. Wird nach der Zeit t_1 die Spannung abgeschaltet und der Kondensator während der Zeit t_2 mit dem Widerstand r' kurzgeschlossen, so ist am Ende der Zeit t_2 die Spannung U_2 am Kondensator

$$U_2 = U_1 \cdot e^{-\frac{t_2}{T_2}}, \tag{33b}$$

wo $T_2 = C \cdot \dfrac{R\,r'}{R+r'}$ ist. Wird nach der Zeit t_2 der Kurzschluß aufgehoben und der Kondensator sich selbst überlassen, so ist die Spannung U_3 am Kondensator nach der Zeit t_3

$$U_3 = U_2 \cdot e^{-\frac{t_3}{T_3}}, \tag{33c}$$

wo $T_3 = CR$. Man erkennt hieraus, daß die Spannung am Kondensator nach dem Kurzschluß ständig abnimmt.

In Wirklichkeit stellt man aber oft fest, daß die Kondensatoren nach ihrer Entladung und Isolierung eine neue Ladung entwickeln. Man nennt die Ladung elektrisches Residuum oder elektrische Nachwirkung. Um diese Nachwirkungserscheinungen zu erklären, nahm Maxwell an, daß das Medium zwischen den Platten aus einer Reihe planparalleler Schichten (parallel zu den Elektroden) aus verschiedenen Substanzen zusammengesetzt ist. Die Leitungsstromdichte i_1, die in irgendeiner Schicht fließt, die mit dem Index 1 bezeichnet werden möge, ist gegeben durch

$$i_1 = \lambda_1 \cdot \mathfrak{E}_1 \quad \text{oder} \quad \mathfrak{E}_1 = \frac{i_1}{\lambda_1},$$

wenn λ_1 die Leitfähigkeit dieser Schicht und $\mathfrak{E}_1$ die darin herrschende Feldstärke bedeutet. Die Verschiebungsstromdichte in dieser Schicht ist $\dfrac{1}{f}\dfrac{d\mathfrak{D}_1}{dt}$ und die Beziehung zwischen der Feldstärke $\mathfrak{E}_1$ und der Verschiebung $\mathfrak{D}_1$

$$\mathfrak{E}_1 = \frac{1}{\varepsilon_1}\,\mathfrak{D}_1.$$

Die Gesamtstromdichte $\mathfrak{J}_1$, die durch diese Schicht fließt, ist

$$\mathfrak{J}_1 = i_1 + \frac{1}{f}\frac{d\mathfrak{D}_1}{dt}. \tag{34}$$

Die Ladungsdichte σ_{12} der auf der Trennfläche zweier aufeinanderfolgender Schichten 1 und 2 aufgesammelten Elektrizität, ist durch den Unterschied der Verschiebungen in diesen Schichten gegeben.

$$\sigma_{12} = \frac{1}{f}\,[\mathfrak{D}_2 - \mathfrak{D}_1] \tag{35}$$

oder

$$\frac{d\sigma_{12}}{dt} = \frac{1}{f}\left[\frac{d\mathfrak{D}_2}{dt} - \frac{d\mathfrak{D}_1}{dt}\right]. \tag{36a}$$

Der letzte Ausdruck ergibt auch die Verschiedenheit der Ströme i_1 und i_2 in den Schichten 1 und 2

$$\frac{d\sigma_{12}}{dt} = -i_2 + i_1. \tag{36b}$$

Somit

$$i_1 + \frac{1}{f}\frac{d\mathfrak{D}_1}{dt} = i_2 + \frac{1}{f}\frac{d\mathfrak{D}_2}{dt}. \tag{37a}$$

Die Gesamtstromdichte $\mathfrak{J}_1 = i_1 + \frac{1}{f}\frac{d\mathfrak{D}_1}{dt}$ hat in jeder Schicht den gleichen Wert

$$\mathfrak{J} = \mathfrak{J}_1 = \mathfrak{J}_2 = \mathfrak{J}_3 = \cdots = \mathfrak{J}_n, \tag{37b}$$

und ist

$$\mathfrak{J} = \lambda_1 \cdot \mathfrak{E}_1 + \frac{1}{f} \cdot \varepsilon \frac{d\mathfrak{E}_1}{dt} \tag{37c}$$

zu setzen. Durch inverse Operation ergibt sich

$$\mathfrak{E}_1 = \left(\lambda_1 + \frac{1}{f} \cdot \varepsilon_1 \frac{d}{dt}\right)^{-1} \cdot \mathfrak{J}. \tag{38}$$

Die Gesamtspannung U ist

$$U = \delta_1 \cdot \mathfrak{E}_1 + \delta_2 \cdot \mathfrak{E}_2 + \cdots + \delta_n \cdot \mathfrak{E}_n, \tag{39}$$

wo δ die Schichtdicke bedeutet. Führen wir in diese Gleichung die obigen Werte von $\mathfrak{E}_1, \mathfrak{E}_2, \ldots$ ein, so erhalten wir die Beziehung zwischen Strom und Spannung

$$U = \left\{\delta_1\left(\lambda_1 + \frac{1}{f} \cdot \varepsilon_1 \frac{d}{dt}\right)^{-1} + \delta_2\left(\lambda_2 + \frac{1}{f} \cdot \varepsilon_2 \frac{d}{dt}\right)^{-1} + \cdots\right\} \cdot \mathfrak{J}. \tag{40}$$

Besteht nun das Medium aus n Substanzen, so haben wir eine lineare Differentialgleichung n-ter Ordnung nach U und $(n-1)$-ter Ordnung nach $\mathfrak{J}$, in der t eine unabhängige Variable darstellt. Beide Größen U und $\mathfrak{J}$ sind unmittelbaren Messungen zugänglich. Ist $\frac{\lambda}{\varepsilon}$ in allen Schichten gleich, so ergibt die obige Gleichung eine Differentialgleichung erster Ordnung.

$$U + \frac{1}{f}\frac{\varepsilon}{\lambda} \cdot \frac{dU}{dt} = (\delta_1 r_1 + \delta_2 r_2 + \cdots) \cdot \mathfrak{J},$$

wo $r_1, r_2, \ldots$ die spezifischen Widerstände der Schichten $1, 2, \ldots$ sind. Vergleicht man sie mit der Gleichung

$$\frac{dQ}{dt} = \frac{U}{R} + C\frac{dU}{dt},$$

so stellt man fest, daß ein geschichtetes Dielektrikum unter den obigen Bedingungen (d. h. wenn das Verhältnis $\frac{\varepsilon}{\lambda}$ in allen Schichten dasselbe ist) keine Restladung besitzt.

Aus der Form der Differentialgleichung folgt, daß die Reihenfolge der Schichten keine Rolle spielt. Deswegen können wir solche Schichten, die aus demselben Material bestehen, zu einer Schicht vereinigen, ohne die Vorgänge zu beeinflussen.

Wird an ein geschichtetes Dielektrikum plötzlich eine Spannung U angelegt, und nur sehr kurze Zeit daran gelassen, so ist die pro cm^2

Elektrodenoberfläche zugeführte Ladung

$$Q = \int \mathfrak{J} \cdot dt = \lambda_1 \int \mathfrak{E}_1 \, dt + \frac{1}{f} \, \varepsilon_1 \mathfrak{E}_1 + \text{const}. \tag{41}$$

Da die Spannungseinwirkungsdauer sehr gering ist, kann $\int \mathfrak{E}_1 dt$ vernachlässigt werden, und da U plötzlich auftritt, fällt auch die Integrationskonstante fort, und es ist

$$\mathfrak{E}_1 = f \cdot \frac{1}{\varepsilon_1} \, Q. \tag{42}$$

Die Gesamtspannung U ist dann

$$U = f \cdot \left(\frac{\delta_1}{\varepsilon_1} + \frac{\delta_2}{\varepsilon_2} + \cdots \right) Q \tag{43}$$

und die Kapazität C

$$C = \frac{Q}{U} = \frac{1}{f \left(\dfrac{\delta_1}{\varepsilon_1} + \dfrac{\delta_2}{\varepsilon_2} + \cdots \right)}. \tag{44}$$

Daraus sehen wir, daß die Leitfähigkeiten der Schichten gar nicht in Erscheinung treten.

Ganz anders ist es, wenn die Spannung lange Zeit an die Probe gelegt wird. Im stationären Zustand fließt durch alle Schichten dieselbe Stromdichte i, und es ist:

$$\left.\begin{aligned}
\mathfrak{E}_1 &= r_1 \cdot i, \\
U &= (\delta_1 \cdot r_1 + \delta_2 \cdot r_2 + \cdots) \, i = R \, i, \\
\mathfrak{D}_1 &= \frac{\varepsilon_1}{\lambda_1} \cdot i, \\
\sigma_{12} &= \frac{1}{f} \left(\frac{\varepsilon_2}{\lambda_2} - \frac{\varepsilon_1}{\lambda_1} \right) i.
\end{aligned}\right\} \tag{45}$$

Durch Kurzschluß der Elektroden geht die Spannung von ihrem ursprünglichen Wert U_0 auf Null zurück. Und es ist

$$\delta_1 \cdot \mathfrak{E}_1' + \delta_2 \cdot \mathfrak{E}_2' + \delta_3 \cdot \mathfrak{E}_3' + \cdots = 0, \tag{46}$$

wo $\mathfrak{E}_1'$, $\mathfrak{E}_2'$, ... die Feldstärken in dem neuen Zustand bedeuten. Nun ist

$$\mathfrak{E}_1' = \mathfrak{E}_1 + f \cdot \frac{1}{\varepsilon_1} \cdot Q. \tag{47}$$

Dies oben eingeführt, ergibt

$$\delta_1 \cdot \mathfrak{E}_1 + \delta_2 \mathfrak{E}_2 + \cdots f \left(\frac{\delta_1}{\varepsilon_1} + \frac{\delta_2}{\varepsilon_2} + \cdots \right) \cdot Q = 0. \tag{48}$$

Ziehen wir hierzu noch die schon bekannten Gleichungen

$$U_0 = \delta_1 \cdot \mathfrak{E}_1 + \delta_2 \cdot \mathfrak{E}_2 + \cdots,$$

$$C = \frac{Q}{U} = \frac{1}{f \left(\dfrac{\delta_1}{\varepsilon_1} + \dfrac{\delta_2}{\varepsilon^2} + \cdots \right)}$$

heran, so erhalten wir

$$O = U_0 + \frac{Q}{C} \quad \text{oder} \quad Q = -C\,U_0. \tag{49}$$

Bei plötzlicher Entladung ist die Entladungsstärke gleich der Ladungsstärke bei plötzlicher Ladung.

Wird nach der Entladung der Kurzschlußdraht von den Elektroden entfernt, so ist

$$i = 0$$

und

$$\mathfrak{E}'' = \mathfrak{E}' \cdot e^{-f \cdot \frac{\lambda_1}{\varepsilon_1} \cdot t}, \tag{50}$$

wo $\mathfrak{E}'$ den Anfangswert der Feldstärke nach der Entladung angibt. Da nach der obigen Darstellung $\mathfrak{E}' = \mathfrak{E}_1 + f \frac{1}{\varepsilon_1} Q$ und $O = U_0 + \frac{Q}{C}$ ist, so ergibt sich:

$$\mathfrak{E}'' = U_0 \left[\frac{1}{R \cdot \lambda_1} - f \frac{1}{\varepsilon_1} \cdot C \right] \cdot e^{-f \frac{\lambda_1}{\varepsilon_1} \cdot t} \tag{51a}$$

und

$$U = U_0 \left[\delta_1 \left(\frac{1}{R \lambda_1} - f \cdot \frac{1}{\varepsilon_1} \cdot C \right) e^{-f \frac{\lambda_1}{\varepsilon_1} \cdot t} + \delta_2 \left(\frac{1}{R \cdot \lambda_2} - f \cdot \frac{1}{\varepsilon_2} C \right) \cdot e^{-f \frac{\lambda_2}{\varepsilon_2} t} + \cdots \right]. \tag{51b}$$

Bei Entladung dieses Kondensators erhält man jetzt eine Elektrizitätsmenge $C \cdot U$, die man als elektrische Restladung (Residuum) bezeichnet. Wird $\frac{\varepsilon_1}{\lambda_1} = \frac{\varepsilon_2}{\lambda_2} = \ldots$, so ergibt die obige Gleichung $U = 0$. Unter diesen Bedingungen ist kein Residuum vorhanden.

Isoliert eine von den Schichten vollkommen, ist also $\lambda_1 = 0$, so erhalten wir

$$U = U_0 \left(1 - f \delta_1 \frac{1}{\varepsilon_1} C \right)$$

und unter dieser Bedingung kann eine residuelle Entladung für unbegrenzte Zeit erhalten werden.

Wir wollen nun die Elektrizitätsmenge bestimmen, die den Kurzschlußdraht (Drahtwiderstand R_0) durchfließt. Die vorher lange wirkende Spannung sei U_0. Nach dem Kurzschluß in irgendeinem Zeitpunkt der Entladung ist

$$U = \delta_1 r_1 i_1 + \delta_2 \cdot r_2 \cdot i_2 + \cdots + R_0 \cdot \mathfrak{J}_0 = 0.$$

Es gilt aber auch $\mathfrak{J} = i + \frac{1}{f} \frac{d\mathfrak{D}_1}{dt}$ und deswegen

$$(R + R_0) \cdot \mathfrak{J} = \delta_1 r_1 \frac{1}{f} \frac{d\mathfrak{D}_1}{dt} + \delta_2 \cdot r_2 \cdot \frac{1}{f} \frac{d\mathfrak{D}_2}{dt} + \cdots.$$

Nach der Integration ergibt sich

$$(R + R_0) \cdot Q = \delta_1 \cdot r_1 \frac{1}{f} (\mathfrak{D}_1' - \mathfrak{D}_1) + \delta_2 r_2 \frac{1}{f} (\mathfrak{D}_2' - \mathfrak{D}_2) + \cdots,$$

wo $\mathfrak{D}$ den Anfangs- und $\mathfrak{D}'$ den Schlußwert der Verschiebung bedeuten. Da aber $\mathfrak{D}_1 = f \cdot U_0 \left(\dfrac{r_1 \cdot \varepsilon_1}{f\,R} - C \right)$ und im vorliegenden Fall $\mathfrak{D}_1' = \mathfrak{D}_2' = \cdots = 0$ ist, so erhalten wir

$$(R + R_0) \cdot Q = - \frac{U_0}{f \cdot R} (\delta_1 r_1^2 \varepsilon_1 + \delta_2 r_2^2 \varepsilon_2 + \cdots) + U_0 C R$$

$$= - \frac{C U_0}{R} \sum_{1}^{n}{}_k \sum_{1}^{n}{}_i \left[\delta_k \delta_i \frac{1}{\varepsilon_k \cdot \varepsilon_l} \left(\frac{\varepsilon_k}{\lambda_k} - \frac{\varepsilon_l}{\lambda_l} \right)^2 \right]. \tag{52}$$

Da die Ladung Q ein negatives Zeichen aufweist, so ist die Stromrichtung während der Entladung der Stromrichtung vor der Entladung entgegengesetzt gerichtet.

Solche geschichteten Medien zeigen die Erscheinungen des elektrischen Residuums auch dann, wenn die einzelnen Schichten für sich genommen keine ähnliche Eigenschaft zeigen. Man kann wohl behaupten, daß Absorption und Restladung immer auftreten werden, wenn das Dielektrikum mikroskopisch kleine Teilchen verschiedener Substanzen enthält, und zwar auch dann, wenn diese Substanzen die obigen Eigenschaften nicht aufweisen. Hingegen darf man nicht ohne weiteres schließen, daß das Medium aus verschiedenen Substanzen zusammengesetzt ist, wenn es Restladung zeigt. Hier können auch andere Ursachen eine Rolle spielen, die in homogenen Medien von Bedeutung sind (z. B. molekulare Polarisation, Ionen).

Nach den obigen Darlegungen lassen sich erklären: 1. die disponible Ladung; 2. der stationäre Leitungsstrom nach unendlich langer Einwirkung einer konstanten Spannung; 3. der zeitliche Verlauf der freien Rückstandsladung eines Kondensators, dessen Elektroden, nachdem an ihn lange Zeit eine konstante Spannung angelegt war, plötzlich entladen und darauf voneinander isoliert werden; 4. die gesamte Elektrizitätsmenge (gesamte Rückstandsladung), die durch einen nach unendlicher Ladungsdauer angelegten Kurzschluß zwischen den Elektroden fließt. Maxwell hat darauf hingewiesen, daß nicht nur bei blättriger Struktur, sondern auch bei beliebiger räumlicher Anordnung der nicht gleichartigen Bestandteile des Mediums analoge Erscheinungen auftreten.

Diese Maxwellsche Theorie der geschichteten Dielektrika wurde von Hess (*93*) und Houllevigue (*94*) weiter behandelt.

Die von Maxwell entwickelte Theorie der dielektrischen Nachwirkung stellt die Lösung des Problems nur in großen Umrissen dar und bedarf eines weiteren Ausbaues. Das Problem mit einer beliebig großen Zahl verschiedenartiger Schichten stößt auf mathematische Schwierigkeiten. Die Weiterentwicklung dieser Theorie führte K. W. Wagner (*57*) durch, der sie bis in alle Einzelheiten ausarbeitete. Die Überwindung der mathematischen Schwierigkeiten, die bei den Maxwellschen Theorien auftreten, wurden von K. W. Wagner in eleganter Form durch plausible Voraussetzungen überwunden. Seine graphische Darstellung des zeitlichen Anstiegs der dielektrischen Verschiebung nach dem Anlegen des elektrischen Feldes ist in Abb. 2 wiedergegeben. Beim Einschalten der Feldstärke $\mathfrak{E}$ zur Zeit $t = t_0$ ist die Verschiebung $\mathfrak{D}_0$

$$\mathfrak{D}_0 = \varepsilon \cdot \mathfrak{E},$$

die mit der Zeit t wächst und sich allmählich dem Endwert $\mathfrak{D}_\infty$ nähert,

$$\mathfrak{D}_\infty = \varepsilon \cdot (1 + c) \cdot \mathfrak{E}.$$

Zu irgendeiner Zeit t ist

$$\mathfrak{D}_t = \mathfrak{D}_\infty - \mathfrak{D}',$$

wenn $\mathfrak{D}'$ den zeitlich veränderlichen Teil der Verschiebung bedeutet.

$$\mathfrak{D}' = + \varepsilon \cdot \mathfrak{E} \cdot \psi (t - t_0).$$

Wächst t, so nimmt die Funktion $\psi(t - t_0)$ ab; bei $t = \infty$ ist $\psi = 0$ und bei $t = t_0$ ist $\psi = c$.

Die Funktion $\psi(t)$ kann man durch eine Reihe von Exponentialfunktionen darstellen:

$$\psi (t) = \sum_n c_n \cdot e^{-\frac{t}{T_n}},$$

wo T_n die Zeitkonstante der n-ten Exponentialfunktion ist. Die Zeitkonstanten T_n gruppieren sich um einen ausgezeichneten Wert T_0 (59).

Hopkinson (58) fand, daß die Nachwirkungserscheinungen dem Superpositionsgesetz folgen. Dies gestattet die Berechnung der Nachwirkung eines zeitlich beliebig veränderlichen Feldes. Ein Wechselfeld mit der Kreisfrequenz ω

$$\mathfrak{E} = \mathfrak{E}_0 \cdot \sin \omega t.$$

hat eine Verschiebung zur Folge, deren zeitliche Änderung durch die Gleichung

$$\mathfrak{D} = \varepsilon \mathfrak{E}_0 \left[\left(1 + \sum_n \frac{c_n}{1 + \omega^2 T_n^2} \right) \sin \omega t - \sum_n \frac{c_n \cdot \omega T_n}{1 + \omega^2 T_n^2} \cdot \cos \omega t \right] \quad (53)$$

gegeben ist. Daraus folgt, daß die Kapazitätsänderung infolge der Nachwirkung durch

$$\frac{\Delta C}{C} = \sum_n \frac{c_n}{1 + \omega^2 T_n^2} \quad (54)$$

und der Winkel δ (dielektrischer Verlustwinkel), um den die Verschiebung in ihrer Phase hinter dem Feld zurückbleibt, durch

$$\operatorname{tg} \delta = \frac{\displaystyle\sum_n \frac{c_n \omega T_n}{1 + \omega^2 T_n^2}}{1 + \dfrac{\Delta C}{C}} \quad (55)$$

gegeben sind.

K. W. Wagner änderte das Schichtmodell etwas ab. Das Dielektrikum mit der Dielektrizitätskonstante ε soll die Elektrode nur stellenweise unmittelbar berühren. An den übrigen Stellen soll sich zwischen den Elektroden und dem Dielektrikum (z. B. Glimmer) eine sehr dünne schlecht leitende Schicht (z. B. Klebstoff) mit der Leitfähigkeit λ befinden. Diese Schicht darf stellenweise verschieden dick sein. Der Elektrodenzwischenraum besteht aus zwei einfachen Substanzen, aus einem einfachen reinen Leiter und einem idealen, nichtleitenden Dielektrikum. K. W. Wagner hat gezeigt, daß durch eine solche besondere Anordnung dieser Stoffe das recht komplizierte Verhalten eines Kondensators erklärt werden kann.

Für den Fall, in dem die schlecht leitende Schicht vermieden wird, betrachtet K. W. Wagner das Modell eines unvollkommenen Dielektrikums. In einer Grundsubstanz mit der Dielektrizitätskonstante ε_2 seien kleine Kugeln verteilt, deren Dielektrizitätskonstante ε_1 und deren Leitfähigkeit λ_1 sei. Die Kugel stört das Feld. Ist die Entfernung zwischen den Kugeln groß genug, so wird die Feldverteilung in und an einer leitenden Kugel von der Nachbarkugel nicht beeinflußt, wie dies auch Maxwell in homogenen Leitern nachgewiesen hat. Durch Einführung von Kugelfunktionen wird das Potential innerhalb und außerhalb der Kugel berechnet.

Ist nun im Kugelinnern λ_1, ε_1 und das Feld $\mathfrak{F}$ und außerhalb der Kugel λ_2, ε_2 und das Feld $\mathfrak{E}$, so ist in der Kugel die Leitungsstromdichte

$$ i_1 = \lambda_1 \cdot \mathfrak{F} , $$

die Verschiebungsstromdichte

$$ \frac{1}{f} \cdot \varepsilon_1 \cdot \frac{d\mathfrak{F}}{dt} = \frac{1}{f} \cdot \varepsilon_1 \cdot j\,\omega \cdot \mathfrak{F} $$

und die Gesamtstromdichte

$$ \mathfrak{J}_1 = \left(\lambda_1 + \frac{1}{f} \cdot j\,\varepsilon_1\,\omega \right) \mathfrak{F} = \varLambda_1 \cdot \mathfrak{F} . \tag{56a} $$

Außerhalb der Kugel gilt

$$ \mathfrak{J}_2 = \varLambda_2 \cdot \mathfrak{E} , \tag{56b} $$

wo

$$ \varLambda_1 = \lambda_1 + \frac{1}{f} \cdot \varepsilon_1 j\,\omega \quad \text{und} \quad \varLambda_2 = \lambda_2 + \frac{1}{f} \cdot \varepsilon_2 j\,\omega $$

bedeuten. Die Ersatzleitfähigkeit $\varLambda'$ ist gegeben durch

$$ \varLambda' = \varLambda_2 \left(1 - 3\,p\,\frac{\varLambda_2 - \varLambda_1}{2\,\varLambda_2 + \varLambda_1} \right), \tag{57} $$

wo $p = \dfrac{m\,R^3}{R_0^3}$, $m =$ Anzahl der kleinen Kugeln, $R =$ Radius der einzelnen Kugeln, $R_0 =$ Radius eines kugelförmigen Raumes, der die Anzahl m der kleinen Kugeln enthalten möge.

Ist aber $\lambda_2 = 0$, $\varepsilon_1 = \varepsilon_2 = \varepsilon$, $\lambda_1 = \lambda$, so ergibt sich

$$ \varLambda' = j\,\omega\,\varepsilon \cdot \frac{1}{f} \left[1 + \frac{3\,p}{1 + \omega^2\,T^2} - j\,\frac{3\,p\,\omega\,T}{1 + \omega^2\,T^2} \right], $$

wo

$$T = \frac{3\,\varepsilon}{\lambda} \cdot \frac{1}{f}$$

die Zeitkonstante darstellt. Man sieht hieraus, daß T unabhängig von der Teilchengröße ist.

Der Zusammenhang zwischen der Stromdichte $\mathfrak{J}$ und der Feldstärke im zusammengesetzten Dielektrikum ergibt sich als

$$\mathfrak{J} = \varLambda' \cdot \mathfrak{E}. \tag{58}$$

Die Beziehung zwischen der Verschiebung $\mathfrak{D}$ und der Feldstärke $\mathfrak{E}$ ist gegeben durch die Gleichung

$$\mathfrak{D} = \varepsilon \cdot \mathfrak{E} \cdot \left[1 + \frac{3\,p}{1 + \omega^2\,T^2} - j\,\frac{3\,p\,\omega\,T}{1 + \omega^2\,T^2}\right]. \tag{59}$$

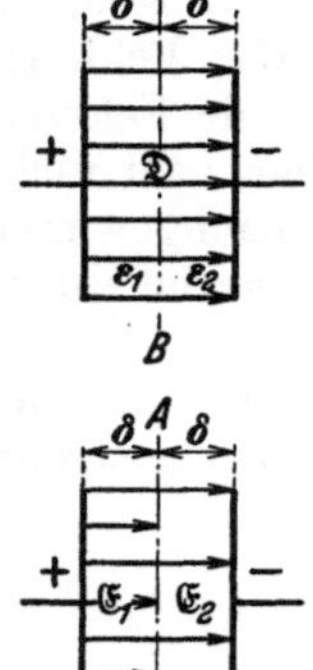

Abb. 4. Zweischichtkondensator. Die Verteilung der $\mathfrak{D}$- und $\mathfrak{E}$-Linien. ε_1 = Dielektrizitätskonstante der 1. Schicht, ε_2 = Dielektrizitätskonstante der 2. Schicht, λ_1 = Leitfähigkeit der 1. Schicht, λ_2 = Leitfähigkeit der 2. Schicht, δ = Schichtdicke, A—B = Trennfläche beider Schichten.

Wir können das Vorhergehende allgemeiner fassen, indem wir annehmen, daß n Arten von Kügelchen vorhanden sind, also mit n verschiedenen Leitfähigkeiten

$$\lambda_1, \lambda_2, \lambda_3, \ldots \lambda_n.$$

Die relativen räumlichen Dichten dieser verschiedenen Substanzen seien

$$p_1, p_2, p_3, \ldots p_n.$$

Die Entfernung zwischen den Kügelchen sei aber doch so groß, daß jedes Kügelchen das Feld so stört, als wäre es allein vorhanden. Dann ist

$$\mathfrak{D} = \varepsilon\,\mathfrak{E}\left[1 + \sum_n \frac{3\,p_n}{1 + \omega^2\,T_n^2} - j\sum_n \frac{3\,p_n\,\omega\,T_n}{1 + \omega^2\,T_n^2}\right]. \tag{60}$$

Wir haben das bekannte Resultat erhalten. Die Zeitkonstante

$$T = 3\,\frac{\varepsilon}{\lambda} \cdot \frac{1}{f}$$

enthält außer der Dielektrizitätskonstante ε noch die Leitfähigkeit λ. Steigt die Temperatur, so wird λ auch größer, während ε beinahe konstant bleibt; infolgedessen wird die Zeitkonstante geringer. Wie sich dies in den obigen Gleichungen auswirkt, ist leicht zu sehen.

Die Annahme der Kugelgestalt der Teilchen ist nach K. W. Wagner nicht wesentlich: Die Teilchengröße kommt in der Endformel überhaupt nicht vor.

In folgendem soll die Betrachtung für den Zweischichtkondensator ausführlich durchgeführt werden. Um die Darstellung klar zu gestalten, werden sich Wiederholungen des bereits Gesagten nicht vermeiden lassen.

Zwischen zwei Metallelektroden befinden sich zwei nicht leitende Medien *1* und *2* mit den Dielektrizitätskonstanten ε_1 und ε_2. Die Trennfläche beider Medien sei A—B, wie in Abb. 4 angegeben ist. Die

Schichtdicke eines jeden Dielektrikums sei δ. Die Elektrodenentfernung ist also $2\,\delta$. Es sei angenommen, daß beide Medien keinerlei Leitfähigkeit besitzen, daß also $\lambda = 0$ ist. Ist die angelegte Spannung U, so erhalten wir

$$\mathfrak{E}_1 = \frac{1}{\varepsilon_1}\mathfrak{D} \quad \text{und} \quad \mathfrak{E}_2 = \frac{1}{\varepsilon_2}\mathfrak{D}, \tag{61}$$

$$U = \mathfrak{E}_1 \cdot \delta + \mathfrak{E}_2 \cdot \delta = \delta\,(\mathfrak{E}_1 + \mathfrak{E}_2)$$

oder

$$\mathfrak{D} = \varepsilon_1\mathfrak{E}_1 = \varepsilon_2\mathfrak{E}_2; \qquad \mathfrak{E}_2 = \frac{\varepsilon_1}{\varepsilon_2}\mathfrak{E}_1,$$

$$U = \delta\left(\mathfrak{E}_1 + \frac{\varepsilon_1}{\varepsilon_2}\mathfrak{E}_1\right) = \mathfrak{E}_1\,\delta\left(1 + \frac{\varepsilon_1}{\varepsilon_2}\right) = \mathfrak{E}_1 \cdot \delta\left(\frac{\varepsilon_2 + \varepsilon_1}{\varepsilon_2}\right).$$

Und daraus

$$\left.\begin{aligned}\mathfrak{E}_1 &= \frac{U}{\delta}\left(\frac{\varepsilon_2}{\varepsilon_1 + \varepsilon_2}\right), \\[4pt] \mathfrak{E}_2 &= \frac{U}{\delta}\left(\frac{\varepsilon_1}{\varepsilon_1 + \varepsilon_2}\right).\end{aligned}\right\} \tag{62}$$

Ist aber in beiden Schichten eine endliche Leitfähigkeit (λ_1 und λ_2) vorhanden, so sind

$$i_1 = \lambda_1 \cdot \mathfrak{E}_1 = \frac{U}{\delta} \cdot \frac{\lambda_1 \cdot \varepsilon_2}{\varepsilon_1 + \varepsilon_2} \tag{63a}$$

und

$$i_2 = \lambda_2 \cdot \mathfrak{E}_2 = \frac{U}{\delta} \cdot \frac{\lambda_2 \cdot \varepsilon_1}{\varepsilon_1 + \varepsilon_2} \tag{63b}$$

die Leitungsstromdichten im ersten Augenblick nach dem Einschalten der Spannung U. Wenn $\lambda_1\varepsilon_2 \neq \lambda_2\varepsilon_1$ ist, so findet eine Ansammlung der Ladungen auf der Trennfläche statt.

$$\left.\begin{aligned}&\text{Ist } \lambda_1\varepsilon_2 > \lambda_2\varepsilon_1,\text{ so ist } i_1 > i_2 \text{ und die Trennfläche positiv,}\\ &\text{ist } \lambda_1\varepsilon_2 < \lambda_2\varepsilon_1,\text{ so ist } i_1 < i_2 \text{ und die Trennfläche negativ,}\\ &\text{ist } \lambda_1\varepsilon_2 = \lambda_2\varepsilon_1,\text{ so ist } i_1 = i_2 \text{ und die Trennfläche neutral.}\end{aligned}\right\} \tag{64}$$

Die Aufladung der Trennfläche verändert die ursprüngliche Feldverteilung. Der stationäre Zustand ist erreicht, wenn

$$i_1 = i_2 = i \tag{65}$$

geworden ist. Dann bleibt die Ladung der Trennfläche zeitlich konstant, und wir erhalten:

$$\mathfrak{E}_1 = \frac{i}{\lambda_1}; \qquad \mathfrak{E}_2 = \frac{i}{\lambda_2},$$

und da

$$i = \lambda_1\mathfrak{E}_1 = \lambda_2\mathfrak{E}_2,$$

so wird

$$\mathfrak{E}_1 = \frac{\lambda_2}{\lambda_1}\mathfrak{E}_2; \qquad \mathfrak{E}_2 = \frac{\lambda_1}{\lambda_2}\mathfrak{E}_1,$$

$$U = \mathfrak{E}_1\,\delta + \mathfrak{E}_2\,\delta = \delta\mathfrak{E}_1\left(1 + \frac{\lambda_1}{\lambda_2}\right) = \delta\mathfrak{E}_2\left(1 + \frac{\lambda_2}{\lambda_1}\right)$$

und

$$\mathfrak{E}_1 = \frac{U}{\delta}\left(\frac{\lambda_2}{\lambda_1 + \lambda_2}\right), \left.\vphantom{\frac{U}{\delta}}\right\}$$
$$\mathfrak{E}_2 = \frac{U}{\delta}\left(\frac{\lambda_1}{\lambda_1 + \lambda_2}\right), \quad (66\,\text{a})$$

$$\mathfrak{D}_1 = \frac{U}{\delta}\cdot\frac{\varepsilon_1\cdot\lambda_2}{\lambda_1 + \lambda_2}, \left.\vphantom{\frac{U}{\delta}}\right\}$$
$$\mathfrak{D}_2 = \frac{U}{\delta}\cdot\frac{\varepsilon_2\cdot\lambda_1}{\lambda_1 + \lambda_2}. \quad (66\,\text{b})$$

Die an den Kondensator abgegebene Ladungsmenge wächst mit der Zeit; hierdurch wird die Zunahme der Kapazität des Kondensators bedingt, die mit der Zeit einem Endwert zustrebt.

Wir betrachten den zeitlichen Vorgang. Die Aufladung der Trennschicht entsteht, weil $i_1 \neq i_2$ ist. Es sei $i_1 > i_2$. Die Zunahme der Ladung in der Zeiteinheit ist $i_1 - i_2$ und die Ladung auf der Flächeneinheit $\mathfrak{D}_2 - \mathfrak{D}_1$. Es ist also:

$$i_1 - i_2 = \frac{1}{f}\,\frac{d}{dt}\,(\mathfrak{D}_2 - \mathfrak{D}_1)$$

oder

$$\lambda_1\cdot\mathfrak{E}_1 - \lambda_2\,\mathfrak{E}_2 = \frac{\varepsilon_2}{f}\cdot\frac{d\,\mathfrak{E}_2}{dt} - \frac{\varepsilon_1}{f}\,\frac{d\,\mathfrak{E}_1}{dt},$$

und da

$$U = \mathfrak{E}_1\,\delta + \mathfrak{E}_2\,\delta,$$

so erhalten wir die Differentialgleichung

$$\frac{\varepsilon_1 + \varepsilon_2}{f}\cdot\frac{d\,\mathfrak{E}_1}{dt} + (\lambda_1 + \lambda_2)\cdot\mathfrak{E}_1 = \lambda_2\,\frac{U}{\delta},$$

deren Lösung

$$\mathfrak{E}_1 = \frac{\lambda_2}{\lambda_1 + \lambda_2}\cdot\frac{U}{\delta} + K\cdot e^{-\frac{t}{T}} \quad (67)$$

ist, wo die Zeitkonstante

$$T = \frac{\varepsilon_1 + \varepsilon_2}{f\,(\lambda_1 + \lambda_2)} \quad (68)$$

ist. Auf den Endwert der Feldstärke haben die Teilleitfähigkeiten λ_1 und λ_2 einen Einfluß. Sie bestimmen auch die Zeitkonstante T; je größer die Leitfähigkeit ist, desto geringer wird sie. Für die Gesamtstromdichte (Verschiebungsstromdichte i_v + Leitungsstromdichte i_l) gilt, wie wir gesehen haben,

$$\mathfrak{J} = \left(\lambda + \frac{j\,\omega\,\varepsilon}{f}\right)\cdot\mathfrak{E}. \quad (69)$$

Zweischichtkondensatoren bei Wechselstrom.

Die Ströme in beiden Schichten sind gleich

$$i = \underbrace{\left(\lambda_1 + \frac{j\,\omega\,\varepsilon_1}{f}\right)}_{\Lambda_1}\mathfrak{E}_1 = \underbrace{\left(\lambda_2 + \frac{j\,\omega\,\varepsilon_2}{f}\right)}_{\Lambda_2}\cdot\mathfrak{E}_2. \quad (70\,\text{a})$$

Die Scheinleitfähigkeit Λ bei Wechselstrom entspricht der Leitfähigkeit λ bei Gleichstrom:

$$i = \Lambda_1 \cdot \mathfrak{E}_1 = \Lambda_2 \mathfrak{E}_2 , \qquad (70\,\mathrm{b})$$

wenn

$$\left.\begin{aligned} \Lambda_1 &= \lambda_1 + \frac{j\,\omega\,\varepsilon_1}{f} , \\[2mm] \Lambda_2 &= \lambda_2 + \frac{j\,\omega\,\varepsilon_2}{f} \end{aligned}\right\} \qquad (71)$$

ist. Ist die angelegte Spannung von der Form

$$U = U_0 \cdot e^{j\omega t} ,$$

so erhalten wir

$$U = \mathfrak{E}_1\,\delta + \mathfrak{E}_2 \cdot \delta$$

und daraus

$$\left.\begin{aligned} \mathfrak{E}_1 &= \frac{U}{\delta} \cdot \frac{\Lambda_2}{\Lambda_1 + \Lambda_2} , \\[2mm] \mathfrak{E}_2 &= \frac{U}{\delta} \cdot \frac{\Lambda_1}{\Lambda_1 + \Lambda_2} , \\[2mm] i &= \frac{U}{\delta} \cdot \frac{\Lambda_1\,\Lambda_2}{\Lambda_1 + \Lambda_2} . \end{aligned}\right\} \qquad (72)$$

$\Lambda = \dfrac{\Lambda_1\,\Lambda_2}{\Lambda_1 + \Lambda_2} =$ Scheinleitfähigkeit des homogenen Ersatzstoffes, der dieselben elektrischen Eigenschaften wie der Zweischichtkondensator aufweist. Unter Berücksichtigung von Gleichung (71) erhalten wir

$$\Lambda = \frac{\left(\lambda_1 + \dfrac{j\,\omega\,\varepsilon_1}{f}\right)\left(\lambda_2 + \dfrac{j\,\omega\,\varepsilon_2}{f}\right)}{\lambda_1 + \lambda_2 + \dfrac{j\,\omega\,(\varepsilon_1 + \varepsilon_2)}{f}} . \qquad (73)$$

Bei Gleichstrom ist $\omega = 0$, und es ergibt sich:

$$\Lambda = \frac{\lambda_1\,\lambda_2}{\lambda_1 + \lambda_2} .$$

Bei Wechselstrom mit sehr hoher Frequenz kann λ neben $\dfrac{\omega\,\varepsilon}{f}$ vernachlässigt werden, und wir erhalten

$$\Lambda = \frac{j\,\omega}{f} \cdot \frac{\varepsilon_1\,\varepsilon_2}{\varepsilon_1 + \varepsilon_2} = j\,\omega\,\frac{\varepsilon}{f} ,$$

wo

$$\varepsilon = \frac{\varepsilon_1\,\varepsilon_2}{\varepsilon_1 + \varepsilon_2}$$

die Dielektrizitätskonstante des Ersatzstoffs bei hohem ω bedeutet.

Es läßt sich zeigen (79), daß die „Nachwirkungskonstante" k durch den Ausdruck

$$k = \frac{(\varepsilon_1\,\lambda_2 - \varepsilon_2\,\lambda_1)^2}{\varepsilon_1\,\varepsilon_2\,(\lambda_1 + \lambda_2)^2}$$

und die Scheinleitfähigkeit des Ersatzstoffs bei Berücksichtigung der

Nachwirkungskonstante k und der Zeitkonstante T durch den Ausdruck

$$\Lambda = \left[\lambda + \frac{\omega^2 \varepsilon k T}{f(1 + \omega^2 T^2)}\right] + \left[\frac{j\omega}{f}\varepsilon\left(1 + \frac{k}{1 + \omega^2 T^2}\right)\right] \tag{74}$$

wiedergegeben werden kann.

Der erste Klammerausdruck (reeller Teil) zeigt, daß bei Wechselspannung mehr Energie verbraucht wird als bei Gleichspannung, wo der Energieverbrauch der wahren Leitfähigkeit λ entspricht. Dieser Mehrverbrauch an Energie bei Wechselspannung gegenüber Gleichspannung wird als „dielektrischer Verlust" bezeichnet. Der zweite Klammerausdruck (imaginärer Teil) gibt den Ladestrom an.

Der durch die beiden Schichten fließende Strom i ist gegeben durch

$$i = \frac{U}{\delta}\Lambda = \frac{U}{\delta}\lambda + \frac{U}{\delta}\cdot\frac{\omega^2 \varepsilon k T}{f(1 + \omega^2 T^2)} + \frac{U}{\delta}\frac{j\omega \varepsilon^*}{f} = i_l + i_v + i_c,$$

wo $i_l = \dfrac{U}{\delta}\lambda$ den reinen Leitungsstrom,

$$i_v = \frac{U}{\delta}\cdot\frac{\omega^2 \varepsilon k T}{f(1 + \omega^2 T^2)}$$

den dielektrischen Verluststrom und $i_c = \dfrac{U}{\delta}\dfrac{j\omega \varepsilon^*}{f}$ den Ladestrom

$$\left[\varepsilon^* = \varepsilon\left(1 + \frac{k}{1 + \omega^2 T^2}\right)\right]$$

bedeuten. In Abb. 5 sind diese Ströme in einem Vektordiagramm dargestellt. Dem Ladestrom $OA = \dfrac{U}{\delta}\dfrac{j\omega \varepsilon}{f}$ (ohne Nachwirkung) entspricht eine Ladung $Q = \dfrac{OA}{j\omega}$, die mit der Spannung U in Phase ist. Dem Nachwirkungsstrom AD entspricht die Nachladung $Q_n = \dfrac{AD}{j\omega}$, die hinter dem Nachwirkungsstrom um 90° zurückbleibt. Die Gesamtladung Q^* eilt der Spannung um den Winkel δ nach, den man als „dielektrischen Verlustwinkel" bezeichnet. Es ist

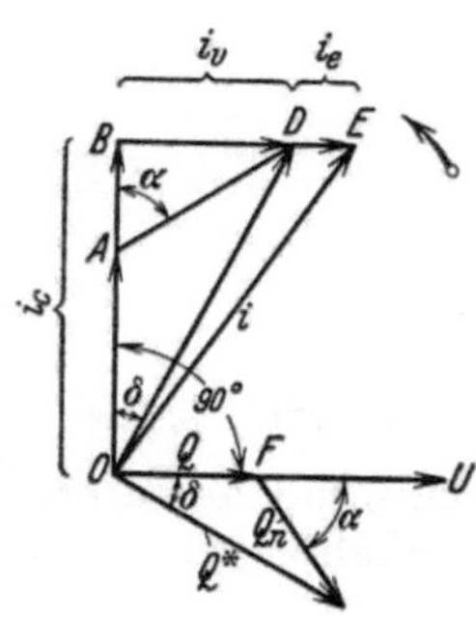

Abb. 5. Vektordiagramm der Ströme eines Dielektrikums mit Nachwirkung bei Wechselspannung. δ = Verlustwinkel, $DE = i_e$ = reiner Leitungsstrom, $BD = i_v$ = dielektrischer Verluststrom, $OB = i_c$ = Ladestrom.

$$\cos(90 - \delta) = \sin \delta \approx \operatorname{tg} \delta = \left(\frac{i_v}{i_c}\right)$$

oder

$$\operatorname{tg} \delta = k\,\frac{\varepsilon}{\varepsilon^*}\cdot\frac{\omega T}{1 + \omega^2 T^2}$$

oder

$$\operatorname{tg} \delta = k\,\frac{\omega T}{1 + k + \omega^2 T^2}\,. \tag{75}$$

Bei $\omega T = 0$ ist auch $\operatorname{tg} \delta = 0$. Mit steigender Frequenz ω steigt auch $\operatorname{tg} \delta$. Bei einer bestimmten Frequenz, wenn nämlich die Bedingung erfüllt ist, daß $\omega T = \sqrt{1 + k}$ ist, erreicht $\operatorname{tg} \delta$ den Maximalwert

$$[\operatorname{tg} \delta]_{\max} = \frac{k}{2\sqrt{1 + k}}\,.$$

Die Beziehung zwischen Verlustwinkel tg δ, Ableitung G und Kapazität C gibt die Gleichung

$$\operatorname{tg} \delta = \frac{G}{\omega C}, \tag{76}$$

wo $G = \dfrac{i_v}{U}$ und $\omega C = \dfrac{|i_c|}{U}$ ist. Daraus ergibt sich der dielektrische Leitungsverlust N

$$N = U\, i_v = G \cdot U^2 = \omega C\, U^2 \operatorname{tg} \delta. \tag{77}$$

Die Gleichung besagt, daß der dielektrische Verlust mit dem Quadrat der Spannung wächst. Die Leitfähigkeit bei Wechselstrom fällt um mehrere Zehner-Faktoren höher aus als bei Gleichstrom.

Durch die obigen Betrachtungen über den Zweischichtkondensator werden eine Reihe von Eigenschaften erklärt (Nachladung, Rückstand, Abnahme der Dielektrizitätskonstante mit wachsender Frequenz, starker Energieverbrauch bei Wechselstrom), die das wirkliche Dielektrikum aufweist. Diese Betrachtungen lassen sich auch auf den Fall übertragen, wenn in einem homogenen Dielektrikum (z. B. Flüssigkeiten) mit der Dielektrizitätskonstante ε_0 und der Leitfähigkeit λ_0 ein anderes Dielektrikum mit dem Volumverhältnis p (z. B. infolge Suspension), mit ε_1 und λ_1 eingebettet ist. Das Volumverhältnis sei $p : 1$ ($p \ll 1$). Dann ist die Gleichstromleitfähigkeit λ

$$\lambda = \lambda_0 \left[1 - 3\,p \frac{\lambda_0 - \lambda_1}{2\,\lambda_0 - \lambda_1} \right],$$

die Dielektrizitätskonstante ε bei hohen Frequenzen

$$\varepsilon = \varepsilon_0 \left[1 - 3\,p \frac{\varepsilon_0 - \varepsilon_1}{2\,\varepsilon_0 - \varepsilon_1} \right],$$

die Zeitkonstante T

$$T = \frac{2\,\varepsilon_0 + \varepsilon_1}{f\,(2\,\lambda_0 + \lambda_1)}$$

und die Nachwirkungskonstante k

$$k = \frac{9\,p\,(\lambda_0\,\varepsilon_1 - \lambda_1\,\varepsilon_0)^2}{\varepsilon\,(2\,\varepsilon_0 + \varepsilon_1)\,(2\,\lambda_0 + \lambda_1)^2}.$$

(Bei $\lambda_0\,\varepsilon_1 = \lambda_1\,\varepsilon_0$ ist auch $k = 0$.) Hat man im homogenen Dielektrikum n Beimischungen, so wirkt jede Beimischung so, als ob die übrigen nicht vorhanden wären und ihre Wirkungen überlagern sich. Es ist zu erwarten, daß ganz reine Substanzen keine Nachwirkungserscheinungen aufweisen. Es ist gezeigt worden (*80*), (*81*), daß in manchen Flüssigkeiten nach mäßiger Reinigung keine Nachwirkung vorhanden ist. Hierzu gehören z. B. Mineralöle und Toluol. Andere Gruppen (z. B. Hexan, Chlorbenzol) zeigen eine Nachwirkung auch im reinen Zustand. Sie wird aber mit fortschreitender Reinheit geringer.

Temperatureinfluß. Die Nachwirkungskonstante k ändert sich sehr wenig mit der Temperatur. Die Nachladung behält ihre Stärke bei einer Steigerung der Temperatur, ihr zeitlicher Verlauf T wird aber kürzer. Der Nachladestrom ist der Änderung der Nach-

ladung in der Zeiteinheit proportional. Deshalb muß sich der Nachladestrom in demselben Maße verstärken, wie er rascher verläuft. Die folgende Gleichung verknüpft tg δ mit k, T und ω:

$$\operatorname{tg} \delta = k\, \frac{\omega T}{1 + k + \omega^2 T^2}\,,$$

wo ω und $\varGamma$ in der Verbindung ωT auftreten. Die Veränderung der Zeitkonstante T bedeutet eine Dehnung oder Verkürzung der tg $\delta = f(\omega)$-
Kurve in Richtung der ω-Achse. Nimmt die Temperatur zu, so nimmt die
Zeitkonstante T ab, und die tg $\delta = f(\omega)$-Kurve erscheint auseinander-
gezogen. In Abb. 6a wird dies **Temperaturgesetz der korrespon-
dierenden Zustände** veranschaulicht. Ähnlichen Einfluß hat die
Veränderung der Kreisfrequenz ω auf die tg $\delta = f(t)$-Kurve. Dies sieht
man in Abb. 6b. Die Kurven der Abb. 6c stellen die Meßergebnisse in

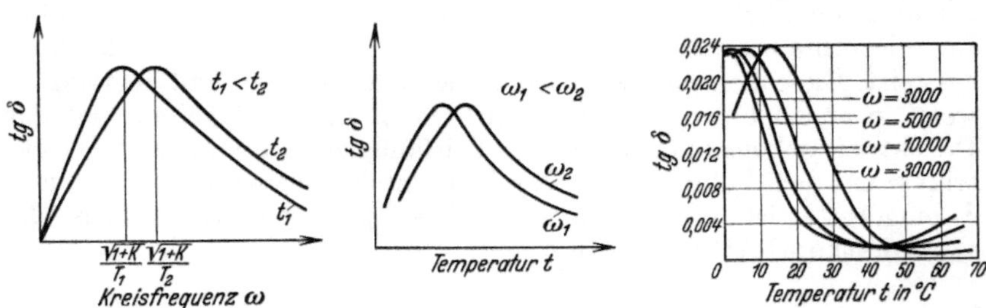

Abb. 6a. Einfluß der Tempera-
tur auf die tg$\delta = f(\omega)$-Kurve
(Temperaturgesetz der korrespon-
dierenden Zustände).

Abb. 6b. Einfluß der Fre-
quenz auf die tg$\delta = f(t)$-
Kurve.

Abb. 6c. Die Abhängigkeit des
dielektrischen Verlustfaktors tg δ
von der Temperatur bei verschiedenen Frequenzen im Bienenwachs.

Bienenwachs dar. Durch Änderung der Frequenz ($\omega = 3000$, 5000
10000, 30000) wird die Kurve in Richtung der t-Achse gedehnt.

β) **Molekulartheoretische Deutung der dielektrischen Verluste.** Wir
sehen, daß diese von Maxwell entwickelte und von K. W. Wagner
vervollständigte Theorie der elektrischen Nachwirkung, die in der elementaren Maxwellschen Elektrodynamik fußt, keine Voraussetzung
über den Bau und über das Verhalten des Moleküls macht. Nach Maxwell ist die Inhomogenität des Dielektrikums als Ursache der Nachwirkung zu betrachten, und dies nicht immer, sondern nur dann, wenn
das Verhältnis Dielektrizitätskonstante zu Leitfähigkeit zweier Sub-
stanzen, die das Medium bilden, nicht gleich ist, wenn also $\frac{\varepsilon_1}{\lambda_1} + \frac{\varepsilon_2}{\lambda_2}$.
Es lag nahe anzunehmen, daß bei den Nachwirkungserscheinungen usw.
im Dielektrikum auch die Moleküle der Flüssigkeit oder des festen
Körpers mit beteiligt sind.

In früheren Arbeiten findet man den Versuch, die Nachwirkungserscheinungen analog der magnetischen Hysteresiserscheinung
zu erklären, wobei der Inhalt der Schleife den Energieverlust bedeuten würde. Insbesondere haben die Arbeiten von Arno (68) dazu
beigetragen. Beaulard (69) wies aber die Unanwendbarkeit dieser
Theorie nach. Man hat bald die Analogie der magnetischen Hysteresis

aufgegeben und versucht, die Nachwirkungserscheinungen durch „viskose Hysteresis“ (= „elektrische Viskosität“) zu erklären [Schaufelberger (70), Beaulard (69), Arno (71), Porter und Morris (72)]. Darunter verstand man folgendes: Wird in einem Dielektrikum ein elektrisches Feld $\mathfrak{E}$ plötzlich erzeugt, so nimmt die elektrische Verschiebung den dieser Feldstärke entsprechenden Wert nicht momentan an; vielmehr ist eine bestimmte Zeit erforderlich, bis die Verschiebung ihn (asymptotisch) erreicht. Bei Wechselspannung bleibt daher die Verschiebung stets hinter ihrem „Sollwert“ zeitlich zurück.

Man hat diese Hypothese auch zur Erklärung der Rückstandsbildung benutzt [Boltzmann, Romich und Nowack (73), Hopkinson (58), Wüllner (74)].

Die Pelatts-Theorie (75) formuliert diesen Gedanken schärfer. Wird in einer unbeanspruchten Probe plötzlich eine Feldstärke $\mathfrak{E}_0$ erzeugt, so nimmt die Verschiebung ebenfalls plötzlich den Wert $\varepsilon\,\mathfrak{E}_0 = \mathfrak{D}_0$ an, steigt dann aber allmählich an und nähert sich einem konstanten Endwert $\mathfrak{D}_\infty$:

$$\mathfrak{D}_t = \varepsilon\,\mathfrak{E}_0 + (1 - e^{-\alpha t})\,\beta \cdot \varepsilon \cdot \mathfrak{E}_0,$$

wo α und β Materialkonstanten sind. Ist $t = \infty$, so wird

$$\mathfrak{D}_t = \mathfrak{D}_\infty = (1 + \beta)\,\varepsilon \cdot \mathfrak{E}_0 = (1 + \beta) \cdot \mathfrak{D}_0.$$

Die allgemeine Gleichung lautet

$$\frac{d\,\mathfrak{D}_t}{d\,t} = \alpha \cdot e^{-\alpha t} \cdot \beta \cdot \varepsilon \cdot \mathfrak{E}_0 = -\alpha\,(\mathfrak{D}_t - \mathfrak{D}_\infty).$$

Danach strebt die Verschiebung einem stationären Endwert $\mathfrak{D}_\infty$ zu, und ihre Änderungsgeschwindigkeit ist der Differenz zwischen diesem Endwert und dem momentanen Wert der Verschiebung proportional.

$\mathfrak{D}_t$ kann auch folgendermaßen dargestellt werden

$$\mathfrak{D}_t = \varepsilon\,\mathfrak{E} + \mathfrak{D}'_t,$$

wo $\varepsilon\,\mathfrak{E}$ als „normale Verschiebung“ und $\mathfrak{D}'_t$ als „viskose Verschiebung“ bezeichnet wurde.

Aus den Pelattsschen Darstellungen sieht man, daß für die Charakterisierung eines Dielektrikums außer der Dielektrizitätskonstante ε und der spezifischen Leitfähigkeit λ noch zwei Materialkonstanten α und β heranzuziehen sind. Die Konstante α hat die Dimension einer reziproken Zeit; $T = \dfrac{1}{\alpha}$ bedeutet die Zeitkonstante oder die Relaxationszeit der viskosen Verschiebung. Die Konstante β stellt das Verhältnis des stationären Endwerts, des „viskosen“ Endwerts zu der „normalen“ Verschiebung dar und hat die Dimension einer reinen Zahl.

Die Theorie zeigt, daß der durch „Freiwerden des Rückstands“ entstandene Strom dem rückstandsbildenden Strom entgegengesetzt gerichtet ist, erklärt die elektrischen Anomalien ganz gut und zeigt, daß mit zunehmender Periodenzahl des Wechselfeldes die „scheinbare“ Kapazität und die Leitfähigkeit (und damit auch die Wärme) steigt.

Auch die empirischen Gesetze der Rückstandsbildung können aus der Pelattsschen Theorie qualitativ abgeleitet werden; v. Schweidler stellte aber fest, daß in quantitativer Beziehung eine Nichtübereinstimmung bezüglich der Form des zeitlichen Verlaufs besteht. (Pelatts Theorie liefert einen zeitlichen Verlauf der Verschiebung $e^{-\alpha t}$ und die Experimente ergeben $B \cdot t^{-n}$.) Dieser Tatbestand veranlaßte

v. Schweidler, eine Modifikation der Pelattsschen Theorie vorzunehmen. Auch er stellt die Verschiebung $\mathfrak{D}$ als eine Summe aus $\varepsilon \mathfrak{E}$ („normale" Verschiebung) und $\mathfrak{D}'$ („viskose" Verschiebung) dar. Die „viskose" Verschiebung $\mathfrak{D}'$ denkt er sich aus einer Summe von Gliedern zusammengesetzt, von denen jedes für sich nach einem analogen Gesetz wie bei der Pelattsschen Theorie ($e^{-\alpha t}$) einem Grenzwert zustrebt, bei denen aber die einer bestimmten Feldstärke entsprechenden Endwerte und die Zeitkonstanten verschieden sind. Es ist

$$\mathfrak{D} = \varepsilon \mathfrak{E} + \textstyle\sum^i \mathfrak{D}'_i.$$

Durch die Erweiterung ist die Theorie allgemeiner geworden.

E. v. Schweidler gibt auch die molekular-physikalische Deutung der obigen Theorie an. Danach stellen die Moleküle (Ionenkomplexe) „Resonatoren" dar. (Eine ähnliche Annahme macht die Theorie der Dispersion und Absorption elektrischer Wellen im Dielektrikum. Danach ist ein Teil der Ladungsträger im Molekül durch quasielastische Kräfte an seine Gleichgewichtslage gebunden, um die sie Eigenschwingungen ausführen.) Es werden zwei Arten von Molekülen angenommen. Die eine Art sind solche Moleküle, deren Ladungen eine Eigenschwingung von bestimmter Dauer und bestimmtem Dämpfungsverhältnis bedingen. Die Moleküle zweiter Art hingegen zeichnen sich dadurch aus, daß ihre Ladungen an Stelle einer Schwingung eine aperiodische gedämpfte Bewegung ausführen. Wird plötzlich ein konstantes Feld erzeugt, so folgen die Ladungen der Moleküle erster Art (Resonatoren mit kleiner Schwingungsdauer) ohne merkliche Phasendifferenz („normale" Verschiebung), die Verschiebung der Ladungsträger zweiter Art hingegen erfolgt aperiodisch gedämpft, und zwar so, daß die Konstante α in der Formel $e^{-\alpha t}$ für alle Moleküle den gleichen Wert besitzt. Die Größe β gibt das Verhältnis des Verschiebungsflusses dieser aperiodisch gedämpften Moleküle zu dem der oszillatorisch bewegten an.

Durch die Schweidlersche Erweiterung der Theorie wird angenommen, daß es verschieden aperiodisch gedämpfte Moleküle mit verschiedenen Zeitkonstanten α_i gibt, die in verschiedener Anzahl (proportional β_i) pro Volumeneinheit vorhanden sind. [Ausführliche Literaturangabe siehe E. v. Schweidler (67).]

W. Kitchin (76) und Kitchin-Müller (77) haben gezeigt, daß sich der dielektrische Verlust zäher Dielektrika durch die Debyesche Dipoltheorie erklären läßt. Bei Kolophonium und Ölen fanden sie dieselbe Temperatur- (Zähigkeit-) und Frequenzabhängigkeit, die von der Dipoltheorie gefordert wird und zeigten, daß der Kerr-Effekt und tg δ (oder die Nachwirkung) analog verlaufen.

E. Kirch (78) zeigt, daß der Verlauf von tg δ mit der Frequenz davon abhängt, durch welche Schaltung der Isolator ersetzt wird. Ist er durch eine Serienschaltung von einem Widerstand und einem Kondensator ersetzt, so wächst tg δ mit der Frequenz linear. Bei Parallel-schaltung nimmt tg δ mit steigender Frequenz nach einer hyperbolischen Funktion ab. Bei Kombination der Serien- und Parallelschaltung zeigt tg δ ein Minimum. An Hand der Theorie von K. W. Wagner wird durch Betrachtung der Ersatzschaltungen gezeigt, wie das Maximum von tg δ bei Temperatur- und Frequenzabhängigkeit auftritt. An Rüböl wird die Abhängigkeit von tg δ von der Temperatur aufgenommen und gezeigt, daß mit fortschreitender Reinigung tg δ geringer wird, während die Dielektrizitätskonstante unabhängig von dem Reinheits-grad ist.

Das Auftreten des Maximums der Dielektrizitätskonstante in der Temperaturkurve von Flüssigkeiten wird durch die Dipoltheorie erklärt. Bei viskoser Flüssigkeit können die Dipolmoleküle nicht so leicht orien-tiert werden wie bei weniger viskoser. Deshalb ist zu erwarten, daß mit der Temperatur die Dielektrizitätskonstante zunimmt. Mit steigender Temperatur steigt aber auch die Wärmebewegung der Moleküle, die der Richtkraft entgegenwirkt. Daher ist zu erwarten, daß die Dielektrizi-tätskonstante mit wachsender Temperatur abnimmt. Die Überlagerung beider Wirkungen ergibt ein Maximum. Nach der Dipoltheorie ist zu erwarten, daß die Dielektrizitätskonstante der viskosen Flüssigkeiten mit wachsender Frequenz abnimmt, und zwar ist die Frequenzabhängig-keit um so stärker, je größer die Viskosität der Flüssigkeit ist. Dies Ver-halten wird durch die Trägheit der Flüssigkeitsmoleküle begründet. Ist nun die Frequenz so hoch, daß die Moleküle den Feldrichtungsänderun-gen nicht mehr folgen können, so erreicht die Dielektrizitätskonstante denselben Wert, der dem Zustand, in dem die Flüssigkeit fest ist, d. h. die Dipolmoleküle eingefroren sind, entspricht. Die Debyesche Theorie ergibt, daß die Reibungsverluste bei niedrigen Temperaturen (große Viskosität) sehr gering sind (wenn auch die spezifische Reibung groß ist), weil die Bewegungen gering sind und damit das Produkt Drehung (Weg) des Dipols mal der Reibung (Kraft) gering ist. Ein Maximum der Ver-luste tritt bei den Temperaturen auf, bei denen dies Produkt ein Maximum wird. Bei hohen Temperaturen finden die Dipole bei ihrer Drehung einen geringeren Widerstand, so daß das Produkt geringer wird. Nach Debye ist die Frequenz (kritische Frequenz), bei der das Maxi-mum auftritt, durch die Gleichung

$$\nu_0 = \frac{k\,T}{4\,\pi\cdot\eta\cdot a^3}$$

gegeben. Je größer die Viskosität η ist, desto geringer ist die kritische Frequenz. Sie hängt außerdem von dem Molekülradius a und von der absoluten Temperatur T ab ($k = $ Boltzmannsche Konstante).

γ) **Ionenleitung als Ursache der dielektrischen Anomalien.** E. v. Schweidler diskutierte die Möglichkeit einer ionentheoretischen Deutung der dielektrischen Anomalien und erklärte die Rückstands-bildung durch Stauung der Ionen in der Nähe der Elektroden. Die zeit-liche Abnahme der Stromstärke wird durch den Aufbau der Raum-ladung vor den Elektroden erklärt. Zum Schluß seiner Betrachtungen kam er zu dem Resultat, daß, wenn auch einige Erscheinungen der dielektrischen Anomalien durch Ionenleitung phänomenologisch gedeutet werden können, sie doch nicht alle Erscheinungen restlos zu erklären vermag. Nach v. Schweidler kann die Ionenleitung dabei mit beteiligt sein. Sie ist aber zur Deutung der auftretenden Eigentümlichkeiten nicht ausreichend. Die Messungen von Nikuradse und Dantscher (66) haben gezeigt, daß bei Stromabnahme mit der Zeit ein Abbau der Raumladung in der Nähe der Elektroden und bei Zunahme des Stroms mit der Zeit ein Aufbau der Raumladung beobachtet wird. Im stationären Zustand ist die Feldverteilung gleichmäßig, und infolgedessen ist die Flüssigkeit als vollkommen homogenes Medium zu betrachten. Es ist hier hervorzuheben, daß die zeitliche Abhängigkeit der Stromstärke und der räumlichen Verteilung der Raumladung (Feldverzerrung) von der Reinheit der Flüssigkeit und der Elektroden abhängt. Je reiner sie sind, desto geringer ist die zeitliche Abhängigkeit und desto geringer ist die Feldverzerrung selbst.

W. O. Schumann zeigte deutlich, daß die dielektrischen Anomalien durch die Ionenleitung hervorgerufen werden können. Diskussion über diese Frage siehe Seite 122.

c) Experimentelles über die Verluste.

α) **Die Abhängigkeit des Verlustwinkels von der Zeit.** Die Stromstärke bei Gleichspannungsbeanspruchung ist von der Zeit abhängig. Die Abhängigkeit ist um so geringer, je reiner die Flüssigkeit und die Elektroden sind. Außerdem hängt die Stromstärke von der Natur der Flüssigkeit ab; beim Hexan z. B. ist sie stärker ausgeprägt als beim Mineralöl. Bei dem letzten verschwindet sie sogar durch mäßige Reinigung. In unreinen Flüssigkeiten beobachtet man bald eine Zunahme, bald eine Abnahme der Stromstärke mit der Zeit, bald zeigt sie ein Maximum. Bei stufenweiser Spannungssteigerung beobachtet man bei jeder Stufe eine Abnahme und bei Spannungserniedrigung eine Zunahme der Leitfähigkeit mit der Zeit. Das gilt sowohl bei niedrigen als auch bei hohen Spannungen einschließlich der Funkenentladungsspannung.

Möllinger (85) hat den Verlustwinkel tg δ als Funktion der Zeit in zwei unreinen Ölproben verfolgt. Die jungfräulichen Kurven zeigen ein Maximum. In welcher Zeit das Maximum erreicht wird, hängt offenbar von der Art der Flüssigkeit und von ihrer Reinheit ab. Weit häufiger beobachtete er Kurven, die eine Zunahme von tg δ mit der Zeit zeigten, und zwar dann, wenn die Probe vorher längere Zeit dem Einfluß der Spannung ausgesetzt wurde. (Siehe Kurve a in Abb. 7 a.) Bei $\mathfrak{E} = 13{,}0$; $19{,}6$ und $26{,}1$ kV/cm fand er ähnliche Kurven, die den stationären Endwert nach derselben Zeit zu erreichen scheinen. Schaltet man die Spannung nach erreichtem Endzustand ab und mißt dann den Verlustwinkel tg δ, indem jeweils bei jedem Meßpunkt nur ganz kurz für die Dauer der Messung unter Benutzung der vorigen Beanspruchung eingeschaltet wird, so erhält man eine Kurve, die die Rückbildung des Zustands darstellt. (Siehe Kurve b in Abb. 7a.) Die Größe tg δ fällt mit der Zeit und erreicht nach einer bestimmten Zeit ihren konstanten Wert, der dem Wert des Ausgangspunkts der tg $\delta = f(t)$-Kurven gleich zu sein scheint. Die Messungen bei drei verschiedenen Feldstärken $\mathfrak{E} = 13{,}0$; $19{,}6$ und $26{,}1$ kV/cm zeigen einen ähnlichen Verlauf der Rückbildungskurve.

Trägt man den Verlustwinkel tg δ, der dem stationären Zustand entspricht, als Funktion der Feldstärke auf, so erhält man die Kurve c in Abb. 7b. Man sieht, daß tg δ mit der Spannung langsam steigt. [Da die Elektrodenentfernung konstant war, stellt die Kurve auch tg $\delta = f(U)$ dar.] Die wirkenden Feldstärken sind offenbar noch zu niedrig. Bei ganz hohen Feldstärken (3. Gebiet) ist voraussichtlich ein anderes Verhalten der Kurve zu erwarten.

Die Messungen der tg $\delta = f(t)$ bei verschiedenen Elektrodenentfernungen 1,15; 1,70 und 2,30 cm und verschiedenen Frequenzen $\nu = 53$,

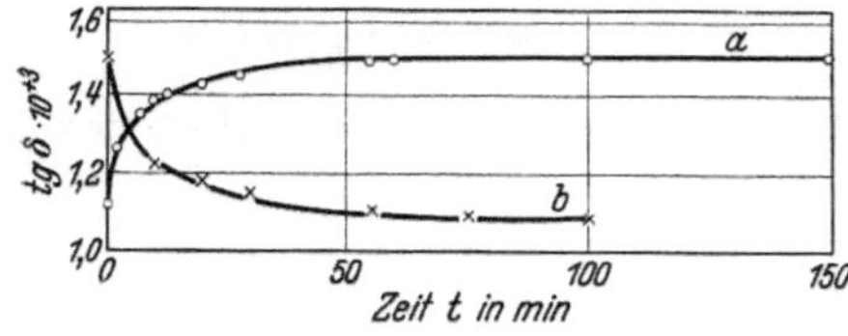

Abb. 7a. Die Abhängigkeit des Verlustwinkels tg δ von der Zeit bei konstanter Spannung. $\mathfrak{E} = 19{,}6$ kV/cm.

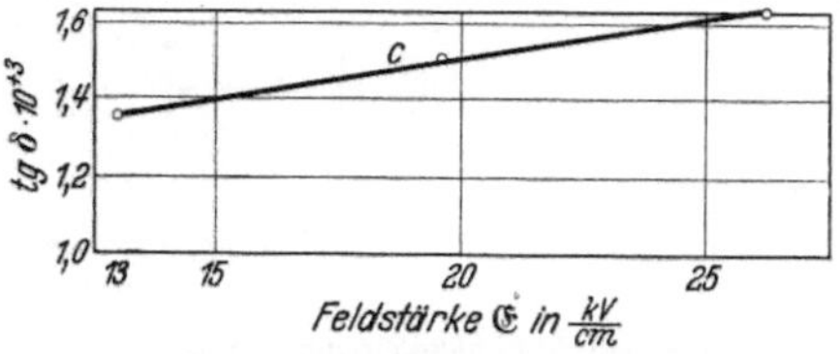

Abb. 7b. Die Abhängigkeit des Verlustwinkels tg δ von der Feldstärke (bzw. Spannung) bei konstanter Elektrodenentfernung.

73 und 87,5 Hz (die angelegte Spannung war konstant) ergeben wieder einen ähnlichen Verlauf.

Es ist anzunehmen, daß mit fortschreitender Reinigung der Flüssigkeit und der Elektroden die Zeitabhängigkeit des Verlustwinkels heruntergedrückt wird, ähnlich wie bei der Gleitstromleitfähigkeit. Pungs (82), der Verlustwinkelmessungen in getrocknetem Öl durchführte, spricht nicht von einer zeitlichen Abhängigkeit des Verlustwinkels. Die Messungen von tg $\delta = f(t)$ bei verschiedenen Reinheitsgraden der Flüssigkeiten fehlen bis jetzt noch.

Die Elektrodenanordnung Spitze gegen Platte (85) zeigt ein ähnliches Verhalten des Verlustwinkels mit der Zeit wie die symmetrische Elektrodenanordnung.

β) **Die Abhängigkeit des Verlusts von der Frequenz.** In unreinem Transformatorenöl hat sich Proportionalität zwischen tg δ und $\dfrac{1}{\nu}$ ($\nu =$ Frequenz) ergeben (85), und zwar bei $\mathfrak{E} = 13{,}6$ und $18{,}2$ kV/cm. In Abb. 8 ist die Abhängigkeit des Verlusts N von der Frequenz wiedergegeben (82). Beim Transformatorenöl ist überhaupt keine Abhängigkeit vorhanden. Die Wiederholung der Messungen bei höheren Feldstärken (23,18 und 27,8 kV/cm) hat dasselbe Resultat geliefert. Auch die Messungen bei erhöhter Temperatur ergaben keine Abhängigkeit des Verlusts von der Frequenz. (Siehe auch die Abhängigkeit der Verluste von der Temperatur.) Andererseits beobachtet man, daß die Verluste sehr stark mit der Temperatur anwachsen. Das dürfte die Deutung zulassen, daß diese Verluste als **Leitungsverluste** und **nicht** als **Verluste durch dielektrische Nachwirkung** anzusehen sind. Rizinusöl zeigt eine schwache Zunahme von N mit ν. Diese Zunahme ist bei Pa-

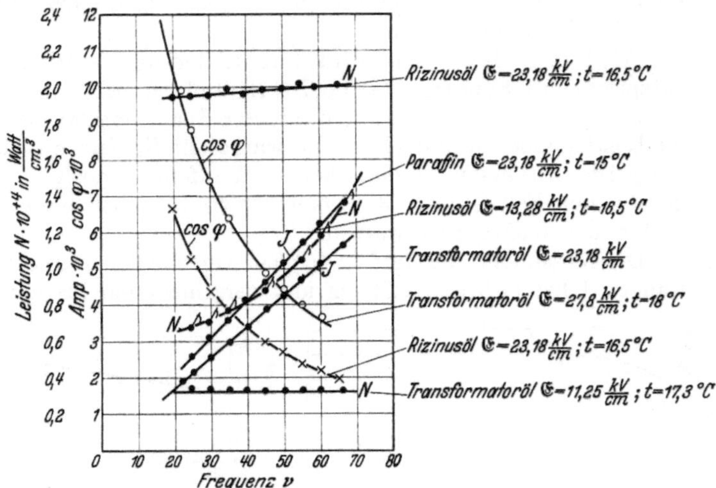

Abb. 8. Die Abhängigkeit der Leistung N, des Leistungsfaktors cos φ und des Stromes $\mathfrak{J}$ von der Frequenz bei konstanter Spannung und konstanter Temperatur in verschiedenen Flüssigkeiten.

raffin stark ausgeprägt. Der Leistungsfaktor cos φ fällt mit steigender Frequenz sowohl im Transformatorenöl als auch in Rizinusöl. Der Strom $\mathfrak{J}$ wächst in beiden Flüssigkeiten mit der Frequenz proportional.

Auch bei Spitzenelektroden fällt der Verlustwinkel zuerst schnell und dann langsamer mit der Frequenz (*85*).

Möller (*92*) fand, daß tg δ in Hexan und Xylol mit steigender Frequenz zunimmt. Ist die Flüssigkeit feucht, so ist die Abhängigkeit geringer, als wenn sie getrocknet worden ist. Bryan (*95*) stellte eine Abnahme von tg δ mit zunehmender Frequenz bei Nitrobenzol und destilliertem Wasser fest.

γ) **Einfluß der Temperatur.** In Abb. 9 ist die Abhängigkeit der Verluste pro cm³ von der Temperatur dargestellt (Kurve *a*); sie steigen mit der Temperatur ziemlich stark an (*82*). Der Verlauf dieser Kurve bestätigt die Vermutung,

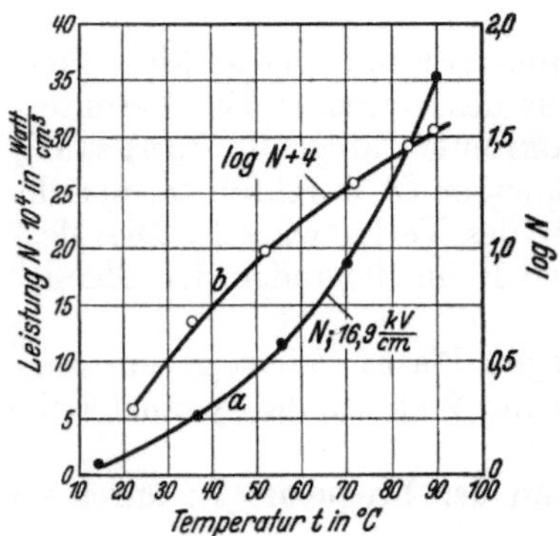

Abb. 9. Die Abhängigkeit der Leistung von der Temperatur.

Kurve *a*: Verluste N pro cm³, Kurve *b*: lg N. Um die negativen Werte zu vermeiden, sind die Verluste vor der Logarithmierung mit 10^4 multipliziert worden.

daß in Ölen der Verlust als Leitungsverlust mit elektrolytischem Charakter aufgefaßt werden darf. Die Kurve *b* derselben Abb. 9 zeigt, daß die Kurve *a* nicht durch eine Exponentialfunktion dargestellt werden kann. In Mineralöl, Paraffin und Rizinusöl erhält man analoge Kurven, und zwar auch bei verschiedenen Frequenzen ($\nu = 60$ und $35{,}2$ Hz).

Untersucht man das Gemisch von zwei Gewichtsteilen Kolophonium und einem Teil Bienenwachs beim Übergang vom flüssigen in den festen Zustand bei verschiedenen Frequenzen, so beobachtet man, daß ungefähr oberhalb der Temperatur, bei der das Gemisch zähflüssig wird, keine Frequenzabhängigkeit des Verlusts festzustellen ist, unterhalb dieses Punktes aber eine merkliche Frequenzabhängigkeit vorhanden ist. In Abb. 10a sind die Messungen des Verlusts bei zwei Frequenzen $\nu = 60$ und 25 Hz als Funktion der Temperatur dargestellt. Der Schmelzpunkt liegt etwa bei $t = 50^0$ C. Bei $t = 57^0$ C wird das

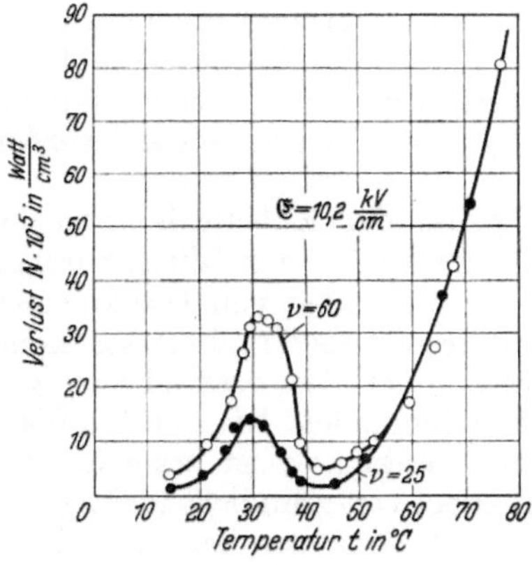

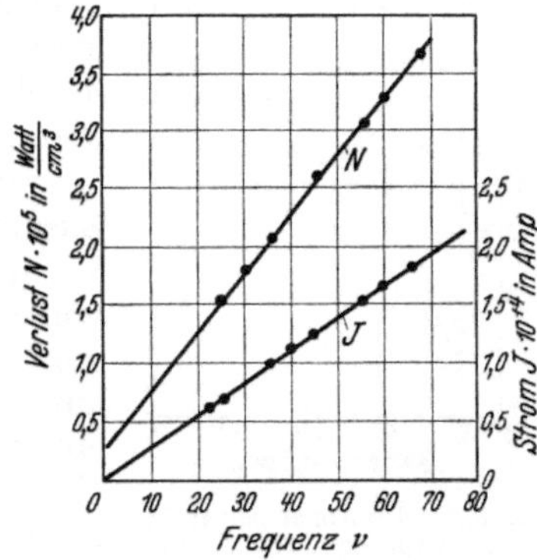

Abb. 10a. Die Abhängigkeit des Verlustes von der Temperatur beim Übergang vom flüssigen in den festen Zustand. Gemisch von 2 Gewichtsteilen Kolophonium und 1 Teil Bienenwachs. Schmelzpunkt $= 50^0$ C. Bei $t = 57^0$ wird das Gemisch zähflüssig; bei $t = 43^0$ wird es zäh.

Abb. 10b. Die Abhängigkeit des Verlustes N und des Stromes $\mathfrak{J}$ von der Frequenz im festen Zustand des Gemisches $t = 13^0$ C, $\mathfrak{E} = 10{,}2$ kV/cm.

Gemisch zähflüssig. Oberhalb $t = 57^0$ liegen die Meßpunkte für $\nu = 60$ Hz und $\nu = 25$ Hz auf einer Kurve. Unterhalb $t = 57^0$ gehen die Kurven auseinander. Bei $t = 43^0$ wird die Masse zäh. Bei dieser Temperatur weisen die Kurven ein Minimum auf. Bei $t \approx 30^0$ zeigen sie ein Maximum, um bei Zimmertemperatur auf die vorher gemessenen Werte abzufallen. Die Wiederholung der Messungen bei verschiedenen Spannungen und verschiedenen Frequenzen ergeben dieselben Resultate. Aus dem oben Gesagten sieht man deutlich, wie der dielektrische Verlust vom Zustand des Isolators abhängt. In Abb. 10b sind die Messungen der Abhängigkeit des Verlustes N und des Stromes $\mathfrak{J}$ von der Frequenz dargestellt, und zwar bei $t = 13^0$ C, also im festen Zustand des Gemisches. Der Verlust wächst mit der Frequenz proportional und hat eine sehr geringe, von der Periodenzahl unabhängige Komponente. Danach ist der Verlust zu seinem weitaus größten Teil als durch dielektrische Nachwirkung hervorgerufen zu deuten, wenn das Gemisch im festen Zustand ist. Im flüssigen Zustand hingegen, in dem keine Frequenzabhängigkeit vorhanden ist, ist der Verlust als durch Stromleitung bedingt anzusehen.

Die Abhängigkeit des Verlustwinkels tg δ von der Temperatur t im Transformatorenöl (angelegte Spannung 20 kV, Elektrodenentfernung = 1,0 cm) ist in Abb. 11 dargestellt (*85*). Die Größe tg δ steigt mit der Temperatur sehr stark. Auch die unsymmetrische Elektrodenanordnung (Spitze gegen Platte) zeigt eine starke Zunahme von tg δ mit der Temperatur. Siehe hierzu auch Birnbaum (*84*).

Ornstein und Willemse (*99*) untersuchten die Abhängigkeit des Verlustwinkels von der Frequenz in einem weiten Frequenzbereiche, von 50 bis $3 \cdot 10^6$ Hz und zogen aus den gewonnenen Resultaten die Schlußfolgerung, daß dabei der Dipoleffekt eine wesentliche Rolle spielt. (Sie untersuchten auch den Kerr-Effekt in Ölen.) Nach Gemant (*91*) scheint es, daß die Verluste in Ölen bei Niederfrequenz durch die Maxwell-Wagnersche und bei Hochfrequenz durch die Debyesche Theorie erklärt werden können.

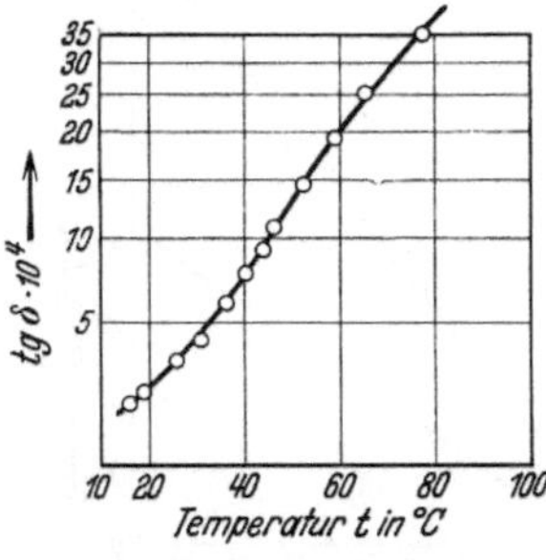

Abb. 11. Die Abhängigkeit des Verlustwinkels von der Temperatur im Transformatoröl.

Elektrodenentfernung 1,0 cm, Spannung $U = 20$ kV.

Vom Standpunkt der Kabeltechnik ist der Zusammenhang zwischen den dielektrischen Verlusten und der Viskosität von Tränkmassen von großem Interesse. Als Tränkmassen kommen in Betracht Mineralöle oder Mischungen aus Harzen und Mineralölen. Die richtige Wahl einer geeigneten Tränkmasse ist besonders für Hochspannungskabel von grundlegender Bedeutung. Die Viskosität der Masse bei hoher Temperatur muß klein sein, um möglichst vollkommene Tränkung in relativ kurzer Zeit durchführen zu können. Bei mäßigen Temperaturen muß die Viskosität jedoch so groß sein, daß das Kabel keine oder einen nur sehr geringen Teil seiner Tränkmasse verliert. Sie darf jedoch bei Betriebstemperaturen eine bestimmte Grenze nicht überschreiten, damit keine Hohlraumbildungen im Kabel stattfinden können.

Die dielektrischen Verluste müssen mit Rücksicht auf den Durchschlag klein gehalten werden.

Aus den Kurven der Abb. 12a ist ersichtlich, daß die Viskosität mit steigender Temperatur stark fällt. Die Änderung des Verlustwinkels tg δ mit der Temperatur ist in der Abb. 12b wiedergegeben. Man sieht, daß tg δ bei der ersten Mischung (Öl 70% und Harz dunkel 30%) stärker mit der Temperatur ansteigt als bei der zweiten Mischung (Öl 70% und Harz hell 30%). Es kommt also sehr auf die Mischsubstanz an. Die Dielektrizitätskonstante ε ist von der Temperatur praktisch unabhängig. Es besteht kein einfacher Zusammenhang zwischen der Viskosität und dem Verlustwinkel. In dem Temperaturgebiet, in dem η sich stark ändert, ist die Änderung von tg δ verhältnismäßig gering. Bei hohen Temperaturen, bei denen tg δ sehr stark zunimmt, nimmt η hingegen langsamer ab als bei niedrigen Temperaturen. Ein ähnliches Verhalten wurde auch bei der Gleichstromleitung festgestellt (*88*).

Durch den Zusatz von Harzen wird das elektrisch hochwertige Mineralöl verschlechtert. Je reiner die Harze sind, desto besser werden die dielektrischen Eigenschaften des Gemisches. Bei Gebrauch von weitgehend gereinigten Mineralien tritt jedoch der Nachteil auf, daß ein Wiederausscheiden des Harzes in Form von Kristallen stattfindet (*86*). Dieses ist bei Verwendung eines weniger reinen und aus diesem Grunde meist amorphen Harzes nicht zu befürchten. Es wäre von Bedeutung, ein Mittel zur Verhinderung des Auskristallisierens zu finden. Dadurch wäre man in der Lage, die dielektrischen Eigenschaften der Kabelisolation merklich zu verbessern. Bei Verwendung von dunklen, oxysäurehaltigen Harzen ist es aus elektrischen Rücksichten zu empfehlen, den prozentualen Harzgehalt relativ niedrig zu wählen, damit die Verluste bei hohen Temperaturen nicht zu hoch werden.

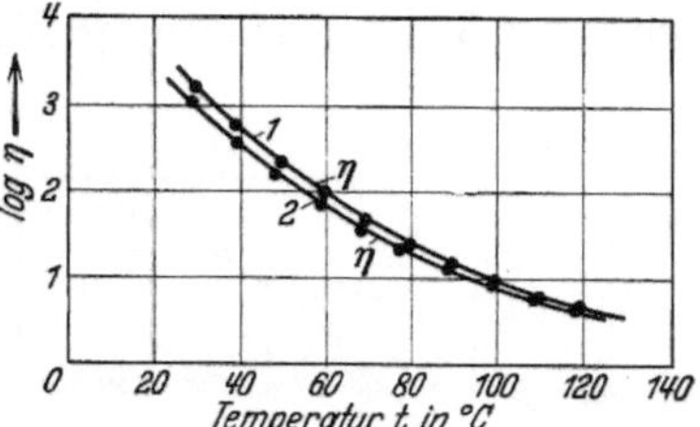

Abb. 12a. Die Abhängigkeit des Logarithmus der Viskosität lg η von der Temperatur *t* bei zwei verschiedenen Mischungen.

Bogorodizki und Maigeldinow (*87*) haben die Eigenschaften der Mischungen (Öl und Kolophonium) studiert und gezeigt, daß es sehr darauf ankommt, wie man das Zusatzmittel behandelt. Sie zeigten, daß durch einfache thermische Bearbeitung oder durch Änderung der Temperaturbedingungen im Betrieb das russische Kolophonium, das sonst minderwertiger ist als das amerikanische, diesem ebenbürtig zu machen ist. Auch sie stellten eine starke Zunahme des Verlustwinkels mit der Temperatur fest.

Köhler (*89*) studierte die Abhängigkeit der Dielektrizitätskonstante und des dielektrischen Verlustfaktors von der Temperatur an Leinöl-Standöl, Nitrobenzol gemischt mit Kolophonium und an Anilin-Harz-Lösungen bei etwa $4 \cdot 10^6$ Hz. Der Verlustfaktor zeigt ein bis zwei Maxima, deren Lage bei polaren Molekülen nach Debye von der Teilchengröße und der Viskosität abhängig ist. Er stellt bei Anilin-Harz-Gemischen eine Verschiebung der Maxima fest, wenn verschiedene Behandlungsmethoden angewendet wurden. Dieser Tatbestand wird durch Änderung der Teilchengröße oder ihres Dipolmoments zu erklären versucht.

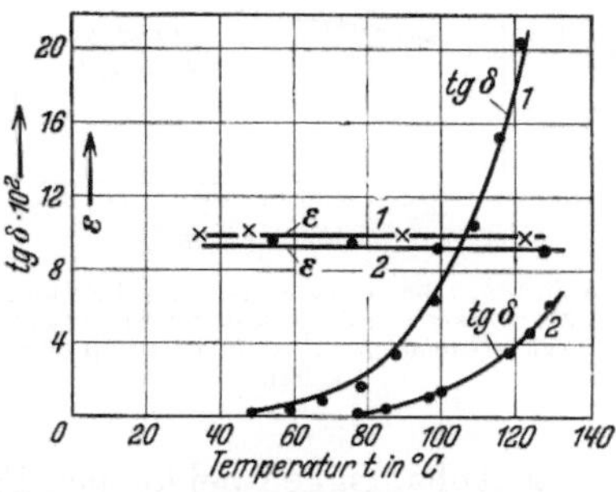

Abb. 12b. Die Abhängigkeit des Verlustwinkels tg δ und der Dielektrizitätskonstante ε von der Temperatur bei zwei verschiedenen Mischungen.

1. Mischung: Öl 70% und Harz dunkel 30%. 2. Mischung: Öl 70% und Harz hell 30%. $\mathfrak{E} = 5{,}0\ \mathrm{kV}_{eff}/\mathrm{cm}$.

Bormann und Gemant (*96*) untersuchten die dielektrischen Verluste in Ölen bei niedrigen Temperaturen von $+60$ bis -40^0 C (Wechselspannung, 50 Hz). Die Zusätze von Harzen beeinflussen den Verlustwinkel bedeutend. Bormann und Gemant erhielten Kurven, die die früher von anderen Autoren [Emanueli (*98*)] erzielten Resultate bestätigen. Die Kurven sprechen im Sinne der Debyeschen Theorie. Auch die Mischungen verschiedener Flüssigkeiten [Johnston und Williams (*97*): Lösung von Nitrobenzol in Mineralölen; Bormann und Gemant (*96*): Lösungen von α-Chlornaphthalin, Benzol, Hexan, Chlorbenzol, Paraffin usw. in Ölen] zeigen einen anderen Verlauf des Verlustwinkels als Funktion der Temperatur als reine Flüssigkeiten.

δ) **Einfluß der Spannung.** Mit steigender Feldstärke oder Spannung wird der Leistungsfaktor größer. Aus Abb. 13a sieht man (*82*), daß

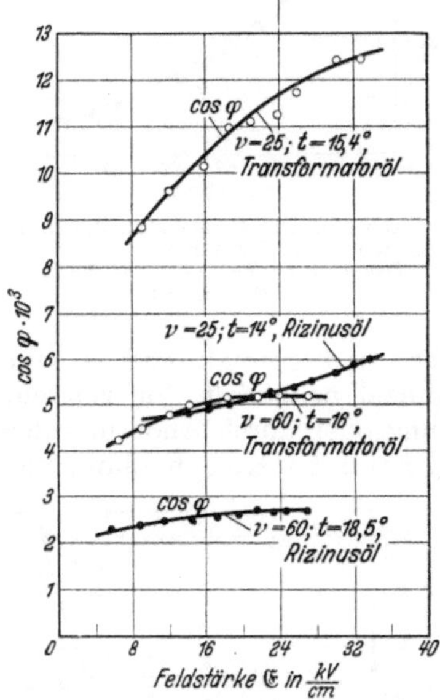

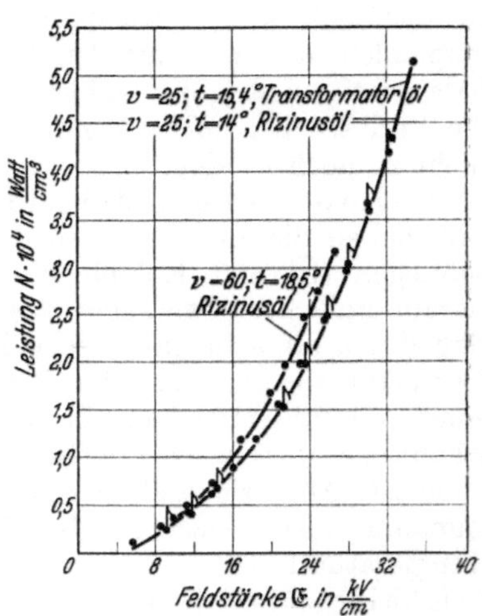

Abb. 13a. Die Abhängigkeit des Leistungsfaktors cos φ von der Feldstärke bei verschiedenen Frequenzen in verschiedenen [Flüssig-
keiten.

Abb. 13b. Die Abhängigkeit der Leistung N
von der Feldstärke 𝔈.

diese Abhängigkeit bei kleinen Frequenzen besser zum Vorschein kommt als bei großen; außerdem scheint sie von der Natur der Flüssigkeit abhängig zu sein.

Der Verlust N steigt mit der Feldstärke schneller als quadratisch. Abb. 13b zeigt die Meßresultate, die in Transformatorenöl und Rizinusöl bei $\nu = 25$ und 60 Hz gewonnen wurden.

Bei unsymmetrischer Elektrodenanordnung (Spitze gegen Platte) ist beobachtet worden, daß bis zum Eintreten des Glimmens der dielektrische Verlustwinkel tg δ praktisch unabhängig von der Feldstärke ist (*85*). Erst nach dem Eintreten des Glimmens fängt tg δ mit der Feldstärke an sehr steil zu steigen. Möller (*92*) fand, daß die Verluste dem Quadrat der Spannung proportional sind.

d) Quellenangabe für die Meßmethoden der dielektrischen Verluste.

In folgendem seien die Arbeiten zusammengestellt, die die Meßmethoden der dielektrischen Verluste angeben, und die auch für Messungen in festen Körpern angewendet worden sind. Sehr genaue Leistungsmessungen lassen sich mit dem Binanten- bzw. Quadrantenelektrometer ausführen (bis etwa tg $\delta \approx 10^{-4}$). Für Hochspannung: W. Petersen: [Hochspannungstechnik 1911 S. 104; Arch. Elektrotechn. Bd. 1 (1912) S. 95], bis 120 kV, von tg $\delta = 2 \cdot 10^{-4}$ an und von 0,04 Watt Verlust an mit 2 bis 2,5% Fehler. Für größere Leistung und größeres tg δ ist der Fehler geringer. [Tschernyschoff: Elektrotechn. Z. Bd. 35 (1914) S. 656, bis 180 kV. Addenbrocke: Elektr. Bd. 88 (1922) S. 466, bis 1,2 kV. W. B. Konvenhoven u. Betz: J. Amer. Inst. electr. Engr. Bd. 44 (1924) S. 652. Nullmethode, bis 1,8 bzw. 7,5 kV. W. S. Brown u. D. M. Simons: Jaiee 1924 S. 1147. G. Nyman: Z. Physik Bd. 37 (1926) S. 907, bis 30 kV. Grünberg: Elektrotechn. Z. Bd. 37 (1916) S. 290. Amaduzzi: Elettrotecn. Bd. 7 (1920) S. 142. Nordfeldt: Aseas Egen Tidn. Bd. 4 (1920). Russell: Elektr. Bd. 65 S. 901. Parry: Proc. Phys. Soc. 1921 S. 217. Patterson: Jaiee (London) Bd. 51 S. 294. Wilson: Proc. Phys. Soc. Bd. 23 (1911) S. 246. Thielers: Tekn. T. Bd. 12 S. 181. Smith: Physic. Rev. Bd. 14 S. 256.]

Besonders bei hohen Frequenzen wird die Dreivolt- bzw. Dreiamperemeter-Methode (angegeben von Swinburne, Ayrton und Sumpner. Siehe z. B. Fraenckel: Theorie der Wechselströme S. 49. Berlin) verwendet, die Differenzmethode für nicht zu kleine Verluste. Siehe auch Campbell: Elektr. Bd. 47 (1901) S. 257. Breslauer: Elektrotechn. Z. Bd. 23 (1902) S. 221, 379. Irwin: Elektr. Bd. 70 (1913) S. 843. Geyger: Helios, Lpz. Bd. 27 S. 443. Keynath: Techn. el. Meßgeräte 2. Aufl. S. 373. Schneider: Elektrotechn. Z. 1925 S. 1905. Heinke: Elektrotechn. Z. 1897 u. 1899. Rosa u. Smith: Physic. Rev. Bd. 8 (1899) S. 3.

Kalorische Methode. St. Clair: Jaiee 1926 S. 729. Lee: Jaiee 1926 S. 746. Anwendung bei Hochfrequenz (Stromverdrängung): L. Lehrs: Arch. Elektrotechn. Bd. 12 (1923) S. 443. Owen: Physic. Rev. (2) Bd. 34 (1929) S. 1035. Hochfrequenz. Braunsche Röhre als Leistungsmesser: J. A. Flemming: Jaiee (London) 1925 Nov. (Electr. Wld., Lond. 1925, 1931). Oszillographie dielektrischer Verluste: [Gemant: Naturwiss. Bd. 17 (1929) S. 710; Arch. Elektrotechn. Bd. 23 (1930) S. 683.] Brückenmessung. a) Wiensche und Flemmingsche Brücke. [M. Wien: Ann. Physik Bd. 44 (1891) S. 689. Benischke: Arch. Elektrotechn. Bd. 16 (1926) S. 174. R. W. Atkinson: Electr. J. 1925 S. 58; Electr. Wld., Lond. 1925 S. 885. Jäger: El. Meßtechnik. Fischer: Physik. Z. Bd. 5 (1906) S. 376.] b) Scheringsche Brücke. [Schering: Z. Instrumentenkde. 1920 S. 124; 1921 S. 139; 1924 S. 98; Bd. 44 (1924) S. 99. A. Semm: Arch. Elektrotechn. Bd. 9 (1920) S. 30. Schering: Die Isolierstoffe der Elektrotechnik S. 369. Berlin 1924. Bormann u. Seiler: Elektrotechn. Z. 1925 H. 4 S. 114.] c) Schaltung von Rosa, Petersen, Dawes und Hoover und Barbagelata. [W. O. Schumann: Handb. Experimentalphysik Bd. 10 S. 430). Leipzig 1930; Dawes, Hoover u. Reichardt: Jaiee Bd. 48 (1929) S. 447.]

Äußere Einflüsse: Curtis: Jaiee 1929 S. 453. Salter: Jaiee Bd. 48 (1929) S. 444. Rosenlöcher u. Rühlemann: Arch. Elektrotechn. Bd. 22 (1929) S. 21.

e) Formelzusammenstellung.

Umrechnung vom elektrostatischen ins praktische Maßsystem.

Elektrostatisches Maßsystem c. g. s. $f = 4\pi; \quad \varepsilon_{Vak} = 1.$	Praktisches Maßsystem $f = 1; \quad \varepsilon_{Vak} = \varepsilon_0$ $= 0{,}8842 \cdot 10^{-13} \dfrac{\text{Coulomb}}{\text{Volt} \cdot \text{cm}}$	Allgemeines Maßsystem
$\mathfrak{E} = \dfrac{4\pi \cdot Q}{\varepsilon \cdot 4\pi \cdot x^2} = \dfrac{Q}{\varepsilon \cdot x^2}$	$\mathfrak{E} = \dfrac{kQ}{\varepsilon\, 4\pi\, x^2} = \dfrac{Q}{\varepsilon\, 4\pi\, x^2}$ $= \dfrac{1}{4\pi} \cdot \dfrac{Q}{\varepsilon \cdot x^2}$	$\mathfrak{E} = f\, \dfrac{1}{\varepsilon}\, \dfrac{Q}{4\pi\, x^2}$
$\mathfrak{K} = e \cdot \mathfrak{E} = \dfrac{Q \cdot e}{\varepsilon \cdot x^2}$ $= \dfrac{1}{\varepsilon} \cdot \dfrac{eQ}{x^2}$	$\mathfrak{K} = e \cdot \mathfrak{E} = \dfrac{eQ}{\varepsilon \cdot 4\pi \cdot x^2}$ $= \dfrac{1}{4\pi} \cdot \dfrac{1}{\varepsilon} \cdot \dfrac{eQ}{x^2}$	$\mathfrak{K} = \mathfrak{E} \cdot e = \dfrac{f}{\varepsilon \cdot 4\pi}\, \dfrac{eQ}{x^2}$
Im Vakuum $\mathfrak{K} = \dfrac{eQ}{x^2}$	Im Vakuum $\mathfrak{K} = \dfrac{1}{4\pi} \cdot \dfrac{1}{\varepsilon_0} \cdot \dfrac{eQ}{x^2}$	
$\mathfrak{D} = \varepsilon \cdot \mathfrak{E}; \quad \mathfrak{D}_{Vak} = \mathfrak{E}$	$\mathfrak{D} = \varepsilon \cdot \mathfrak{E}; \quad \mathfrak{D}_{Vak} = \varepsilon_0 \cdot \mathfrak{E}$	$\mathfrak{D} = \varepsilon \cdot \mathfrak{E}$
div $\mathfrak{D} = 4\pi \varrho$	div $\mathfrak{D} = \varrho$	div $\mathfrak{D} = f \cdot \varrho$
Relaxationszeit $T = \dfrac{1}{4\pi} \cdot \dfrac{\varepsilon}{\lambda}$	Relaxation $\quad T = \dfrac{\varepsilon}{\lambda}$	$T = \dfrac{1}{f}\, \dfrac{\varepsilon}{\lambda}$
$\varrho = \varrho_0 \cdot e^{-4\pi \frac{\lambda}{\varepsilon} t} = \varrho_0 \cdot e^{-\frac{t}{T}}$	$\varrho = \varrho_0 \cdot e^{-\frac{\lambda}{\varepsilon} t} = \varrho_0 \cdot e^{-\frac{t}{T}}$	$\varrho = \varrho_0 \cdot e^{-f \frac{\lambda}{\varepsilon} t} = \varrho_0 \cdot e^{-\frac{t}{T}}$
$W = \dfrac{1}{4\pi} \cdot \dfrac{1}{2} \displaystyle\int \varepsilon \cdot \mathfrak{E}^2 \cdot d\tau$	$W = \dfrac{1}{2} \displaystyle\int \varepsilon \cdot \mathfrak{E}^2 \cdot d\tau$	$W = \dfrac{1}{f}\, \dfrac{1}{2} \displaystyle\int \varepsilon \cdot \mathfrak{E}^2\, d\tau$
Poisson $\dfrac{\partial}{\partial x}\left(\varepsilon \cdot \dfrac{\partial U}{\partial x}\right) + \dfrac{\partial}{\partial y}\left(\varepsilon \dfrac{\partial U}{\partial y}\right)$ $+ \dfrac{\partial}{\partial z}\left(\varepsilon \cdot \dfrac{\partial U}{\partial z}\right) + 4\pi \varrho = 0$	$\dfrac{\partial}{\partial x}\left(\varepsilon \dfrac{\partial U}{\partial x}\right) + \dfrac{\partial}{\partial y}\left(\varepsilon \dfrac{\partial U}{\partial y}\right)$ $+ \dfrac{\partial}{\partial z}\left(\varepsilon \dfrac{\partial U}{\partial z}\right) + \varrho = 0$	$\dfrac{\partial}{\partial x}\left(\varepsilon \dfrac{\partial U}{\partial x}\right) + \dfrac{\partial}{\partial y}\left(\varepsilon \dfrac{\partial U}{\partial y}\right)$ $+ \dfrac{\partial}{\partial z}\left(\varepsilon \dfrac{\partial U}{\partial z}\right) + f \varrho = 0$
$\dfrac{\partial}{\partial x}\left(\lambda \dfrac{\partial U}{\partial x}\right) + \dfrac{\partial}{\partial y}\left(\lambda \dfrac{\partial U}{\partial y}\right)$ $+ \dfrac{\partial}{\partial z}\left(\lambda \dfrac{\partial U}{\partial z}\right) - \dfrac{\partial \varrho}{\partial t} = 0$	$\dfrac{\partial}{\partial x}\left(\lambda \dfrac{\partial U}{\partial x}\right) + \dfrac{\partial}{\partial y}\left(\lambda \dfrac{\partial U}{\partial y}\right)$ $+ \dfrac{\partial}{\partial z}\left(\lambda \dfrac{\partial U}{\partial z}\right) - \dfrac{\partial \varrho}{\partial t} = 0$	$\dfrac{\partial}{\partial x}\left(\lambda \dfrac{\partial U}{\partial x}\right) + \dfrac{\partial}{\partial y}\left(\lambda \dfrac{\partial U}{\partial y}\right)$ $+ \dfrac{\partial}{\partial z}\left(\lambda \dfrac{\partial U}{\partial z}\right) - \dfrac{\partial \varrho}{\partial t} = 0$
$\dfrac{\partial^2 U}{\partial x^2} + \dfrac{\partial^2 U}{\partial y^2} + \dfrac{\partial^2 U}{\partial z^2}$ $= -\dfrac{4\pi \varrho}{\varepsilon} = \dfrac{1}{\lambda} \cdot \dfrac{\partial \varrho}{\partial t}$	$\dfrac{\partial^2 U}{\partial x^2} + \dfrac{\partial^2 U}{\partial y^2} + \dfrac{\partial^2 U}{\partial z^2}$ $= -\dfrac{\varrho}{\varepsilon} = \dfrac{1}{\lambda}\, \dfrac{\partial \varrho}{\partial t}$	$\dfrac{\partial^2 U}{\partial x^2} + \dfrac{\partial^2 U}{\partial y^2} + \dfrac{\partial^2 U}{\partial z^2}$ $= -f\, \dfrac{\varrho}{\varepsilon} = \dfrac{1}{\lambda} \cdot \dfrac{\partial \varrho}{\partial t}$
$\displaystyle\int \mathfrak{D}_n\, df = 4\pi Q$	$\displaystyle\int \mathfrak{D}_n\, df = Q$	$\displaystyle\int \mathfrak{D}_n \cdot df = f Q$

Praktisches Maßsystem (Ampere, Volt, Ohm) gebräuchlich in der Elektrotechnik	Elektrostatisches Maßsystem (cm, g. sec) gebräuchlich in der Physik	
Einheit im praktischen Maßsystem		Dimensionsformeln
Ladung q 1 Coulomb	$= 3 \cdot 10^9$ elst. Einheiten	$\text{Kraft} = K = \dfrac{q^2}{\varepsilon \cdot r^2}$ Daraus Dims. $q^2 = $ Dims. $K \cdot \varepsilon \cdot r^2$ ε ist hier eine reine Zahl Dims. $K = $ Dims. $(m \cdot b) = [m \cdot l \cdot t^{-2}]$ $m = $ Masse, $b = $ Beschleunigung Dims. $q \ = $ Dims. $[m^{1/2} \cdot l^{3/2} \cdot t^{-1} \cdot \varepsilon^{1/2}]$
Feldstärke $\mathfrak{E}$ 1 $\dfrac{\text{Volt}}{\text{cm}}$	$= \dfrac{1}{300}$ elst. Einheiten	Dims. $\mathfrak{E} = $ Dims. $\dfrac{K}{q}$ $= $ Dims. $[m^{1/2} \cdot l^{-1/2} \cdot t^{-1} \cdot \varepsilon^{-1/2}]$
Spannung U 1 Volt.	$= \dfrac{1}{300}$ elst. Einheiten	Dims. $U = $ Dims. $\mathfrak{E} \cdot l$ $= $ Dims. $[m^{1/2} \cdot l^{1/2} \cdot t^{-1} \cdot \varepsilon^{-1/2}]$
Kapazität C $\dfrac{\text{Ladung}}{\text{Spannung}}$ $\dfrac{\text{1 Coulomb}}{\text{1 Volt}} = 1$ Farad	$= 9 \cdot 10^{11}$ elst. Einheiten	Dims. $C = $ Dims. $\dfrac{q}{U} = $ Dims. $[l \cdot \varepsilon]$
Verschiebung $\mathfrak{D}$ $\dfrac{\text{1 Coulomb}}{\text{1 cm}^2}$	$= 4 \pi \cdot 3 \cdot 10^9$ elst. Einheiten	Dims. $\mathfrak{D} = $ Dims. $\varepsilon \cdot \mathfrak{E}$ $= $ Dims. $[m^{1/2} \cdot l^{-1/2} \cdot t^{-1} \cdot \varepsilon^{1/2}]$
Ladungsdichte ϱ $\dfrac{\text{1 Coulomb}}{\text{1 cm}^3}$	$= 3 \cdot 10^9$ elst. Einheiten	Dims. $\varrho \ = $ Dims. $\dfrac{q}{l^3}$ $= $ Dims. $[m^{1/2} \cdot l^{-3/2} \cdot t^{-1} \cdot \varepsilon^{1/2}]$
Dielektrizitätskonstante ε $\dfrac{\text{1 Coulomb} \cdot \text{1 cm}}{\text{1 Volt}}$	$= \dfrac{1}{4 \pi \cdot 9 \cdot 10^{11}}$	Reine Zahl Dims. $[m^0 l^0 t^0]$
Stromstärke J 1 Ampere $= \dfrac{\text{1 Coulomb}}{\text{1 sec}}$	$= 3 \cdot 10^9$ elst. Einheiten	Dims. $[m^{1/2} \cdot l^{3/2} \cdot t^{-2} \cdot \varepsilon^{1/2}]$
Widerstand R 1 Ohm $= \dfrac{\text{1 Volt}}{\text{1 Amp}}$	$= 1{,}111 \cdot 10^{-12}$ elst. Einheiten	Dims. $[l^{-1} \cdot t \cdot \varepsilon^{-1}]$

B. Dielektrikum im elektrischen Feld.

I. Elektrische Doppelbrechung (Kerr-Effekt).

1875 hat Kerr (*113*) den Einfluß des elektrischen Feldes auf die Lichtbewegung in dielektrischen Flüssigkeiten festgestellt[1]. Nach Kerr verhält sich ein Dielektrikum im elektrischen Felde wie ein einachsiger Kristall, dessen optische Achse parallel zur Feldrichtung orientiert ist. Durchsetzt linear polarisiertes Licht den Elektrodenzwischenraum, so tritt der Lichtstrahl aus der Flüssigkeit in demselben Zustand aus, wie er vor dem Eintritt war. Liegt aber ein Feld zwischen den Elektroden, so ist die ordentliche Welle (elektrischer Vektor senkrecht zu den elektrischen Kraftlinien) gegen die außerordentliche (elektrischer Vektor parallel zu den Kraftlinien) verschoben, wenn der Lichtstrahl den Kondensator verläßt. Diese Doppelbrechung ist positiv, wenn der ordentliche Strahl größere Geschwindigkeit aufweist, sie ist aber negativ, wenn die ordentliche Komponente der außerordentlichen nacheilt. Der Gangunterschied $\varDelta$ der beiden Strahlen, gemessen in Wellenlängen λ, ergibt sich

$$\frac{\varDelta}{\lambda} = B \cdot l \cdot \mathfrak{E}^2 \, .$$

Bei konstanter Wellenlänge ist der Gangunterschied gleich der unter dem Feldeinfluß stehenden Schichtdicke l, die der Strahl zu durchsetzen hat, mal dem Quadrat der Feldstärke und noch einer Konstante B, die man als Kerr-Konstante bezeichnet. Das Produkt λB wird oft als absolute Kerr-Konstante bezeichnet. Für die zahlenmäßige Angabe der Kerr-Konstante wird die Feldstärke üblicherweise in elektrostatischen Einheiten und l in Zentimeter gemessen.

Bezeichnen wir mit n_p den Brechungsexponenten der Strahlen, deren elektrische Vektoren parallel, und mit n_s den, deren elektrische Vektoren senkrecht zu der Feldrichtung stehen, so ist

$$n_p - n_s = \frac{\varDelta}{l} = B \cdot \lambda \cdot \mathfrak{E}^2 \, .$$

Für positives B ist $n_p - n_s > 0$. Für Schwefelkohlenstoff ist $B = 3 \cdot 10^{-7}$, wenn $\mathfrak{E} = 30\,\mathrm{kV/cm}$ und $\lambda = 0{,}6 \cdot 10^{-4}\,\mathrm{cm}$. Dementsprechend wird $n_p - n_s = 1{,}8 \cdot 10^{-7}$. Ist $l = 10$ cm, so ergibt sich $\varDelta = 0{,}03\,\lambda$.

Von G. W. Elmén (*114*) wurde eine Abweichung vom quadratischen Gesetz behauptet, aber die später von Morse (*135*) ausgeführten Kontrollmessungen widerlegten diese Behauptung und bestätigten die Kerrsche Beziehung. Chaumont (*115*) hat nachgewiesen, daß die Abweichung von dem Exponenten 2 höchstens gleich 0,005 ist, ein Wert, der innerhalb seiner Meßgenauigkeitsgrenzen lag. Bei ihm findet man auch eine gute Übersicht über die bis 1916 erschienenen Arbeiten[2]. F. Hehlgans (*136*)

---

[1] 1834 fand Faraday den Einfluß des Magnetfeldes auf die Lichtbewegung im Glas und suchte vergebens den Effekt beim elektrischen Feld. [Exp. Res. in Electricity Bd. 8 (1834) S. 951; Bd. 19 (1845) S. 2216.]

[2] Siehe auch W. Voigt: Elektrooptik im Handbuch der Elektrizität und Magnetismus, herausgegeben von L. Graetz: Bd. 1 S. 289.

stellte eine experimentelle Untersuchung an über die Gültigkeit des Gesetzes von Kerr für Nitrobenzol bei elektrostatischen Feldern bis $1{,}5 \cdot 10^5$ Volt/cm und fand, daß die durch das Gesetz von Kerr geforderte quadratische Abhängigkeit des Gangunterschiedes von der Feldstärke für gut gereinigtes Nitrobenzol mit einer Genauigkeit von etwa $\pm 1\%$ im untersuchten Feldstärkebereich erfüllt ist. Auch bei Anwendung der Wechselspannung von 50 Hertz haben die Experimente in sehr gut gereinigtem Nitrobenzol das quadratische Gesetz bestätigt (gemessen wurde bei konstantem Phasenausschnitt und steigender Amplitude der Wechselspannung).

Die absolute Bestimmung der Kerr-Konstante wurde im Schwefelkohlenstoff ausgeführt. Man nimmt diese Flüssigkeit oft als Vergleichsflüssigkeit, weil sie in reinem Zustand eine sehr geringe Leitfähigkeit aufweist. Nach Quinke (138) hat Lemoine (139) unter Berücksichtigung aller Fehlerquellen solche Messungen ausgeführt (Plattenelektroden. Breite $L' = 5\,\mathrm{cm}$, Länge $L = 18\,\mathrm{cm}$, Elektrodenabstand $A = 0{,}35\,\mathrm{cm}$). Die Inhomogenität des Feldes am Rande der Elektroden wurde durch Einführung eines äquivalenten, im homogenen Feld verlaufenden Lichtwegs berücksichtigt, was nach der Potentialtheorie zulässig ist. Es ist

$$l = L + \frac{A}{\pi} - \frac{A^2}{\pi L} \cdot \lg \frac{\pi L}{A}.$$

Für $\lambda \approx 680\,\mu\mu$ fand er $B = 3{,}70 \cdot 10^{-7}$. Tauern (140) fand später unter Berücksichtigung des korrigierten Lichtwegs l bei statischer Spannungsmessung (s. Tabelle 4):

Bei Spannungsmessung durch Spannungsabfall in einem parallel geschalteten Widerstand von 10^6 Ohm fand er bei $\lambda = 589\,\mu\mu$ $B = 30{,}42 \cdot 10^{-8}$. Dieser Wert wird vom Autor bevorzugt. Die Messungen verschiedener Forscher [Blackwell Na — Licht $B = 35{,}7 \cdot 10^{-8}$; Hagenow $B = 28{,}5 \cdot 10^{-8}$] stimmen nicht gut überein.

Tabelle 4.

Wellenlänge λ in $\mu\mu$	Kerr-Konstante $B \cdot 10^{+8}$
589	31,98
578	32,99
546	36,82

Eine relative Messung der Kerr-Konstante ist in verschiedenen Flüssigkeiten durchgeführt worden. Die nebenstehende Tabelle enthält Zahlenwerte der Kerr-Konstante einiger Flüssigkeiten, die von Schmidt (117) und Leiser (118) errechnet wurden. In der Tabelle 5 ist der Quotient aus der Kerr-Konstante B für die betreffende Substanz und derjenigen B_0 für Schwefelkohlenstoff (meist rotes Licht) wiedergegeben.

Tabelle 5.

Flüssigkeit	$100\, B/B_0$	
	Schmidt	Leiser
Benzol	+ 12,2	+ 12,05
Anilin.	− 38	—
Toluol	+ 24,0	+ 24,30
Chlorbenzol . .	+ 363	+ 385
Brombenzol . .	+ 363	+ 378
Jodbenzol. . .	+ 273	+ 288
Wasser	+ 100	—
Chloroform . .	− 100	− 100,2
Bromoform . .	− 88,1	− 86,2
Propylalkohol .	− 65	− 78
Äthyläther . .	− 20,1	− 20,0

Die Übereinstimmung ist ganz gut bis auf den Wert für Propylalkohol.

Für die Vergleichsmessungen der Kerr-Konstante benutzt Chaumont (*115*) zwei Kerr-Zellen. Die Kraftlinien beider Kondensatoren laufen senkrecht zueinander. Die Kerr-Konstante der ersten Flüssigkeit sei bekannt. Durch Veränderung der Spannung an der einen Zelle kann eine Kompensation der Wirkung der beiden Zellen erreicht werden, so daß das polarisierte Licht im zweiten Nicol ausgelöscht wird. Für Relativmessungen zieht Des Coudres (*116*) und dann auch W. Schmidt (*117*) die Wechselspannung vor, um damit die Schwierigkeiten, die mit der Leitfähigkeit verknüpft sind, zu beseitigen. Leiser (*118*) verfeinerte die Meßmethode und untersuchte über hundert Substanzen. Aus den Resultaten wurden Schlüsse gezogen, die über die Beziehung zwischen der Größe der Kerr-Konstante und der chemischen Konstitution Auskunft geben.

Blondlot (*119*) stellt fest, daß die Verzögerungen der Ausbildung der Doppelbrechung kleiner als $^1/_{40\,000}$ sec ist (oszillierende Kondensatorentladungen). Schaltet man die Spannung ab, so verschwindet die Doppelbrechung nach einer sehr kurzen Zeit. Aus den Messungen von Abraham und Lemoine (*120*) kann gefolgert werden, daß nach etwa $2 \cdot 10^{-9}$ sec nach dem Abschalten des Feldes die Doppelbrechung verschwindet. Die Untersuchungen von Gutton (*121*) zeigen aber eine Relaxationszeit von 10^{-9} bis 10^{-10} sec. Dieser Befund steht mit der noch zu besprechenden Theorie im Einklang. Bearms und Lawrence (*122*) fanden folgende Relaxationszeit: für

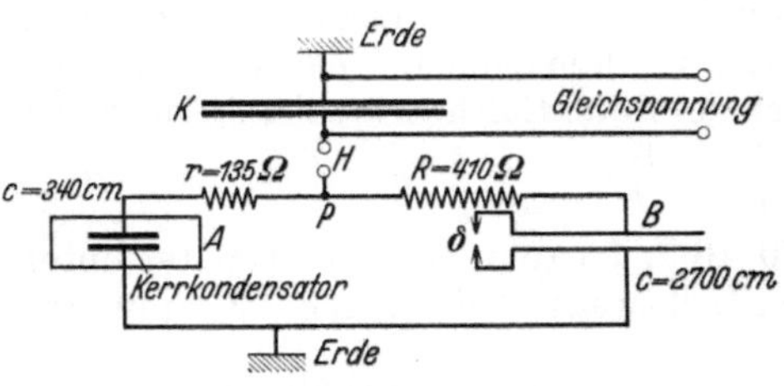

Abb. 14. Versuchsanordnung für die Messungen der absoluten Verzögerungen (Kerr-Effekt).

K Großer Kondensator, *H* Funkenstrecke, *A* Kerrzelle, *B* Beleuchtungskondensator, *δ* Beleuchtungsfunkenstrecke.

Bromoform $3 \cdot 10^{-9}$ sec, für Chloroform $3,8 \cdot 10^{-9}$ sec und für Äther $6 \cdot 10^{-9}$ sec. Die Relaxationszeit ändert sich umgekehrt proportional mit der Temperatur. Auch diesen Befund bestätigt die Theorie. Bei Frequenzen $2 \cdot 10^7$ ist der Effekt der Doppelbrechung noch vorhanden [Coudres (*123*)]. Aus diesen Ergebnissen sehen wir, daß der Kerr-Effekt praktisch fast trägheitslos ist.

Messungen der absoluten Verzögerungen wurden von Pauthenier (*124*) gemacht. Seine Versuchsanordnung ist in Abb. 14 dargestellt. Die Ladungen, die in *P* 10mal in der Sekunde vom eigentlichen Versuchskreis aufgenommen werden, gehen über die Widerstände *r* und *R* an die Kerr-Zelle *A* und an den Beleuchtungskondensator *B*. Der Abstand der Beleuchtungsfunkenstrecke *δ* ist ungefähr die Hälfte von dem Abstand der Funkenstrecke *H*. Deshalb spricht *δ* bereits an, wenn *B* etwa die Hälfte der Hauptspannung hat. Die Einstellung der Widerstände *r* und *R* sorgt dafür, daß die Aufladung der Kondensatoren nicht aperiodisch erfolgt. *A* erhält volle Spannung. Entlädt man nun *B* (Zeitdauer ca. $2 \cdot 10^{-7}$ sec), so entsteht bei *δ* ein Funke, und es erfolgt die Entladung von *K* ($K = 0{,}01\,\mu$F) und der Kerr-Zelle *A* über den Widerstand *R* mit einer Zeitkonstante von etwa $0{,}6 \cdot 10^{-5}$ sec. Die

Spannung, die an A während der Beobachtung wirkt, ist als konstant anzusehen. Da die Spannung nur sehr kurze Zeit wirkt, ist ein Einfluß der Erwärmung nicht vorhanden. Diese Anordnung erlaubt, den Einfluß der Elektrostriktion auf die Doppelbrechung zu studieren. Bei sehr kurzer Ladungsdauer (10^{-6} sec) ist kein Einfluß da. Die Elektrostriktion breitet sich innerhalb derFlüssigkeit mit Schallgeschwindigkeit aus (ca. 1200 m pro sec).

Bergholm [Schwefelkohlenstoff, Metaxylol, Brombenzol und Nitrobenzol, $t = 0$ bis 50^0 (125^0)] und Szivessy [Nitrobenzol, 20^0 Intervall (126^0)] haben die Abhängigkeit des Kerr-Effekts von der Temperatur untersucht und die Erwartungen der Theorie bestätigt. (Szivessy untersuchte auch die Wellenlängeabhängigkeit und hat die Havelocksche Beziehung bestätigt.) Bei größerem Temperaturbereich und anderen Flüssigkeiten fanden Bergholm (*137*) und Lyon und Wolfram (*127*) eine starke Abweichung von der Theorie. [Siehe auch (*128, 129, 130*).] Diese Experimente zeigen, daß die Dipoltheorie auf Flüssigkeiten nicht ohne weiteres angewendet werden darf, ebenso wie wir es auch bei der Dielektrizitätskonstante festgestellt haben. Auch die Berücksichtigung der Wirkung der Nachbarmoleküle (Gans) gibt keine befriedigende Darstellung.

Dispersion der elektrischen Doppelbrechung in Flüssigkeiten wurde von mehreren Forschern untersucht. Kerr (*141*) fand, daß die Doppelbrechung mit abnehmender Wellenlänge zunimmt, sie ist proportional mit der Quadratwurzel aus der Wellenlänge. Blackwell (*142*) erhielt mit photographischen Methoden qualitativ dasselbe Resultat wie Kerr, aber er beobachtete, daß die elektrische Doppelbrechung bei großen Wellenlängen langsamer, bei kleinen schneller als $\dfrac{1}{\sqrt{\lambda}}$ fällt. Hagenow (*143*) fand dieselbe Beziehung wie Blackwell. Die von ihm experimentell gefundene Beziehung wurde von Havelock (*144*) durch den analytischen Ausdruck

$$\frac{B \cdot \lambda \cdot n}{(n^2 - 1)^2} = \text{const}$$

dargestellt, der später von Mc. Comb (*145*) systematisch an zahlreichen Flüssigkeiten verglichen und in guter Übereinstimmung befunden wurde. Außerdem fand Mc. Comb, daß

$$\frac{\partial B}{\partial \lambda} = c \frac{\partial n}{\partial \lambda},$$

wo n den ursprünglichen Brechungsindex bedeutet. Es sei hier noch erwähnt, daß Skinner (*146*) neben der Dispersion der elektrischen auch die der magnetischen Doppelbrechung studierte und beide Erscheinungen miteinander verglich.

Die Theorie des Kerr-Effekts.

Es soll hier die theoretische Deutung des Kerr-Effekts kurz besprochen werden.

W. Voigt (*131*) geht von den allgemeinen Gleichungen der Optik aus, die unter Einführung der Elektronenhypothese insbesondere von Drude (*149*) entwickelt worden sind. Er entwickelt eine Hypothese, nach der das äußere elektrische Feld die optischen Elektronen in der doppelbrechenden Substanz beeinflußt. Diese Hypothese ist nicht in der Lage, alle elektrooptischen Erscheinungsformen zu erklären. Demnach muß der Kerr-Effekt auch bei sehr schnellen Schwingungen eine unveränderte Größe zeigen. Dieses wird durch die experimentelle Forschung nicht bestätigt.

Langevin (*132*) benutzt die von Lamor (*147*) und Cotton und Mouton (*148*) gemachte Vorstellung und entwickelt die Hypothese der Orientierung äolotroper Moleküle im elektrischen Feld. Die Moleküle der Flüssigkeit, die elektrische Doppelbrechung zeigt, sind dielektrisch äolotrop polarisierbar. Deswegen erfahren sie in einem elektrischen Feld Drehmomente. Diese stellen die Moleküle mit den Achsen stärkster Erregbarkeit in die Feldrichtung. Analog erklärt sich auch der Effekt bei magnetischer Doppelbrechung. Der Bestrebung des elektrischen Feldes, die Moleküle zu orientieren, wirkt die Wärmebewegung der Moleküle entgegen. Dadurch ist bei jeder Feldstärke ein bestimmtes statisches Gleichgewicht bedingt. Wird von Absorption abgesehen, so kann man auf Grund dieser Vorstellung die Kerr-Konstante theoretisch bestimmen. Berücksichtigt man noch hierzu das Vorhandensein der Moleküle, die bereits Dipole besitzen, so erhält man das Verhältnis zwischen der Differenz $n_p - n_s$ und dem Brechungsexponenten n_0 der Flüssigkeit ohne Feldwirkung in folgender Form:

$$\frac{n_p - n_s}{n_0} = \frac{(n_0^2 - 1)(n_0^2 + 2)}{2\,n_0^2} \cdot \frac{\Theta_1 + \Theta_2}{\gamma_0} \left(\frac{\varepsilon + 2}{3}\right)^2 \cdot \frac{\mathfrak{E}^2}{2}\,.$$

Hier bedeuten Θ die durch das Feld modifizierte Polarisierbarkeit, ε die Dielektrizitätskonstante, γ_0 die mittlere Polarisierbarkeit des Moleküls ohne Feld und $\mathfrak{E}$ die Feldstärke. Die Konstante Θ_1 ist $\frac{1}{T}$ und Θ_2 ist dem Ausdruck $\frac{1}{T^2}$ proportional. Θ_2 ist von dem festen Dipolmoment abhängig.

Aus früheren Ergebnissen wissen wir, daß die Kerr-Konstante durch den folgenden Ausdruck gegeben ist:

$$B = \frac{n_p - n_s}{\lambda \cdot \mathfrak{E}^2}\,.$$

Diese Gleichung mit der vorhergehenden vereinigt ergibt:

$$B = \frac{n_p - n_s}{\lambda \cdot \mathfrak{E}^2} = \frac{n_0}{\lambda} \cdot \frac{(n_0^2 - 1)(n_0^2 + 2)}{2\,n_0^2} \cdot \frac{\Theta_1 + \Theta_2}{\gamma_0} \cdot \left(\frac{\varepsilon + 2}{3}\right)^2\,.$$

Da die Molekularbewegung die Orientierung stört, muß der Kerr-Effekt eine Funktion der Temperatur sein. Die Theorie verlangt eine Abnahme des Effekts mit steigender Temperatur. Handelt es sich um eine dipolfreie Substanz, also $\Theta_2 = 0$, so ist die Kerr-Konstante B umgekehrt proportional der absoluten Temperatur T. Die Doppelbrechung ist dem Quadrat der Feldstärke proportional. Wie wir bereits gesehen haben, ist die Feldabhängigkeit durch die Experimente bestätigt worden. Die von der Theorie verlangte Temperaturabhängigkeit aber wird von den Experimenten nicht in allen Fällen bestätigt und in manchen Fällen treten sogar starke Abweichungen auf.

Bezeichnen wir mit N_0 die Zahl der Moleküle in einem Kubikzentimeter der Flüssigkeit im feldlosen Zustand, so gilt die Gleichung

$$\frac{n_0^2 - 1}{n_0^2 + 2} = \frac{4\pi}{3} N_0 \cdot \gamma_0.$$

Nimmt man an, daß die Dielektrizitätskonstante ε unabhängig vom Druck p ist, daß also $\frac{\partial \varepsilon}{\partial p} = 0$, so gilt

$$\frac{n_p - n_0}{n_s - n_0} = 2.$$

Die Experimente haben gezeigt, daß dieses Verhältnis tatsächlich erfüllt ist. Dieser experimentelle Befund ist eine wesentliche Stütze der Langevinschen Orientierungstheorie.

Auch die von der Theorie geforderten merklichen Relaxationszeiten bei sehr schnellen Schwingungen werden durch die Experimente bestätigt.

Wenn nach obigen Darlegungen die Orientierungshypothese von Langevin eine Reihe von Bestätigungen durch die experimentellen Erfahrungen erhält, so muß doch erwähnt werden, daß sie leider die elektrooptischen Erscheinungen nicht für alle Körper restlos erklären kann. Das letzte gilt insbesondere für die Kristalle, bei denen die Moleküle bereits orientiert sind, und ein Feld in der Richtung der Symmetrieachse daher nicht orientierend wirken kann. Deswegen darf man vielleicht doch annehmen, daß neben der Orientierung der Moleküle im Felde noch irgendein anderer Effekt des Feldes vorhanden ist. Die Orientierungstheorie ist ebenfalls nicht in der Lage, eine einfache Abhängigkeit der Kerr-Konstante B von der Wellenlänge λ zu geben. Die von Havelock (*134*) aufgestellte Beziehung

$$\frac{B \cdot \lambda \cdot n}{(n^2 - 1)^2} = \text{const}$$

wurde durch Experimente von Szivessy (*126*) bestätigt. [Die ausführliche Theorie siehe Debye (*133*).]

Nitrobenzol, eine Flüssigkeit, die unter den bis jetzt bekannten die größte Kerr-Konstante besitzt, hat in letzter Zeit technische Bedeutung gewonnen (Lichtsteuerorgan, Tonfilm, Bildtelegraphie, Fernsehen, Relais ...). Deshalb sollen für diese Flüssigkeit die wichtigsten Daten mitgeteilt werden. In der Abb. 15 ist die Abhängigkeit der Kerr-Konstante von der Lichtwellenlänge (Dispersion) aufgetragen, die von verschiedenen Forschern beobachtet wurde. Diese, sowie die folgende Tabelle 6 (S. 54) ist der Arbeit von Möller (*154*) entnommen. In der Tabelle sind die Werte der Kerr-Konstante (reduziert auf $t = 20°$ C und $\lambda = 546\ m\mu$, soweit Angaben vorliegen) dargestellt.

Tabelle 6.

Forscher	Kerr-Konstante $B \cdot 10^{+5}$ elst. Einheiten	Bemerkung
Schmidt	2,17	Kompensationsmethode
Mc. Comb	2,87	Absolute Bestimmung
Szivessy	2,83	„ „
Ilberg	2,49	„ „
Leiser	3,66	Kompensationsmethode
Cotton und Mouton	3,61	„
Lippmann	4,05	„
Lyon	3,80	„
Möller	3,74	Bester Wert. Verschiedene Meßmethoden liefern innerhalb der Fehlerquelle gleiche Werte

Möller hat die Flüssigkeit gut gereinigt und den Einfluß der ungleichmäßigen Feldverteilung eliminiert. Sein Wert fällt mit den von Leiser, Cotton und Mouton und Lyon ermittelten zusammen. Die Übereinstimmung der Messungen mit Wechselspannung hoher Periodenzahl und mit Gleichspannung in reinen Flüssigkeiten (unter Berücksichtigung der Feldverteilung) scheint gut zu sein. Der von Mc. Comb und Szivessy mit Gleichspannung gefundene niedrige Wert ist offenbar durch ungleichmäßige Feldverteilung vorgetäuscht. Auch die beobachtete Abhängigkeit der Kerr-Konstante von der Reinheit der Flüssigkeit ist aller Wahrscheinlichkeit nach durch die Abhängigkeit der Feldverzerrung von dem Reinheitsgrad der Flüssigkeit vorgetäuscht. Da bei den Leitfähigkeitsmessungen nicht nur der Einfluß des Reinheitszustandes der Flüssigkeit, sondern auch der Elektroden festgestellt wurde, so ist zu erwarten, daß die Elektrodenoberflächen-

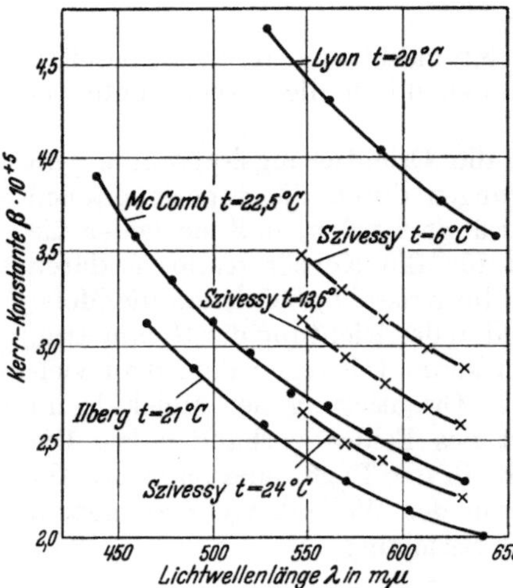

Abb. 15. Die Abhängigkeit der Kerr-Konstante von der Lichtwellenlänge (Dispersion).

Tabelle 7.

Autor	Temperaturkoeffizient der Kerr-Konstante pro Grad in %	Bemerkung
Leiser	1,6	
Cotton und Mouton . . .	1,5	In der Nähe von 20 ° C
Bergholm	1,63	Zwischen 10 und 20 ° C
„	1,30	„ 20 „ 30° C
Szivessy	1,65	„ 6,3 „ 25,5° C

beschaffenheit auf die Feldverzerrung einen Einfluß hat. Der letzte wirkt also bei der Bestimmung der Kerr-Konstante störend.

Die Verkleinerung der Kerr-Konstante pro Grad Celsius in Prozenten gibt die vorstehende Tabelle 7 an.

II. Elektrostriktion.

Die bis jetzt unter dem Gesichtspunkt der Elektrostriktion (Volumenänderung der dielektrischen Flüssigkeit im elektrischen Feld) untersuchten Flüssigkeiten zeigten eine große Leitfähigkeit. Durch die hierbei entstehende Stromwärme, die eine Volumenänderung hervorruft, werden die Meßergebnisse beeinträchtigt. Deshalb fehlt bis jetzt ein direkter exakter Nachweis der Elektrostriktion in Flüssigkeiten auf direktem Wege. Bei der Doppelbrechungserscheinung kann der Einfluß der Elektrostriktion nachgewiesen werden.

Befinden sich in der Flüssigkeit zwei Plattenelektroden mit der Fläche F im Abstand a, und liegt an den Elektroden die Spannung U, so ist nach Debye (*155*)

$$d\,\Phi = T \cdot ds + U\,dQ - p \cdot dV,$$

wo Φ die Energie, T die absolute Temperatur, Q die Ladung des Kondensators, S die Entropie, V das Volumen und p den Druck der Flüssigkeit bedeutet.

Die Änderung des spezifischen Volumens $\Delta\,v_{p\,T}$ bei konstanter Temperatur und konstantem Druck wird durch die Gleichung

$$\Delta\,v_{p\,T} = -\,v_{p\,T}\left(\frac{\partial\,\varepsilon}{\partial\,p}\right)_T \cdot \frac{\mathfrak{E}^2}{8\,\pi}$$

gegeben, wenn $\mathfrak{E}$ die wirksame Feldstärke bedeutet. Danach ist die Volumenänderung dem Quadrat der Feldstärke proportional. Dieser Effekt ist bei allen Flüssigkeiten zu erwarten, die eine Druckabhängigkeit der Dielektrizitätskonstante ε zeigen. Über die Theorie der Elektrostriktion siehe auch Boltzmann (*156*), Korteweg (*157*), Helmholtz (*158*), Lippmann (*159*), Kirchhoff (*160*) und Pockels (*161*).

Bereits Volpicelli (1856), Covi Duter (1878), Righi, Röntgen, Korteweg und Julius (*162*) haben diesen Effekt beobachtet. Quinke (*163*) unternahm systematische Untersuchungen. Die Deformationen waren etwa 2- bis 3mal kleiner als die berechneten und wurden auf eine spezifische dielektrische Wirkung zurückgeführt. Er teilt mit, daß die Messungen von vielen Einflüssen erschwert werden, wodurch die Ergebnisse ungenau werden. Cantone (*164*) hingegen erhielt zu große Werte als die errechneten. Wüllner und Wien (*165*) zeigten, daß das Verhalten des Glases bei Elektrostriktion auf eine Änderung der Dielektrizitätskonstante mit dem Zug zurückgeführt wird.

Polowzow (*167*) beobachtete die Volumenänderung beim Auflösen von Monochloressigsäure in Wasser und von Äthylalkohol und Amylazetat in Benzol. Die Kontraktion (pro Mol Gelöstes gerechnet) wächst, wenn die Verdünnung von Monochloressigsäure in Wasser (also auch die

Dissoziation) gesteigert wird (Elektrostriktion des Lösungsmittels durch die neugebildeten Ionen). Bei Äthylalkohollösungen in Benzol beobachtete er hingegen eine leichte Vergrößerung des Volumens bei Abnahme der Alkoholkonzentration. G. Jung (*168*) gibt eine Erklärung für den letzten Effekt. Mit zunehmender Verdünnung wirkt die Dissoziation wegen der relativen Zunahme an Teilchen im Sinne einer Vergrößerung des Striktionseffekts, aber diese Vergrößerung kann durch die Abnahme des Dipolmomentes pro Teilchen überkompensiert werden. Er zeigt auch, daß ein Dipol größenordnungsmäßig denselben Beitrag zur Elektrostriktion liefert wie ein Ion.

III. Mechanische Strömungserscheinungen.

Befinden sich zwei Elektroden in einer dielektrischen Flüssigkeit, und legt man an sie Spannung an, so beobachtet man unter gewissen Umständen eine mechanische Strömung der Flüssigkeit zwischen den Elektroden.

Aus früheren Darlegungen wissen wir, daß ein elektrischer Dipol in einem homogenen elektrischen Feld $\mathfrak{E}$ derart beeinflußt wird, daß auf seine beiden Pole gleich große, entgegengesetzt gerichtete Kräfte wirken. Diese beiden Kräfte bilden ein Kräftepaar, das ein Drehmoment auf den Dipol ausübt. Sind die Ladungen der Pole $+ e$ und $- e$ und die Entfernung zwischen den Zentren dieser Ladungen l, so ist das Moment $M = el$ und die Größe des Drehmoments $N = el \cdot \sin \varphi = M \cdot \sin \varphi$. Der Winkel φ wird durch die Feldrichtung und die Linie gebildet, die durch die beiden Polzentren hindurchgeht (Polachse). Man sieht, daß ein homogenes Feld auf einen Dipol lediglich eine **richtende** und keine beschleunigende Wirkung hat. Im **inhomogenen** Felde aber ist die Feldstärke, die auf die positive Ladung des Dipols wirkt, verschieden von der, die auf die negative wirkt, und zwar der Größe und Richtung nach. Dies bedingt eine resultierende Kraft, die den Dipol in der Richtung größerer Feldstärke treibt. Dadurch wird er in das Feld gezogen. Liegt der Dipol mit seiner Achse in Richtung des Feldes, so nimmt die Feldstärke in der positiven Richtung zu, und ist die Feldstärke $\mathfrak{E}$ am Orte der negativen Dipolladung $- e$, so herrscht am Orte der Dipolladung $+ e$ die Feldstärke $\mathfrak{E} + l \frac{d\mathfrak{E}}{dx}$, wenn die örtliche Änderung der Feldstärke nicht zu groß ist. Die auf den Dipol wirkende resultierende Kraft ergibt sich als

$$\left(\mathfrak{E} + l \frac{d\mathfrak{E}}{dx} \right) - e\,\mathfrak{E} = e\,l \frac{d\mathfrak{E}}{dx} = M \frac{d\mathfrak{E}}{dx}.$$

Dasselbe gilt für polarisierte Moleküle.

Die die Dipole beschleunigende Kraft ist also der Stärke der örtlichen Änderung der Feldstärke und dem Dipolmoment proportional. Wir wissen, daß ungeladene Körper in einem elektrischen Feld zu einem elektrischen Dipol werden. Sind also Suspensionen in der Flüssigkeit vorhanden, so können sie als große Dipole betrachtet werden. Bei den

Suspensionen tritt noch ein anderer Umstand in Erscheinung. Sie bilden nämlich mit der Flüssigkeit eine Ladungsdoppelschicht, die für den Effekt von Bedeutung ist. Ähnlich verhalten sich auch Emulsionen. Sie werden also in einem inhomogenen Felde beschleunigt. Dies kann zur Ursache der mechanischen Strömung der Flüssigkeit unter der Wirkung der elektrischen Feldstärke beitragen. In einem streng homogenen Felde müßte dieser Beitrag verschwinden. Als eine andere Ursache der Flüssigkeitsströmung unter der Feldwirkung können die hydratisierten Ionen betrachtet werden.

Durch die Anwesenheit eines Ions in der Dipolflüssigkeit werden die diesem Ion benachbarten Flüssigkeitsmoleküle elektrostatisch beeinflußt. Die Dipol-Moleküle ordnen sich um das Ion mit dem Pol, der zur Ladung des Ions das entgegengesetzte Vorzeichen hat, nach innen und bilden so um das Ion eine relativ feste Flüssigkeitshülle: das Ion wird „hydratisiert". Die Reibungskräfte, die auftreten, wenn das Ion bewegt wird (z. B. unter dem Einfluß des elektrischen Feldes), nehmen mit abnehmendem Radius des Ions zu, da die kleineren Ionen die Flüssigkeitsdipole fester binden (*169*). Die Annahme ist nicht von der Hand zu weisen, daß diese Gebilde (hydratisierte Ionen) unter der Einwirkung des Feldes solche mechanischen Flüssigkeitsströmungen hervorrufen, die durch empfindliche Apparaturen feststellbar sind. Danach müßte der Effekt bei Flüssigkeiten mit großen Dipolen stärker ausgeprägt sein als bei Flüssigkeiten, deren Moleküle nur geringes Dipolmoment aufweisen. Bei einer dipolfreien Flüssigkeit wäre dann kein Effekt zu erwarten. Daß die Verunreinigungen dabei eine Rolle spielen können, ist einleuchtend.

Die ersten Beobachtungen stammen von M. Faraday (*170*), O. Lehmann (*171*) und E. Warburg (*172*). Ein zusammenfassender Bericht über die verschiedenen Möglichkeiten und Ursachen der Bewegung eines Dielektrikums unter hohen Feldern wurde von A. Gemant (*173*) veröffentlicht. Gemant hält es für wahrscheinlich, daß auch in homogenen Dielektriken und homogenen Feldern Raumladungen auftreten können, so daß auch hier eine Bewegung zustande kommen kann. Die mechanische Kraftwirkung auf Gase und Flüssigkeiten wird aus dem Verhalten der Gase bei Wechselspannung abgeleitet.

Eingehende experimentelle Untersuchungen wurden von R. Hofmann (*175*) angestellt. Als Versuchsflüssigkeit wurde vorwiegend Toluol verwendet, da sich gerade hier die Erscheinungen am besten sichtbar machen ließen. Als die geeignetste Methode zur Beobachtung der Flüssigkeitsbewegung wurde die Schlierenmethode befunden. Die Versuche wurden mit Gleichspannung ausgeführt, und zwar bei Feldstärken, die das Gebiet des Ohmschen Gesetzes nicht übersteigen; bei Wechselspannung wurde nur ein Kontrollversuch ausgeführt. Es wurde festgestellt, daß

1. die Strömung mit nur ganz wenig Ausnahmen immer ihren Anfang von den Elektrodenoberflächen nimmt und sich im homogenen Feld mit einer mehr oder weniger geraden Front parallel zu den Elektroden verschiebt.

2. Es wurden drei Möglichkeiten der Strömungsrichtung beobachtet: a) Strömung von der Kathode, b) Strömung von der Anode, c) Strömung von Anode und Kathode gleichzeitig.

Wird das Feld lange Zeit an der Flüssigkeit gelassen, so vermindert sich wohl die Intensität der Strömung, doch wurde nie ein vollkommener Stillstand beobachtet. Sind die Flüssigkeiten sehr rein ($\lambda_{sp} = 10^{-13}$ bis $10^{-15}\,\Omega^{-1}\,cm^{-1}$), so zeigen sie bei sauberen Elektroden immer eine Strömung von der Anode zur Kathode. Das gilt nicht nur für Toluol, sondern auch für Chlorbenzol und Transformatorenöl. Wird die Leitfähigkeit durch Zusatz von Wasser oder sonst irgendeinem Elektrolyt vergrößert ($\lambda_{sp} = 10^{-13}$ bis $10^{-10}\,\Omega^{-1}\,cm^{-1}$), so wird eine Strömung von der Kathode zur Anode beobachtet. Die Erscheinung ist reproduzierbar, auch wenn umgepolt oder die Spannung lange Zeit angelegt ist. Steigert man die Leitfähigkeit noch mehr, so zeigt sich beim ersten Einschalten und Umpolen eine Strömung von Anode und Kathode gleichzeitig, die aber nur kurze Zeit aufrechterhalten bleibt, um dann in eine kontinuierliche Bewegung von der Kathode zur Anode überzugehen.

Auch der Einfluß der Elektrodenoberflächenbeschaffenheit wurde beobachtet. Flüssigkeiten von großer Leitfähigkeit zeigen die Tendenz, sich von der Kathode zur Anode zu bewegen, gleichgültig, ob und wie die Elektroden zuvor behandelt wurden. In sehr reinen Flüssigkeiten dagegen ist die Elektrodenbeschaffenheit von ausschlaggebender Wirkung. Elektroden, die mit Öl verunreinigt oder von ihrer Wasserhaut nicht befreit worden sind, zeigen in sehr reinen Flüssigkeiten immer eine Strömung, die von der Kathode fortgerichtet ist, während bei sauberen Elektroden die Bewegung von der Anode aus erfolgt.

Die Ausbreitungsgeschwindigkeit der Wellenfront wurde experimentell mit Hilfe eines Kinoapparates in Verbindung mit einem Pendel bestimmt. Für die Strömung von der Kathode ergibt sich Proportionalität mit der Feldstärke und Unabhängigkeit von Elektrodenmaterial und Leitfähigkeit. Die Geschwindigkeit für Toluol bei einer Feldstärke von 1 kV/cm ist ungefähr $u = 0,7$ cm/sec. Im Gegensatz dazu steht die Geschwindigkeit der Strömung von der Anode, die starke Abhängigkeit von Leitfähigkeit und Elektrodenbehandlung zeigt. Die Geschwindigkeit ist auch hier proportional der Feldstärke. Zur Erreichung der gleichen Geschwindigkeit wie bei der Strömung von der Kathode ist hier eine höhere Feldstärke notwendig, deren Wert sich nach der Reinheit der Flüssigkeit richtet.

Mit Hilfe einer sehr empfindlichen Elektrometer-Anordnung und Ausbildung der einen Elektrode als Faradayscher Käfig mit Sonde wurde gezeigt, daß die beobachtete Welle und die damit verbundene Dauerströmung freie Ladung mit sich führt. Es wurde auch versucht, neben den Strömungserscheinungen die Feldverzerrung zu beobachten. Es war z. B. bei Chlorbenzol, das eine starke Strömung von der Kathode zur Anode zeigte, die maximale Feldverzerrung mit der Doppelbrechungsapparatur von J. Dantscher (*174*) immer an der Anode festgestellt worden. Die Strömung von beiden Seiten ergibt an den beiden Elektroden den Feldanstieg.

Bemerkenswert ist, daß eine dipolfreie Flüssigkeit, z. B. sehr reines Hexan (Dipolmoment = 0), im Ohmschen Gebiet überhaupt keine Bewegung zeigt. Stark verunreinigtes Hexan zeigt dagegen wieder starke Bewegung.

Die Intensitätsmessung der Strömung wurde auf folgende Weise durchgeführt: Die beiden voneinander isolierten Elektroden sind an einem horizontalen Glasbalken, der an einem Torsionsfaden hängt, befestigt. Wird an die Elektroden Spannung angelegt, so wird das System durch den Rückstoß der Flüssigkeitsströmung verdreht. Der Drehwinkel wird als Funktion der Spannung bei verschiedenen Parametern studiert.

Hofmann (*175*) erklärt die mechanische Strömung der Flüssigkeit folgendermaßen: Bci Anlegen der Spannung werden die durch Hydratation der Dipolmoleküle um die freien Ionen gebildeten Komplexe in Bewegung gesetzt. Bei ungleichmäßiger Feldverteilung kommt noch die Bewegung der Dipolmoleküle hinzu.

C. Ionisierung. Elektrizitätsleitung.

I. Allgemeine Betrachtung über Ionisierung in Flüssigkeiten.

1. Ionisation.

Es ist experimentell festgestellt worden, daß der Wiederanstieg des Stroms mit wachsender Feldstärke (oberhalb der Sättigungsfeldstärken) in reinen Flüssigkeiten bei etwa 1 bis $2 \cdot 10^5$ Volt/cm beginnt. Daraus können wir die Spannung ausrechnen, die das Elektron frei durchlaufen kann, bis es das nächste Molekül trifft. Als mittlere freie Weglänge λ in Flüssigkeiten kann man etwa den Moleküldurchmesser annehmen. Wir können $\lambda = 10^{-8}$ bis 10^{-7} cm setzen. Die Spannung pro freie Weglänge ist dann etwa 10^{-2} Volt. Diese Spannung ist viel zu gering, um die Moleküle zu ionisieren.

Machen wir eine analoge Annahme, die auch in Gasen gemacht wird, daß die Möglichkeit gegeben ist, daß das Elektron über mehrere freie Weglängen die Energie akkumulieren kann, wenn es auch bei Stößen einen Teil seiner Energie dem gestoßenen Molekül abgibt, so ist die Energie am Ende der plausiblen Anzahl zurückgelegter Weglängen, bis das Stoßelektron beim Stoß die volle Energie verliert, voraussichtlich noch immer zu niedrig, um ionisierend zu wirken.

Deswegen ist es von Interesse, zu wissen, ob die Ionisierungsspannung der Atome oder der Moleküle in flüssiger Phase geringer ist als in gasförmiger und um welchen Betrag. Dazu wollen wir folgende Betrachtung anstellen: Um ein Atom aus der Flüssigkeit ins Gas zu überführen, müssen wir eine Arbeit Q (Verdampfungsarbeit) leisten. Dieses Atom soll im Gas ionisiert werden. Dafür wird die Arbeit J_{Gas} aufgewendet.

Als Resultat erhalten wir ein positives Ion A^+ und ein Elektron ε im Gas. Bei Hineinführung von A^+ und ε in die Flüssigkeit wird die Energie φ_{ion} (herrührend vom positiven Ion) und φ_ε (herrührend vom Elektron) gewonnen. Bei der Bildung des neutralen Atoms aus A^+ und ε wird die Energie J_{Fl} gewonnen. Die schematische Darstellung dieses Kreisprozesses ist in folgendem gegeben:

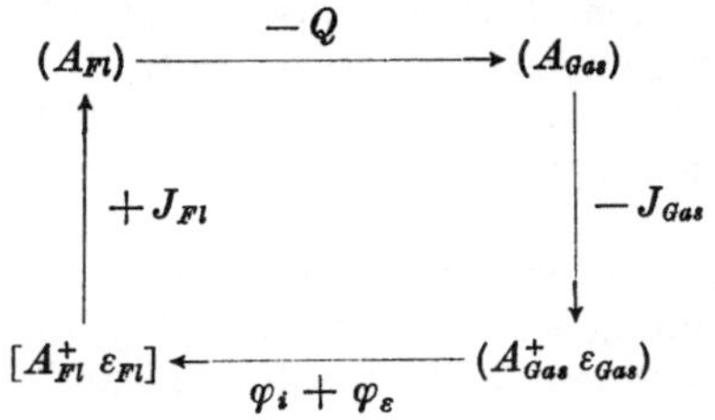

$$
\begin{array}{ccc}
(A_{Fl}) & \xrightarrow{\;-Q\;} & (A_{Gas}) \\[2mm]
\uparrow {\scriptstyle +J_{Fl}} & & \downarrow {\scriptstyle -J_{Gas}} \\[2mm]
[A^+_{Fl}\,\varepsilon_{Fl}] & \xleftarrow[\varphi_i + \varphi_\varepsilon]{} & (A^+_{Gas}\,\varepsilon_{Gas})
\end{array}
$$

A_{Fl} = Atom in Flüssigkeit.
Q = Verdampfungswärme.
A_{Gas} = Atom in Gas.
J_{Gas} = Ionisierungsarbeit des Atoms im Gas.
A^+_{Gas} = Positives Ion in Gas.
ε_{Gas} = Elektron in Gas.
φ_{ion} = Arbeit, die frei wird, wenn das positive Ion in die Flüssigkeit eingeführt wird.

φ_ε = Arbeit, die frei wird, wenn das Elektron in die Flüssigkeit eingeführt wird.
A^+_{Fl} = Ion in der Flüssigkeit.
ε_{Fl} = Elektron in der Flüssigkeit.
J_{Fl} = Ionisierungsarbeit des Atoms in Flüssigkeit.

Wir wollen untersuchen, ob $J_{Fl} < J_{Gas}$ ist.

Die Größen Q und J_{Gas} haben ein anderes Vorzeichen als φ_{ion}, φ_ε und J_{Fl}, weil bei den ersten die Arbeit geleistet, bei den letzten die Arbeit gewonnen wird. Die Summe der ersten ist der der letzten gleich

$$Q + J_{Gas} = \varphi_{ion} + \varphi_\varepsilon + J_{Fl}$$

oder auch

$$J_{Gas} = \varphi_{ion} + \varphi_\varepsilon + J_{Fl} - Q = J_{Fl} + (\varphi_{ion} + \varphi_\varepsilon - Q).$$

Die Größen φ_{ion} und φ_ε, die mit der Verdampfungsenergie der Ionen[1] und der Elektronen aus der Flüssigkeit identisch sind, haben bestimmt einen größeren Wert als Q, denn sonst würden ja die Ionen und Elektronen der Flüssigkeit bei derselben oder niedrigeren Temperatur verdampfen; dies ist aber, wie die Erfahrung lehrt, nicht der Fall. Gewöhnlich ist $\varphi_{ion} > \varphi_\varepsilon$, weil Elektronen leichter aus einem Medium austreten als die Ionen. Der experimentelle Befund zeigt, daß dies bei den Metallen sicher zutrifft. Bei dielektrischen Körpern ist anzunehmen, daß der Fall ähnlich liegt. Wenn die Größen φ_{ion} und φ_ε im Dielektrikum gleich wären, so erhielten wir auch in diesem Fall das Resultat, daß die Ionisierungs-

---

[1] Wir sind in der Lage, den Kreisprozeß in Quecksilber zu verfolgen und φ_i auszurechnen, müssen aber besonders hervorheben, daß die Analogie zwischen den Verhältnissen im Dielektrikum und Quecksilber (Metall) sehr lose ist. Es sei nur als Beispiel für den Kreisprozeß im allgemeinen ausgeführt.

Die Ionisierungsspannung des Quecksilbers im Dampfzustand ist experimentell zu 10,39 Volt ermittelt worden. Für die Verdampfungswärme Q hat man experimentell den Wert 0,6 Volt (1 Volt entspricht 23,0 kcal) gefunden. Die Elektronenaustrittsarbeit des Quecksilbers beträgt 4,0 Volt. Die Ionisierungsspannung im flüssigen Quecksilber (im Metallinnern) ist Null. Also ist

$$J_{Fl} = J_{Gas} - (\varphi_{ion} + \varphi_\varepsilon - Q) = 10{,}39 - (\varphi_{ion} + 4{,}0 - 0{,}6) = 0,$$

und daraus

$$\varphi_{ion} = 6{,}99 \text{ Volt}.$$

spannung der Atome oder der Moleküle im flüssigen Zustand geringer
ist als in gasförmigen. Der Unterschied dieser Ionisierungsspannungen
ist durch den Ausdruck

$$\varphi_{ion} + \varphi_\varepsilon - Q$$

gegeben.

Um die Ionisierungsspannung J_{Fl} der Flüssigkeitsmoleküle aus-
zurechnen, müßten wir die Größen J_{Gas}, Q, φ_{ion} und φ_ε kennen. Die Ionisierungsspannung J_{Gas} der Dämpfe einiger Flüssigkeiten ist bekannt.
Die Verdampfungswärme Q einer Substanz, soweit sie durch direkte
Messungen nicht bestimmt ist, kann errechnet werden, wenn ihr Siedepunkt T_s bekannt ist. Nach H. v. Wartenburg (176) erhalten wir

$$Q = 7{,}4 \cdot T_s \lg T_s\,.$$

Es ergibt sich eine gute Übereinstimmung zwischen den mit dieser
Gleichung berechneten und den auf experimentellem Wege ermittelten
Werten für verschiedene Elemente (177). Die Größen φ_{ion} und φ_ε sind leider
unbekannt. Es liegt auch kein sicherer Anhaltspunkt vor, um sie einiger-
maßen richtig zu schätzen. Deswegen hat es wenig Sinn, durch die Schät-
zung von φ_{ion} und φ_ε die Ionisierungsspannung der Flüssigkeit zahlenmäßig
auszurechnen. Trotzdem kann wohl behauptet werden, daß $J_{Fl} < J_{Gas}$.
Aber J_{Fl} ist voraussichtlich doch nicht um so viel geringer als J_{Gas},
daß man nur auf Grund dieser Feststellung ohne weiteres die Ionisierung
der Flüssigkeitsmoleküle durch Elektronenstoß rechtfertigen könnte.

Hier spielt vermutlich die Ionisierung in Stufen keine unwesentliche
Rolle. Diese Vermutung wird durch die experimentell beobachteten
Absorptionsfluoreszenz- und Phosphoreszenzerscheinungen in Flüssigkeiten bekräftigt. Benzol in einer anderen Flüssigkeit (in Hexan,
Penthan, Äther, Alkohol usw.) gelöst zeigt Fluoreszenzerscheinung
und ergibt charakteristische Spektren. Über diese Frage soll weiter
gesondert berichtet werden.

Bei der Elektrodenanordnung Spitze gegen Platte (scharfe oder abgerundete Spitze) in Flüssigkeit kann die Leuchterscheinung an der
Spitze beobachtet werden, wenn die Spannung einen gewissen Wert
erreicht hat (249, 285). Dieser Umstand spricht dafür, daß die Moleküle
oder Atome an der Spitzenelektrode durch das hohe Feld in Anregungs-
zustand versetzt werden können. Allerdings kann die Vermutung ausgesprochen werden, daß an der Spitzenelektrode Gasreste vorhanden
sind (oder entstehen) und daß die Moleküle oder Atome dieses Gasrestes
angeregt werden. Es liegt leider bis jetzt kein einwandfreies Material
vor, mit deren Hilfe die Vermutung widerlegt werden könnte. Man kann
nur annehmen, daß das Bestehen eines so großen Gasraumes an der Spitze
(der leuchtende Raum an der Spitzenelektrode erreicht oft Durchmesser
von mehreren Millimetern) kaum wahrscheinlich ist. Er müßte sich vom
äußeren Druck beeinflussen lassen.

Besonders interessant ist der Einfluß von fremden Molekülen oder
Atomen, die zwischen den Molekülen der untersuchten Flüssigkeiten
eingebettet sind, vom Standpunkt der Ionisierungsvorgänge. Die Untersuchungen der Beugungserscheinungen der Röntgen- und Elektronen-

strahlen an Molekülen lassen die Deutung zu, daß die Moleküle der gelösten Substanz ungefähr wie in einem Gas von entsprechendem Druck im Lösungsmittel verteilt sind (*178*). Die Moleküle der fremden Substanz stehen unter dem Einfluß der intramolekularen Feldstärke des Lösungsmittels. Zwischen den Molekülen der Flüssigkeit herrscht ein sehr hohes Feld. Es beträgt etwa von 3 bis $5 \cdot 10^7$ Volt/cm (*179, 180*). Kommen die Moleküle oder Atome fremder Substanzen in dieses Feld hinein, so können sie unter Umständen unter dem Einfluß des eingestrahlten Lichts direkt ionisiert werden, oder zumindest in einen solchen Zustand versetzt werden, daß sie durch Stoß mit bedeutend geringerer Energie, als ohne diese Feldwirkung erforderlich wäre, ionisiert werden. Der kurzwellige Absorptionsanstieg, der von Reinhardt und Bonhöffer (*180*) (Lösung der Quecksilberatome in Hexan) beobachtet wurde, wurde von diesen Forschern als durch die Ionisierung der Quecksilberatome verursacht gedeutet. Bereits Spuren von fremder Substanz in einer Flüssigkeit können sowohl die Stärke der spontanen Ionisation (Sättigungsstrom) als auch die Ionisierungsvorgänge bei hohen Feldern (oberhalb des Sättigungsgebietes) bedeutend beeinflussen. Es ist experimentell gezeigt worden, daß die Grenzfeldstärke $\mathfrak{E}_0$, bei der (nach dem Durchlaufen des Sättigungsgebietes) der Strom mit der Feldstärke wieder ansteigen beginnt (Beginn des neuen Stromleitungsmechanismus), von den fremden Substanzen abhängt. Je mehr die fremden Substanzen entfernt werden (Steigerung der Reinheit der Flüssigkeit), desto höher liegt $\mathfrak{E}_0$.

Diese zwischen den einheitlichen, homogenen Molekülen der untersuchten Flüssigkeit befindlichen gelösten Fremdsubstanzmoleküle beeinflussen verschiedene Eigenschaften der Flüssigkeit, wie z. B. die Raumladungsverteilung und damit auch die Feldverzerrung zwischen den Elektroden, die sich als Funktion der Zeit ergeben hat, die Leitfähigkeit, die dielektrischen Verluste, die Messung des Kerr-Effekts usw.

Von besonderem Einfluß scheinen sie beim Schmelzpunkt zu sein.

Die obigen Überlegungen zeigen, daß die Ionisierung in Flüssigkeiten bei hohen Feldern durchaus möglich ist. Dies müßte in den Funktionen zum Ausdruck kommen, die die Abhängigkeit der Stromstärke von der Spannung oder von der Feldstärke einerseits und andererseits, die die Abhängigkeit der Stromstärke von der Flüssigkeitsschichtdicke bei konstanter Feldstärke darstellen. Die Experimente bestätigen die Erwartung. Aus dem Verlauf der letzten Beziehung sind die Konstanten der Ionisierung (Ionisierungszahl, Anlagerungskoeffizient der Elektronen usw.) bestimmt worden.

Wir sehen, daß die Ionisierung der Flüssigkeitsmoleküle oder der Moleküle fremder Substanzen, die der Versuchsflüssigkeit beigemischt sind, erfolgt, wenn die wirkende Feldstärke hoch genug ist. Damit erklärt sich auch der Stromleitungsmechanismus bei hohen Feldern. Daß dieses Stromleitungsphänomen die elektrische Funkenentladung (Durchschlag) zur Folge haben muß, wenn die Feldstärke fortwährend gesteigert wird, ist einleuchtend.

Einige Fragen, die in diesem Abschnitt kurz gestreift worden sind, mögen in folgenden Abschnitten etwas näher betrachtet werden.

2. Ionisierung von Molekülen.

Für die Klärung der Ionisierungsvorgänge in Flüssigkeiten können unter Umständen die in Gasen und Dämpfen gewonnenen Erfahrungen auf die Flüssigkeiten übertragen werden. Deshalb soll hier kurz einiges über die Ionisierung von Molekülen im Dampfzustand mitgeteilt werden.

Tabelle 8. Ionisierungsspannung der Elemente.

Ordnungs-zahl	Element	Ionisierungs-spannung	Ordnungs-zahl	Element	Ionisierungs-spannung
1	H	13,53˙	36	Kr	13,94˙
2	He	24,47˙	37	Rb	4,16˙
3	Li	5,37˙	38	Sr	5,67
4	Be	9,50	39	Y	6,5
5	B	8,33	40	Zr	(6)
6	C	11,22	42	Mo	7,35
7	N	14,48	44	Ru	(7,5)
8	O	13,56	45	Rh	7,7
9	F	18,6	46	Pd	(8,3)
10	Ne	21,47˙	47	Ag	(7,54)˙
11	Na	5,12˙	48	Cd	8,95˙
12	Mg	7,61	49	In	5,76
13	Al	5,95	50	Sn	7,37
14	Si	8,12	51	Sb	8,35˙
15	P	10,3	53	J	10,4
16	S	10,31˙	54	X	12,08˙
17	Cl	12,96	55	Cs	3,88˙
18	Ar	15,68˙	56	Ba	5,19
19	K	4,32˙	57	La	5,5
20	Ca	6,09˙	58	Ce	(6,91)
21	Sc	6,57	59	Pr	(5,76)
22	Pi	6,81	60	Nd	(6,31)
23	V	6,76	62	Sm	(6,55)
24	Cr	6,74	64	Gd	(6,65)
25	Mn	7,40	65	Tb	(6,74)
26	Fe	7,83	66	Dy	(6,82)
27	Co	7,81	70	Yb	(7,06)
28	Ni	7,61	78	Pt	8,9
29	Cu	7,69˙	79	Ao	9,19
30	Zn	9,35	80	Hg	10,39˙
31	Ga	5,97	81	Tl	6,08˙
32	Ge	7,85	82	Pb	7,38
33	As	9,96˙	83	Bi	7,25˙
34	Se	(9,5)˙	86	Em	10,69
35	Br	11,8	88	Ra	(5,4)

Die Ionisierungsspannungen sind auf spektroskopischem Wege ermittelt worden. Die in Klammern gesetzten Werte sind unsicher. Die mit einem Punkt (˙) versehenen Werte sind auch nach der Elektronenstoßmethode gewonnen.

Die Moleküle oder Atome werden dadurch ionisiert, daß man sie mit einem genügend „harten" Licht bestrahlt, oder sie mit einem Strahl materieller Teilchen (Elektronen, Ionen, Atome, Moleküle) beschießt.

Trifft ein Elektron ein Atom (oder Molekül), so kann es aus dem Atomverband (oder Molekülverband) des getroffenen Atoms (oder Moleküls) ein weiteres Elektron herauslösen, wenn das Stoßelektron vor dem Stoß eine kinetische Energie aufweist, die nicht unter einem bestimmten, für jedes Gas charakteristischen Betrag liegt. Man nennt diesen Prozeß Ionisierung. Das Restatom bildet ein positives Ion. Das losgelöste Elektron besitzt gewöhnlich eine geringe kinetische Energie und die unterste Grenze der Spannung, die das Stoßelektron durchlaufen muß, damit es am Ende der freien Weglängen eine kinetische Energie erlangt, die für die Ionisierung des getroffenen Moleküls oder Atoms erforderlich ist, wird als Ionisierungsspannung bezeichnet. Bei dieser Spannung wird von dem neutralen Atom das lockerst gebundene Elektron entfernt. In der Tabelle 8 (s. Seite 63) sind die Ionisierungsspannungen der Elemente angegeben (*182*). Mißt man den Ionenstrom in Abhängigkeit von der Stoßelektronenenergie (durchlaufene Spannung), so beginnt die Ionisation bei einer bestimmten Spannung. In vielen Fällen hat man zeigen können, daß diese Spannungen mit den spektroskopischen bekannten Ionisierungsspannungen übereinstimmen. Man hat aber beobachtet, daß in der Ionisierungskurve (die Abhängigkeit des Ionenstroms von der elektronenbeschleunigenden Spannung) noch weitere Unstetigkeitsstellen sind. Man ist geneigt, dies als höhere Ionisierungsstufen zu deuten.

Tabelle 8 a. Ionisierungsspannung der Moleküle (im Dampfzustand).

Molekül	Ionisierungsspannung
C_2H_2	12,3
C_2H_4	12,2
C_2H_6	12,8
C_6H_6	9,6
C_7H_8	(8,5)
C_8H_{10}	(10)
$CHCl_3$	(11,5)
$C_4H_{10}O$	(13,6)

Die Ionisierungsspannungen sind nach Elektronenstoßmessungen ermittelt worden. Die nichteingeklammerten Werte sind nach dem spektroskopischen Verfahren gewonnen worden. (Sie geben die wahre Ionisierungsspannung plus einer eventuellen unbekannten Kernschwingungsanregung an.) Die eingeklammerten Werte sind ohne Massenspektrograph ermittelt worden.

Das Einsetzen der Ionisierung bei Molekülen ist weniger genau festzustellen als bei Atomen. Es ist schwer, die Ionisierungsspannung der Moleküle eindeutig zu bestimmen. Den Grund hierzu kann man darin erblicken, daß mit der Ionisierung gleichzeitig eine Anregung (Kernschwingungen und Rotation) des Molekülions mit gewisser Wahrscheinlichkeit auftreten kann. Der Ionisierungsprozeß würde danach nicht nur in der bloßen Auslösung eines Elektrons aus dem Molekülverband bestehen, sondern es kommt noch hinzu, daß das entstandene Molekülion sich in angeregtem Zustand befindet. Der zweite Grund liegt darin, daß viele Moleküle infolge der Wärmebewegung schon angeregt sind (Rotations- und Schwingungsenergie). In der Literatur findet man bei Zimmertemperatur für 1% aller Moleküle eine zusätzliche Energie von etwa 0,2 Volt angegeben (*182*). Als Ionisierungsenergie eines Moleküls bezeichnet man doch aber die Energie, die das Stoßelektron braucht, um das Elektron eines unangeregten Moleküls mit der Geschwindigkeit Null ins Unendliche zu entfernen, wobei der zurückbleibende Rest des Moleküls (Molekülion) unangeregt ist. Die Wahrscheinlichkeit einer Ionisierung mit Kernschwingungsanregung ist nicht gering. In Massenspektrographen hat man beobachtet, daß Dissoziationsprodukte der

Molekülionen entstehen, eine Erscheinung, die mit Hilfe der mit der Ionisation verbundenen Anregung zu erklären ist. Durch diese Anregung ist auch die Aussendung von Licht, das von dem gebildeten Molekül- oder Atomion herrührt, zurückzuführen. Offenbar handelt es sich hier um die Anregung fester gebundener Elektronen. Die massenspektrographischen Untersuchungen haben ergeben, daß bei Steigerung der Spannung der Stoßelektronen im Stoßraum zuerst die einfachen Molekülionen und bei noch höheren Spannungen neue Ionen entstehen, die von einer Dissoziation des Molekülions herrühren. Offenbar ist die (entweder nur kernschwingungsmäßige oder auch elektronenmäßige) Anregung des Moleküls beim Ionisierungsprozeß so stark, daß 'es unter Umständen spontan zerfällt. Eins der Zerfallprodukte führt die Ladung mit sich. Die relative Intensität der Zerfallionen ist vom Druck unabhängig. Dieser Umstand spricht dafür, daß der Prozeß primärer Natur ist.

Bei Bildung der Ionen spielen auch sekundäre Ionen eine Rolle, wie z. B. Anlagerung eines Ions an mehrere neutrale Moleküle usw. Mit steigendem Gasdruck wird der Einfluß dieser sekundären Prozesse stärker. Deswegen kann vielleicht angenommen werden, daß sie in Flüssigkeiten stark ausgeprägt sind.

Wird das lockerst gebundene Elektron des Ions so stark angeregt, daß es vom Ion fortfliegt, so entstehen bei diesem Prozeß zwei sekundäre Elektronen und ein Ion mit doppelter Ladung. Dies Molekülion kann unter Umständen in einfach geladene Ionen zerfallen. Nach Auger (*183*) kann die Bildung der mehrfach geladenen Ionen auch auf einem anderen Wege vor sich gehen [siehe auch Meitner (*184*)]. Wird einem neutralen Atom oder Molekül ein Elektron aus einer inneren Schale (ein relativ festgebundenes Elektron) entrissen, so wird dies fehlende Elektron durch ein Elektron einer höheren Schale ersetzt. Dabei wird die freiwerdende Energie in Form von Strahlung ausgesandt. Verläuft der Prozeß strahlungslos, so wird diese Energie dazu verwendet, ein weiteres Elektron des Atoms aus einer höheren Schale herauszulösen. So können zwei- und mehrfach geladene Ionen entstehen.

3. Beugungserscheinungen der Röntgen- und Elektronenstrahlen an Molekülen.

In der folgenden Ausführung soll die Frage über die Struktur der Flüssigkeit kurz gestreift werden.

Beugung der Lichtstrahlen ist nicht nur an kleinen Öffnungen, sondern auch an Hindernissen, deren Dimensionen nicht groß gegen die Wellenlängen des auffallenden Lichts sind, beobachtet worden. Diese Art der Beugung wird auch Zerstreuung des Lichts genannt. Jedes einzelne kleine beugende Objekt ergibt ein sog. Beugungsscheibchen. Auch die Moleküle eines Gases wirken zerstreuend auf das Licht, und zwar um so mehr, je kleiner die Wellenlänge ist.

Die experimentelle Forschung hat gezeigt, daß Flüssigkeiten und Gase, ähnlich wie ein Kristall, ein einfallendes monochromatisches Röntgenbündel („Primärstrahl") teilweise seitlich abbeugen und ein Beugungsbild ergeben; man erhält dabei konzentrische Ringe, die mehr diffus sind als bei Kristallen. Die Beugung in Flüssigkeiten ist durch die innere Struktur der einzelnen Moleküle und noch dadurch, daß die von verschiedenen Molekülen gebeugten Wellen unter mehr oder weniger bestimmten Phasenbeziehungen miteinander interferieren, verursacht. Diese Beugungsbilder geben uns die Möglichkeit, eine Aussage über die gegenseitige Anordnung der Moleküle zu machen. Bereits aus den Aufnahmen von Wolf (191), die in der Abb. 16 gezeigt werden, sieht man, daß die Flüssigkeitsmaxima meistens ungefähr an der Stelle liegen, wo beim Erstarren zu einem mikrokristallinischen Präparat die intensivsten Debye-Scherrer-Maxima liegen. Daraus darf man vielleicht schließen, daß eine wenn auch schwache Analogie beim Aufbau der Flüssigkeiten und Kristalle vorhanden ist.

Durch die Einführung des Begriffes des Verteilungsgesetzes für die gegenseitigen Abstände der Moleküle (185, 186, 187, 188) hat man genügende Klarheit über verschiedene Fragen geschaffen. Was versteht man nun darunter? Wir betrachten ein zweidimensionales Flüssigkeits- oder Gasmodell, in dem die Moleküle durch Samenkörner, die sich auf einer Glasplatte befinden, ersetzt sind.

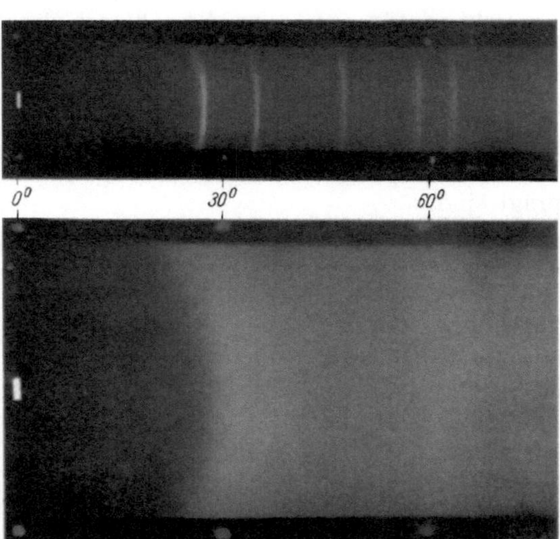

Abb. 16. Beugungsbilder von Quecksilber mit CuK-Strahlung, oben fest, unten flüssig im selben Maßstab.

Der Unterschied zwischen den beiden Modellen besteht darin, daß beim Gas die Moleküle (Samenkörner) weit voneinander entfernt sind und bei Flüssigkeiten dicht nebeneinander liegen. Diese Dichtepackung hat eine „gitterähnliche" Struktur zur Folge. Das Beugungsbild von N Molekülen (Körnern) ist dasselbe wie bei einem, jedoch N-mal stärker.

In der Abb. 17 ist eine Aufnahme von Prins (192) des Flüssigkeitsmodells gegeben. Die Schwerpunkte der Körner sind mit einer Nadel durchstochen. Auf die Konfiguration der Schwerpunkte wird eine durchsichtige „Kreisringskala" gelegt, mit dem Mittelpunkt der konzentrischen Kreise gerade auf einen der Punkte. Man bestimmt das Verhältnis

$$\frac{\text{Zahl der Punkte des } n\text{-ten Kreisringes}}{\text{Fläche des } n\text{-ten Kreisringes}},$$

wo $n = 1, 2, 3, \ldots$ ist, für zehn verschiedene Stellen und bildet daraus den Mittelwert. Das ergibt die mittlere Dichte g der Punkte als

Funktion des Abstandes r von einem festen Ausgangspunkt [Verteilungsgesetz $g(r)$].

Aus dem Verlauf der g-Funktion kann die Intensitätsverteilung im Beugungsbild rechnerisch bestimmt werden. Die Verteilungsfunktion $g(r)$ läßt sich auf die dreidimensionalen Flüssigkeiten übertragen. Sie hat den großen Vorteil, daß sie das Verhältnis der Aggregatzustände zueinander verständlich macht. So ist z. B. die Änderung der g-Funktion beim Übergang von Flüssigkeiten in Gase kontinuierlich. Gleichzeitig beobachtet man, daß die Änderung vieler Eigenschaften der Substanzen beim Übergang von der flüssigen in die gasförmige Phase kontinuierlich vor sich geht. Hingegen ist die g-Funktion bei Flüssigkeiten grundsätzlich anders als bei Kristallen. Damit erklärt sich auch die dis-

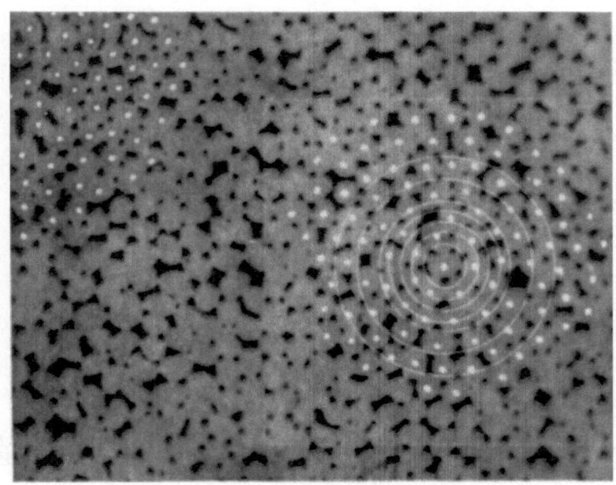

Abb. 17. Anordnung der Körner mit aufgelegter Kreisringskala zur Bestimmung der g-Funktion. Photographisches Negativ. Wahre Durchmesser der Körner ungefähr 0,8 bis 1,0 mm. Die Schwerpunkte bilden eine „unvollkommene hexagonale Anordnung". Zu beachten ist, daß an keiner Stelle die Anordnung besonders viel regelmäßiger ist als an anderen, wie das bisweilen (namentlich in Verbindung mit dem Stichwort „Cybotaxis") gedacht wird.

kontinuierliche Veränderung (Sprünge) der Substanzeigenschaften beim Übergang von flüssige in feste Körper oder umgekehrt.

Die Beugungsbilder lassen deuten (*192*), daß die gelösten Moleküle ungefähr wie in einem Gas von entsprechender Dichte im Lösungsmittel verteilt sind (z. B. Fruchtzucker in Wasser). Hingegen verhalten sich die Ionenlösungen anders; sie ergeben bei ziemlich verdünnten Lösungen noch kein typisches Bild, sondern nach dem Primärstrahl hin fällt die Intensität, wenn auch schwach, ab. Das kommt wahrscheinlich daher, daß sich um die Ionen eine starke Wasserhülle bildet, wodurch ihr Radius anscheinend vergrößert wird.

Sehr schöne Beugungsbilder von Molekülen ergeben auch Elektronenstrahlen.

De Broglie machte die Annahme, daß das Wesen der Materie ein ebenso zwiespältiges sei wie das des Lichts, und schrieb ihr neben der korpuskularen Natur auch eine Wellennatur zu. Nach der Relativitäts-

5*

theorie ist jede Energie W äquivalent einer trägen und schweren Masse m.

$$m = \frac{W}{c^2},$$

wo c die Lichtgeschwindigkeit bedeutet. Ist ein Lichtquant von der Energie $W = h\nu$ vorhanden, so gilt:

$$h\nu = m c^2,$$

wo m die „Masse" des Lichtquants bedeutet. Nach de Broglie ist der Sinn dieser Gleichung umzukehren. Nach ihm kann man einer Korpuskularstrahl von gleichen Teilchen der Masse m, die sich mit der Geschwindigkeit ν geradlinig gleichförmig bewegen, einem den ganzen

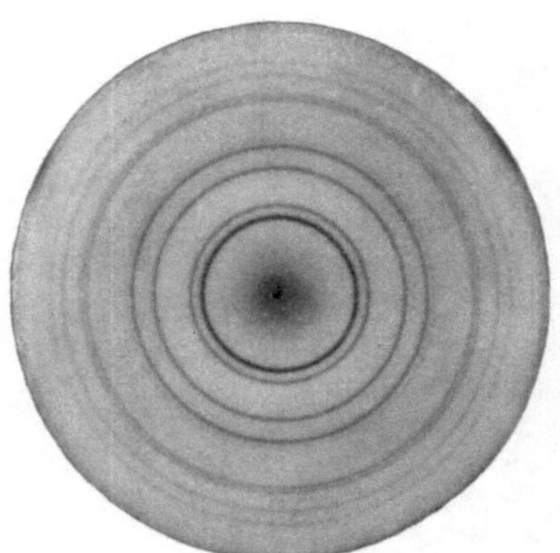

Abb. 18. Beugungsbild an Ag. 36 kV-Elektronen. $\lambda = 0,0645$ ÅE. $^1/_{10}$ sec Belichtungszeit.

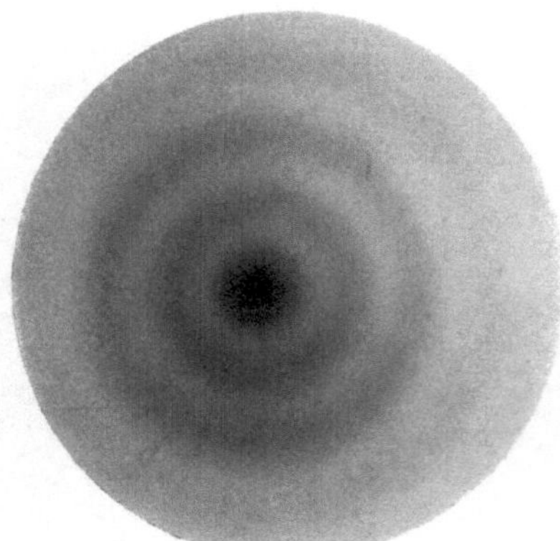

Abb. 19. 45 kV-Elektronen gebeugt an Tetrachlorkohlenstoff-Molekülen. $^1/_{10}$ sec Belichtungszeit.

Raum erfüllenden Wellenvorgang zuordnen, der für die Interferenzerscheinungen dieser bewegten Korpuskeln verantwortlich zu machen ist.

Die Schwingungszahl oder Wellenlänge dieses Wellenvorganges ist

$$\lambda = \frac{h}{m \nu}$$

[$\nu = 1,24 \cdot 10^{20}$ sec^{-1} für Elektronen; $\nu = 2,29 \cdot 10^{23}$ sec^{-1} für Protonen (Wasserstoffkern)].

Durch die Spannung von 1 Volt können die Elektronen auf solche Geschwindigkeit ($5,945 \cdot 10^7$ cm/sec) gebracht werden, daß sie die gleichen Eigenschaften wie Wellen aufweisen müssen, deren Wellenlänge (10^{-7} cm oder 10 ÅE) etwa gleich derjenigen der Röntgenstrahlen sind. Deswegen müßten sie dieselben Beugungserscheinungen zeigen wie die Röntgenstrahlen. Durch Experimente wurde das bestätigt.

Die Abb. 18 stellt ein Debye-Scherrer-Diagramm einer dünnen Metallfolie dar. Das Beugungsbild zeigt eine starke Intensität. Ähnlich wie Debye mit seinen Mitarbeitern die Streuung der Röntgenstrahlen an Gasmolekülen dazu benutzte, um die Beugungsbilder von Molekülen zu erhalten, kann man für diese Zwecke auch die Kathodenstrahlen ver-

wenden. Abb. 19 stellt ein Beugungsbild von Tetrachlorkohlenstoff-
molekülen im Dampfzustand dar (*190*). Man sieht ganz deutlich mehrere
konzentrische Ringe. Sie können durch innermolekulare Interferenzen
wegen der unregelmäßigen Abstände der Moleküle voneinander gedeutet
werden. Mit Hilfe der Elektronenbeugung wurde auch der Molekülbau
von Benzol, Cyclohexan und anderen Substanzen studiert (*190*). Für
das eingehende Studium der Frage muß auf die spezielle Literatur ver-
wiesen werden (siehe Literaturverzeichnis. In den genannten Arbeiten
findet man auch die weiteren Literaturangaben).

4. Absorptionsspektrum der in Flüssigkeiten gelösten Substanzen und die Ionisation.

Es liegen mehrere Arbeiten vor, die das Absorptionsspektrum von
Lösungen untersuchten (*200*). Reichardt und Bonhöffer (*201*) stellten
fest, daß Quecksilber in einigen Flüs-
sigkeiten (Wasser, Methylalkohol, Hexan) lösbar ist. Die Löslichkeit nimmt
von Wasser über Methylalkohol zum
Hexan zu. So erhält man Lösungen
freier Atome, deren Spektrum im Gas-
zustand bekannt ist. Sie stellten in
der Nähe der Linie 2537 ÅE zwei Absorptionsstreifen fest.

In kurzwelligem Ultraviolett, bei
ungefähr 2270 ÅE, trat in der Lösung
gegenüber reinem Wasser ein deutlicher Absorptionsanstieg auf. Ist in
Wasser Quecksilber gelöst, so beobachtet man bei 120° C (die Flüssigkeiten wurden auch im überhitzten
Zustand untersucht) in der Nähe der
Linie 2537 ÅE zwei Absorptionsstreifen, deren Breite etwa 50 ÅE beträgt
und deren Maxima etwa bei 2600 und
2520 ÅE liegen. Diese Streifen gehören
den gelösten Quecksilberatomen an.

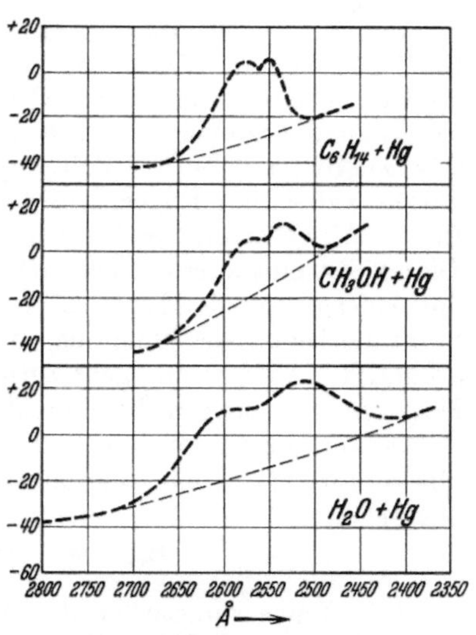

Abb. 20. Photometerkurven des Absorptions-
spektrums des gelösten Quecksilbers in Hexan, Methylalkohol und Wasser.

Unter 120° C verschwindet die Absorption. Bei Hexan sind die Streifen
bereits bei Zimmertemperatur festzustellen. In Abb. 20 sind die Photometerkurven dargestellt. Daraus sieht man, daß die gegenseitige Entfernung dieser Streifen in Wasser am größten und im Hexan am kleinsten ist; die Lösungen in Methylalkohol stehen in der Mitte.

Durch Änderung der Temperatur kann man die Dichte der Flüssigkeit variieren. Mit steigender Temperatur fällt die Dichte und gleichzeitig beobachtet man, daß die Entfernung zwischen den Maxima geringer wird. Wir wollen den Effekt nur in Hexan betrachten (Hexan bei
30° C mit Hg gesättigt). Bei 150° C ergeben beide Maxima nur noch ein

Maximum, das bei 2550 ÅE festzustellen ist (Dichteabfall 20%, bezogen auf Zimmertemperatur). Bei 200°C (Absinken der Dichte auf 65%) verschiebt sich das Maximum nach Rot und über 200°C wandert es wieder nach Ultraviolett (Wendepunkt bei 2552 ÅE). Bei 230°C war das Maximum wieder bei 2545 ÅE. In Hexandampf bei 250°C war das Maximum gegenüber der Flüssigkeit noch weiter nach dem Ultraviolett verschoben (Maximum bei 2538 bis 2540 ÅE).

Man sieht, daß es sich hier um die Aufspaltung der Linie 2537 ÅE handelt.

Hanle (202) und Schein (203) haben experimentell gezeigt, daß die Linie 2537 ÅE im elektrischen Felde aufgespalten wird. Auch die Theorie ergibt die Aufspaltung dieser Linie (homogenes, zeitlich konstantes Feld) in eine σ- und π-Komponente; die Aufspaltung ist dem Quadrat der Feldstärke proportional. Nach Messungen von Brazdziunas (204) wird die σ-Komponente bei $\mathfrak{E} = 10^5$ Volt/cm um $5,4 \cdot 10^{-4}$ ÅE nach Rot verschoben und die π-Komponente um etwa $1 \cdot 10^{-4}$ ÅE (Verschiebungsrichtung nicht sicher festgestellt).

Aus der Entfernung des langwelligen Absorptionsstreifens von der Linie 2537 ÅE im Wasser (sie beträgt 60 ÅE) kann die mittlere wirksame Feldstärke bestimmt werden. Nimmt man den quadratischen Stark-Effekt an, so ergibt sich für diese Feldstärke der Wert von $33 \cdot 10^6$ Volt/cm [Herzfeld (205) $50 \cdot 10^6$ Volt/cm]. Reichardt und Bonhöffer (201) halten es aber für richtiger, den inhomogenen Stark-Effekt von Stern (206) für die Abschätzung des Wertes der wirkenden Feldstärke anzuwenden. Diese intramolekulare Feldstärke der Lösungsmittelmoleküle bewirkt die Aufspaltung der Linie 2537 ÅE in die beiden Absorptionsstreifen. Sinkt die Dichte des Mediums, so nimmt die intramolekulare Feldstärke ab und die Aufspaltung geht zurück. Die Ursache der Verschiebung des Maximums ist noch nicht eindeutig erklärt.

Es wurde auch ein kurzwelliger Absorptionsanstieg bei 2270 ÅE beobachtet. Als Ursache hierzu wird die Ionisierung des Quecksilbers angesehen.

$$\text{Hg} + h\nu \rightarrow \text{Hg}^+ + \text{Elektron}.$$

Ist J die Ionisierungsarbeit des Quecksilbers, E die Hydratationswärme des Elektrons und H die Hydratationswärme des Quecksilbers, so läßt sich nach Pauling $h\nu$ ungefähr berechnen. (Die Hydratationsarbeit des Quecksilbers soll vernachlässigt werden.)

$$h\nu = J - E - H = 239 - 86 - 10 = 143 \text{ kcal}.$$

[$J = 239$ kcal (207), $E = 86$ kcal, die Hydratationsarbeit von Quecksilber wird gleich der des Silbers gesetzt $= 100$ kcal (209). Davon soll 10% auf der Verschiebungspolarisation beruhen.] Diesem Wert von $h\nu$ entspricht eine Wellenlänge von 2000 ÅE (zu hoch, verglichen mit dem experimentellen Wert). Wahrscheinlich setzt bereits bei 2270 ÅE die Ionisation des gelösten Quecksilbers ein.

G. Scheibe (210) mit seinen Mitarbeitern beobachtete kontinuierliche Absorptionsspektra von Halogenionen in wässeriger Lösung.

J. Franck und G. Scheibe (*211*) deuten diesen Effekt als einen photochemischen Dissoziationsprozeß der negativen Ionen in Atome und freie Elektronen. Die Energie $h\nu$ muß aufgewendet werden, damit ein Elektron von einem negativen Ion in der Flüssigkeit abgetrennt wird, wobei der Rest als Atom in $2^2\,P_2$-Zustand zurückbleibt. Sie ist gegeben durch die Gleichung

$$h\nu = E + H + P - S - S_i.$$

Also ist die Abtrennungsarbeit $h\nu$ des Elektrons durch folgende Größen bedingt: 1. $E =$ Wärmetönung der Verbindung eines Elektrons mit einem Atom (Elektronenaffinität eines gasförmigen Ions). 2. Die Dipolmoleküle der Flüssigkeit ordnen sich um das negative Ion herum mit ihren positiven Seiten nach innen. Die potentielle Energie P, die die dabei beteiligten Dipolmoleküle des Lösungsmittels aufeinander besitzen, spielt ebenfalls eine wesentliche Rolle. 3. Hydratationsarbeit H für ein negatives Ion, d. h. die Arbeit, die frei wird, wenn man ein negatives Ion aus dem Vakuum in die Flüssigkeit bringt, in der alle Dipole ungeordnet sind. 4. Lösungswärme S eines Atoms, das als Rest von dem negativen Ion bleibt, nachdem von diesem Ion ein Elektron abgetrennt wurde. 5. Lösungswärme S' des abgetrennten Elektrons, das ebenfalls in der Flüssigkeit bleibt.

Wir wollen den Fall der Lösung von Jod in Wasser betrachten. Es kann schätzungsweise nach Born $E = 79$ kcal, nach Franck und Scheibe (*211*) $P = 7{,}5$ kcal, $S = 5$ kcal und $S' = 18{,}5$ kcal und nach Webb (*212*) $H = 61$ kcal gesetzt werden. Danach erhält man für die Abtrennungsarbeit $h\nu$ den Betrag von ca. 124 kcal $= 5{,}39$ Volt.

Die mittlere potentielle Energie W_0 des Elektrons bei seiner Bewegung ergibt sich

$$W_0 = e\,U_0,$$

wo U_0 das mittlere Potential des betreffenden Mediums und e die Ladung des Elektrons bedeutet. Ist die mittlere kinetische Energie W_i, so ergibt sich die totale Energie W des Elektrons in der Flüssigkeit

$$W = W_i - W_0.$$

Nach Pauling (*208*) [siehe auch Bethe (*213*)] ist

$$E = W_0 \ \text{bis} \ \tfrac{1}{2}\,W_0 \qquad \text{oder} \qquad E = \alpha \cdot W_0.$$

Für den Koeffizienten α setzt er den Wert 0,8 ein. Die Elektronenaffinität E des Wassers ergibt sich nach Pauling zu etwa 88 Kal. pro Mol oder 3,8 Volt-Elektron und nach Franck und Scheibe ca. 18,5 Kal. pro Mol oder 0,8 Volt-Elektron. Der Endzustand (Atom + Elektron) liegt um E_{Fl} niedriger als der Anfangszustand (negatives Ion), wobei E_{Fl} die Elektronenaffinität der betreffenden Flüssigkeit bedeutet.

Die unterste Energiestufe ändert sich um einen Betrag, der gleich der potentiellen Energie des Elektrons in einem elektrischen Feld der um das Elektron herumliegenden Flüssigkeitsdipole ist. Die Flüssigkeitsdipole liefern einen Beitrag zur Hydratationswärme. Das Doppelte dieses Beitrages ergibt die Änderung der Elektronenenergie. Ist $\beta \cdot \varepsilon$ das

Potential im Mittelpunkt des Ions infolge der Ladung ε und $\beta\cdot\varepsilon\cdot d\varepsilon$ die Arbeit bei Vergrößerung der Ladung um $d\varepsilon$, so ergibt sich die Arbeit, die geleistet wird, wenn die Ladung e von außerhalb der Flüssigkeit in die Flüssigkeit hineingeführt wird, als

$$\int_0^e \beta\cdot\varepsilon\cdot d\varepsilon = \tfrac{1}{2}\beta\cdot e^2 .$$

$\beta\cdot e^2$ ist die potentielle Energie der Ladung e in einem Potentialfeld $\beta\cdot e$, das durch die herumliegenden Dipole hervorgerufen wird. Diese Energie muß aufgewendet werden, wenn das Elektron (Ladung e) so schnell entfernt wird, daß die Dipole keine Zeit haben, sich zu reorientieren. Sie ist der Summe $H + P$ gleich. Sie wäre also die Arbeit, die frei wird, wenn das Elektron aus dem Vakuum zurück auf seinen alten Platz in der Flüssigkeit gebracht wird, und zwar, wenn es die Dipole im alten orientierten Zustand trifft. Die Hydratationsarbeit besteht größtenteils in der Orientierung der Flüssigkeitsdipole. Deswegen setzt Pauling (208) $2\,H_x$ gleich der Änderung der unteren Energiestufe und erhält für die Elektronenaffinität E_x eines freien (halogenen) Atoms den Ausdruck

$$E_x = h\,\nu + E_{Fl} - 2\,H_x .$$

5. Fluoreszenz und Phosphoreszenz[1].

Organische Substanzen, wie z. B. Benzol, zeigen die charakteristischen Spektra nicht nur im dampfförmigen Zustand, sondern auch im gelösten Zustand oder fest kristallisiert. Der Benzoldampf weist ein Absorptionsspektrum auf, das aus einem reich gegliederten Bandensystem im Ultraviolett besteht und das aus einer Folge von Bandengruppen mit ziemlich scharf definierten, kurzwelligen Kanten zusammengesetzt ist: jede Gruppe besteht aus Teilbanden, und diese aus zahlreichen Linien. Durch Einstrahlung von kurzwelligem Licht in Benzoldampf wird Fluoreszenz erzeugt, deren Spektrum dem der Absorption weitgehend analog ist. Die langwelligsten Banden der Absorption koindizieren mit den kurzwelligsten der Emission. In dem gemeinsamen Gebiet beider Spektren findet eine Selbstumkehr statt. Das ist die Ursache, warum die Intensitätsverteilung zwischen den einzelnen Teilbanden, die sich außerhalb des Selbstumkehrgebietes in jeder Gruppe wiederholt, starke Verschiebungen erleidet. Benzoldampfdruckänderung (25 mm bei 0^0 bis 350 mm bei 25^0) hat keinen Einfluß gezeigt.

Wird Benzol in einer anderen Flüssigkeit gelöst, wie z. B. in Hexan, Penthan, Äther, Alkohol, Wasser usw., so verschwindet die Fluoreszenz-

---

[1] Lumineszenz: Leuchterscheinungen, die nicht von einer hohen Temperatur des leuchtenden Körpers herrühren.

Fluoreszenz: Lichtaussendung einer Substanz, die einen Teil des auffallenden Lichts absorbiert und als Licht anderer Wellenlänge wieder aussendet. Bei Fluoreszenz dauert die Lichtaussendung nur so lange an, wie die äußere Lichtwirkung andauert. Wenn aber die Lichtaussendung auch nach der Unterbrechung der äußeren Lichteinwirkung noch einige Zeit andauert, so haben wir die Phosphoreszenzerscheinung.

Röntgenstrahlen, Kathodenstrahlen und die Strahlen radioaktiver Substanzen können Fluoreszenz erzeugen.

erscheinung nicht. Aber man beobachtet dabei etwas Neues, und zwar, daß die Auflösung der Banden in Teilbanden (gleichmäßige Absorption und Emission) verwischt. Alle Banden sind am kurzwelligen Ende ziemlich scharf begrenzt, wie dies auch im Dampfzustand der Fall ist und zeigen nach längeren Wellen zu ein sekundäres Maximum, das sich in Dampfstruktur ebenfalls wieder findet. Dieser Tatbestand deutet auf die Struktur hin. Ist die Konzentration des Benzols in Alkohol sehr gering, so fällt die Lage der Banden fast genau mit derjenigen im Dampf zusammen. Steigert man die Konzentration des Benzols, so tritt eine Verschiebung der Banden nach dem sichtbaren Gebiet hin auf. Diese Verschiebung ist von der Benzolkonzentration und von dem Lösungsmittel abhängig. Die Helligkeit des Leuchtens nimmt in flüssiger Lösung mit der Benzolkonzentration (parallel mit der Intensität der Absorptionsbanden) anfangs zu und nach einem Maximum (etwa bei 0,2 %) wieder ab. Ist das Benzol in flüssigem Zustand ohne Beimischungen, so ist die Fluoreszenz eben noch in den kräftigsten Banden nachzuweisen. Die Banden sind unscharf und verwaschen.

In festem kristallinischen Zustand zeigt Benzol wieder scharfe und intensive Banden. Die Intensität dieser Banden kommt etwa dem Maximum der verdünnten Lösungen gleich. In diesem Zustand beobachtet man auch Nachleuchten (Phosphoreszenz). Bei der Temperatur der flüssigen Luft zerfallen die Lumineszenzbanden in ausgeprägte diskrete Maxima.

Die Benzolderivate verhalten sich ähnlich wie Benzol. Toluol, Xylol, Äthylbenzol, Indol, Mesithylen, Anilin, Diäthylamin und zahlreiche andere Verbindungen sind untersucht worden.

Auch die aliphatischen Verbindungen und andere organische Stoffe, wie z. B. Harze, Öle, Hölzer usw., zeigen Fluoreszenzfähigkeit. (Siehe hierzu *214, 215, 216.*)

6. Elektronenaustritt aus dem kalten Metall unter der Wirkung der elektrischen Feldstärke.

Da die aus den Elektroden stammenden Elektronen bei Elektrizitätsleitung in dielektrischen Flüssigkeiten eine wesentliche Rolle zu spielen scheinen, soll hier über den Elektronenaustritt aus dem kalten Metall im allgemeinen berichtet werden.

W. Schottky (*217*) untersucht die Bedingungen für die Elektronenemission heißer Körper. Bei hoher Temperatur nimmt die kinetische Energie der Elektronen im Innern des Metalls zu. Steigt die Temperatur, so wächst die Zahl der Elektronen, die die Fähigkeit erlangen, die zur Überwindung der Grenze Metall—Vakuum erforderliche Übertrittsarbeit zu leisten. Durch die angelegte Spannung wird der Elektronenaustritt erleichtert. Um die Elektronen aus den kalten Metallen heraustreten zu lassen, braucht man sehr hohe Feldstärken. Die Rechnung von Schottky ergibt Feldstärken von 10^8 bis 10^9 Volt/cm. Die experimentelle Forschung hat aber kritische Feldstärken ergeben, die um etwa zwei Zehner-Faktoren kleiner sind. Um die Übereinstimmung mit den

Experimenten zu erzielen, nimmt er den Einfluß der Oberflächenbeschaffenheit an, die verhindert, daß die theoretischen Werte erreicht werden.

Im Falle des ebenen Problems ist der Elektronenstrom nach Schottky (*220*) durch

$$i = i_0\, e^{\dfrac{e^{3/2}}{kT}} \sqrt{\dfrac{dU}{dx}} = i_0 \cdot e^{\dfrac{4{,}39}{T} \cdot \sqrt{\mathfrak{E}_0}}$$

gegeben, wo e die Elementarladung, $\mathfrak{E}_0$ die Feldstärke an der Kathode, k die Boltzmannsche Konstante und T die absolute Temperatur bedeuten.

A. Sommerfeld (*218*) gab eine neue Vorstellung der Elektronentheorie der Metalle auf Grund der Wellenmechanik und Fermi-Diracschen Quantenstatistik. Die neue Theorie macht die Annahme (wie auch die älteren), daß die freien Elektronen im Metall als ein in das Metall eingeschlossenes ideales Gas betrachtet werden dürfen, auf das die klassischen Gesetze der idealen Gase, wie die Theorie ergab, nicht angewandt werden dürfen. Da die Masse der Elektronen sehr gering ist, sind ihre Energiequanten sehr groß. Deshalb ist das Elektronengas noch bei hohen Temperaturen vollkommen entartet. Die Nullpunktenergie des Elektronengases ist sehr groß. Houston (*219*) stellte die theoretische Betrachtung über die Elektronenemission kalter Metalle an. Das Elektronengas besitzt in einem ziemlich großen Temperaturintervall eine konstante Nullpunktsenergie und ihr entsprechend einen konstanten „Nullpunktsdruck". Beim Austritt des Elektrons aus dem Metall ins Vakuum wird dem Elektron eine Energie W_j entsprechend diesem Druck übertragen. Andererseits muß das Elektron eine Arbeit W_A leisten, um die Anziehung seitens der positiven Metallionen zu überwinden. Da gewöhnlich

$$W_A > W_j$$

ist, können die Elektronen das Metall nicht verlassen. Es läßt sich zeigen, daß W_j in einem ziemlich großen Temperaturbereich sehr wenig von der Temperatur abhängig ist. Damit erklärt sich auch die Temperaturunabhängigkeit der Elektronenströme, die von Millikan und seinen Mitarbeitern experimentell gefunden wurde. Durch das äußere Feld kann erreicht werden, daß

$$W_A \leqq W_j$$

wird. Bei diesen Feldstärken können die Elektronen aus dem Metall herausgerissen werden. Die Feldstärken, bei denen der Effekt auftreten soll, errechnen sich auch hier viel zu hoch, als sie aus den Experimenten anderer Forscher bekannt sind. Ebenso wie bei Schottky wird diese Diskrepanz durch die Annahme der Unregelmäßigkeiten und Verunreinigungen der Oberfläche erklärt.

Die quantenmechanische Ableitung der Gleichung, die die Beziehung zwischen dem Elektronenstrom i und der Feldstärke $\mathfrak{E}$ darstellt,

$$\lg i = K \cdot \frac{1}{\mathfrak{E}},$$

(wo K eine Konstante ist) steht in guter Übereinstimmung mit den von Millikan und Lauritsen (*221*) erzielten experimentellen Resultaten.

Die Energie des Elektrons, das die Oberfläche des Metalls trifft (Normalkomponente seiner Geschwindigkeit), sei W. In der Zeit- und Flächeneinheit sollen $N(W)\,dW$ Elektronen die Oberfläche treffen. Die Wahrscheinlichkeit, daß ein solches Elektron durchgelassen wird, sei $D(W)$ (Transmissionskoeffizient). Bezeichnen wir die Ladung des Elektrons mit e, so ergibt sich der Elektronenemissionsstrom i zu

$$i = e \cdot \int\limits_0^\infty N(W)\,D(W)\,dW\,. \tag{1}$$

Um das Problem der Elektronenemission aus dem Metall näher zu betrachten, ist es notwendig, den Zustand der Elektronen im Metall zu kennen. Nach der Vorstellung der modernen Physik ist jedem Atom des Metalls außer den gewöhnlichen gebundenen Elektronen noch 1 oder 2 usw. Elektronen (je nach der Natur des Metalls) zuzuordnen, die einen höheren Grad von Freiheit aufweisen. Vom Standpunkt unserer Fragestellung können die Elektronen als ganz frei behandelt werden. Die freien Weglängen liegen in der Größenordnung einiger 100-Atomabstände (*218, 235*).

Das Geschwindigkeitsverteilungsgesetz lautet nach Sommerfeld:

$$f(\xi,\eta,\zeta)\,d\xi\,d\eta\,d\zeta = \frac{2\,m^3}{h^3}\cdot\frac{d\xi\,d\eta\,d\zeta}{e^{\frac{\frac{m}{2}(\xi^2+\eta^2+\zeta^2)}{kT}+\alpha}+1}\,, \tag{2}$$

wo ξ, η und ζ die Geschwindigkeitskomponenten in der x-, y- und z-Richtung, m die Masse eines Elektrons, h die Plancksche Konstante, k die Boltzmannsche Konstante und T die absolute Temperatur bedeuten Die Größe α ist durch die Bedingung, daß das Integral über alle Zustände

$$\int\limits_{-\infty}^{+\infty}\!\!\int\!\int f(\xi\,\eta\,\zeta)\,d\xi\,d\eta\,d\zeta = N' \tag{3}$$

die Gesamtzahl N' der Elektronen in der Volumeneinheit liefern muß, festgelegt. Ist $\alpha < < 0$ (das ist der Fall, wenn $\dfrac{N'\cdot h^3}{2}(2\pi m k T)^{-3/2} > > 1$ ist) so liegt der Fall der Entartung vor. Ist jedoch

$$\alpha > > 0,\quad \left[\left(\frac{N'h^3}{2}(2\pi m k T)^{-3/2} < < 1\right)\right]$$

so liegt keine Entartung vor; im Nenner der Gleichung (2) verschwindet 1 gegenüber der Exponentialfunktion, und man erhält eine Maxwellsche Verteilung. Die Größe α ist gegeben

$$\alpha = -\frac{\mu}{kT} = -\left(\frac{3N'}{\pi}\right)^{3/2}\frac{h^2}{8\,m\,k\,T} + \cdots\,,$$

wo

$$\mu = \left(\frac{3N'}{\pi}\right)^{2/3}\frac{h^2}{8\,m}$$

bedeutet.

Die Verteilungsfunktion kann jetzt geschrieben werden

$$f(\xi\,\eta\,\zeta)\,d\xi\,d\eta\,d\zeta = \frac{2\,m^3}{h^3}\cdot\frac{d\xi\,d\eta\,d\zeta}{e^{\dfrac{\left[\dfrac{m}{2}(\xi^2+\eta^2+\zeta^2)-\mu\right]}{k\,T}}+1} \tag{4}$$

und durch die Abb. 21 dargestellt werden. Das Absinken von f in der Nähe des kritischen Wertes erfolgt um so schärfer, je kleiner T ist. Bei $T = 0$ erhält man eine rechteckige Verteilung. Auch bei dem absoluten Nullpunkt der Temperatur kommen die Elektronen im Fermi-Dirac-Gas nicht zur Ruhe und weisen eine sehr beträchtliche Nullpunktsenergie auf.

Durch μ ist die maximal vorkommende Energie gegeben, und zwar

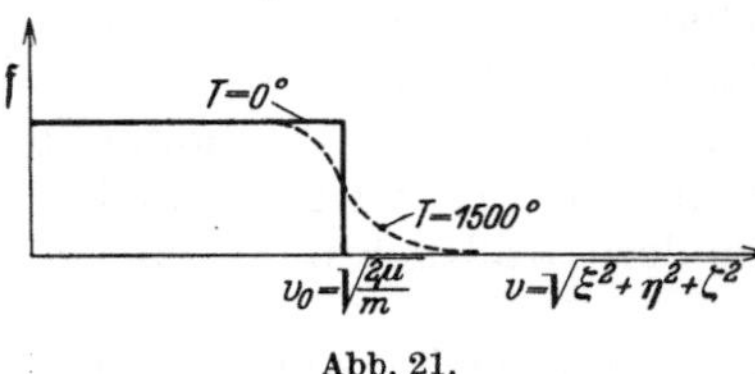

Abb. 21.

ist sie für ein Elektronengas mit einem freien Elektron pro Atom etwa 7 bis 8 Volt. Für z Elektronen pro Atom muß man mit $z^{2/3}$ multiplizieren; z. B. für $z = 2$ erhält man 11 bis 12 Volt.

Jetzt interessiert uns das Verteilungsgesetz der die Oberfläche treffenden Elektronen. Die Anzahl der W-Elektronen in der Volumeneinheit (die Dichte) ergibt sich

$$n(W)\cdot dW = \frac{2\,\pi\,\sqrt{2}\,m^{3/2}}{h^3\,\sqrt{W}}\,k\,T\,\lg(1 + e^{-\beta})\,dW\,,$$

wo $W = \dfrac{m}{2}\,\xi^2$ und $\beta = \dfrac{\left(\dfrac{m}{2}\,\xi^2 - \mu\right)}{k\,T}$ bedeuten. Multipliziert man die

obige Gleichung mit der Geschwindigkeit $\xi = \sqrt{\dfrac{2\,W}{m}}$, so erhält man die Zahl $N(W)\cdot dW$ der Elektronen aus dem Intervall dW, die in der Zeiteinheit auf die Flächeneinheit (yz-Fläche) auftreffen

$$N(W)\cdot dW = \frac{4\,\pi\,m}{h^3}\,k\,T\,\lg\left(1 + e^{-\frac{(W-\mu)}{k\,T}}\right)\cdot dW\,. \tag{5}$$

Ist $\dfrac{W-\mu}{k\,T}\ll 0$, so ist $N(W)\cdot dW = \dfrac{4\,\pi\,m}{h^3}(\mu - W)\cdot dW\,.$ (5a)

Ist $W \cong \mu$, so ist $N(W)\cdot dW = \dfrac{4\,\pi\,m}{h^3}\,k\,T\,dW\,\lg 2\,.$ (5b)

Ist $\dfrac{W-\mu}{k\,T}\gg 0$, so ist $N(W)\cdot dW = \dfrac{4\,\pi\,m}{h^3}\,k\,T\,e^{-\left(\frac{W-\mu}{k\,T}\right)}\,.$ (5c)

Nur ein Teil $D(W)$ dieser Elektronen werden durchgelassen, der Rest wird reflektiert (Transmissions- oder Reflexionsgesetz für die auftreffenden Elektronen). Nach der Quantenmechanik ändert sich das Potential der Grenze zwischen Metall und Vakuum sehr stark (siehe Abb. 22). Zwischen Innenraum und Außenwand ist ein derartiger Potentialunterschied C vorhanden, daß eine Arbeit aufgewandt werden muß, um ein ruhendes Elektron nach außen zu befördern. Die kritische Energie μ der Elektronen im Innern muß kleiner als $C *$ sein, damit das Elektronengas überhaupt zusammenhält (negatives Potential, Bindungs- oder Packungseffekt, Stabilität der ganzen Metallkonfiguration).

Wir wollen die Reflexion (Reflexionskoeffizient $= R$) und Transmission (Transmissionskoeffizient $= D$) der Elektronen an der Metalloberfläche unter der Annahme betrachten, daß die atomistische Struktur der Oberfläche vernachlässigt wird. Das ist in erster Näherung zulässig, da wir solche langsamen Elektronen in Betracht ziehen wollen, deren de Broglie-Wellenlänge $\lambda = \dfrac{h}{m \cdot v}$ wenigstens im Außenraum groß ist gegenüber der Gitterkonstante der Metallgitter. Vor allem gilt, daß

$$D + R = 1$$

ist.

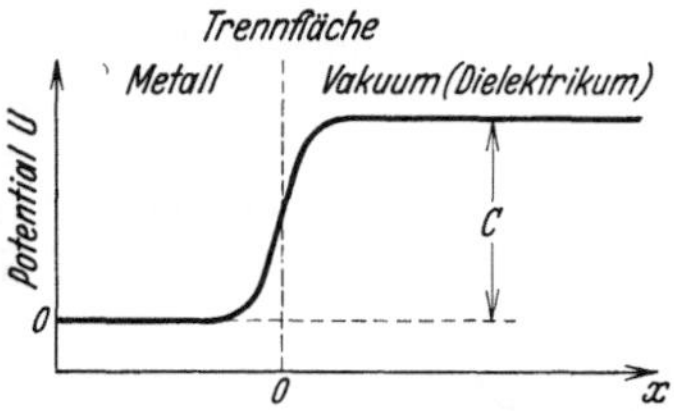

Abb. 22. Für $x \gg 0$ ist $U = c = $ const, für $x \ll 0$ ist $U = 0 = $ const, $C = $ Wert des Potentials im Unendlichen.

Die Bewegung der Elektronen in dem in der Abb. 22 dargestellten örtlich veränderlichen Potential kann man aus der Schrödinger-Gleichung erhalten. Nordheim (237) hat eine angenäherte Gleichung für die Umgebung einer Stelle x_0 gegeben

$$\psi = \frac{a}{(W - U)^{1/4}} \cdot e^{-i\varkappa \int_{x_0}^{x} (W - U)^{1/2} \cdot dx} + \frac{a'}{(W - U)^{1/4}} e^{+i\varkappa \int_{x_0}^{x} (W - U)^{1/2} \cdot dx} . \quad (6)$$

Hier ist $\varkappa^2 = \dfrac{8\pi^2 m}{h^2}$. Die Konstanten a und a' stellen Elektronenströme dar, die mit der Geschwindigkeit

$$v = \sqrt{\frac{2(W - U)}{m}}$$

in positiver oder negativer Richtung strömen. Die Größen $|a|^2$ oder $|a'|^2$ sind direkt der Zahl der Elektronen proportional, die in der Zeiteinheit die Flächeneinheit passieren. Die Größe $|\psi|^2$ stellt die Elektronendichte dar. Strömen die Elektronen nur in einer Richtung, z. B. in positiver, so ergibt sich

$$a|^2 = |\psi|^2 \sqrt{W - U} ,$$

d. h. die Stromstärke ist dem Produkt aus Dichte und Geschwindigkeit proportional.

Bei solchem x, bei denen die Gleichung (6) gilt, tritt keine merkliche Reflexion auf. Es ist aber doch eine Reflexion zu erwarten, wenn

---

* Wenn im folgenden C in Verbindung mit Energiegrößen gebraucht wird, so soll darunter die Energie verstanden werden, die einem Elektron zugeführt wird, wenn es den Potentialunterschied C durchläuft.

$\dfrac{dU}{dx}$ oder $\dfrac{d^2U}{dx^2}$ sehr groß oder wenn $(W - U)$ sehr klein oder Null wird[1].

Für den Fall, daß $W < C$ ist, werden alle Elektronen reflektiert, hingegen gehen sie glatt alle durch, wenn $W \gg C$ ist. Ist nun W nur um einen geringen Betrag größer als C, so erhält man einen endlichen Reflexionskoeffizienten

$$R = 1 - D.$$

Haben wir einen solchen Potentialverlauf, wie er in Abb. 23 dargestellt ist, so können nach der klassischen Mechanik nur solche Elektronen aus dem Metall austreten, die die Energie $W > B$ aufweisen. Nach der Wellenmechanik besteht eine gewisse Durchgangswahrscheinlichkeit auch dann, wenn $B > W > C$ ist.

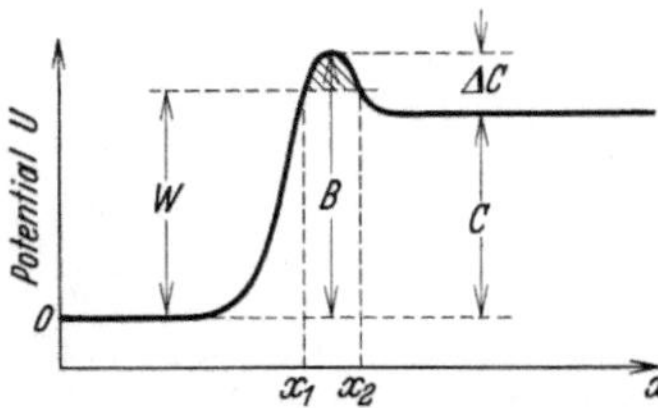

Abb. 23. Die Grenzschicht weist einen höheren Maximalwert des Potentials auf als der Außenraum.

B = Maximalwert des Potentials,
C = Potentialwert im Unendlichen,
W = Elektronenenergie im Metall.

Die Glühelektronenemission wird dadurch verursacht, daß die Elektronen infolge der Wärmebewegung eine kinetische Energie erhalten, die größer ist als die Potentialdifferenz gegenüber dem Außenraum. Nehmen wir an, daß der Transmissionskoeffizient für $W < C$ verschwindet, so erhalten wir aus den Gleichungen (1) und (5) die Elektronenstromdichte i

$$i = \frac{4\pi\, m\, e}{h^3}\, kT \int_C^\infty D(W)\lg\left(1 + e^{-\frac{(W-\mu)}{kT}}\right) dW. \qquad (7\,\mathrm{a})$$

Die Elektronen verlassen das Metall mit der Energie $X = W - C$ und die Energie der austretenden Elektronen in kT Einheiten ist dann $x = \dfrac{X}{kT} = \dfrac{W - C}{kT}$. Führen wir diesen Ausdruck in die obige Gleichung ein unter Berücksichtigung des Falles der Gleichung (5c), so erhalten wir

$$i = \frac{4\pi\, m\, e\, k^2}{h^3}\, T^2 \overline{D}\, e^{-\frac{C-\mu}{kT}}, \qquad (7\,\mathrm{b})$$

wo

$$D = D(T) = \int_0^\infty D(C + kTx)\, e^{-x}\, dx$$

den mittleren Transmissionskoeffizienten für die Temperatur T bedeutet. Die Gleichung (7b) ist die bekannte Richardsonsche Gleichung. Neu ist hier ein Faktor 2, der von dem Elektronenspin herrührt.

---

[1] Sie stellt eine gute Näherung für die Werte von x dar, für die die Bedingung

$$\frac{1}{8\varkappa} \int_{x_0}^x (W - U)^{-3/2} \left[\frac{d^2U}{dx^2} - \frac{5}{4}(W - U)^{-1}\left(\frac{dU}{dx}\right)^2\right] dx \ll 1$$

erfüllt ist.

Die experimentellen Resultate werden durch die Gleichung

$$i = A \cdot T^2 \cdot e^{-\frac{\chi}{kT}} \tag{8}$$

gut wiedergegeben. Hier ist $A = 2\pi m e \frac{k^2}{h^3}$, T die absolute Temperatur, k die Boltzmannsche Konstante und χ die Austrittsarbeit der Elektronen (Materialkonstante). In der neuen Theorie stellt die Austrittsarbeit χ die Differenz des totalen Potentialunterschieds C und der maximalen Nullpunktsenergie μ dar. Sie ist also nicht die Arbeit, die notwendig ist, um ein ruhendes Elektron aus dem Metall zu entfernen, d. h. die Potentialschwelle C an der Metalloberfläche zu überwinden. χ ist also nur die Arbeit, die erforderlich ist, um ein Elektron aus dem kritischen Bereich der Geschwindigkeit auszulösen. μ läßt sich daher auch als inneren Druck des Elektronengases auffassen.

Werden die Elektronen, die das Metall verlassen, nicht abgeführt (z. B. wenn kein elektrisches Feld auf sie wirkt), so werden sie mit der Zeit eine Raumladung (*238, 239*) bilden, die den weiteren Austritt der Elektronen hindert. Um diese Raumladung zu beseitigen, genügen geringe Feldstärken, die auf den Elektronenaustritt keinen Einfluß ausüben. Erst bei $\mathfrak{E} > 10^6$ Volt/cm ist der

Einfluß elektrischer Felder auf die Elektronenemission bemerkbar. Das Feld deformiert den Potentialverlauf.

In nicht zu kleiner Entfernung von der Metalloberfläche ist die Kraftwirkung auf ein

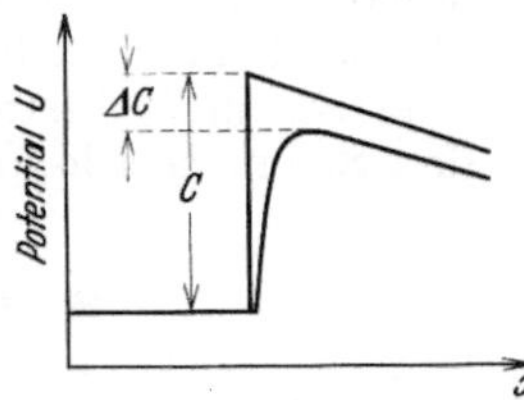

Abb. 24. Deformation des Potentialverlaufs durch die elektrische Feldstärke. ΔC der Betrag, um den die Potentialschwelle C durch Einwirkung des äußeren elektrischen Feldes $\mathfrak{E}$ herabgedrückt wird.

$$\Delta C = \sqrt{e\,\mathfrak{E}}$$
$$U_{\max} = C - \Delta C.$$

Elektron durch die Bildkraft gegeben, deren Potential $U = \frac{e}{4x}$ beträgt, wo x den Abstand des Elektrons von der Oberfläche bedeutet. Man hat

$$\text{für } x < x_0; \quad U = 0,$$

$$\text{für } x > x_0; \quad U = C - \frac{e}{4x},$$

wo x_0 die Grenzfläche ist. Wirkt ein elektrisches Feld, so wird die Potentialschwelle erniedrigt (*217, 237*), Abb. 24.

$$\text{Für } x < x_0; \quad U = 0,$$

$$\text{für } x > x_0; \quad U = C - \frac{e}{4x} - x\,\mathfrak{E}, \tag{9}$$

wo $\mathfrak{E}$ die elektrische Feldstärke, die auf das Elektron wirkt, bedeutet. Man sieht hieraus, wie durch das lineare Glied $(x\mathfrak{E})$ die Potentialschwelle erniedrigt wird. Differenziert man die Gleichung (9) und bestimmt das Maximum für x_1,

$$\frac{e}{4x_1^2} - \mathfrak{E} = 0, \qquad x_1 = \frac{1}{2}\sqrt{\frac{e}{\mathfrak{E}}}$$

und führt dies in die Gleichung (9) ein, so erhält man den Betrag ΔC, um den die Potentialschwelle C durch das äußere Feld $\mathfrak{E}$ herabgedrückt wird

$$U_{\max} = C - \Delta C;$$

$$\Delta C = \sqrt{e\mathfrak{E}}. \tag{10}$$

Jetzt sehen wir deutlich, daß durch das Feld die Austrittsarbeit χ der Glühelektronen [siehe Gleichung (8)] um den Betrag $\sqrt{e\mathfrak{E}}$ (die Schottky-Korrektion) vermindert wird. Die Beziehung zwischen der Elektronenstromdichte i und der Feldstärke $\mathfrak{E}$ ergibt sich zu:

$$i = i_0\, e^{\left(\frac{e\sqrt{e\mathfrak{E}}}{k\,T}\right)}, \tag{11}$$

$i_0 =$ Elektronenstromdichte ohne Feld. Bei genauerer Betrachtung der Abb. 25 sieht man, daß infolge der Eigenheit der Fermi-Verteilung auch ein Strom $i_{\mathfrak{E}}$ besteht, der auch für $T = 0$ nicht verschwindet. Für den Strom $i_{\mathfrak{E}}$ erhalten wir mit genügender Näherung

$$i_{\mathfrak{E}} = \frac{e}{2\pi h} \cdot \frac{\mu^{1/2}}{C\,\chi^{1/2}} \cdot \mathfrak{E}^2 \cdot e^{-\frac{4\varkappa\chi^{3/2}}{3\mathfrak{E}}}. \tag{12}$$

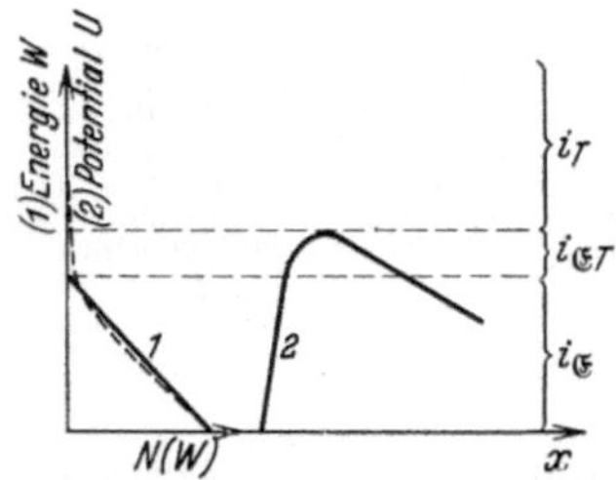

Abb. 25. Verteilungs- und Potentialkurven, die zeigen, wieviel Elektronen jeweils ein bestimmtes Potentialgebiet zu durchdringen haben.

$i_T =$ Reiner Glühelektronenstrom einschließlich der Schottky-Korrektion,

$i_{\mathfrak{E}T} =$ Elektronenstrom, der sowohl von der Temperatur T als auch von der Feldstärke $\mathfrak{E}$ abhängt, } Beruhen auf dem quanten-mechanischen Effekt des Durchgehens durch eine Potentialschwelle.

$i_{\mathfrak{E}} =$ Elektronenstrom, der nur von der Feldstärke $\mathfrak{E}$ abhängt.

Für diesen Fall ist $W > C$. Die Größe χ ist hier dieselbe Austrittsarbeit, die für die Glühelektronenemission maßgebend ist. Bei tiefen Temperaturen ($i_{T\mathfrak{E}} = i_T = 0$) ist

$$i = \text{const} \cdot \mathfrak{E}^2 \cdot e^{-\frac{\alpha}{\mathfrak{E}}} \tag{13a}$$

oder die einfachere Form

$$i = \text{const} \cdot e^{-\frac{\alpha}{\mathfrak{E}}}. \tag{13b}$$

Die Gleichungen (13a), (13b) experimentell voneinander zu unterscheiden, ist schwierig. Die Gleichung (13b) stellt ein empirisch gefundenes Gesetz dar (221, 225).

Rechnet man die Feldstärke, bei der ein merklicher Strom zu erwarten ist (z. B. Wolfram: Austrittsarbeit von reinem Wolfram 4,5 Volt), so erhält man 2 bis $3 \cdot 10^7$ Volt/cm. Die Experimente haben hingegen einige 10^6 Volt/cm ergeben. Man muß nach Schottky (217) annehmen, daß die wirkliche Emission an bestimmten empfindlichen Stellen stattfindet. Zwei Ursachen können hier eine Rolle spielen: 1. Unebenheit der Oberfläche, Spitzen, an denen wesentlich höhere Feldstärken herrschen, als die aus der angelegten Spannung ausgerechneten. 2. Verunreinigungen. Die Experimente bestätigen die Annahme, daß die Oberflächenbeschaffenheit einen Einfluß auf den Effekt hat.

Nicht nur durch Temperatur und Feldwirkung, sondern auch durch den Photoeffekt kann die Elektronenemission aus dem Metall verursacht werden. Fällt ein Lichtquant $h\nu$ auf das Metall, so kann für dieses absorbierte Lichtquant ein Elektron ausgelöst werden. Die ausgelösten Elektronen haben aber nicht eine dem $h\nu$ entsprechende kinetische Energie, sondern eine um einen gewissen Schwellenbetrag kleinere (Einsteinsches photoelektrisches Grundgesetz)

$$\frac{m}{2} v^2_{\max} = h\nu - \chi \, .$$

Der Schwellenwert χ hat sich empirisch als identisch mit der Austrittsarbeit der Glühelektronenemission ergeben. Ist $h\nu$ kleiner als χ, so findet keine Elektronenemission statt. Allem Anschein nach handelt es sich hier um die Leitungselektronen. Durch das absorbierte Licht muß das Elektron so viel Energie aufnehmen, daß es mit seiner kinetischen Energie zusammen so viel Energie aufweist, daß es befähigt wird, die gesamte Potentaldifferenz C gegen den Außenraum überwinden zu können. Die ausgelösten Elektronen zeigen eine Geschwindigkeitsverteilung. Das ist darauf zurückzuführen, daß die Elektronen bereits primär über einen großen Geschwindigkeitsbereich verteilt sind und nicht auf die Streueffekte, wie man früher annahm. Eingehende Diskussion der Elementarprozesse siehe Wentzel (240). Die Abhängigkeit des Effekts von verschiedenen Parametern siehe W. Schottky (239) und L. Nordheim (237).

Die Oberflächenschicht und ihre Beschaffenheit ist von großem Einfluß auf die Elektronenemission. Die Elektronenstromdichte bei Glühelektronenemission ist

$$i = \frac{4\pi\, m\, e\, k^2}{h^3} \cdot T^2 \overline{D} \cdot e^{-\frac{C-\mu}{kT}} \, .$$

$$\left[\overline{D} \cdot D(T) = \int_0^\infty D\,(C + kTx)\, e^{-x}\, dx \text{ mittlerer Transmissionskoeffizient.} \right]$$

Die Gleichung besitzt eine allgemeine Gültigkeit. Für ganz reine Metalle mit sehr sauberer Oberfläche gilt, wie die Erfahrung gezeigt hat,

$$i = A\, T^2 \cdot e^{-\frac{\chi}{kT}} \, .$$

$$\left[A = \frac{2\pi\, m\, e\, k^2}{h^3} = \text{universelle Konstante}; \quad \chi = \text{Austrittsarbeit} = \text{Mate-}\right.$$

rialkonstante.$\Big]$ Das Vorhandensein von Verunreinigungen bedingt ein gleichzeitiges Herabsetzen von A und χ. Die Konstante A kann ganz allgemein geschrieben werden durch:

$$A = \frac{4\pi\, m\, e\, k^2}{h^3} \overline{D} = A_0 \cdot \overline{D} \, .$$

A_0 ist von Materialeigenschaften unabhängig. Es wurde gefunden, daß

$$\lg A = \xi + \eta \chi,$$

wo ξ und η Konstanten sind. Mit zunehmender Reinigung der Metall-oberfläche steigt χ bis zu einem Grenzwert für das vollkommen reine Metall. Der obigen Formel entsprechend wächst mit χ auch A. Bei Wolfram und Molybdän hat man den Grenzwert für A gefunden, der von der Theorie erwartet wird. Bei Platin hat man wesentlich höhere Werte erhalten, als die Theorie fordert. Bei Platin scheinen besondere Verhältnisse zu herrschen.

Es liegt nahe anzunehmen, daß hier ein Potentialverlauf mit einer Erhebung (Abb. 23) vorliegt. Die Erhebung über diesen Betrag erhöht die Reflexion, verkleinert also den Transmissionskoeffizienten. Eine elektrische Doppelschicht, die durch die Berührung zweier verschiedener Medien (Metall und Verunreinigungen) entsteht, wird ihrerseits den ursprünglichen Potentialverlauf deformieren (eine positive Aufladung der Oberfläche mit der durch sie influenzierten negativen Ladung an der Innenseite).

Die Potentialdifferenz $(B-C)$ in der Abb. 23 ist gleichbedeutend mit der Abnahme der Austrittsarbeit infolge der Oberflächenschicht. Durch die Anwesenheit der Doppelschicht könnte auch das Maximum B des Potentialverlaufes gegenüber dem ungestörten Wert herabgedrückt sein. Den Ausdruck für $\lg A$ kann man auch schreiben

$$\lg A = \xi - \eta \, \varDelta \chi = \xi - \eta \, (B - C).$$

Die Dicke der Doppelschicht kann in dem vorliegenden Fall zwischen ca. 10^{-8} bis 10^{-7} cm variieren, wie dies von einigen Forschern ermittelt wurde.

Experimentelles. Es sind zahlreiche Messungen gemacht worden, die Feldstärken zu messen, bei denen die Elektronen aus dem Metall ins Gas oder ins Vakuum treten. Die Messungen sind bei sehr kleinen Elektrodenabständen durchgeführt. Millikan und Schackelford (*223*) haben festgestellt, daß mit wachsender Entgasung der Elektrode (Wolfram) die Feldstärke, die nötig ist, um im höchsten Vakuum einen Stromübergang zu erzielen, wächst. Erst bei $\mathfrak{E} = 4{,}3 \cdot 10^6$ Volt/cm war ein meßbarer Strom im Elektrometer nachzuweisen. Die elektrische Funkenentladung trat bei $\mathfrak{E} = 6 \cdot 10^6$ Volt/cm ein. G. Hoffmann (*224*) arbeitet mit einer sehr empfindlichen Elektrometeranordnung (Empfindlichkeit 10^{-17} Amp). Die Messungen wurden im Vakuum durchgeführt, ohne die Elektrode zu entgasen. Die Feldstärke, bei der im Elektrometer ϵ in merklicher Strom auftrat, war konstant. Überschreitet man diese kritische Feldstärke, so steigt der Strom sehr stark an. Die kritische Feldstärke lag bei Platiniridium bei $4{,}8 \cdot 10^6$ Volt/cm, bei Kupfer $3{,}5$ bis $3{,}8 \cdot 10^6$ Volt/cm, bei Blei $2{,}2 \cdot 10^6$ Volt/cm. Er stellt eine Unpolarität des Stromdurchganges fest. Die Kathode ist maßgebend. Je geringer der Abstand, desto stärker ist der Effekt ausgeprägt (Zn — Pt bis 28 mμ verfolgt). Daraus wird geschlossen, daß die Elektronen aus dem Metall befreit werden.

Rohmann (*234*) konnte diesen Effekt nicht beobachten. Millikan und Eyring (*225*) haben punktweise verteilte Lichterscheinungen an einem Wolframdraht beobachtet. Offenbar setzt sich der Entladungsvorgang lokal an. [Große Stromdichten-Kraterbildung. Siehe auch Rother (*227*) und Lilienfeld (*228*).] Sie untersuchten den Einfluß der Temperatur auf den Elektronenstrom und fanden eine Unabhängigkeit bis zur Rotglut. Beim Einsetzen der Glühelektronenemission tritt eine Temperaturabhängigkeit ein. Das Feld vergrößert die Glühelektronenemission.

Eyring, Mockeown und Millikan (*226*) fanden mit der Elektrodenanordnung feine Spitze gegen Platte, daß die Ströme nur von der Feldstärke an der Spitze abhängen und unabhängig vom Plattenabstand und der Gesamtspannung sind. Die Austrittsspannungen für verschiedene Metalle sind in der folgenden Tabelle eingetragen.

Nur bei negativer Spitze ist ein Strom zu beobachten. Der Logarithmus des Stromes steigt mit der Feldstärke proportional (Intervall von zwei Zehnerfaktoren). Bei Spitze als Anode bei $\mathfrak{E} = 35 \cdot 10^6$ Volt/cm wurden im Elektrometer (Empfindlichkeit 10^{-12} Amp)

Tabelle 9.

Metall	Austrittsfeldstärke
Nickel . .	$0{,}47 \cdot 10^6$ Volt/cm
Wolfram	$0{,}80 \cdot 10^6$,,
Platin .	$2{,}42 \cdot 10^6$,,

keine Ausschläge beobachtet [siehe auch Lilienfeld (*228*)]. Rother (*227*) kam durch sorgfältige Entgasung der Elektroden bis zur Feldstärke $8{,}5 \cdot 10^6$ Volt/cm (Vakuum), die nicht weit von der von der Theorie von Schottky geforderten liegt. [Siehe auch Piersol (*230*) und Gossling (*231*)]. Pforte (*229*) findet auch einen guten Anschluß an die Schottkysche Emissionsformel ($T = 1330^0$ bis 2050^0 absolut).

Abweichende Resultate haben erhalten: Broxan (*230*), Del Rosario (*233*) und Rohmann (*234*).

II. Elektrizitätsleitung bei niedrigen Feldstärken.

1. Einleitung.

Von einem vollkommenen Isolator ist zu verlangen, daß in ihm keine Ladungsträger erzeugt werden und keine vorhanden sind. Die Substanzen, die wir als Isolator bezeichnen, erfüllen diese Bedingung gewöhnlich nicht. Sie alle weisen (wenn auch in geringem Maße) eine bestimmte Anzahl von Ladungsträgern auf, die unter dem Einfluß einer elektrischen Feldstärke in Bewegung gesetzt werden und infolgedessen einen elektrischen Strom bilden. Durch gewisse Kunstgriffe kann man die Anzahl der Träger bedeutend herabsetzen, aber es scheint, daß es nicht möglich ist, sie ganz zu beseitigen. Wenn auch das Dielektrikum frei von Ladungsträgern ist, so können an der Kontaktstelle, z. B. Flüssigkeit/Metall, Elektrizitätsträger entstehen, die frei beweglich sind. Substanzen, die im Gegensatz zu dielektrischen Körpern eine sehr große Anzahl von frei beweglichen Ladungsträgern besitzen, sind gute Leiter. Hierzu gehören die Elektronenleiter, wie z. B. Metalle und einige feste Salze.

Reine organische Flüssigkeiten gehören zu den Isolatoren. Diese sind: Vaselinöl, Olivenöl, Paraffinöl, Petroleum, Transformatorenöl (Mineralöl), Petroläther, Hexan, Äthyläther, Schwefelkohlenstoff, Tetrachlorkohlenstoff, Benzol, Toluol, Chlorbenzol usw.

Die älteren Untersuchungen wurden in Flüssigkeiten mit käuflichem Reinheitsgrad vorgenommen. In diesem Zustand weisen sie eine viel größere Leitfähigkeit $\left(\lambda_{sp} \approx 10^{-10}\frac{\text{Amp}}{\text{Volt}}\frac{\text{cm}}{\text{cm}^2}\right)$ auf, als wenn sie unter bestimmten Gesichtspunkten gereinigt werden $\left(\text{Hexan}\ \lambda_{sp} < 10^{-19}\frac{\text{Amp}}{\text{Volt}}\frac{\text{cm}}{\text{cm}^2}\right)$.

Dabei wird die spezifische Leitfähigkeit $\lambda_{sp} = 10^{-10}\frac{\text{Amp}}{\text{Volt}}\frac{\text{cm}}{\text{cm}^2}$ als Grenze zwischen Dielektrikum und Halbleiter angesehen.

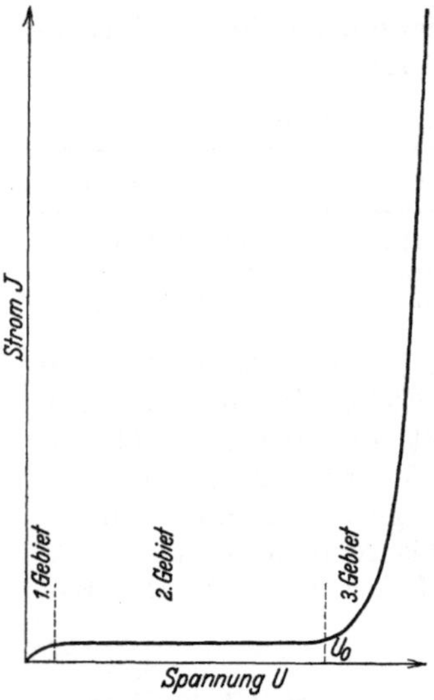

Als Beispiel der Beziehung zwischen dem Strom J und der „mittleren" Feldstärke $\mathfrak{E}_m$ oder der Spannung $U = \delta\mathfrak{E}_m$ ($\delta =$ Elektrodenentfernung) sei hier die Abb. 26 angeführt. Man sieht daraus, daß bis zu einer Feldstärke $\mathfrak{E}_0 = \frac{U_0}{\delta}$ der Strom mit der Spannung bzw. mit der Feldstärke praktisch konstant bleibt. Oberhalb dieser mittleren Feldstärke fängt der Strom mit der Spannung bzw. mit der Feldstärke an sehr stark zu wachsen. Diese Grenzspannung sei als U_0 und die dazugehörige mittlere Grenzfeldstärke als $\mathfrak{E}_0 = \frac{U_0}{\delta}$ bezeichnet. Offenbar haben wir es oberhalb und unterhalb dieser Spannung U_0 mit verschiedenen Mechanismen der Elektrizitätsleitung in dielektrischen Flüssigkeiten zu tun. Deshalb erscheint es zweckmäßig, die Betrachtungen über die Stromleitungsphänomene in reinen Flüssigkeiten in zwei Teile zu teilen: 1. Vorgänge bei niedrigen Spannungen (unterhalb U_0 bzw. $\mathfrak{E}_0$) und 2. Vorgänge bei hohen Spannungen (oberhalb U_0 bzw. $\mathfrak{E}_0$).

Abb. 26. Allgemeiner Verlauf der Stromspannungscharakteristik.

Die Beziehung zwischen Strom und Spannung im 1. Gebiet kann durch das Ohmsche Gesetz dargestellt werden. In reinem Hexan tritt die Sättigung bereits bei Feldstärken von 400 bis 800 Volt/cm auf. Danach kann man die Stromspannungscharakteristik in drei Teile zerlegen: 1. Gebiet: Proportionalität zwischen Strom und Spannung; 2. Gebiet: Sättigungsgebiet und 3. Gebiet: Gebiet der hohen Spannungen (245). Eingehende Messungen bei ganz geringen Spannungen (in der Nähe des Nullpunktes) in sehr reinen Flüssigkeiten mit sauberen Elektroden liegen leider noch nicht vor.

Steigert man die Spannung, so wächst der Strom im 3. Gebiet exponentiell, bis er so groß wird, daß eine Funkenentladung auftritt. Die

Funkenentladungsfeldstärke (Durchschlagsfeldstärke) $\mathfrak{E}_d$ in gut gereinigtem Toluol beträgt (als Mittelwert gerechnet) etwa $1{,}3 \cdot 10^6$ Volt/cm. Die kritische Feldstärke $\mathfrak{E}_0$ liegt in gut gereinigtem Toluol etwa um einen Zehnerfaktor niedriger als die Durchschlagsfeldstärke $\mathfrak{E}_d$. Es ist also $\mathfrak{E}_0 = 1$ bis $2 \cdot 10^5$ Volt/cm.

In diesem Abschnitt werden die experimentellen Tatsachen geschildert, die einen Einblick in den Stromleitungsmechanismus in dielektrischen Flüssigkeiten geben. Es wird versucht, darauf hinzuweisen, woher die Leitungsionen stammen. Auch werden die Größen besprochen, durch die das Verhalten der Ladungsträger im elektrischen Feld charakterisiert ist (Ionenbildungsgeschwindigkeit, Beweglichkeit der Ionen, Wiedervereinigungskoeffizient, Diffusionskoeffizient), und kurz der Polaritätseffekt, der Einfluß von Temperatur und Druck auf die Ionenkonstanten geschildert.

Es sei hier von vornherein erwähnt, daß man in vielen Arbeiten die spezifische Leitfähigkeit λ_{sp} angegeben findet, ohne daß dabei die Spannung, die Elektrodenanordnung und Elektrodenentfernung genannt wird, bei denen der Wert gewonnen wurde. Aus der Stromspannungscharakteristik sieht man, daß der Begriff der spezifischen Leitfähigkeit nur in dem Spannungsbereich einen Sinn hat, in dem Proportionalität zwischen Strom und Spannung vorhanden ist.

Die Untersuchungen von H. Hertz, Quinke, Keller, F. Kohlrausch, Heydweiller und Warburg haben gezeigt, daß es sich in ungereinigten dielektrischen Flüssigkeiten um elektrolytische Leitung handelt. Die älteren Arbeiten, die unter den Nummern *318* bis *366* zitiert sind, beschäftigten sich mit der Prüfung der Gültigkeit des Ohmschen Gesetzes und mit dem zeitlichen Verlauf des Stromes. Sie fanden die Abweichung vom Ohmschen Verhalten bei höheren Spannungen: der Widerstand nahm mit der Spannung ab. Die zeitliche Abhängigkeit des Stromes erklären Warburg, Kohlrausch und Heydweiller folgendermaßen: Im Anfang findet die Leitung wesentlich durch Ionenwanderung von spurenhaft vorhandenen Verunreinigungen statt. Die Ionen wandern zu den Elektroden und werden dort entladen. Hierdurch verarmt der mittlere Bereich an Ionen und der Widerstand steigt. Unter Umständen können sich aber auch durch die Vorgänge an den Elektroden neue Elektrolyte bilden (z. B. in Wasser eine Base an der Kathode und eine Säure an der Anode), deren Ionen wieder nach der Mitte wandern. Dadurch wird das Sinken des Widerstandes nach längerer Stromeinwirkung bedingt (Cohn, Thomson und Newall, Naccari, v. Schweidler, Warburg).

Es hat wenig Sinn, die Zahlenwerte der Leitfähigkeiten wiederzugeben, die in früheren Abhandlungen angegeben sind, weil sie allzusehr voneinander abweichen.

2. Einfluß der Reinheit der Flüssigkeit auf die Leitfähigkeit.

Um bei dielektrischen Flüssigkeiten möglichst das Verhalten vollkommener Dielektrika zu erreichen, ist es nötig, daß sie sehr gut gereinigt werden.

Bereits Warburg und Hertz fanden, daß die Leitfähigkeit der isolierenden Flüssigkeit durch Stromdurchgang geringer wird. Diese Spannungseinwirkung wurde als Aufzehrung der elektrolytischen Beimengungen gedeutet und als Reinigungsmethode der Flüssigkeit verwendet.

Fremde Beimengungen, Suspensionen, Emulsionen, Feuchtigkeit usw. vergrößern die Leitfähigkeit. Die Aufgabe der Reinigungsmethoden ist, diese fremden Substanzen zu entfernen.

Es sei kurz eine Apparatur besprochen, die alle prinzipiellen Fragen der Reinigung von Flüssigkeiten berührt (247).

Vor allem müssen die Gefäße, mit denen die Flüssigkeit gereinigt wird, außerordentlich rein und entfeuchtet sein, um die gereinigte Flüssigkeit nicht wieder zu verunreinigen. Während der Reinigung und während der Versuche darf die feuchte Luft keinen Zutritt in das Innere der

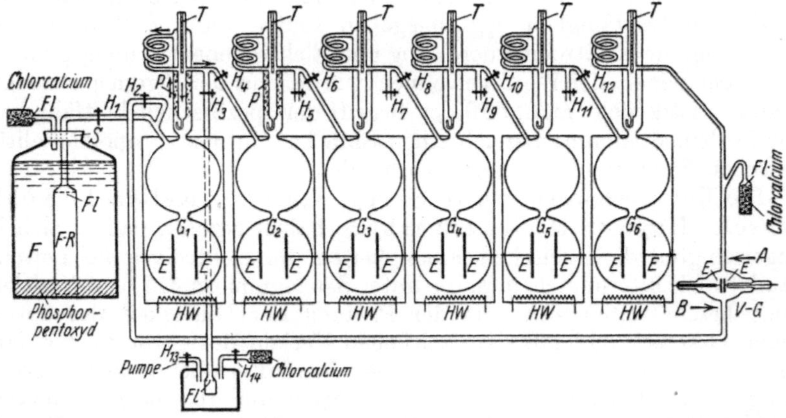

Abb. 27. Reinigungsanlage: F = Flasche, F-R = Filtrierrohr, S = Stöpsel, G_1-G_6 = Destillationsgefäß (elektrische Behandlung), Fl = Filter, V-G = Versuchsgefäß, H-W = Heizwiderstand, H_1-H_{14} Hähne, T = Thermometer P = Glasperlen.

Apparatur haben, um bei den Messungen die Versuchsbedingungen (Reinheitsgrad) nicht zu verändern.

Mit Hilfe von Phosphorpentoxyd (oder Natrium) kann die Flüssigkeit entfeuchtet werden. Zu diesem Zweck muß Phosphorpentoxyd fein verteilt sein. Die Flasche F (Abb. 27) muß eine Zeitlang auf einer Schüttelmaschine geschüttelt werden (Trocknung). Dann wird die Flasche F unter das Filterrohr $F-R$ gestellt, wie das die Abbildung zeigt. Evakuiert man das Gefäß G_1, so strömt die Flüssigkeit durch ein feines Filter Fl hindurch. Dabei werden Suspensionen zurückgehalten (Filtration). Die feineren Suspensionen und ein Teil der elektrolytischen Beimengungen werden in G_1 an die Elektroden E abgeführt (Elektrische Reinigung). Die Temperatur der Flüssigkeit in G_1 wird allmählich erhöht. Das Vordestillat kommt in das Seitengefäß. Dann wird die Temperatur auf die gewünschte Höhe gesteigert und die Flüssigkeit in das nächste Gefäß G_2 hineindestilliert, während die Spannung an den Elektroden angelegt bleibt. Das Nachdestillat bleibt in G_1, aus dem es in das Seitengefäß entfernt werden kann (Destillation). In G_2 wird die elektrische Behandlung wiederholt. Nach sechsmaliger Destillation und elektrischer Behandlung wird die Flüssigkeit in das Versuchsgefäß $V-G$ hineindestilliert. Um die löslichen Reste, die vielleicht noch an den Elektroden und der Gefäßwand haften, die zwar schon gereinigt wurden, zu entfernen, wird die reine Flüssigkeit einige Zeit in $V-G$ gelassen. Durch Evakuieren von G_1 wird die Flüssigkeit aus $V-G$ nach G_1 befördert. Dann folgt eine mehrmalige Spülung von $V-G$. Endlich wird die Stelle B abgeschmolzen, die Flüssigkeit hineindestilliert und die Stelle A auch abgeschmolzen. Das Versuchsgefäß $V-G$ kann jetzt zum eigentlichen Versuch verwendet werden. Es ist vollkommen von äußeren Einflüssen abgeschlossen. Als letzte Stufe der Reinigung kann man noch die Vakuumdestillation anwenden. Die Sättigungsstromdichte, die im Hexan mit Silberelektroden gemessen wurde, betrug $i_s = 2 \cdot 10^{-16}$ Amp/cm². Es ist gleichgültig, wie man die Entfeuchtung, Filtration, Destillation und elektrische Behandlung durchführt. Die Kombination aller dieser Behandlungsmethoden unter den oben geschilderten Gesichtspunkten hat sich als zweckmäßig ergeben.

Die Messung dieser geringen Ströme erfordert eine erhöhte Aufmerksamkeit. Die Ströme bis 10^{-10} Amp kann man bequem mit einem hochempfindlichen Galvanometer messen. Noch kleinere Ströme werden mit einem Elektrometer gemessen, oder sie müssen auf bekannte Weise verstärkt werden. Bei Elektrometermessung ist sehr auf die Konstanz der an die Elektroden angelegten Spannung zu achten. (Daß die Hilfsspannung des Elektrometers konstant sein muß, ist selbstverständlich.) Gewöhnlich ist die Kapazität des Elektrometers so gering, daß die Änderung der Spannung an den Elektroden um den Bruchteil eines Volts einen merklichen Fehler verursacht. Gemessen werden Ladung und Zeit. Daraus wird der Strom berechnet. Man darf keine zu lange Zeit wählen. Es empfiehlt sich, das Instrument gegen Wärmestrahlungen abzuschirmen. Die Zuleitungen müssen von äußeren Einflüssen (elektrische Felder, Luftionen usw.) geschützt sein. Es empfiehlt sich, die Eichung nach jeder Messung nachzuprüfen; dies macht keine Schwierigkeit. Man beachte auch sämtliche Isolationsstellen. Die Kapazität des Elektrometers mit Zuleitungen muß genau bestimmt werden, da, wie bekannt, davon die Genauigkeit des ausgerechneten Stromes abhängt.

Für die Messungen der Stromspannungskurven ist die Plattenelektrodenanordnung mit Schutzring am besten geeignet, weil dann das vom Meßstrom erfüllte Volumen oder die dieses Volumen begrenzenden Elektrodenflächengrößen streng definiert sind. Durch Anbringung des Schutzringes wird außerdem noch erreicht, daß das Feld innerhalb des Meßvolumens in den beiden Richtungen, die zu ihm senkrecht stehen, gleichmäßig verteilt ist, und daß dieses Volumen mit einem elektrischen Feld abgeschirmt wird. Auch der in reinen Flüssigkeiten bei symmetrischer Elektrodenanordnung beobachtete Polaritätseffekt spielt bei obiger Elektrodenanordnung keine Rolle. Für die Durchschlagsmessungen ist diese Elektrodenanordnung ungeeignet; Kugelelektroden sind in diesem Fall besser.

Die Kriechströme, die längs der Gefäßwände (innen und außen) fließen, müssen unter allen Umständen abgefangen und zur Erde abgeleitet werden, bevor sie die Strommeßapparatur erreichen. Diese Ströme können unter Umständen von derselben Größenordnung sein wie die tatsächlichen Meßströme.

Die Leitung zwischen Versuchsgefäß und Strommeßapparatur muß in einem geerdeten Metallrohr gut isoliert verlegt werden, um sie vor äußeren Einflüssen (Luftionen) zu schützen.

3. Einfluß der Beschaffenheit der Elektrodenoberfläche auf die Leitfähigkeit.

Eine sehr wesentliche Rolle spielt der Einfluß der Elektrodenoberflächenbeschaffenheit (*248, 249*). Mit fortschreitender Reinigung der Elektroden wird die Leitfähigkeit heruntergesetzt und die Reproduzierbarkeit der Stromspannungskurven leichter erreicht. Belädt man die Elektroden mit Wasserstoff, so steigt die Leitfähigkeit. Verunreinigt man absichtlich bereits gereinigte Elektroden, so steigt die Leitfähigkeit. Ebenso wirkt auch die Bildung einer Feuchtigkeitsschicht auf die Elektrodenoberfläche: λ wächst. Die Elektrodenoberflächen, die durch Kathodenzerstäubung hergestellt wurden, liefern einen größeren Strom als reine Elektroden vorher oder nachher. Wenn Platinelektroden stark mit Gasen beladen sind, so wächst die Stromstärke stets schneller als es nach dem Ohmschen Gesetz der Fall sein sollte. J. Faßbinder (*248*) fand, daß der Temperaturkoeffizient der elektrischen Leitfähigkeit in diesem Fall negativ ist, bei ausgeglühten Elektroden hingegen positiv. Bei gut ausgeglühten Elektroden beobachtet man in Äthyläther einen Sättigungsstrom. Die Beschaffenheit der Elektrodenoberfläche beeinflußt auch die Ströme bei hohen Feldstärken und die Funkenentladungsspannung (*249*). Wird bei der Elektrodenanordnung Spitze gegen Platte die Spitze mit Wasserstoff beladen, so schwanken die Ströme bei Spitze als Kathode, und es wurde oft beobachtet, daß der Strom bei konstanter Spannung eine Zeitlang einen hohen Wert annimmt und dann von selbst auf seinen Minimalwert zurückspringt (*249*). Wird die Spitze als Anode geschaltet, so beobachtet man keine so großen Stromschwankungen wie bei negativer Spitze und die Stromspannungskurven streuen nicht so stark (Polaritätseffekt) (*249*).

Die experimentellen Untersuchungen zeigen also deutlich, daß sich die Leitfähigkeit der isolierenden Flüssigkeiten je nach der Natur und Beschaffenheit der an der Elektrodenoberfläche absorbierten Schicht sehr verschieden verhalten kann (*249*).

Die früheren Messungen über den Einfluß der Elektrodenbehandlung auf Stromleitung und Durchschlagfestigkeit haben häufig zu widersprechenden Resultaten geführt, offenbar weil es sehr schwierig ist, eine bestimmte Beschaffenheit der Elektrodenflächen zu reproduzieren. Aus den Versuchen von C. A. Knorr (*302*) geht hervor, daß die Geschwindigkeit der Aufnahme und Abgabe von Wasserstoff durch Palladiumdrähte von der Beschaffenheit der Drahtoberfläche abhängig ist.

Er hat diesen Effekt mit Hilfe der Leitfähigkeitsmessungen studiert und dabei gefunden, daß die Drähte schon durch die geringsten Spuren von absorbierten Fremdstoffen verändert werden können. Die Resultate von C. A. Knorr geben den Hinweis dafür, wie man allgemein verfahren muß, um an der Elektrodenfläche saubere und reproduzierbare Verhältnisse zu schaffen. Anschließend an diese Untersuchungen haben H. Edler und C. A. Knorr (*302*) Versuche über den Einfluß der Wasserstoffaufladung der Elektroden auf die Leitfähigkeit von Benzol angestellt und gezeigt, daß die mit Wasserstoff beladenen Platinelektroden bei der gleichen Spannung größere Ströme führen als die von Wasserstoff befreiten Elektroden.

4. Leitfähigkeit von Suspensionen und Kolloidenlösungen.

Die kataphoretische Wanderungsgeschwindigkeit stimmt mit der Geschwindigkeit der elektrolytischen Ionen (und zwar der langsamsten unter ihnen) überein. Es ist zu erwarten, daß die Leitfähigkeit einer hinreichend fein zerteilten Emulsion oder Suspension größer sein muß als die des reinen Lösungsmittels, sogar auch dann, wenn die suspendierte Substanz selbst schlechter leitet (Oberflächenwirkung der Suspensionen oder Emulsionen). Stock (*378*) untersuchte den Einfluß der Suspensionen auf die Leitfähigkeit der dielektrischen Flüssigkeiten. Er setzte sorgfältig getrocknetem Quarzsand, drei Sorten verschiedener Korngröße, Toluol, Nitrobenzol, Anilin oder Methylalkohol zu. Von diesen vier Flüssigkeiten hat sich Nitrobenzol am geeignetsten gezeigt. Die Leitfähigkeit stieg mit dem Zusatz von Quarzsand. Leider sind bis jetzt keine Messungen in äußerst gereinigten dielektrischen Flüssigkeiten mit ebenso reinen Suspensionen ausgeführt worden. Wenn der Quarzsand im obigen Fall auch sorgfältig getrocknet war, so schließt dies doch nicht den Einfluß der Verunreinigungen aus, die auf der Oberfläche der Quarzkörner sitzen. Smoluchowski (*379*) hat auf theoretischem Wege gezeigt, daß bei dielektrischen Flüssigkeiten, die mit festen Körpern (enge Kapillare, Pulver usw.) eine große Berührungsoberfläche haben, der Strom, der durch die Berührung zweier Phasen entsteht (Oberflächenstrom), die Eigenleitfähigkeit bei weitem überdecken kann. Bei gut leitenden wäßrigen Salzlösungen ist die Oberflächenleitung ganz zu vernachlässigen. Kolloide Lösungen leiten in der Regel bedeutend besser als Wasser, doch liegen ganz einwandfreie Messungen nicht vor.

5. Zeitliche Abhängigkeit der Stromstärke.

Es ist schon seit längerer Zeit bekannt (*359, 361*), daß die Stromstärke in dielektrischen Flüssigkeiten bei konstanter Spannung von der Zeit abhängt. Nach dem Anlegen der Spannung fällt der Strom zuerst sehr schnell, dann langsam ab, und erreicht nach einer bestimmten, von dem Reinheitsgrad und der Natur der Flüssigkeit abhängigen Zeit einen konstanten Wert. Die Zeit t, in der der konstante Strom erreicht wird, nimmt mit zunehmender Reinheit der Flüssigkeit und der Elektroden ab. In Mineralölen ist diese zeitliche Abhängigkeit sogar ohne übertriebene

Reinigung leicht zum Verschwinden zu bringen (*249, 252*), während sie in manchen Flüssigkeiten außerordentlich schwer zu beseitigen ist. Diese Funktion $J = f(t)$ ist nicht nur bei geringen Spannungen und im Sättigungsgebiet, sondern auch bei ganz hohen Spannungen (3. Gebiet) vorhanden (*252*). Um die Stromspannungskurve zu erhalten, ist es nötig, die Strom-Zeit-Kurve genau zu kennen. Bei $J =$ konstant ist offenbar der stationäre Zustand der Ionenströmung erreicht. Bildet man die Beziehung zwischen Strom und Spannung, indem man diese konstanten Stromwerte benutzt, so erhält man die Stromspannungscharakteristik, die als **statische Charakteristik** aufgefaßt und der der Begriff der statischen Stromfeldstärkecharakteristik zugeordnet werden kann. Wird aber die Funktion $J = f(U)$ bei irgendeiner Zeit t, bei der die Stromstärken noch nicht ihre konstanten Werte erreicht haben, gebildet, so erhalten wir die Stromspannungs- bzw. Stromfeldstärkencharakteristiken, die dem dynamischen Zustand der Ionenströmung entsprechen (**dynamische Charakteristiken**). Bei diesen letzten Charakteristiken ist eine exakte Angabe der Zeit erforderlich, die nach dem Anlegen der Spannung verstrichen ist (*252*).

Beim Anlegen der Spannung oder bei Spannungssteigerung beobachtet man gewöhnlich eine Abnahme, bei Spannungserniedrigung hingegen gewöhnlich eine Zunahme des Stromes mit der Zeit. E. v. Schweidler bezeichnete dieses als Ermüdungs- bzw. als Erholungserscheinungen des Dielektrikums.

Einige Forscher führen das Absinken des Stromes mit der Zeit auf die Wirkung der elektrischen Reinigung zurück. Tatsächlich kann man experimentell zeigen, daß das der Fall ist. Ausreichend ist die Erklärung nicht. Andere Forscher führen die Erscheinungen auf die Ausbildung der Polarisationsspannung zurück. Bilden sich vor den Elektroden Raumladungen, so wirken sie so, als wären sie Schichten von hohem Widerstand. An der Kathode findet eine Verarmung negativer Ionen statt, wenn ihre Beweglichkeit größer ist als die der positiven. Dann überwiegt die positive Raumladung vor der Kathode, die das Nachrücken von neuen positiven Ionen stört (Widerstandserhöhung). Auch an der Anode tritt unter Umständen ein ähnlicher Fall auf. Vergrößert man jetzt die Elektrodenentfernung, so wird der Strom nicht größer, weil durch die δ-Änderung nur der Raum mit kleinem Widerstand vergrößert wird, wie das bei Flammengasen der Fall ist. Die Raumladungen an den Elektroden bedingen das Auftreten einer Polarisationsspannung. Mit wachsender Polarisationsspannung wird der Strom mit der Zeit kleiner (*246, 307*). Diese Auffassung verlangt, daß sich mit der Zeit die Feldverzerrung an den Elektroden ausbildet. Man sollte erwarten, daß mit abfallendem Strom der Aufbau der Feldverzerrung an den Elektroden zu beobachten wäre. Die Messungen der Stromstärke und der räumlichen Verteilung der Feldstärke als Funktion der Zeit, die gemeinsam mit J. Dantscher durchgeführt worden sind (*253*), zeigen, daß das nicht der Fall ist. Legt man die Spannung an die Elektroden, so beobachtet man in einigen Sekunden nach dem Anlegen der Spannung eine hohe Stromstärke und gleichzeitig eine starke Feldverzerrung an den Elektroden. Mit der Zeit wird der Strom kleiner und die Feldverzerrung abgebaut, bis ein konstanter Strom und konstante Feldverteilung erreicht sind. Wird die Spannung gesteigert, so beobachtet man einen ähnlichen Verlauf. Bei Spannungserniedrigung wird oft festgestellt, daß der Strom mit der Zeit wächst, und gleichzeitig wird der Aufbau der Feldverzerrung beobachtet. Diese Messungen sind in unreinem Chlorbenzol im Sättigungsstromgebiet durchgeführt. Reinigt man die Flüssigkeit, so wird die zeitliche Abhängigkeit sowohl des Stromes als auch der Feldverteilung geringer. In reinem Chlorbenzol ist im Sättigungsgebiet im stationären Zustand $J = f(t) =$ const eine homogene Feldverteilung zwischen den Elektroden vorhanden. Daß der Sättigungsstrom in Chlorbenzol mit der Elektrodenentfernung praktisch nicht wächst, kann man durch Raumladungen an den Elektroden nicht erklären. G. Szivessy und K. Schäfer (*242*) beobachteten, daß sich der Ionisationsstrom bei der Bestrahlung mit ultraviolettem Licht nicht sofort in seinem vollen Betrag einstellt, sondern daß er in Paraffinöl ganz allmählich mit der Dauer der Belichtung wächst und nach einiger Zeit einen maximalen Endwert erreicht. Wird jetzt die Bestrahlung unterbrochen, so klingt der Strom langsam auf seinen konstanten Wert ab. Dazu braucht man aber eine längere Zeit als die, die dazu nötig war, um bei Belichtung den maximalen Endwert zu erreichen. Ähnliche Erscheinungen wurden zuvor von G. Jaffé (*254*) beobachtet, der die dielektrische Flüssigkeit mit γ-Strahlen des Radiums bestrahlte. Als Grund hierzu gab G. Jaffé das Vorhandensein von elektrolytischen „Leitungsionen“ und der durch die Bestrahlung erzeugten „Strahlungsionen“ an.

J. B. Whitehead und R. H. Marvin (*314*) untersuchten reine Transformatorenöle. Sie messen die Stromstärken nach einigen hundertstel Minuten nach dem Anlegen der Spannung. Es wurde beobachtet, daß der Strom in einigen Fällen mit der Zeit abfiel, in anderen aber unveränderlich blieb. Der Strom war unabhängig von der Feldrichtung, aber einige Sekunden nach dem Polwechsel beobachteten sie einen starken momentanen Stromstoß. Sie zeigen die Existenz der Raumladungen und ungleichmäßigen Feldverteilung in Transformatorenölen. Sie untersuchten zwei Ölproben: A frisches Öl und B mit der Luft in Verbindung gewesenes Öl. Die Anfangsleitfähigkeit stieg zuerst. Der Maximalwert fiel bei A in wenigen hundertstel Sekunden, bei B in 1 bis 2 Sekunden; beide erreichen einen konstanten Endwert. Wurde der Stromkreis unterbrochen, so wurden keine Entladungsströme beobachtet (keine Restladungen). Polwechsel bei A ergab dieselben Ströme. Bei B ist der Strom zunächst derselbe, dann steigt er, zeigt ein Maximum und fällt dann auf den normalen Wert. Als Ursache der Zeitabhängigkeit des Stromes wird die Raumladung angesehen. Der Maximalwert des Stromes wächst mit der Spannung bei B proportional und bei A schneller als proportional.

6. Spontane Ionisation.

Die früheren Untersuchungen (*255, 256, 257, 258, 259, 260* und *261*) der Leitfähigkeiten in dielektrischen Flüssigkeiten beschäftigen sich mit der Frage, ob das Ohmsche Gesetz erfüllt sei und stellten ein mehr oder weniger starkes Abweichen davon fest. Als Ursache dieser Leitfähigkeit bezeichnete E. Warburg (*259*) die elektrolytische Dissoziation der Verunreinigungen. M. Reich (*260*) und G. Jaffé (*254*) haben in reinen dielektrischen Flüssigkeiten keine Abweichung vom Ohmschen Gesetz gefunden. H. Hertz (*261*) und E. Warburg (*259*) beobachteten, daß die Leitfähigkeit infolge des Stromdurchganges kleiner wird (Elektrische Reinigung). E. v. Schweidler (*257*) wies nach, daß die Leitfähigkeit der dielektrischen Flüssigkeiten durch Reinigung kleiner wird. Die Angaben über den Absolutbetrag der elektrischen Leitfähigkeit flüssiger Isolatoren, die man bei den früheren Untersuchungen fand, zeigen starke Abweichungen untereinander. Das ist dadurch zu erklären, daß die Autoren mit Flüssigkeitsproben von verschiedenen Reinheitsgraden experimentiert haben. G. Jaffé hat den ersten Versuch gemacht, eine schlecht leitende Flüssigkeit (Hexan) planmäßig zu reinigen und die Frage zu klären, ob einem flüssigen Dielektrikum überhaupt eine Eigenleitfähigkeit zuzuschreiben ist. Die Reinigungsmethode der Flüssigkeit bestand in folgendem: Mehrfache Destillation wechselte ab mit lang andauerndem Stromdurchgang. Das bereits gesäuberte Untersuchungsgefäß wurde mit reinem Hexan einige Male ausgespült. Die Destillation wurde so lange fortgesetzt, bis die Leitfähigkeit unabhängig davon wurde. Das Gefäß war ein Zylinderkondensator aus Messing, in dessen Mitte sich ein Messingstab befand. Ein Ende des Stabes

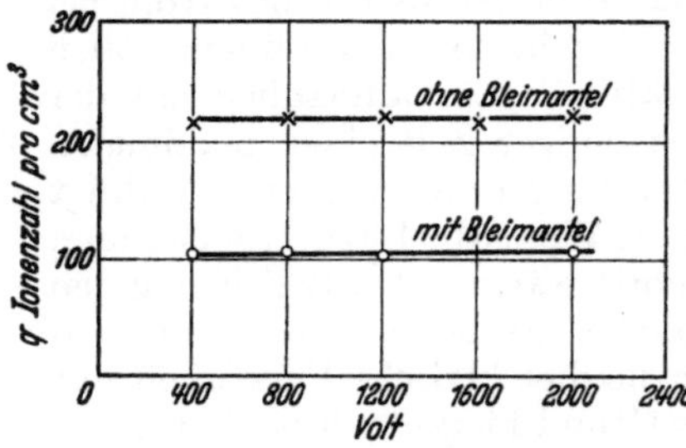

Abb. 28. Einfluß der Abschirmung der äußeren Strahlung durch einen Bleimantel (Dicke = 3 cm) auf die Stromspannungskurve im reinen Hexan. Meßgefäß: Zylinderkondensator. Äußerer Zylinder positiv. (Wird der äußere Zylinder negativ geschaltet, so ist der Sättigungsstrom J_s um etwa 40% größer).

$$\text{Ionenzahl } q = \frac{J_s}{V \cdot e}$$

J_s = Sättigungsstrom; V = Volumen = 170 cm³; e = Elementarladung ($e = 3{,}25 \cdot 10^{-10}$ elektrost. Einh., Wert, der 1909 galt). Die Fläche des äußeren Zylinders $F = 179$ cm². Die Fläche des inneren Zylinders $f = 11{,}3$ cm².

war mit einem Schutzring versehen, das andere aber nicht. Das Meßvolumen ≈ 150 cm³. Auch in reinstem Hexan war der Anfangswert des Stromes nach dem Einschalten der Spannung größer als der stationäre Endwert (Zeitabhängigkeit der Vorgänge). Nach genügend zahlreichen Destillationen und hinreichend langem Stromdurchgang konnte ein und derselbe Leitfähigkeitswert erhalten werden. Wird das Untersuchungsgefäß mit einem Bleimantel vor der äußeren Strahlung abgeschirmt, so sinkt die Leitfähigkeit des reinen Hexans ungefähr auf die Hälfte. Bei ungereinigtem Hexan war der Einfluß des Bleimantels nicht wahrnehmbar. Mit zunehmender Reinheit der Flüssigkeit wird der Einfluß der Abschirmung mit Hilfe des Bleimantels größer. Damit wird gezeigt, daß der Einfluß der auf der Erdoberfläche überall vorhandenen Strahlung auf die Erzeugung von Ladungsträgern in dielektrischen Flüssigkeiten von Bedeutung ist. Aus der Abb. 28 sieht man, daß beinahe eine vollkommene Sättigung des Stromes erreicht ist, und zwar sowohl mit als auch ohne

Abschirmung. Daraus erkennt man auch den Einfluß des Bleimantels (der äußeren Strahlung) auf den Sättigungsstrom (Ionenproduktion). Als Ordinate ist die Zahl der pro Kubikzentimeter und Sekunde erzeugten Ionen aufgetragen, die Jaffé aus den Strömen errechnet hat, indem er für die Elementarladung den damals gültigen Wert $e = 3,25 \cdot 10^{-10}$ elektrostat. Einheiten verwendet hat. In einem anderen Fall konnte G. Jaffé zeigen, daß 69% der Eigenleitfähigkeit auf die äußere Strahlung zurückzuführen war.

Die Messungen der Leitfähigkeiten bei Ionisation mit γ-Strahlen haben gezeigt, daß die dielektrischen Flüssigkeiten ein Verhalten aufweisen, das den ionisierten Gasen ähnlich ist, ohne sich mit ihm völlig zu decken. Die Abweichungen bestanden in folgendem: 1. keine vollkommene Sättigung; 2. Einfluß der Temperatur auf die Ionenproduktion und 3. die Leitfähigkeitsänderung tritt nicht sofort mit dem Einsetzen oder Aufhören der Bestrahlung ein; es sind endliche Zeiten erforderlich, bevor die Strahlung voll zur Geltung kommt oder ihre Wirkung ganz verschwindet. Als Ursache dieser Abweichung wird die Existenz der schwerbeweglichen elektrolytischen Ionen neben den leichtbeweglichen durch die Strahlung erzeugten Ionen angesehen. Durch die Abb. 28 wird gezeigt, daß in sehr reinen Hexanproben die Sättigung realisiert ist. Verwendet man starke Strahlungsintensitäten, die eine 100fache Vergrößerung der Ionenproduktion hervorrufen, so erhält man eine Stromspannungscharakteristik, die vollkommene Sättigung zeigt und einen Sättigungsstrom, der sich nicht mit der Temperatur (20^0 bis 40^0 C) ändert. Auch die Nachwirkung der Radiumstrahlen geht in sehr reinem Hexan auf ein Minimum zurück. Es ist von Interesse zu erwähnen, daß die Eigenleitfähigkeiten von Heptan und Petroläther dem Grenzwert von Hexan sehr nahe stehen, und daß die Leitfähigkeit eine Funktion des Wandmaterials ist. Durch sorgfältige Reinigung werden die Anomalien der „Aufladung" (Zeitabhängigkeit) auf ein Minimum reduziert. Die in der Zeit- und Volumeneinheit erzeugte Ionenzahl ist in sehr reinem Hexan 12,6mal größer als die in Luft (216 Ionen/cm³ sec). E. v. Schweidler (257, 263, 264) war der erste, der die dielektrischen Flüssigkeiten vom Standpunkt der Ionentheorie untersuchte und den Nachweis von freien Ladungen erbrachte. Nach seinen Untersuchungen zeigte der Strom zunächst eine Proportionalität mit der Spannung; dann aber beobachtet er eine stetig langsamere Zunahme des Stromes mit wachsender Spannung. Das deutete darauf hin, daß es in dielektrischen Flüssigkeiten einen Sättigungsstrom geben muß. Diese Untersuchungen sind in Flüssigkeiten (Petroleum, Hexan, Toluol usw.) mit großer Eigenleitfähigkeit durchgeführt worden, die nicht nach besonderen Reinigungsmethoden behandelt worden waren. J. Schröder (265) untersuchte gereinigten Äthyläther und fand, daß der Verlauf der Stromspannungscharakteristik von dem Stromdurchgang abhängig ist. Zuerst erhielt er eine Stromspannungskurve, die eine sehr schlechte Sättigung zeigte. Am nächsten Tag, an dem in der Zwischenzeit die Flüssigkeit unter Spannung stand, erhielt er eine kleinere Leitfähigkeit und bessere Annäherung an die Sättigung. Bei der 1. Kurve war bei $U = 1400$ Volt (Sättigungsgebiet) $J = 95 \cdot 10^{-10}$ Amp; bei der 10. Kurve betrug bei derselben Spannung J etwa $18 \cdot 10^{-10}$ Amp (keine vollkommene Sättigung). Damit war zum erstenmal ein „elektrolytischer" Sättigungsstrom realisiert und die Analogie zwischen dielektrischen Flüssigkeiten und Gasen in dem Verhalten des Stromes mit der Spannung hergestellt worden. Auf Grund dieser Stromspannungscharakteristik übertrug G. Mie (*266*) die von ihm entwickelte strenge Theorie der Ionenleitung in Gasen· auf dielektrische Flüssigkeiten. Von den ionisierten Gasen her ist bekannt, daß die Abhängigkeit der Leitfähigkeit λ $\left(\lambda = \dfrac{J}{U}\right)$ von der Stromstärke, die aus der Stromspannungskurve gewonnen werden kann, in erster Annäherung durch die Thomsonsche Parabel gegeben wird. Mie hat gezeigt, daß die Funktion $\lambda = \lambda(J)$ in zweiter Näherung eine Abweichung von der Parabel besitzt, und daß ihr Verlauf von zwei Konstanten p und $\varkappa$ abhängt.

$$p = \frac{(v_p + v_n)}{\alpha K} \cdot e \quad \text{und} \quad \varkappa = \frac{v_n - v_p}{v_n + v_p}.$$

$v = $ Beweglichkeit der Ionen; $\alpha = $ Wiedervereinigungskoeffizient; K = Dielektrizitätskonstante der Flüssigkeit; $e = $ Ionenladung. Nach Langevin ist für dichte Gase $p = 1$. Hier wird die Flüssigkeit als sehr dichtes Gas betrachtet. Die Konstante $\varkappa$ ist für Gase sehr klein. Mie setzt $\varkappa = 0{,}7$ an. Die von Mie nach diesen Gesichtspunkten errechnete Kurve stimmte mit den von Schröder (*265*) erhaltenen Meßergebnissen gut überein. Die anschließend an die Arbeit von Schröder vorgenommenen Untersuchungen von J. Faßbinder (*248*) klärten die noch von Schröder offengelassenen Fragen und wiesen auf die in der Nähe der Elektroden sich abspielenden Erscheinungen hin. In einer anderen Arbeit reinigte Jaffé (*267*) Hexan so, daß die Flüssigkeit eine spezifische Leitfähigkeit von unterhalb $10^{-18}\,\Omega^{-1} \cdot \text{cm}^{-1}$ besaß und gab dann Zusätze von ölsaurem Blei (Bleioliat) hinein. Auf diese Weise konnte er im Gegensatz zu den früheren Arbeiten, wo die Flüssigkeiten unbekannte und zufällige Beimengungen enthielten, den Sättigungsstrom als Funktion der Konzentration der elektrolytischen Beimengungen in kontrollierbarer und reproduzierbarer Weise studieren. Die Leitfähigkeit der Flüssigkeit mit Bleioliat betrug zwischen 10^{-13} bis $10^{-15}\,\text{cm}^{-1}\,\Omega^{-1}$. Die im Elektrodenzwischenraum pro Sekunde erzeugte Ionenzahl hat einen endlichen Betrag 10^{17}. Sowohl die Ionenbildungsstärke als auch der Wiedervereinigungskoeffizient sind ermittelt worden. Die Langevinsche Relation wurde durch direkte Versuche bestätigt. Das in der oben zitierten Arbeit erhaltene experimentelle Ergebnis, daß die Ionenbildungsstärke bei Zimmertemperatur ein Minimum aufweist, erscheint nicht ganz verständlich und bedarf deshalb einer Nachprüfung. Bei neueren Untersuchungen wurde beobachtet, daß der Sättigungsgrad der Stromspannungscharakteristik mit fortschreitender Reinigung besser wird, und daß in sehr gut gereinigten Flüssigkeiten bei spontaner Ionisation praktisch ganz gesättigte Ströme zu erhalten sind (*270*). Die Stromfeldstärkekurven, die Jaffé nach ca. zweistündigem Stromdurchgang in

Petroläther, in dem $3,63 \cdot 10^{-5}$ g/cm³ Bleioliat gelöst war, gewonnen hat, sind in der Abb. 29 dargestellt. Vollkommene Sättigung ist nicht vorhanden. In der Abb. 30 ist der Strom bei $\mathfrak{E} = 200$ Volt/cm als Funktion der Elektrodenentfernung aufgetragen. Diese Ströme entsprechen den Sättigungsströmen. Man sieht aus Abb. 30, daß der Elektrodenentfernung Null ein Sättigungsstrombetrag $i_s = 5,5 \cdot 10^{-12}$ Amp/cm entspricht. Mit wachsendem Elektrodenabstand wird der Sättigungsstrom größer. Die Zunahme von i_s mit δ ist konstant. Aus den oben geschilderten Verhältnissen haben wir zu folgern, daß bei der Ionisation in dielektrischen Flüssigkeiten zwei Effekte eine Rolle spielen: der Volumen- und der Flächeneffekt. Die Ionenproduktion findet nicht nur im Volumen, sondern auch an den Elektrodenoberflächen statt. Der erste Betrag wächst mit δ proportional, der zweite aber ändert sich mit δ nicht. Mit

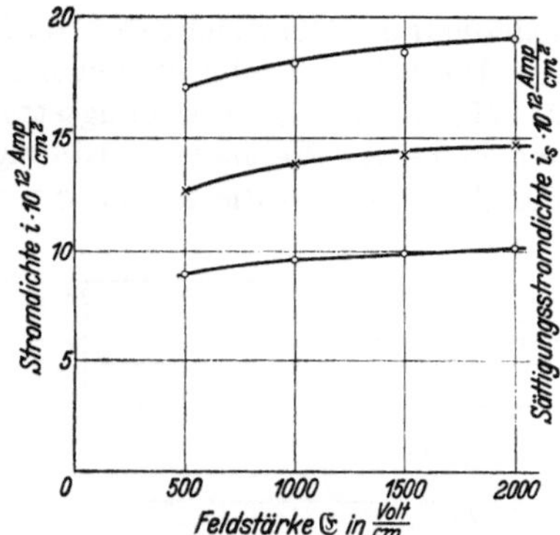

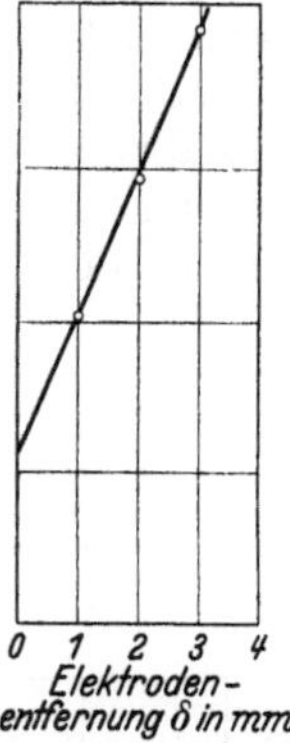

Abb. 29. Stromfeldstärkekurve. Lösung von $3,63 \cdot 10^{-5}$ g/cm³ Bleioliat in Petroläther nach etwa 2 Stunden Stromdurchgang. Stromstärke unabhängig von der Stromrichtung.

Abb. 30. Die Abhängigkeit des Sättigungsstromes i_s ($\mathfrak{E} = 2000$ Volt/cm) von der Elektrodenentfernung.

wachsender Konzentration der elektrolytischen Beimengungen (Bleioliat) wird sowohl die Zunahme des Stromes mit δ als auch der Flächeneffekt erhalten, und zwar wachsen beide Beträge des Sättigungsstromes viel schneller als die Konzentration. Daraus darf gefolgert werden, daß die Vorgänge an den Elektroden im wesentlichen beeinflußt werden durch die Vergrößerung der Ionenproduktion im Volumen.

Man kann aber zeigen, daß sehr reine Flüssigkeiten bei spontaner Ionisation einen sehr schwachen Volumeneffekt zeigen (Hexan), bei Chlorbenzol verschwindet er sogar praktisch vollkommen und bei Mineralölen oder bei Toluol fällt J_s mit δ (siehe Abb. 32).

Die Beziehung zwischen der Ionenbildungsgeschwindigkeit q und der Konzentration η in Mol/cm³ ist durch eine Reaktionsgleichung zweiter Ordnung gegeben

$$q = \beta \, [\eta \, (1 - \gamma)]^2,$$

wo γ den Dissoziationsgrad darstellt (γ ist neben 1 zu vernachlässigen). Die Beschaffenheit der Elektrodenoberfläche hat einen Einfluß auf die

Leitfähigkeit. Auch der Einfluß des Stromdurchganges ist für die Leitfähigkeit von Bedeutung. Die Messungen der Stromspannungscharakteristiken bei verschiedenen Elektrodenentfernungen können durchgeführt werden, indem man ein Gefäß mit verstellbarem Elektrodenabstand oder mehrere kommunizierende Gefäße mit verschiedenen, aber festen Elektrodenentfernungen wählt. Sowohl die eine als auch die andere Anordnung besitzt einen Nachteil. Die durch Veränderung der Elektrodenentfernung hervorgerufene Störung kann die Versuchsbedingungen ändern. Im zweiten Fall (verschiedene feste Elektrodenabstände) kann als Fehlerquelle die unvermeidliche, wenn auch geringe Verschiedenheit der Oberflächenbeschaffenheit der Elektroden betrachtet werden. Die beiden Fehlerquellen sind so weit heruntergedrückt worden, daß die Messungen der Sättigungsströme als Funktion der Elektrodenentfernung in beiden Versuchsanordnungen dieselbe Abhängigkeit ergeben. In der Abb. 31 sind die Messungen der

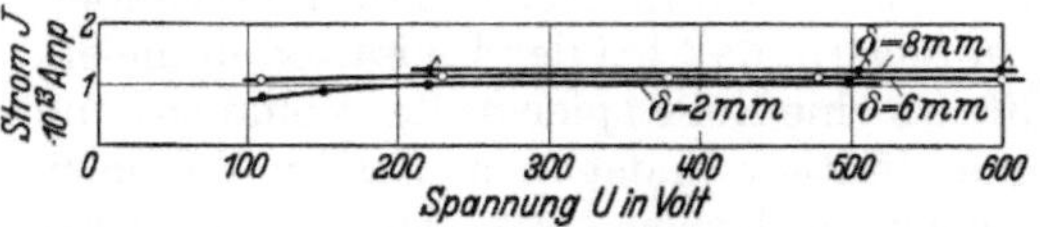

Abb. 31. Stromspannungscharakteristik in Hexan bei δ = 2, 6 und 8 mm.

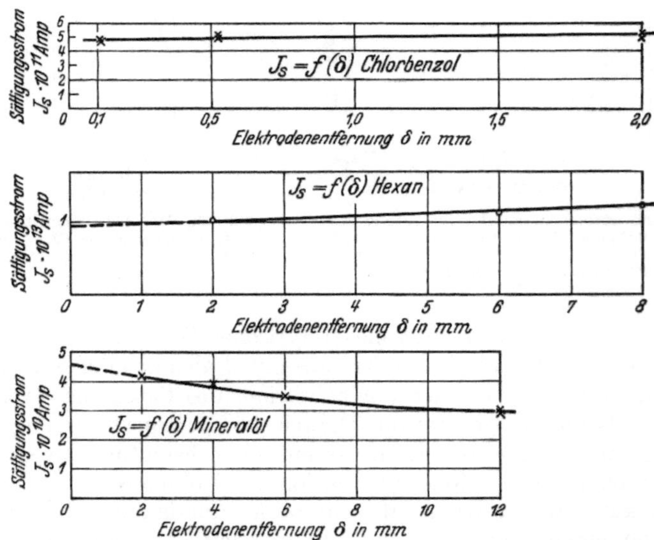

Abb. 32. Abhängigkeit des Sättigungsstroms von der Elektrodenentfernung in Chlorbenzol, Hexan und Mineralöl.

Stromspannungscharakteristiken in Hexan dargestellt. Die Abhängigkeit der Sättigungsstromdichte von der Elektrodenentfernung in Hexan, Chlorbenzol, Mineralöl ist in der Abb. 32 wiedergegeben. Die Messungen sind in gut gereinigten Flüssigkeiten durchgeführt, aber äußerst rein waren die Flüssigkeiten nicht. Wir sehen, daß im Chlorbenzol der Sättigungsstrom mit der Elektrodenentfernung ganz schwach zunimmt. Die Zunahme pro 1 mm Abstand beträgt etwa 2%. Der auf δ = 0 extrapolierte Wert der Sättigungsstromdichte ist ca. $4{,}1 \cdot 10^{-11}$ Amp/cm². Im Mineralöl fällt sogar der Sättigungsstrom mit der Elektrodenentfernung ziemlich stark. Bei 6facher Vergrößerung der Elektrodenentfernung beträgt die Abnahme des Sättigungsstromes etwa 30%. In Toluol ist diese Abnahme viel stärker ausgeprägt. In Hexan ist die Zunahme des Sättigungsstromes mit δ stärker als in Chlorbenzol, sie beträgt 4,5% pro mm, wenn der auf $\delta = 0$ extrapolierte Wert der Sättigungsstromdichte etwa $11{,}8 \cdot 10^{-15}$ Amp/cm² beträgt. Destilliert man die getrocknete und filtrierte Flüssigkeit mehrfach (sechsmal), indem man bei jeder Destillationsstufe die elektrische Behandlung durchführt und zum Schluß die Vakuumdestillation anwendet, so erhält man die auf $\delta = 0$ extrapolierte Sättigungsstromdichte in Hexan

$$i_s = 2 \cdot 10^{-16} \frac{\text{Amp}}{\text{cm}^2} .$$

Die Stromspannungskurve zeigt eine vollkommene Sättigung. Der in Toluol gewonnene Wert von i_s ist von derselben Größenordnung. Danach ist die in der Zeiteinheit pro cm² erzeugte Ionenzahl q in Hexan

$$q = \frac{i_s}{e} = \frac{2 \cdot 10^{-16}}{1{,}56 \cdot 10^{-19}} = 1{,}28 \cdot 10^3 .$$

Es muß hier erwähnt werden, daß für diese Messungen die Elektroden sehr sauber sein müssen. Dasselbe gilt auch für das Versuchsgefäß. Man destilliert eine äußerst reine Flüssigkeit (Endprodukt) in das saubere und trockene Versuchsgefäß unter Luftabschluß, läßt einige Zeit stehen und führt dann diese Flüssigkeit zum Ausgangsgefäß der Reinigungsapparatur, ohne die feuchte Luft in das Versuchsgefäß hineinzulassen. Dann spült man das Versuchsgefäß mit der hineindestillierten Flüssigkeit (Endprodukt) gut aus. Bei dieser Gelegenheit werden die Reste der Beimengungen, die noch an den Elektroden oder auf den Gefäßwänden haften, gelöst und durch die Spülung entfernt.

G. Jaffé verwendete für die Messungen koaxiale Zylinder. Das Meßvolumen betrug 170 cm³.

Der Sättigungsstrom ist etwa um 40% größer, wenn der äußere Zylinder als Kathode (J_s^-) geschaltet wird, als wenn er als Anode (J_s^+) dient. Wegen des Polaritätseffektes ist die Bestimmung der Sättigungsstromdichte nicht ganz eindeutig.

Wird der äußere Zylinder positiv geladen, so ist die Sättigungsstromdichte

$$i_s^+ = \frac{J_s^+}{F} = 2{,}3 \cdot 10^{-17} \text{ Amp/cm}^2,$$

wo $F = 179$ cm² die Fläche des äußeren Zylinders und J_s^+ der gemessene Sättigungsstrom bedeuten. Wird der äußere Zylinder aber als Kathode geschaltet, so ist

$$i_s^- = \frac{J_s^-}{F} = 3{,}83 \cdot 10^{-17} \text{ Amp/cm}^2.$$

Wird aber der Sättigungsstrom auf die Flächeneinheit des inneren

Zylinders, dessen Fläche $f = 11,3$ cm² ist, bezogen, so erhält man

$$i_s^+ = \frac{J_s^+}{f} = 3,65 \cdot 10^{-16} \text{ Amp/cm}^2$$

und

$$i_s^- = \frac{J_s^-}{f} = 6,06 \cdot 10^{-16} \text{ Amp/cm}^2 .$$

Der mit symmetrischer Plattenelektrodenanordnung gewonnene Wert der Sättigungsstromdichte liegt zwischen den obigen Werten. Deshalb ist es vielleicht zweckmäßiger, in Hexan mit einer Ionenbildungsstärke von etwa 10^3 Ionen/cm² sec zu rechnen.

Daß der Sättigungsstrom mit der Elektrodenentfernung schwach zunimmt (Chlorbenzol, Hexan) und der Hauptanteil des Sättigungsstromes unabhängig von der Elektrodenentfernung ist, oder daß der Sättigungsstrom mit dem Abstand sogar fällt, wie das bei Mineralöl und Toluol der Fall ist, spricht stark dafür, daß bei spontaner Ionisation der Hauptsitz der Ionenerzeugung an den Elektroden liegen muß. Verfolgt man den Sättigungsstrom J_s als Funktion der Elektrodenflächengröße F, so erhält man eine einfache Proportionalität, wie das auch zu erwarten ist

$$J_s = C \cdot F . \tag{1}$$

Auf Grund dieser Beziehung dürfen wir den Begriff der Sättigungsstromdichte einführen. Natürlich ist dieser Flächenionisation auch die Volumenionisation in den Flüssigkeiten überlagert infolge der Wirkung der kosmischen Strahlung, wie das G. Jaffé gezeigt hat. Die Experimente sprechen in diesem Sinne (schwache Zunahme von J_s mit δ). Die oben geschilderten Resultate sagen nichts darüber aus, ob die Ladungsträger an den Elektroden aus den Flüssigkeitsmolekülen gebildet werden, oder ob sie aus den Elektroden austreten. Im ersten Fall hätten wir vor den Elektroden im Durchschnitt ebensoviel positive wie negative Träger gehabt. Im zweiten Fall würden Träger nur eines Vorzeichens vorhanden sein oder, weil noch eine schwache Volumenionisation vorhanden sein kann, würden Träger eines Vorzeichens überwiegen. Dieser Umstand bedingt eine unipolare Leitung oder eine Leitung, bei der die Strömung der Träger eines Vorzeichens stärker ausgeprägt ist. Das muß aber einen Polaritätseffekt des Sättigungsstromes und einseitige Feldverzerrung zur Folge haben. Die Experimente zeigen, daß beides zutrifft.

Nehmen wir an, daß an der Elektrode pro Flächen- und Zeiteinheit q_- negative und q_+ positive Träger entstehen. Die Fläche der großen Plattenelektrode sei F und die der kleinen f. Der Sättigungsstrom ist gegeben

$$J_s^- = (F \cdot q_- + f \cdot q_+) \cdot e , \tag{3}$$

wenn die große Elektrode Kathode ist. Im Falle $q_- = q_+$ ist der Sättigungsstrom davon unabhängig, ob die große Elektrode Kathode oder Anode ist. Infolge des Polaritätseffekts bei Sättigungsströmen werden wir zu der Gleichung

$$q_- = c \cdot q_+$$

geführt, in der $c \neq 1$ ist. Erhalten wir größere Sättigungsströme, wenn die größere Elektrode als Kathode geschaltet wird, so ist $c > 1$. Das besagt aber, daß an den Elektroden mehr negative Träger entstehen. Man erhält diesen Polaritätseffekt der Sättigungsströme, wenn die Flüssigkeit und das Metall nicht lange aufeinander gewirkt haben. Im Falle der reinen unipolaren Leitung sollte man bekommen

$$\frac{J_s^-}{J_s^+} = \frac{F}{f}.$$

Auch die Messung der Sättigungsströme bei koaxialer Zylinderanordnung in sehr reinem Hexan hat ergeben, daß $J_s^- > J_s^+$ (J_s^- = Strom, wenn der äußere Zylinder Kathode ist).

Im Falle unipolarer Leitung bei niedrigen Spannungen ist der Strom zwischen den Plattenelektroden

$$J = n\,e\,v\,\mathfrak{E}, \tag{4}$$

wo n die Ionendichte, v die Beweglichkeit der Ionen, $\mathfrak{E}$ die Feldstärke und e die Elementarladung bedeuten. Die dazugehörige Poissonsche Gleichung lautet:

$$\frac{d\mathfrak{E}}{dx} = 4\,\pi\,n\,e. \tag{5}$$

Aus den beiden Gleichungen (4) und (5) ergibt sich

$$\frac{d\mathfrak{E}}{dx} = \frac{4\,\pi\,J}{v\cdot\mathfrak{E}}.$$

Durch Integration erhalten wir

$$\mathfrak{E}^2 = \frac{8\cdot\pi\,J}{v}\cdot x. \tag{6}$$

Die Integrationskonstante ist gleich Null, weil angenommen werden kann, daß bei $x = 0$ in der Nähe der Kathode $\mathfrak{E} = 0$ ist, wenn die durch den Kondensator fließenden Ströme so gering sind, daß die Ionenkonzentration an der Kathode nicht wesentlich reduziert wird.

Setzen wir $\mathfrak{E} = \dfrac{dU}{dx}$ in die obige Gleichung ein und integrieren sie, so erhalten wir

$$U = \frac{4}{3}\sqrt{\frac{2\,\pi\cdot J}{v}}\cdot\delta^{3/2}.$$

Auch hier fällt die Integrationskonstante fort, da bei $x = 0$ auch $U = 0$ ist. Daraus sehen wir, daß die Potentialverteilung zwischen den Elektroden durch eine Neilsche Parabel gegeben ist. Im Falle reiner negativer Ionisation an der Kathode ist die größte Feldverzerrung an der Kathode zu erwarten, die in Richtung zur Anode schwächer wird. Die Beziehung zwischen Strom und Spannung kann aus der obigen Gleichung erhalten werden. Sie ist

$$J = U^2\cdot\frac{1}{\delta^3}\cdot\frac{9\,v}{32\,\pi}. \tag{7}$$

Bei konstanter Elektrodenentfernung steigt der Strom mit der Spannung quadratisch an, und zwar gilt das für sehr geringe Spannungen.

Leider liegen keine einwandfreien Messungen der Stromspannungscharakteristiken in sehr reinen Flüssigkeiten bei sehr geringen Spannungen vor. Bei konstanter Spannung fällt der Strom mit der dritten
Potenz der Elektrodenentfernung.

Aus den obigen Gleichungen kann auch die Ionenbeweglichkeit errechnet werden.

$$v = \frac{J \cdot \delta^3}{U^2} \cdot \frac{32\,\pi}{9} \, . \tag{8}$$

Wird J in Amp und U in Volt eingesetzt, so erhalten wir die Beweglichkeit v in $\dfrac{\text{cm/sek}}{\text{Volt/cm}}$

$$v = \frac{J \cdot \delta^3}{U^2} \, 32\,\pi \, 10^{11} = J \cdot \frac{\delta}{\mathfrak{E}^2} \, 32\,\pi \, 10^{11} \, .$$

In Wirklichkeit liegt der Fall nicht so einfach, weil gewöhnlich Volumen-
und Oberflächenionisierung zusammen wirken. Wenn man auch den
Polaritätseffekt teilweise durch den Diffusionsvorgang zu erklären vermag, so sprechen die in Toluol gewonnenen Resultate doch dafür, daß
an den Elektroden Träger eines Vorzeichens im Überschuß entstehen.

Die Experimente haben ergeben, daß eine sehr saubere Silberelektrode
in sehr reinem Hexan eine positive Aufladung zeigt. Danach wäre anzunehmen, daß die der Elektrode benachbarte Flüssigkeitsschicht eine
negative Ladung trägt (Kontaktspannung). Diese in der Flüssigkeit befindlichen Ladungsträger können durch die angelegte Spannung in
Bewegung gesetzt worden sein.

Wie deutet man nun die Entstehung dieser negativen Ladungen in
der Flüssigkeit in der Nähe der Elektroden? Die nähere Überlegung
zeigt, daß man mit der Annahme einer thermischen Elektronenemission
aus dem Metall oder der Wirkung einer Strahlung nicht auskommt. Die
Messungen des Sättigungsstromes zuerst bei Dunkelheit und dann bei
Tageslicht haben keinen Effekt ergeben. Also kann man an eine photoelektrische Wirkung des Tageslichtes nicht denken. Man könnte annehmen, daß die minimalen fremden Substanzen, die an den Elektroden
haften, und die kaum restlos zu entfernen sind, den Flächeneffekt verursachen. Aber man muß bedenken, daß geringe Mengen der Verunreinigungen, die elektrolytisch wirken, auch in der Flüssigkeit anzunehmen sind, wenn sie auch extrem gereinigt wurde. Diese müßten dann
einen Sättigungsstrom zur Folge haben, der proportional mit der Elektrodenentfernung wächst.

Sehr wahrscheinlich spielen hier die Vorgänge in der Grenzschicht
Metall/Flüssigkeit eine Rolle (Kontaktspannung). A. v. Hippel (303)
hat den Versuch gemacht, die „elektrolytische Lösungstension" atom-
physikalisch zu deuten und gezeigt, daß darunter eine schrittweise Ionisierung durch Hydratation zu verstehen ist. Auch zwischen sehr reinen
Flüssigkeiten und Metallen ist ein Potentialsprung zu erwarten. Die
Existenz dieser Potentialdifferenz (zwischen zwei Phasen, deren Dielektrizitätskonstanten ε_1 und ε_2 verschieden sein können) kann man
durch die Ungleichheit

$$\varphi_+ \lessgtr \Phi_-$$

erklären, wobei φ_+ die Austrittsarbeit des Elektrons aus dem Metall und Φ_- die Energie, die frei wird, wenn ein Elektron aus dem Vakuum in die Flüssigkeit hineingebracht wird, bedeuten (*304*). Im Falle

$$\varphi_+ < \Phi_- \tag{9}$$

ist ein „freiwilliger" Austritt der Elektronen aus dem Metall bedingt. Das Metall bleibt positiv geladen zurück und zwischen Metall/Flüssigkeit entsteht ein Potentialsprung. Es ist einleuchtend, daß der Dipolcharakter der Flüssigkeitsmoleküle und die Stellung des betreffenden Metalls in der Spannungsreihe eine Rolle spielen. Leider liegen in dieser Richtung keine Messungen vor. Die Messungen der Potentialdifferenz und die Untersuchungen von J_s bei verschiedenen Elektrodenmaterialien (in Hinblick auf ihre verschiedene Austrittsarbeit der Elektronen) sind in Aussicht gestellt.

Borgnis (*386*) untersucht theoretisch, wie sich der Oberflächeneffekt an der Oberfläche Metall/Flüssigkeit auf die Stromspannungscharakteristik auswirkt. Zunächst wird festgestellt, daß durch radioaktive oder lichtelektrische Einflüsse die Erscheinungen nicht erklärt werden können, so daß die Tatsache mit in Betracht gezogen werden muß, daß die Austrittsarbeit aus dem Metall durch Anwesenheit der Flüssigkeit herabgesetzt wird. Diese Wirkung wird auf wellenmechanischer Grundlage unter der bekannten Vorstellung von Potentialschwellen berechnet; es wird der Einfluß der Temperatur und verschiedener Metalle auf den Sättigungsstrom der Flüssigkeit diskutiert. Die Ergebnisse stehen mit ihren diesbezüglichen Messungen im Einklang. Auf Grund einfacher Vorstellungen wird sodann eine Theorie der Wechselwirkung zwischen Metall und Flüssigkeit aufgestellt, die als Grundlage eine Ladungsschicht an der Kathode annimmt, die den Trägerstrom i liefert und mit dem Metall in Wechselwirkung steht, derart, daß eine bestimmte Nachlieferung aus dem Metall in die Schicht einsetzt, sobald der Strom fließt. Es wird der zusätzliche Einfluß einer schwachen Volumenionisation in Verbindung mit dem Oberflächeneffekt untersucht. Diese Rechnungen, die zunächst die Feldverzerrung außer acht lassen, gestatten die in den dielektrischen Flüssigkeiten gefundenen Effekte quantitativ und qualitativ zu beschreiben. Es wird gezeigt, daß Wiedervereinigung und Diffusion keinen nennenswerten Einfluß auf die Vorgänge besitzen. Weiterhin wird unter strenger Berücksichtigung der Feldverzerrung unipolare und bipolare Leitung untersucht, wobei auch der Einfluß von Anlagerungsvorgängen diskutiert wird. Es wird die Beziehung dieser Vorgänge zur Charakteristik ($U = f(J)$) festgestellt.

Die elektrochemischen Vorgänge, die sich möglicherweise zwischen Flüssigkeit und Metall abspielen, können ebenfalls von Bedeutung sein.

Die neueren Untersuchungen (*269, 270*) haben ergeben, daß in gut gereinigtem Hexan nur eine schwache Zunahme des Sättigungsstromes mit der Elektrodenentfernung festzustellen ist (Abb. 32). Die Beziehung zwischen der Sättigungsstromdichte i_s und der Elektrodenentfernung δ ist durch eine Gerade

$$i_s = i_{s_0} + k \cdot \delta, \tag{2}$$

die nicht durch den Nullpunkt geht, gegeben. Der Elektrodenentfernung $\delta = 0$ entfällt ein bestimmter Sättigungsstrombetrag i_{s_0}, der auf die Existenz der Flächenionisation hindeutet. Die Konstante k gibt die Zunahme des Sättigungsstromes mit der Elektrodenentfernung an und ist als Maß für die Volumenionisation anzusehen.

Welo (262) beschreibt eine Methode, um aus den Flüssigkeiten Staub, Luft und Suspensionen zu entfernen. Damit erreicht er große Reinheit der zu untersuchenden Flüssigkeit. Die spezifische Leitfähigkeit, die er angibt, beträgt ca. 10^{-18} Ohm^{-1} cm^{-1} Er nimmt an, daß bei spezieller Behandlung $\lambda \leqq 10^{-19}$ Ohm^{-1} cm^{-1} erreicht werden könnte. Er untersucht auch den Verlustwinkel. Zu Beginn der Reinigung wurde die Sättigungserscheinung beobachtet. Bei weiterer Reinigung verschwand sie, und erst bei noch weiterer Reinigung war der Sättigungsstrom wieder zu messen.

Black (307) untersucht den zeitlichen Verlauf der Stromstärke bei konstant gehaltener Spannung bei niedrigen Feldern und erklärt ihn durch Widerstandsschichten (Kontaktwiderstände), die sich mit der Zeit ausbilden. In einer späteren Veröffentlichung zeigten D. H. Black und R. H. Nisbeth (315), daß die oben erwähnte Kontaktwiderstandstheorie durch weitere Experimente in Paraffinöl bestätigt wird. Sie fanden, daß der Widerstands-Stromzusammenhang linear ist. Die beiden Forscher erwarten aber nicht, daß dies immer der Fall ist; denn sowohl die Gastheorie als auch eine Kontaktwiderstandstheorie bedingen, daß nur so lange ein geradliniger Zusammenhang besteht, als sich das Gebiet des höheren Potentialgradienten bei den Elektroden über eine Entfernung erstreckt, die im Vergleich zu der Entfernung zwischen ihnen nur klein ist. Sie zeigen die Abweichung von dem linearen Gesetz durch Anwendung genügend hoher Feldstärken (17000 Volt/cm) bei genügend dünnen Schichten ($\delta = 0,4$ mm). Um die Existenz des Sättigungsstromes zu zeigen, tragen sie die Leitfähigkeit gegen den reziproken Wert des Stromes auf und ermitteln durch Extrapolation den Maximalstromwert annähernd zu 10^{-7} Amp. Aus diesem Sättigungsstromwert sieht man schon, daß die untersuchte Flüssigkeit nicht rein war, und infolgedessen können wir diese Betrachtung nicht ohne weiteres auf ganz reine Flüssigkeiten übertragen. Sie fanden, daß der Strom, der nach dem Polwechsel fließt, immer größer ist, als der, der unmittelbar vorher floß. In der vorhergehenden Arbeit (307) wurde gezeigt, daß der Strom nach dem Polwechsel allmählich zu einem Maximum anstieg und dann auf einen stationären Wert fiel. In manchen Fällen wurden zwei Maxima beobachtet. Wie die Experimente anderer Forscher zeigen, sind die Stromstärken im stationären Zustand in sehr gut gereinigten Flüssigkeiten unabhängig von der Feldrichtung. Auf Grund ihrer Untersuchungen glauben Black und Nisbeth die Annahme anderer Autoren, daß das Feld zwischen den Elektroden homogen verteilt ist, nicht unterstützen zu können. Nun haben die direkten Messungen der Potentialverteilung mit Hilfe des Kerr-Effektes gezeigt (253, 297), daß das Feld kurz nach dem Anlegen der Spannung wohl inhomogen ist, aber daß die Feldverzerrung mit der Zeit abgebaut wird und im stationären Zustand eine gleichmäßige Feldverteilung erreicht wird. Daß in ionenarmen Elektrolyten Raumladungen in der Nähe der Elektroden auftreten können, haben Coster und Schuurmann (*308*) gezeigt.

Herzfeld (*304*) betrachtet die Möglichkeit eines Überganges von Ionen und Elektronen von guten Leitern in schlechte und umgekehrt. Grenzt das Metall an ein Vakuum oder einen Kristall, so können die Elektronen das Metall wegen der Austrittsarbeit nicht verlassen. Deswegen sind Vakuum und Kristalle gute Isolatoren. Wasser hat elektrolytische Eigenschaften, da Ionen an den Elektroden entladen werden, während Elektronen die Grenzfläche nicht ohne weiteres passieren können. Ionen in Elektrolyten entladen sich an den Elektroden durch starke elektrische Felder, die zwischen den Ionen und der Elektrode entstehen. Die Diskussion des Einflusses der Raumladung bei homogener Volumenionisierung ergibt zunächst, daß der Einfluß der Diffusion bei einigermaßen großen Raumladungsfeldern zu vernachlässigen ist, und daß dieser nur in unmittelbarster Nachbarschaft der Elektrode eine Rolle spielen kann. Die Raumladung entsteht durch Störung des Gleichgewichts zwischen Dissoziation und Rekombination durch den Strom. In den Gebieten, in denen Raumladungen vorhanden sind, ist die Ionendichte kleiner als sie es ohne Strom wäre. Wenn nach längerem Stromdurchgang eine Vergrößerung der Leitfähigkeit eintritt (z. B. nach Kommutieren des Feldes), so kann diese Vergrößerung der Ionendichte durch einen Widerstand verursacht sein, der die Ionen an ihrer Entladung an den Elektroden hindert. Diese Ionen müßten in einer sehr dünnen Schicht unmittelbar an den Elektroden sitzen, so daß nur ein sehr geringer Spannungsabfall der Schicht auftritt.

In zusammenfassenden Berichten behandeln H. Ulich (*393*) die Besonderheiten im Leitfähigkeitsverhalten nichtwäßriger Lösungen und R. M. Fuoss (*394*) die Leitfähigkeit in Lösungsmitteln sehr kleiner Dielektrizitätskonstante. A. E. van Arkel und W. Koopman (*395*) untersuchten die Stromleitung der Kohlenwasserstoffverbindungen bei kleinen Schichtdicken.

7. Ionisation durch Strahlung.

J. J. Thomson (*271*) stellte zum ersten Male fest, daß durch Bestrahlung der dielektrischen Flüssigkeiten mit Röntgenstrahlen die Leitfähigkeit der Flüssigkeit erhöht wird. P. Curie (*272*) fand, daß derselbe Effekt auch mit den durchdringenden Strahlen des Radiums erhalten werden kann. J. Stark und W. Steubing wiesen nach (*273*), daß die ultravioletten Strahlen bei einer großen Zahl schlecht leitender Flüssigkeiten ionisierend wirken. Quantitative Messungen zur Erhöhung der Leitfähigkeit im Paraffinöl durch Bestrahlung mit ultraviolettem Licht wurden von G. Szivessy und K. Schäfer ausgeführt. Das von ihnen verwendete Paraffinöl war als „rein" bezogen und wurde der „elektrischen Selbstreinigung" unterzogen. Mißt man den Ionisationsstrom, der die Differenz zwischen den Stromwerten mit und ohne Bestrahlung im stationären Zustand darstellt, als Funktion der angelegten Spannung, so erhält man eine Stromspannungscharakteristik, die analog den ionisierten Gasen einen Sättigungsstrom zeigt, ohne eine vollständige Sättigung aufzuweisen. Das von G. Jaffé (*254*) durch γ-Strahlen und H. Greinacher (*274*) durch α-Strahlen beobachtete langsame Ansteigen des Stromes mit der Belichtungsdauer und Abfallen des Stromes nach Abstellung der Bestrahlung, wurde von G. Szivessy und K. Schäfer auch bei Bestrahlung mit ultraviolettem Licht beobachtet. Es zeigte sich, daß der zeitliche Anstieg des Ionisationsstromes viel rascher verlief als der zeitliche Abfall nach Unterbrechung der Belichtung. Die Größe des Ionisationsstromes ist sowohl bei γ-Strahlen und α-Strahlen des Radiums als auch bei ultraviolettem Licht unabhängig von der Stromrichtung.

G. Jaffé untersuchte die Ionisation von verschiedenen reinen dielektrischen Flüssigkeiten durch γ-Strahlen

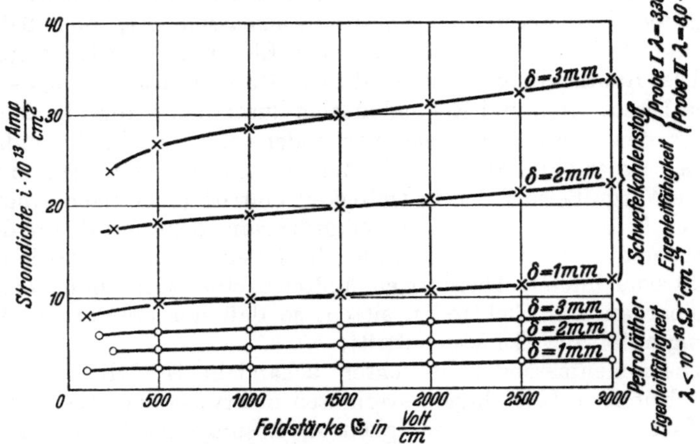

Abb. 33. Stromfeldstärkecharakteristiken bei verschiedenen Elektrodenentfernungen im Petroläther und Schwefelkohlenstoff. Ionisation durch Radiumstrahlen. Die Eigenleitfähigkeiten sind abgezogen worden. Die Elektrodenfläche 38,5 cm²; J gemessener Ionisationsstrom

$$i = \frac{J}{F}.$$

des Radiums (*254, 268*). Untersucht wurden: Schwefelkohlenstoff, Tetrachlorkohlenstoff, Petroläther und Benzol. Als Ionisator diente Radium (20 mg von reinem Chlorid). Die Strahlen mußten 4 mm Messing und eine 10 mm Flüssigkeitsschicht durchsetzen, bis sie die Ionisationskammern erreichten. Die Eigenleitfähigkeit der Flüssigkeit mußte möglichst heruntergesetzt werden, damit sie keinen merklich störenden Einfluß auf die Messung der Ionisationsströme ausüben konnte. Durch mehrfache Destillation und elektrische Reinigung wurde $\lambda = 10^{-16}$ bis $10^{-17} \,\Omega^{-1}\,\mathrm{cm}^{-1}$ erreicht. Die λ-Werte waren wohl definiert, allerdings bei verschiedenen Proben verschieden. Die Leitfähigkeit ist zuerst ohne Strahlung, dann mit ihr und dann wieder ohne sie gemessen worden, und zwar wurde daraus die Zunahme der Leitfähigkeit in stationärem Zustand bestimmt. Jeder Meßpunkt der Abb. 33 stellt einen Mittelwert von 3 Messungen dar. Die Stromfeldstärkecharakteristiken sind bei steigenden und fallenden Spannungen aufgenommen worden. Die Resultate in derselben Substanz stimmen auf 1 bis 3% überein, an verschiedenen hingegen auf 5 bis 6%.

Die Abhängigkeit des Ionisationsstromes J von der Feldstärke $\mathfrak{E} = \dfrac{U}{\delta}$ (δ = Elektrodenentfernung; U = Spannung) wird durch die Gleichung

$$J = f(\mathfrak{E}) + c\,\mathfrak{E} \tag{10}$$

gegeben. Der Verlauf des ersten Gliedes der Funktion ist nicht untersucht worden. Bei den Feldstärken, die zwischen 500 und 1000 Volt/cm liegen, wird $f(\mathfrak{E}) = a = $ const und oberhalb $\mathfrak{E} = 1000$ Volt/cm erhalten wir:

$$J = a + c\,\mathfrak{E}. \tag{10}$$

Die Konstante a wird als Sättigungskoeffizient bezeichnet. Die Konstante c gibt die Steigung des Stromes mit wachsender Feldstärke im Sättigungsgebiet an. Bildet man den Quotienten $\dfrac{c}{a} = r$, so bekommt man ein Maß für den Mangel an Sättigung. r ist für dieselbe Flüssigkeit und bei konstant gehaltener Elektrodenentfernung bei verschiedenen Strahlungsintensitäten konstant und nicht sehr verschieden bei verschiedenen Flüssigkeiten

$$a = q \cdot \delta + q'. \tag{11a}$$

[Siehe auch die Gleichung (2).] Die Abb. 34 stellt die Abhängigkeit der Konstanten a von der Elektrodenentfernung dar. Da aber a der Sättigungsstromdichte i_s proportional gesetzt werden darf, ist in der Abb. 34 statt a die Größe i_s eingezeichnet. Diese Kurven repräsentieren die Gleichung (11a). Es ist auffallend, daß der Betrag des Sättigungsstromes, der der Flächenionisation (q') zukommt, für alle in der Abb. 34 dargestellten Kurven denselben Wert hat. Dieser Betrag des Sättigungsstromes ist gering. Der Strom wird

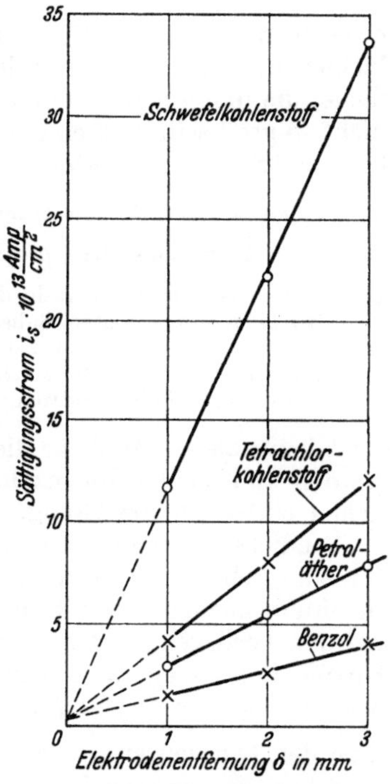

Abb. 34. Die Abhängigkeit des Sättigungsstromes von der Elektrodenentfernung in verschiedenen Flüssigkeiten. Ionisation durch Radiumstrahlen. Die Eigenleitfähigkeiten sind abgezogen worden. Elektrodenfläche $F = 38{,}5$ cm². Gemessener Ionisationssättigungsstrom J_s

$$i_s = \frac{J_s}{F}.$$

bei Bestrahlung von reinen Flüssigkeiten in der Hauptsache im Volumen erzeugt. Diese lineare Abhängigkeit erklärt sich dadurch, daß die Ionisation einer äußerst durchdringenden Strahlung q und einer sehr leicht absorbierbaren Sekundärstrahlung q' zugeschrieben werden kann, die von einer Flüssigkeitsschicht von 1 mm Dicke vollständig absorbiert wird.

Die Ionisation wird nicht auf die Volumeneinheit, sondern auf gleiche Masse bezogen $k = \dfrac{q}{d}$; d = Dichte. Es ergibt sich, daß k und q' proportional sind

$$a = k\,(d \cdot \delta + s)\,, \qquad\qquad (11\,\mathrm{b})$$

wo $s = \dfrac{q'}{k}$ ist.

Die Abhängigkeit des Ionisationsstromes von der Feldstärke, der Elektrodenentfernung und der Intensität der Ionisation kann durch die Gleichung

$$\frac{J}{I} = k_0\,[d\,\delta + s] \cdot [1 + r\,\mathfrak{E}] \qquad\qquad (12)$$

gegeben werden. Sie gilt nur im Sättigungsgebiet und bei nicht zu kleinen und zu großen δ; δ darf also nicht kleiner sein als die Schichtdicke, die die gesamte Sekundärstrahlung absorbieren kann und δ darf nicht so groß sein, daß eine merkliche Schwächung der primären Strahlung eintritt. Es bedeuten:

$I\ \ =$ Intensität der Radiumstrahlung,

$k_0 = \dfrac{k}{I} =$ Ionisationsstärke pro Masseneinheit und Strahlungsintensitätseinheit,

$k\ \ =$ Materialkonstante, verschieden bei verschiedenen Flüssigkeiten,

$s\ \ =$ bei allen untersuchten Substanzen gleich,

$r\ \ =$ nicht sehr verschieden bei den untersuchten Substanzen, Gesamtstrom

$J\ \ =$ Ionisation durch Primärstrahlung $+$ Ionisationsstrom durch Sekundärstrahlung $+$ Leitungsstrom.

k kann als ein Maß für die Leitfähigkeit bei Bestrahlung angesehen werden und ist der Ionenzahl proportional. k steht mit der Dichte in keiner einfachen Beziehung.

Studiert man die Differenz der Sättigungskoeffizienten a für Luft und für eine beliebige Substanz, so erhält man ein Maß für die absorbierte Strahlungsmenge dieser Substanz. Da die Schwächung der Strahlung bei den vorliegenden Untersuchungen im ungünstigsten Fall nur 23% betrug, kann man diese Differenz der Werte a, die mit L bezeichnet werden möge, als ein Maß für die Absorption der Flüssigkeit ansehen. Bildet man den Quotienten $\dfrac{L}{m}$, wo m die Dichte der betreffenden Flüssigkeit bedeutet, so erhält man bei

$$\text{Petroläther:} \qquad \frac{L}{m} = 1{,}51\,,$$

$$\text{Tetrachlorkohlenstoff:} \qquad \frac{L}{m} = 1{,}50\,,$$

$$\text{Schwefelkohlenstoff:} \qquad \frac{L}{m} = 1{,}53\,,$$

$$\text{Benzol:} \qquad \frac{L}{m} = 1{,}57\,.$$

Daraus kann geschlossen werden, daß die Konstanten k nicht nur auf gleiche Masse bezogen sind, sondern damit zugleich auch auf gleiche absorbierte Beträge der Strahlungsenergie. Deshalb kann man die Konstante k als „spezifische Ionisation" der Flüssigkeit für durchdringende Strahlung deuten.

Auch Righi (*275*) hat vergleichende Messungen an verschiedenen Substanzen ausgeführt.

Die schwache Zunahme des Stromes mit der Feldstärke im Sättigungsstromgebiet, die durch die Konstante c gegeben ist, erklärt G. Jaffé durch die Annahme von zweierlei Art Elektrizitätsträger (abgesehen vom Vorzeichen). Die erste Art bilden die leichtbeweglichen Ionen, die bereits bei $\mathfrak{E} = 1000$ Volt/cm vollkommen aus dem Elektrodenzwischenraum entfernt werden. Die zweite Art bilden die schwerbeweglichen Trägerionen; sie zeigen auch bei Feldern bis etwa 7000 Volt/cm keine Annäherung an eine Sättigung.

Die Richtigkeit dieser Annahme kann man an Hand der Messungen der Stromspannungscharakteristiken in Abhängigkeit von der Temperatur prüfen. Im Falle des reinen Strahlungsphänomens ist keine Abhängigkeit der Konstanten a, c und r, die den Verlauf der Charakteristik bestimmen, zu erwarten. Spielen die elektrolytischen Ionen dabei eine wesentliche Rolle, so muß Temperaturabhängigkeit vorhanden sein. Aus der Abb. 35 sieht man, daß der Sättigungskoeffizient a mit der Temperatur zunimmt. Daraus folgt, daß a nicht nur von der Zahl der durch Strahlung erzeugten Ionen abhängt, sondern auch von Zahl und Beweglichkeit der anderweitig bestehenden Ionen, also von der Temperatur, wenn letztere elektrolytischer Art sind. Das spricht dafür, daß es zwei Arten von Trägern geben kann. Auch das Abfallen von c mit der Temperatur spricht dafür. Die Konstante r, die das Maß für den Mangel an Sättigung darstellt, nimmt mit der Temperatur ab.

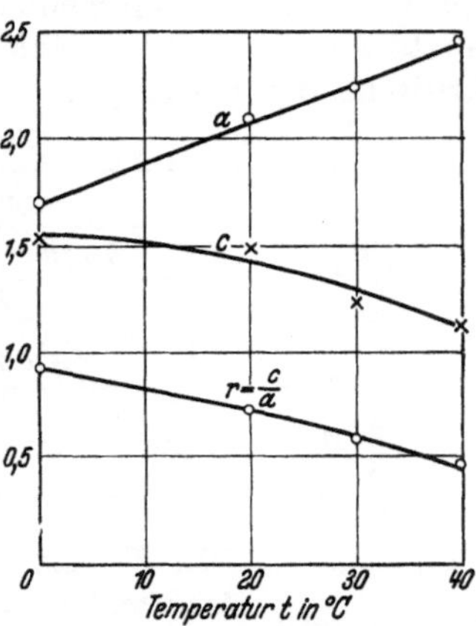

Abb. 35. Die Abhängigkeit der Konstanten a, c und r der Stromspannungscharakteristiken von der Temperatur in Petroläther. Elektrodenentfernung $\delta = 2$ mm. Ionisation durch Radiumstrahlung.

Es zeigte sich, wie dieses auch bei Gasen der Fall ist, daß der Sättigungsstrom außerordentlich schwer zu erreichen war, wenn die Flüssigkeit mit α-Strahlen ionisiert wurde. Die Ionisation mit γ-Strahlen läßt einen besseren Sättigungsgrad erreichen. Auch in Flüssigkeiten wurde das Phänomen der Ionisation in Kolonnen beobachtet.

8. Photoelektrischer Effekt.

Die in Abb. 36 dargestellten Kurven sind aus den von G. Jaffé (*277*) angegebenen Daten gewonnen. Sie stellen den photoelektrischen Effekt an Zink (ultraviolettes Licht) in Hexan dar. Da der Effekt in Hexan klein ist, muß die Flüssigkeit für diese Messungen sehr sauber sein, damit die Eigenleitfähigkeit den photoelektrischen Strom nicht überdeckt. Die Eigenleitfähigkeit wurde als Korrektion vor und nach jeder Belichtung bestimmt. Die in den Abb. 36 und 37 eingetragenen Stromwerte sind Ströme nach Abzug der Eigenleitfähigkeiten. Das An-

steigen des Stromes mit der Feldstärke in Hexan ist bedeutend stärker
als in Luft beim normalen Druck. Aus der Abb. 37 ist ersichtlich, daß
der Strom mit δ schwach wächst. Das deutet darauf hin, daß sich ein
geringer Volumeneffekt über den Oberflächeneffekt lagert. Die relative
Stärke des Effekts in Luft und in Hexan hängt von der Feldstärke, der
Natur des Lichtes und dem Ermüdungszustand des Zinks ab. In einem
speziellen Fall war die Wirkung in Hexan etwa 1000mal kleiner als in
Luft. Für härtere Strahlung ist das Verhältnis für Hexan günstiger.
M. Vollmer (278) untersuchte das lichtelektrische Verhalten von Anthrazenlösungen in gereinigtem Petroläther und des festen Anthrazens
in Hexan. Er fand, daß das feste Anthrazen den Hallwachseffekt
erst unterhalb 225 $\mu\mu$ zeigt. In demselben Spektralgebiet zeigen
Anthrazenlösungen in reinem Hexan eine starke Leitfähigkeitszunahme,
die von ihm als Volumenionisation charakterisiert und als Hallwachseffekt an den gelösten Molekülen aufgefaßt wurde. Er stellt auch eine
kritische Betrachtung über die Frage an und gibt die Literatur an.

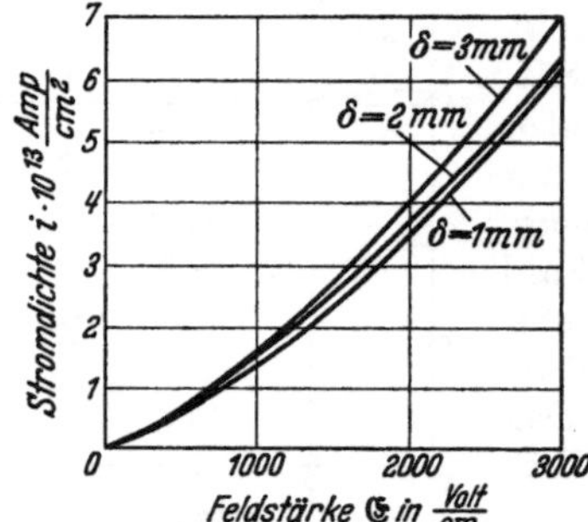

Abb. 36. Photoelektrischer Effekt an Zink in
Hexan. Stromfeldstäkekurve. Die Eigenleitfähigkeit wurde als Korrektion vor und nach
jeder Belichtung bestimmt.

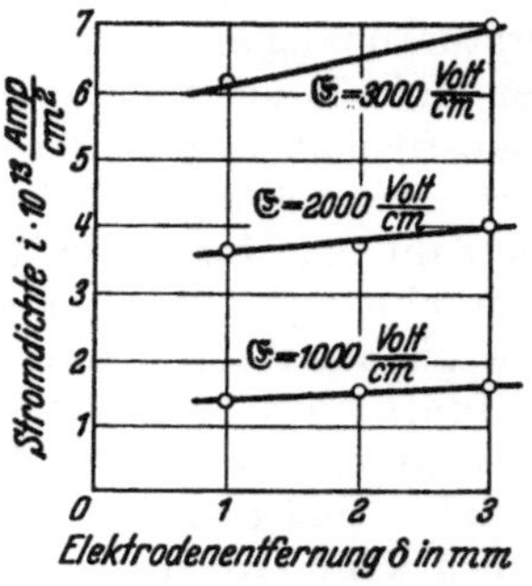

Abb. 37. Die Abhängigkeit des Photo-
stromes von der Elektrodenentfernung
an Zink in Hexan.

E. Warburg und Rump (328) untersuchten die photochemische Zer-
legung von Jodwasserstoff in Hexanlösung (nicht dissoziiert) und stellten
fest, daß das photochemische Verhalten durch das Einsteinsche Äqui-
valenzgesetz gegeben ist (ähnlich wie im gasförmigen Jodwasserstoff).
Nach ihnen wird nur der undissoziierte Anteil des Jodwasserstoffs
photochemisch zerlegt, hingegen werden die Jodionen photochemisch
nicht angegriffen, obwohl sie absorbieren. J. Frank und G. Scheibe
(329) deuten den photochemischen Elementarakt auch durch Abtrennung
des Elektrons vom Jodion.

Aus diesen und aus noch früheren Untersuchungen können wir
schließen, daß der photoelektrische Effekt auch bei den in der Flüssigkeit
gelösten oder suspendierten Substanzen zu erwarten ist. Damit ist wahrscheinlich die Zunahme des photoelektrischen Stroms mit wachsender
Elektrodenentfernung und bei konstanter Feldstärke zu erklären (Theorie
des Effekts siehe Elektronenaustritt aus den Metallen).

9. Die Ionenkonstanten.

Maßgebend für die Stromleitung bei niedrigen Feldstärken sind drei für das Ion charakteristische Konstanten, die „Beweglichkeit", der „Wiedervereinigungs- oder Rekombinationskoeffizient" und der „Diffusionskoeffizient". Nachdem eine Analogie zwischen den ionisierten Gasen und den dielektrischen Flüssigkeiten gefunden worden war, sollten die obigen Ionenkonstanten in dielektrischen Flüssigkeiten ermittelt werden.

Die Geschwindigkeit u eines Ions in einem bestimmten Punkt des Raumes ist dem in diesem Punkt herrschenden elektrischen Felde $\mathfrak{E}$ proportional und durch die Gleichung

$$u = v \cdot \mathfrak{E} \tag{13}$$

gegeben. Die Konstante v ist die „Beweglichkeit", d. h. die Geschwindigkeit des betreffenden Ions in einem Feld von 1 Volt/cm und hat die Dimension cm/sec : Volt/cm. Dieser Ansatz hat sich in Gasen innerhalb recht weiter Grenzen von Druck und Feldstärke vollkommen bewährt.

Für die Angabe über die Beweglichkeit der Ionen in dielektrischen Flüssigkeiten haben E. v. Schweidler (264) und K. Przibram (279) die bereits in Gasen gewonnene theoretische Betrachtung auf die Flüssigkeiten übertragen. C. Böhm-Wendt und E. v. Schweidler (280) haben zum erstenmal aus dem Verlauf der Stromspannungskurve (Petroläther) oder aus dem zeitlichen Stromverlauf nach Entfernung der ionisierenden Strahlungsquelle die spezifische Geschwindigkeit und den Rekombinationskoeffizienten der Ionen der Größenordnung nach bestimmt. Sie fanden für die Summe der beiden spezifischen Geschwindigkeiten

$$(v_p + v_n) = 4{,}1 \cdot 10^{-4} \frac{\text{cm}}{\text{sec}} \cdot \frac{\text{cm}}{\text{Volt}}.$$

G. Jaffé bestimmte die spezifische Beweglichkeit und den Wiedervereinigungskoeffizienten in ionisiertem Hexan (gereinigt) auf direktem Wege. Für die Ionenbeweglichkeitsbestimmung benutzte er die von P. Langevin (281) angegebene Methode in modifizierter Form. Der Grundgedanke von Langevin besteht in folgendem: Der Zwischenraum eines Plattenkondensators wird ionisiert. Nach einer bestimmten Zeit wird die Ionisierungsquelle entfernt und unmittelbar darauf ein Feld an die Platten angelegt, das man eine bestimmte kurze Zeit t wirken läßt. Infolgedessen wird ein Teil der Ionen an die Elektroden abgeführt. Nach Ablauf der Zeit t wird die Richtung des Feldes umgekehrt und solange am Kondensator gelassen, bis alle noch vorhandenen Ionen aus dem Elektrodenzwischenraum verschwunden sind. Studiert man die Ladung Q, die den Elektroden insgesamt zugeführt wird, als Funktion der Zeit t, so erhält man eine Kurve, die aus geraden Stücken besteht und so viel Knicke aufweist, als Ionenarten von verschiedener Beweglichkeit vorhanden sind. Ist die Ionisation homogen, so erhält man Kurven, die symmetrisch zueinander sind, wenn man die Messungen zuerst mit der einen und dann mit der anderen Feldrichtung beginnt. Die Experimente haben ergeben, daß die größten positiven und die größten negativen Ausschläge einander nicht gleich sind. Das bedeutet aber, daß die Anzahl der positiven Ionen nicht gleich ist der der negativen. Das Verhältnis der Zahl der negativen Ionen zu derjenigen der positiven ist 1,22. G. Jaffé erklärt dieses durch die Verschiedenheit der Diffusionskoeffizienten der positiven und negativen Ionen. Der Mittelwert der spezifischen Geschwindigkeit der positiven Ionen hat sich nach diesen Untersuchungen zu

$$v_p = 6{,}03 \, \frac{\text{cm}}{\text{sec}} \cdot \frac{\text{cm}}{\text{Volt}}$$

und die der negativen als

$$v_n = 4{,}17 \, \frac{\text{cm}}{\text{sec}} \cdot \frac{\text{cm}}{\text{Volt}}$$

ergeben. Die spezifische Geschwindigkeit der Ionen von Elektrolyten in wässerigen Lösungen (berechnet auf Grund des Äquivalentleitvermögens) liegt zwischen ca. $2 \cdot 10^{-4}$ und $40 \cdot 10^{-4}$ cm/sec : Volt/sec. Mit Messungen, die nach einer anderen Methode durchgeführt wurden, zeigte G. Jaffé eine befriedigende Übereinstimmung mit den obigen Werten, wonach die spezifische Geschwindigkeit $4{,}45 \cdot 10^{-4}$ bzw. $4{,}5 \cdot 10^{-4}$ beträgt. H. v. d. Bijl hat auf rechnerischem Wege den Wert $4{,}2 \cdot 10^{-4}$ bzw. $6 \cdot 10^{-4}$ erhalten. Die spezifische Ionenbeweglichkeit wurde von ihm (*282, 284*) auch auf direktem Wege bestimmt. Er arbeitet bei Sättigungsspannungen. Nach Entfernung der Ionenquelle legte er an die Elektroden eine Spannung an. Erst nach einer variablen Zeit τ nach dem Anlegen der Spannung wurde die Verbindung der aufsammelnden Elektrode mit dem Elektrometer hergestellt. Die auf diese Weise erhaltene Strom-Zeitkurve besitzt mit der Zeitachse einen Schnittpunkt. Dieser Schnittpunkt gibt die Zeit τ_0 an, welche die Ionen brauchen, um den ganzen Plattenabstand δ zu durchlaufen. Ist die Feldstärke $\mathfrak{E}$, die bei den Messungen verwendet wurde, so ist die Beweglichkeit

$$v = \frac{\delta}{\tau_0 \cdot \mathfrak{E}} \, .$$

Die Summe der Ionenbeweglichkeiten, die im Mineralöl aus dem Verlauf der Stromspannungscharakteristik, ohne die Flüssigkeit zu ionisieren, bestimmt worden ist (*285*), beträgt

$$(v_p + v_n) = 9{,}2 \cdot 10^{-5} \, \frac{\text{cm}}{\text{sec}} \cdot \frac{\text{cm}}{\text{Volt}} \, .$$

Ähnlich wie bei v. Schweidler wird hier von den bekannten Ausdrücken für die Leitfähigkeit λ bei sehr schwachem Strom und bei dem Sättigungsstrom J_s ausgegangen. Im stromlosen Zustand ist die in der Zeiteinheit erzeugte Ionenzahl q gleich der in derselben Zeit wieder vereinigten Ionenzahl

$$q = \alpha \cdot n^2 \, . \tag{14a}$$

Daraus berechnet sich die Ionenkonzentration

$$n = \sqrt{\frac{q}{\alpha}} \, . \tag{14b}$$

Diese Gleichung gilt auch dann, wenn ein geringer Strom fließt, und zwar so lange, als die Ionenkonzentration mit steigender Stromstärke konstant bleibt. Das ist der Fall im Ohmschen Gebiet.

Ist die angelegte Spannung U und die Elektrodenentfernung δ, so ist der Strom, der dabei fließt

$$J = F \cdot e \cdot n \, (v_p + v_n) \frac{U}{\delta} \,, \tag{15}$$

wenn F die Elektrodenoberfläche, e die Elementarladung und $(v_p + v_n)$ die Summe der Beweglichkeiten der positiven und negativen Ionen ist. Setzen wir Gleichung (14b) in Gleichung (15) ein, so erhalten wir

$$J = F \cdot e \sqrt{\frac{q}{\alpha}} \cdot (v_p + v_n) \frac{U}{\delta} \,. \tag{15a}$$

Nimmt α aus irgendeinem Grund zu, so wird die Anfangsneigung der Stromspannungskurve, aus der man die Leitfähigkeit bestimmt, geringer. Der Wert des Sättigungsstromes bleibt dabei unverändert. Wird die Ionisierung verstärkt, so wird auch der Sättigungsstrom größer, und zwar wächst er proportional mit q. Die Anfangsneigung wächst aber nur mit $\sqrt{q}$.

E. v. Schweidler rechnet aus der Charakteristik von Petroläther $\frac{\alpha}{e} = 10^{-1}$. Auch Schröder bedient sich dieser Methode. Man kann den Rekombinationskoeffizienten in ionisierten dielektrischen Flüssigkeiten auf direktem Wege bestimmen, indem man das Abklingen der Stromstärke mit der Zeit nach dem Aufhören der Ionisation beobachtet. Die Spannung, die für diese Messungen an die Elektroden von Zeit zu Zeit angelegt wird, müssen im Sättigungsgebiet liegen. G. Jaffé arbeitete mit dieser Methode und prüfte die Richtigkeit des Gesetzes $\frac{dn}{dt} = \alpha n^2$.

Da aber der Fehler, der durch Diffusion hereinkam, unterschätzt wurde, kam er zu unrichtigen Resultaten. Anschließend an die Untersuchungen von G. Jaffé führte H. v. d. Bijl (*282, 283, 284*) Versuche durch, die eine scharfe Prüfung des Rekombinationsgesetzes erlaubten. Zu diesem Zweck wurde die für die Messungen in Gasen von Rutherford angewandte Methode so modifiziert, daß sie den Untersuchungen in flüssigen Isolatoren besser angepaßt wurde. Das Resultat der Untersuchungen war, daß das grundsätzliche Massenwirkungsgesetz bestätigt und der absolute Zahlenwert des Wiedervereinigungskoeffizienten bestimmt wurde. Da die Beweglichkeit der Ionen aus den direkten Messungen bekannt war, hatte man es in der Hand, die Richtigkeit der Langevinschen Beziehung nachzuprüfen. Sie erwies sich innerhalb der Versuchsfehlergrenzen als richtig. Auf Grund dieser Resultate sollte man annehmen, daß die Berechnung der Ionenkonstanten aus den Stromspannungscharakteristiken richtige Werte liefern muß. Natürlich darf man sich nicht auf die Messungen der Leitfähigkeit bei schwachem Strom (sehr niedriger Spannungsbereich, in dem das Ohmsche Gesetz erfüllt ist) und des Sättigungsstromes begnügen, sondern man muß die volle Stromspannungscharakteristik zur Verfügung haben, die die

Ermittlung der Leitfähigkeit λ bei unendlich kleinen Stromdichten und des richtigen Sättigungsstromwertes J_s ermöglicht. G. Mie (*266*) hat nämlich gezeigt, daß die richtigsten Werte von λ_0 und J_s erhalten werden, wenn man die Stromspannungskurve in eine Leitfähigkeits-Stromkurve umzeichnet und diese Kurve für die Bestimmung von λ_0 auf $\mathfrak{E} = 0$ und für die Bestimmung von J_s auf $\lambda = 0$ extrapoliert. Die auf diese Weise errechneten α-Werte stimmen mit den nach der direkten Methode erhaltenen befriedigend überein.

Für die Bestimmung des Diffusionskoeffizienten D hat G. Jaffé die bekannte Townsendsche Beziehung zu Hilfe genommen und Werte für die Diffusionskoeffizienten erhalten, die nicht weit von den von H. v. d. Bijl auf direktem Wege bestimmten Werten lagen. Er ging von der stationären Ionenverteilung unter dem Einfluß der Diffusion, Wiedervereinigung und Ionisation aus. Es ist

$$q + D \frac{d^2 n}{d x^2} - \alpha n^2 = 0 .$$

Damit die Diffusion stark ausgeprägt ist, empfiehlt es sich, für die Messungen kleine Elektrodenentfernung und möglichst große Elektrodenoberfläche zu wählen. Der Diffusionskoeffizient für die positiven Ionen wurde zu $1{,}52 \cdot 10^{-5}$ und für die negativen zu $1{,}07 \cdot 10^{-5}$ bestimmt. Es wäre sehr wünschenswert, die Konstanten D_n und D_p mit Hilfe der Townsendschen Methode der Strömung durch enge Röhren zu bestimmen.

Die obengenannten Untersuchungen sind bei Zimmertemperatur und Normaldruck durchgeführt worden.

In der folgenden Tabelle 10 sind einige Zahlenwerte für v_p, v_n, D_p, D_n und $\dfrac{\alpha}{e}$ für verschiedene Flüssigkeiten eingetragen.

Tabelle 10.

	$v_n \left[\dfrac{\text{cm}}{\text{sec}} \cdot \dfrac{\text{cm}}{\text{Volt}}\right]$	$v_p \left[\dfrac{\text{cm}}{\text{sec}} \cdot \dfrac{\text{cm}}{\text{Volt}}\right]$	$D_n \,[\text{cm}^2]$	$D_p \,[\text{cm}^2]$	$\left[\dfrac{\alpha}{e} \dfrac{\text{cm}^3}{\text{Coulomb}}\right]$
Hexan	$1{,}2 \cdot 10^{-1}$	$1{,}8 \cdot 10^{-1}$	$1{,}07 \cdot 10^{-5}$	$1{,}52 \cdot 10^{-5}$	$2{,}19$
Schwefelkohlenstoff		$2{,}0 \cdot 10^{-1}$		$1{,}6 \cdot 10^{-5}$	$1{,}90$
Tetrachlorkohlenstoff		$6{,}75 \cdot 10^{-2}$		$5{,}6 \cdot 10^{-6}$	$0{,}78$
Bleioliat im Hexan		$4{,}2 \cdot 10^{-2}$			$2 \cdot 10^{-3}$
Vaselinöl		$6{,}0 \cdot 10^{-5}$			$4 \cdot 10^{-4}$
Transformatoröl .		$9{,}2 \cdot 10^{-5}$			

10. Potentialverteilung.

Die bis jetzt angewandten Methoden zum Studium der Potentialverteilung zwischen den Elektroden in dielektrischen Flüssigkeiten sind: Drahtsondenmessung und die Messungen mit Hilfe des Kerr-Effekts.

Die älteren Forscher bedienten sich bei Potentialmessungen hauptsächlich der Drahtsondenmethode. Eine Potentialsonde (dünne Drähte oder eine Spitze, die aus einer isolierenden Hülle hervorsteht) wird in den Elektrodenzwischenraum eingeführt; gemessen wird elektrometrisch ihre Potentialdifferenz gegen ein festes Potentialniveau. Durch Einwanderung von Ladungsträgern nehmen die Sonden das Potential ihrer Umgebung an. Einer von den Nachteilen der Metallsonde ist der, daß sie durch ihre Gegenwart das Feld stört. Je dünner der Draht ist, desto geringer ist diese Störung. Das Meßinstrument und die Sonde müssen eine kleine Kapazität haben und vorzüglich isolieren. Besonders für die Messungen in reinen Flüssigkeiten muß die Oberfläche des Sondendrahtes peinlichst sauber sein. Die Doppelschicht, die sich zwischen dem Sondendraht und der Flüssigkeit ausbildet, muß als unvermeidliche Fehlerquelle angesehen werden. Es ist auch unbekannt, unter welchen Bedingungen und mit welcher Genauigkeit die Drahtsonden das Potential der Umgebung annehmen. Aber um ein allgemeines Bild der Potentialverteilung in dielektrischen Flüssigkeiten zu erhalten, reicht diese Methode vollkommen aus[1]. Durch Abtasten des Feldes zwischen den Elektroden mit einer Platindrahtsonde [vgl. auch E. Warburg (259) und Koller (256)] studierte E. v. Schweidler den Potentialverlauf zwischen den Elektroden und fand Potentialgradientenerhöhungen an den Elektroden. Die Messungen von H. Gädeke (258) eignen sich leider nicht dazu, die Unterschiede der Feldverteilung an Kathode und Anode zu erkennen. Hingegen fand durch Sondenmessungen K. Przibram (279) in einigen chemisch definierten organischen Flüssigkeiten recht beträchtliche polare Unterschiede, indem das Gefälle bald an der Anode, bald an der Kathode größer war. Die Feuchtigkeit und Verunreinigungen vergrößern die Feldverzerrung an den Elektroden, beeinflussen das Verhältnis der Potentialgefälle an der Kathode und Anode und können unter Umständen sogar die Umkehrung des polaren Unterschieds herbeiführen. Außerdem wurde beobachtet, daß das Potential sich in einem Punkte in der Nähe der Elektroden zeitlich verändert. Auch in chemisch undefinierten Mineralölen (285) wurde eine Gradientenerhöhung an den Elektroden mit Hilfe der Sondenmessungen beobachtet. Auch J. B. Whitehead und R. H. Mervin (287) fanden im Transformatorenöl, das längere Zeit gestanden hatte, starke Feldanstiege an beiden Elektroden. H. Schäfer (288) beobachtete im reinen Transformatorenöl (spez. Leitfähigkeit $= 10^{-12}\ \Omega^{-1}\ \mathrm{cm}^{-1}$) an beiden Elektroden Feldverzerrungen. Er vergrößerte die Leitfähigkeit durch Zusatz von löslichen Metallverbindungen ($\lambda = 10^{-11}\ \Omega^{-1}\ \mathrm{cm}^{-1}$) und fand ein homogenes Feld. Die bei diesen Messungen angewandten Felder lagen zwischen 1 und 3 kV/cm.

Legt man an die Elektroden, zwischen denen sich ein gewisses optisch isotropes Medium (homogene Gase, Flüssigkeiten, feste Körper, disperse Systeme, z. B. Kolloidlösungen) befindet, eine elektrische Spannung, so werden sie unter der Wirkung des starken elektrischen Feldes optisch doppelbrechend. Dann verhalten sich die Körper wie optisch einachsige Kristalle, deren Achse in der Richtung des elektrischen Feldes liegt. (Ausführliche Behandlung dieser Erscheinung s. Kerr-Effekt.)

---

[1] Theorie der Sonden siehe R. Seeliger: Einführung in die Physik der Gasentladung. Leipzig: J. A. Barth 1927.

Wird zwischen den Elektroden linear polarisiertes Licht hindurchgeschickt, so erfährt die elektrische Komponente des Lichtvektors, die in der Richtung des elektrischen Feldes liegt (außerordentliche Welle) eine Beschleunigung oder eine Verzögerung gegenüber der elektrischen Komponente, die senkrecht zur Feldrichtung steht (ordentliche Welle). Der Gangunterschied Δ, der dabei zwischen den beiden Komponenten des Lichtvektors auftritt, ist abhängig von der elektrischen Feldstärke $\mathfrak{E}$, der Schichtdicke l, innerhalb derer das Feld vorhanden ist und durch die das Licht hindurchgeht, und von einer Materialkonstante B (elektrooptische Kerr-Konstante). B gibt den in Lichtwellenlängen λ gemessenen Betrag des Gangunterschiedes für eine durchstrahlte Schicht von 1 cm Länge an, wenn das elektrische Feld eine elektrost. C.G.S.-Einheit (300 Volt/cm) beträgt. Kerr fand, daß

$$\Delta = B \cdot l \cdot \mathfrak{E}^2$$

ist. Das Gesetz wurde später durch Quinke bestätigt. Der Kerr-Effekt folgt dem elektrischen Felde praktisch trägheitslos. Die Größen B und l sind Konstanten. Mißt man Δ, so kann man $\mathfrak{E}$ erhalten. Man kann mit normalwelligen Strahlen, die nicht energiereich sind, arbeiten. Deshalb darf angenommen werden, daß das elektrische Feld durch die Strahlen keine merkliche Störung erfährt. Auch die Absorption des Lichtes spielt hier keine wesentliche Rolle. Man muß sich wohl bewußt bleiben, daß mit dieser Methode die Mittelwerte der Feldstärke durch die Dicke l gemessen werden. Aber ihr großer Vorteil gegenüber der Potentialsonde besteht außerdem noch darin, daß sie unmittelbar die raum-zeitliche Änderung der Potentialverteilung zu verfolgen gestattet.

Die älteren Untersuchungen nach Kerr, den Kerr-Effekt in dielektrischen Flüssigkeiten zu studieren, stammen von G. Quinke (289). Er fand durch Veränderung der Elektrodenentfernung in Schwefelkohlenstoff die Änderung der spez. Doppelbrechung. Bei Rapsöl, Rüböl, Äther, Steinöl fand er sowohl bei koaxialen Zylinderelektroden als auch für Plattenelektroden eine Abweichung von dem erwarteten Verlauf der Doppelbrechung. Bei der Elektrodenanordnung koaxialer Zylinder war ein Polaritätseffekt zu beobachten. In den letzten Untersuchungen erkannte er, daß Abweichungen im elektrischen Felde auftreten. W. Schmidt (290) fand, daß kleine Mengen von Verunreinigungen keinen merkbaren Einfluß auf die Kerr-Konstante ausüben. Auch R. Leiser (291) und A. Lippmann (292) sind dieser Auffassung, mit dem Unterschied, daß sie vermuten, daß die Verunreinigungen nur die stationäre Feldverteilung beeinflussen. Lippmann teilt mit, daß die Kerr-Konstante bei kleinen Elektrodenentfernungen höher erscheint als bei großen. Quinke beobachtete in Schwefelkohlenstoff, daß die Doppelbrechung dieser Flüssigkeit unmittelbar nach dem Anlegen einer Gleichspannung einen hohen Wert aufweist, der mit der Zeit zu einem bestimmten Wert allmählich abklingt. Leiser (291) deutete diese Erscheinung in folgender Weise: Der ursprüngliche Verlauf des Potentialabfalls zwischen den Platten des Kerr-Kondensators ist linear. Durch Stromdurchgang werden lokale Änderungen der Ionenkonzentrationen hervor-

gerufen und das bedingt die ungleichmäßige Verteilung des Potentialabfalls, indem er in der Nähe der Elektroden größer, in der Mitte, wo
die Doppelbrechung gemessen wird, kleiner wird. O. Lohaus (*293*) beobachtete bei Nitrobenzol zwischen zwei Kohlenplättchenelektroden
(Abstand ca. 1 mm) gleichmäßige Feldverteilung, wenn an den Elektroden eine Wechselspannung von 100 Volt und 500 Perioden gelegt
wurde. Bei Gleichspannung von 1000 Volt erkennt man an der Kathode
eine starke Gradientenerhöhung, die in der Richtung zur Anode abfällt.
Die obere Grenze der Schichtdicke, in der der Hauptabfall des Potentiales liegt (Polarisationsschichtdicke), hat einen Wert von etwa 0,01 mm.
Auch W. Ilberg (*294*) findet bei Gleichspannung eine ungleichmäßige
Feldverteilung zwischen den Elektroden, bei Wechselspannung ein homogenes Feld, weshalb er die Methode der Bestimmung der Kerr-Konstante
modifizierte und für die Messungen die Wechselspannung anwandte.
Er hat auch die Vermutung ausgesprochen, daß die Reinheit der Flüssigkeit auf die Feldverteilung von Einfluß sei. R. Möller (*295*), der quantitative Untersuchungen der Feldverteilung durchführte, stellte an der
Kathode eine starke und an der Anode eine schwache Felderhöhung
fest. Der untersuchte Feldbereich liegt zwischen 9,1 und 13,7 kV/cm.
Er fand, daß der Grad der Feldverzerrung mit der Feldstärke abnimmt.
G. J. Dillon (*296*) untersuchte die Feldverteilung in Nitrobenzol bei
kleiner Elektrodenentfernung $\delta = 0,9$ mm. Die dabei verwendete mittlere Feldstärke $\mathfrak{E}_m = \dfrac{U}{\delta}$ betrug 15 kV/cm. Er findet einen starken Feldanstieg an der Kathode. Mit Wechselstrom beobachtete er eine geringe
Feldverzerrung an beiden Elektroden (20%). J. Dantscher (*297*), der
Chlorbenzol und Toluol untersuchte, bedient sich zur Messung der elektrischen Doppelbrechung eines Rayleighschen Kompensators, um Empfindlichkeiten von $2 \cdot \pi \cdot 10^{-4}$ zu erhalten. Der untersuchte Feldstärkebereich lag bei Chlorbenzol zwischen 8,5 und 38 kV/cm. Wie die Messungen der Stromspannungscharakteristiken zeigen, arbeitete er im Sättigungsgebiet. Bei Wechselspannung (50 Hertz) wird ein homogenes Feld
in beiden Flüssigkeiten beobachtet. Bei Gleichspannung ist in Chlorbenzol an der Kathode eine Felderhöhung festzustellen, und zwar bei
$\delta = 7$ mm und $\delta = 1$ mm. Je feuchter die Flüssigkeit, desto stärker ist
die Feldverzerrung ausgeprägt. Mit der Zeit wird der Feldverzerrungsgrad kleiner und nach Ablauf einer bestimmten Zeit t (t zwischen 10 Min.
bis vielen Stunden) wird die Feldverteilung homogen. Die Dicke der
Schicht, in der ein stark verzerrtes Feld vor der Elektrode vorhanden
ist, beträgt ca. 2,5 mm, wenn die Elektrodenentfernung $\delta = 7$ mm ist.
Kurzzeitig wurden Feldverzerrungen auch an der Anode beobachtet.
Toluol zeigte weder bei Gleichspannung noch bei Wechselspannung Feldverzerrung. Aus seinen Ergebnissen folgert Dantscher, daß die Änderung der Kerr-Konstante mit zunehmender Reinheit, die von einigen
Autoren beobachtet wurde, nicht allgemein gilt; sie kann auch durch
Feldveränderung hervorgerufen werden.

11. Polaritätseffekt.

Es ist schon von früher her bekannt, daß die Stromstärke von der Stromrichtung abhängig ist, wenn der Meßkondensator aus zwei ungleich großen Elektroden besteht. G. Jaffé (*246*) beobachtete diese Erscheinung bei koaxialer Zylinderanordnung. Wird am äußeren Zylinder (Fläche $F = 179$ cm²) ein negatives Potential angelegt, so ist die Leitfähigkeit um 40% größer, als wenn an ihn ein positives Potential gelegt wird. Diese Erscheinung wurde damals auf die Mitwirkung weicher β-Strahlen zurückgeführt. Diese Erklärung wird heute von G. Jaffé nicht mehr in vollem Umfange aufrechterhalten, er sieht jetzt in dem Polaritätseffekt im wesentlichen einen Diffusionseffekt.

Durch die Annahme der Verschiedenheit der Ionenbeweglichkeit kann man diesen Effekt nicht erklären, denn er tritt auch bei Sättigungsströmen auf, und für die Höhe des Sättigungsstromes kommen die Beweglichkeiten der Ionen nicht in Betracht.

In sehr reinem Hexan hat sich der Polaritätseffekt unabhängig von der Temperatur (von 20,5 bis 40,4° C) gezeigt. Schirmt man das Meßgefäß von äußeren Strahlen mit einem Bleimantel ab, so wird das Verhältnis $\frac{J_s^-}{J_s^+} = 1{,}58$ größer als in Luft $\left(\frac{J_s^-}{J_s^+} = 1{,}42\right)$. Die neueren Untersuchungen (*245*, *249*) mit der Elektrodenanordnung Spitze gegen Platte haben ergeben, daß der Polaritätseffekt auch in Mineralölen vorhanden ist, und zwar nicht nur bei niedrigen, sondern auch bei hohen Spannungen; er ist sowohl in gereinigten als auch in ungereinigten Flüssigkeiten festzustellen. Das Verhalten der Spitze als Anode oder Kathode ist verschieden. Die Spitze als Anode gibt in gut gereinigten Ölen leichter reproduzierbare Kurven, die einzelnen Galvanometerausschläge sind stabiler. Bei der Spitze als Kathode ist die Reproduzierbarkeit der Kurven schwer zu erreichen, die einzelnen Galvanometerausschläge sind mit Schwankungen verknüpft. Die Spitze als Kathode ist empfindlicher und verhält sich aktiver als die Spitze als Anode. In dieser Hinsicht verhalten sich die verschiedenen Metalle verschieden stark. Der Einfluß des Spitzenelektrodenmaterials auf die Stromstärke ist bei negativer Spitze besser ausgeprägt. Die obigen Eigenschaften sind bei hohen Spannungen besser zu beobachten. Die negative Spitze zeigte eine größere Stromstärke als die positive, wenn die Spannung konstant gehalten wurde. Es sei hier aber gleich bemerkt, daß sich der Polaritätseffekt umkehren kann, wie eine spätere Arbeit das gezeigt hat (*285*). Der Polaritätseffekt hat sich als fast unabhängig von Druck und Temperatur innerhalb der Meßgenauigkeitsgrenzen ergeben. Später sind Polaritätseffekte in Chlorbenzol und Mineralöl bei ungleich großer Elektrodenanordnung studiert worden (*252*, *269*). Ist Chlorbenzol mäßig gereinigt, so ist der Strom bei konstanter Spannung sehr von der Zeit abhängig. Die Stromzeitkurve liegt höher, wenn die große Plattenelektrode als Kathode geschaltet wird. Diese Messungen sind im Sättigungsgebiet durchgeführt worden. Der Betrag des Sättigungsstromes hängt davon ab, ob die große Elektrode als Kathode oder Anode geschaltet ist. Die

Experimente haben ergeben, daß das Verhältnis $\dfrac{J_a^-}{J_a^+}$ den Wert 1,7 hat, wenn das Metall nicht lange in mäßig gereinigtem Chlorbenzol gestanden hat. Das Verhältnis der Elektrodenflächen war $\dfrac{F}{f} = \dfrac{11,9}{6,6} = 1,81$.

Bei Elektrodenanordnung: Spitze gegen Platte wurde beobachtet, daß sich der Polaritätseffekt umkehrte. Hatte die negative Spitze bei konstanter Spannung zuerst größere Ströme als die positive, so wurde nach wiederholten Funkenentladungen beobachtet, daß die positive Spitze jetzt größere Ströme zur Folge hatte (285). Auch H. Edler, der ebenfalls mit Spitze gegen Platte gemessen hat, fand später, daß sich der Polaritätseffekt umkehren kann. Seine Experimente zeigten, daß der Gasgehalt einen Einfluß auf diesen Effekt hat, und daß die Umkehrung von dieser Entgasung verursacht wird. Die neueren Ergebnisse zeigen, daß sich der Polaritätseffekt auch ohne Entgasung umkehren kann. Durch längeres Einwirken der Flüssigkeit auf das Metall (vielleicht unter dem Einfluß des Stromdurchganges) wird die Umkehrung des Polaritätseffekts und gleichzeitig eine Schichtbildung auf den Elektroden beobachtet. Entfernt man die oberste Schicht von den Elektroden und reinigt sie, so erhält man den ursprünglichen Effekt. Offenbar handelt es sich hier um gewisse elektrochemische Prozesse, die die Schichtbildung und die Umkehrung zur Folge haben.

In mäßig gereinigtem Chlorbenzol sind Rückströme beobachtet worden. Auch bei diesen Rückströmen ist der Polaritätseffekt vorhanden. Die Rückstromstärke hängt davon ab, ob die große Elektrode vorher als Kathode oder als Anode diente. Auch die Umkehrung ist bei den Rückströmen festzustellen.

12. Einfluß der Temperatur auf die Leitfähigkeit.

G. Jaffé (246) hat gezeigt, daß der Sättigungsstrom in sehr reinem Hexan bei koaxialer Zylinderanordnung unabhängig von der Temperatur (von 0^0 bis 40^0 C) ist. Bei Untersuchungen über einen Fall von elektrolytischem Sättigungsstrom (Lösung von Bleioliat in Hexan und Petroläther) stellte er fest, daß der Temperaturkoeffizient von 0^0 bis Zimmertemperatur negativ ist und dann stark ansteigt; allerdings werden diese Resultate mit Vorbehalt wiedergegeben. J. Schröder (265) fand, daß der Temperaturkoeffizient der Leitfähigkeit des Äthyläthers negativ ist, wenn die Elektroden mit Gasen beladen werden, während er positiv ist, wenn die Elektroden ausgeglüht werden. J. Faßbinder (248) fand in Äthyläther ebenfalls einen negativen Temperaturkoeffizienten. Die Untersuchungen des Temperaturkoeffizienten in Mineralölen (filtriert und getrocknet), die gemeinsam mit R. Russischwili (299) durchgeführt worden sind, zeigen durchweg einen positiven Temperaturkoeffizienten des Sättigungsstromes. Die Beziehung zwischen dem Sättigungsstrom J_s und der absoluten Temperatur T kann durch die Gleichung

$$J_s = J_{s_T} \cdot e^{\alpha T}$$

dargestellt werden. J_{s_T} stellt den auf $T = 0$ extrapolierten Strom und α

den Temperaturkoeffizienten dar. Auch

$$J_s = J_{s_T} \cdot e^{-\frac{\alpha_1}{T}}$$

beschreibt die Beziehung $J_s = f(T)$ ganz befriedigend. G. Jaffé hat den Einfluß der Temperatur auf die Stromspannungskurve in durch Radiumstrahlen ionisiertem Petroläther untersucht. Oberhalb einer bestimmten Feldstärke ($\mathfrak{E} = 500$ bis 1000 Volt/cm) kann die Stromfeldstärkekurve durch die Gleichung (10a)

$$J = a + c\,\mathfrak{E}$$

dargestellt werden. Das Verhältnis $r = \dfrac{c}{a}$ ist ein Maß für den Mangel an Sättigung. In der Abb. 33 sind die Konstanten a, c und r als Funktion der Temperatur dargestellt. Man sieht, daß die Konstante a, die als ein Maß für den Sättigungsstrom angesehen werden kann, mit der Temperatur steigt. Der Mangel an Sättigung (r) wird mit steigender Temperatur geringer. Damit ist auch das Sinken der Konstante c mit der Temperatur zu erklären: Die Feldstärkeabhängigkeit im Sättigungsgebiet wird mit steigender Temperatur geringer.

Die obigen Darlegungen zeigen, daß der Temperatureinfluß auf die Stromstärke durch die Funktion $e^{\alpha T}$ oder $e^{-\frac{\alpha_1}{T}}$ wiedergegeben werden kann. Bei Mineralöl ergibt sich α_1 zu etwa 5500 bis 6500° K. Diesen Werten entspricht die Auslösearbeit in Volt zu etwa 0,45 bis 0,55 Volt. W. O. Schumann (424) deutet den Temperatureinfluß des Sättigungsstromes in Ölen entsprechend der Vorstellung über die Elektronenauslösung an Metalloxyden, er nimmt also an, daß die Elektronenauslösung nur an vielen kleinen, besonders empfindlichen Inseln auf der Oberfläche der Kathode erfolgt. Er wendet die Richardsonsche Gleichung

$$i = A \cdot T^2 \cdot e^{-\frac{B}{\lvert T}}$$

(i Stromdichte in Amp/cm²) auf das von Nikuradse gefundene Temperaturgesetz des Sättigungsstroms an; dabei ergibt sich bei Mineralölen B zu etwa 6000°, was einer Austrittsarbeit der Elektronen von etwa 0,51 Volt entspricht. Diese Auslösearbeit ist, verglichen mit der glühelektrisch gemessenen, sehr gering (C_s auf oxydiertem Wolfram ergibt den kleinsten Wert, der etwa 0,71 Volt beträgt). Dieser Unterschied ist wahrscheinlich durch die der Kathode benachbarten Flüssigkeitsmoleküle hervorgerufen. Die Konstante A ergibt sich zu etwa 10^{-6} Amp/cm² · Grad². Sie ist aber 1000mal kleiner als die kleinsten, bei Glühelektronen gemessenen Werte.

Es muß allerdings darauf hingewiesen werden, daß durch orientierende Versuche bei reinem Monochlorbenzol und Hexan kein Einfluß der Temperatur auf den Sättigungsstrom festgestellt wurde. Die Steigerung der Ionenwanderungsgeschwindigkeit infolge der Verringerung der Zähigkeit der Flüssigkeit kann nicht als Erklärung des Temperatureffekts dienen, da, wie von A. Nikuradse (*298*) experimentell gezeigt wurde, das Hauptanwachsen des Stromes mit der Temperatur in dem Gebiet eintritt, wo sich die Zähigkeit kaum noch ändert, und umgekehrt.

13. Einfluß des Druckes auf die Leitfähigkeit und auf die Ionenkonstanten.

Die Experimente haben ergeben (*245, 303*), daß die Stromspannungscharakteristik nicht beeinflußt wird, wenn der über der Flüssigkeit herrschende Druck von 760 mm Hg bis beinahe zum Verdampfungsdruck bei Zimmertemperatur geändert wird. Daraus ergibt sich die Unabhängigkeit der spezifischen Leitfähigkeit bei geringen Spannungen und des Sättigungsstromes. Deshalb erscheint die Ionenbildungsstärke unveränderlich im untersuchten Druckbereich. Die anderen Ionenkonstanten, die sich aus den Stromspannungscharakteristiken ermitteln lassen, sind ebenfalls druckunabhängig.

14. Hochfrequenzleitfähigkeit.

Aus der zeitlichen Abhängigkeit der Stromstärke ist ersichtlich, daß bei kurzzeitiger Spannungseinwirkung eine größere Stromdichte zu erwarten ist als nach einer langen Einwirkungsdauer, d. h. im stationären Zustand. Eine Wechselspannung muß deswegen einen höheren Stromwert zur Folge haben als eine Gleichspannung von derselben Höhe im stationären Zustand. Je reiner aber die Flüssigkeit ist, desto geringer ist die Zeitabhängigkeit der Stromstärke. Deswegen ist ein geringerer Unterschied zwischen der Wechsel- und Gleichspannungsleitfähigkeit in reinen Substanzen zu erwarten, soweit dieser Unterschied nur von der Funktion $J = f(t)$ herrührt. Der zweite Grund für den Unterschied zwischen Wechsel- und Gleichspannungsleitfähigkeit besteht in dem Dipolcharakter der Flüssigkeitsmoleküle und findet seine Deutung in der Debyeschen Dipoltheorie. Für diese letzteren Untersuchungen müssen die Versuchsflüssigkeiten äußerst gereinigt werden, damit die erste Ursache der Frequenzabhängigkeit der Leitfähigkeit sehr heruntergedrückt oder ganz beseitigt wird.

Durch die Einwirkung des elektrischen Feldes werden die Dipole orientiert. Sind Wechselfelder vorhanden, so können die Dipole dem Felde folgen, wenn die Frequenz sehr gering ist. Mit steigender Frequenz vermögen die Dipolmoleküle dem Felde nicht mehr zu folgen, die Polarisation in irgendeinem Zeitpunkt entspricht nicht dem Felde, und es tritt eine Phasenverschiebung auf: Der Maximalwert der Polarisation eilt dem Maximalwert der Feldstärke um einen bestimmten Phasenwinkel nach. Deswegen erscheint die Dielektrizitätskonstante komplex, deren reeller Teil mit steigender Frequenz abnimmt und deren imaginärer Teil für eine bestimmte Wellenlänge ein Maximum erreicht. Ist [Malsch (*381, 383*)]

$$\varepsilon = \varepsilon' - j\,\varepsilon'',$$

so erhalten wir nach Debye (*380*)

$$\varepsilon' = n^2 + \frac{\varepsilon_0 - n^2}{1 + \left(\dfrac{\varepsilon_0 + 2}{n^2 + 2}\right)^2 \omega^2 \tau^2} \ ,$$

$$\varepsilon'' = (\varepsilon_0 - n^2)\, \frac{\dfrac{\varepsilon_0 + 2}{n^2 + 2}\,\omega\,\tau}{1 + \left(\dfrac{\varepsilon_0 + 2}{n^2 + 2}\right)^2 \omega^2 \tau^2} \ ,$$

wo n den optischen Brechungsindex für lange Wellen, ε_0 die statische Dielektrizitätskonstante, ω die Kreisfrequenz, $\tau = \dfrac{4\,\pi\,\eta\,a^3}{k\,T}$, η die innere Reibung, a den Molekülradius, k die Boltzmannsche Konstante und T die absolute Temperatur bedeuten. Ist die angelegte Spannung

$$U\, e^{j\omega t}\,,$$

so ist der Strom im quasistationären Zustand

$$I = j\,\omega\,C\,U = j\,\omega\,C_0(\varepsilon' - j\,\varepsilon'')\cdot U \ .$$

[$C_0 =$ Kapazität des leeren Kondensators.] Die Wirkleistung ergibt sich zu

$$W = \omega\,C_0\,\varepsilon''\,\overline{U^2} = \frac{\overline{U^2}}{R} = \overline{U^2}\,C\,K$$

und daraus

$$K = \frac{C_0}{C}\cdot \omega \cdot \varepsilon'' \ .$$

[$C =$ Leitfähigkeitskapazität, $K =$ Hochfrequenzleitfähigkeit.] Der Ausdruck $\dfrac{C}{C_0}$ ist $4\,\pi \cdot 9 \cdot 10^{11}$, falls K in $\Omega^{-1}\,\mathrm{cm}^{-1}$ gemessen wird.

Führen wir statt der Frequenz ω die Wellenlänge λ in cm ein, so erhalten wir

$$K = \frac{2\,\pi \cdot 3 \cdot 10^{10}}{4\,\pi \cdot 9 \cdot 10^{11}}\cdot \frac{\varepsilon''}{\lambda} = \frac{\varepsilon''}{60\,\lambda} \ .$$

Die Abhängigkeit der Leitfähigkeit von der Wellenlänge ergibt sich

$$K = \frac{\varepsilon_0 - n^2}{60\,\lambda}\cdot \frac{\dfrac{\varepsilon_0 + 2}{n^2 + 2}\,\dfrac{8\,\pi^2\,c\,\eta\,a^3}{\lambda\,k\,T}}{1 + \left(\dfrac{\varepsilon_0 + 2}{n^2 + 2}\right)^2 \left(\dfrac{8\,\pi^2\,c\,\eta\,a^3}{\lambda\,k\,T}\right)^2} = \frac{\varepsilon_0 - n^2}{60}\cdot \frac{y}{\lambda^2 + y^2} \ ,$$

wo

$$y = \frac{8\,\pi^2\,c\,\eta\,a^3}{k\,T}\,\frac{\varepsilon_0 + 2}{n^2 + 2}$$

eine für die betreffende Substanz charakteristische Konstante bedeutet. Da bei langen Wellen $\left(\dfrac{y}{\lambda}\right) \ll 1$ ist, so ist

$$K = \frac{(\varepsilon_0 - n^2)\,y}{60\,\lambda^2} \ .$$

Dies ergibt, daß die Leitfähigkeit dem Quadrat der Wellenlänge umgekehrt proportional ist.

Gemessen werden die angelegte Wechselspannung $\overline{U}^2$, die dabei in der Zeit t erzeugte Wärme Q und die Zeit t. Ist der Widerstand R, so haben wir

$$Q = \int_0^t \frac{\overline{U}^2}{R} \cdot dt\,.$$

Vernachlässigen wir die Widerstandsänderung infolge der Temperaturerhöhung, so ergibt sich

$$Q = \frac{\overline{U}^2}{R}\,t = \overline{U}^2\,K\,C\,t\,,$$

wo $C = \dfrac{1}{R\,K}$ die Leitfähigkeitskapazität des Gefäßes bedeutet.

Dividieren wir die obige Gleichung durch $\overline{U}^2$, so ergibt sich

$$A = \frac{Q}{\overline{U}^2} = K\,C\,t\,.$$

Daraus kann die Hochfrequenzleitfähigkeit K ermittelt werden. Hier muß noch der Umstand berücksichtigt werden, daß ein Teil q der erzeugten Wärme durch Wärmeableitung und Ausstrahlung verloren geht. [Genauer siehe (*381, 382, 383, 384*).] Malsch fand, daß die Hochfrequenzleitfähigkeit in Alkoholen größer ist als in Äthyläther, Chlorbenzol und Azeton. Die Abhängigkeit K von der Wellenlänge λ zeigt in Alkoholen einen starken Effekt. Die $K = f\!\left(\dfrac{1}{\lambda^2}\right)$-Kurven in der Abb. 38 stellen Gerade dar, wie es nach der Theorie auch zu erwarten war. Die aufgetragenen K-Werte sind durch Abziehen der Niederfrequenz- und Gefäßeffekte von den gemessenen Leitfähigkeitswerten gewonnen worden. Die Experimente bestätigen also die Theorie. Die Neigung der Geraden entspricht der Konstanten y, die aus den Kurven leicht zu bestimmen ist. Ist y bekannt, so können die Molekülradien a durch die Zuhilfenahme der Gleichung für y, in der jetzt nur noch a unbekannt ist, ermittelt werden. In der obenstehenden Tabelle 11 sind die entsprechenden Daten angegeben. Es sind durchaus vernünftige Werte.

Die obigen Messungen sind leider nicht bei sehr hohen Feldern durchgeführt worden.

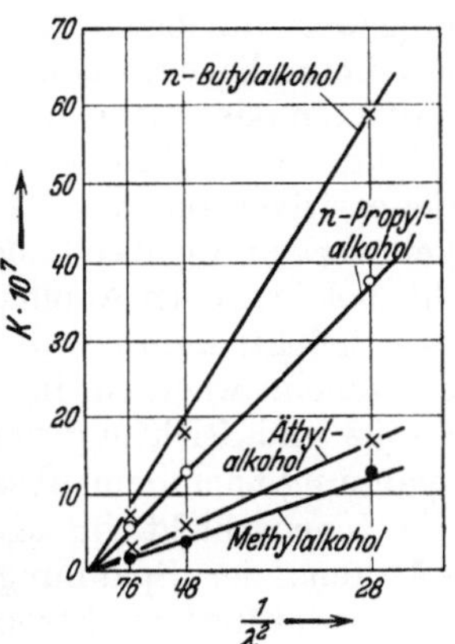

Abb. 38. Hochfrequenzleitfähigkeit K als Funktion von der Wellenlänge λ.

Tabelle 11.

Substanz	y	$a \cdot 10^8\,\text{cm}$
Methyl-Alkohol . .	18,8	1,8
Äthyl-Alkohol . .	32,2	1,8
n-Propyl-Alkohol .	90,4	2,2
n-Butyl-Alkohol .	162,0	2,6

15. Nachtrag zur Theorie der Elektrizitätsleitung im Dielektrikum.

Im folgenden Abschnitt sollen einige Fragen erörtert werden, die die Stromleitung und die damit verbundenen dielektrischen Anomalien im Dielektrikum vom vereinfachten und allgemeinen theoretischen Standpunkt behandeln. Die Betrachtung der Vorgänge soll gleichzeitig für flüssige und feste Körper durchgeführt werden, um die Stromleitungsprobleme vom allgemeinen Standpunkt zu diskutieren.

W. O. Schumann (*388*) führt die Vorstellung von bewegten wandernden Ladungsschichten im Dielektrikum ein und deutet dadurch einige Nachwirkungserscheinungen, die sich nicht nach der Maxwell-Wagnerschen und der Debyeschen Theorie erklären lassen. Er zeigt, daß der Strom beim Einschalten von Gleichspannung (abgesehen von dem sog. geometrischen Einschaltvorgang) von einem höheren Anfangswert auf einen geringeren stationären fällt. Dazwischen kann ein Maximum liegen, wenn die Leitfähigkeit nicht groß ist. Ob Rückströme auftreten oder nicht, hängt von der Relaxationszeit ab. Sind im Dielektrikum Ionen beider Vorzeichen vorhanden, und bewegen sich nur die positiven Ionen, so läßt sich rechnerisch der Feld- und Geschwindigkeitsverlauf angeben (*389*). Besteht nur eine dünne Ionenschicht, so sind die dielektrischen Anomalien um so deutlicher zu beobachten, je dünner das Dielektrikum ist (*390*). Die Ströme, die durch die bewegte Ladung entstehen, wachsen im allgemeinen exponentiell mit der Zeit. Die Größe und Richtung der Rückströme bei Kurzschluß und die Rückspannung nach dem Abschalten hängen davon ab, in welcher Lage sich die Ionenschicht im Kurzschlußmoment oder im Moment des Abschaltens der Spannung befand. Bei Kommutierung der Spannung treten Sprünge im Strom auf. Bei Anlegen der Wechselspannung sind effektive Kapazität und effektiver Verlustwinkel von der Frequenz abhängig und können unter Umständen (je nach der Schaltung des Stromkreises) auch zeitabhängig sein. Je nach Ladung, Zahl und Ort der Ionenschichten kann sich ein sehr verschiedener Verlauf der Zeit- und Frequenzabhängigkeit ergeben (*391*).

G. Jaffé (*392*) macht die Annahme, daß es zwei Arten von Ionen im Dielektrikum gibt: Die erste Art soll die Eigenschaft haben, das Dielektrikum nicht verlassen zu können, die zweite Art kann das Dielektrikum verlassen. Unter diesem Gesichtspunkt behandelt er die dielektrischen Anomalien rechnerisch.

Es handelt sich dabei um die neuesten Veröffentlichungen, die vorwiegend nach dem Abschluß des Manuskriptes erschienen sind. Die graphische Darstellung einiger Funktionen, die in den Abb. 39 bis 41 wiedergegeben sind, stammen von Herrn Dipl.-Ing. A. Rohrmayer. Bei der Bearbeitung der Veröffentlichungen von (*387*) bis (*392*) hat er mit großem Fleiß und viel Geschick mitgewirkt, wofür ich ihm an dieser Stelle herzlich danken möchte.

a) Stromleitung im Dielektrikum mit nur einer beweglichen Ionenart (*387*).

α) **Räumlich verteilte Ladung.** Im Dielektrikum sollen Ionen beider Vorzeichen vorhanden sein. Positive und negative Ionen sollen in gleicher Dichte verteilt und nur die eine Ionenart beweglich sein, z. B. die positiven. In Kristallen kann diese Annahme z. B. zutreffen. Im Moment des Anlegens der Spannung soll das Dielektrikum raumladungsfrei sein, die Feldverteilung ist also durchaus gleichmäßig.

Es möge nun eine gewisse Anzahl Ionen gebildet werden, und zwar ist dieser Vorgang einmalig. Neubildung von Ionen findet nicht statt. Werden die Ionen

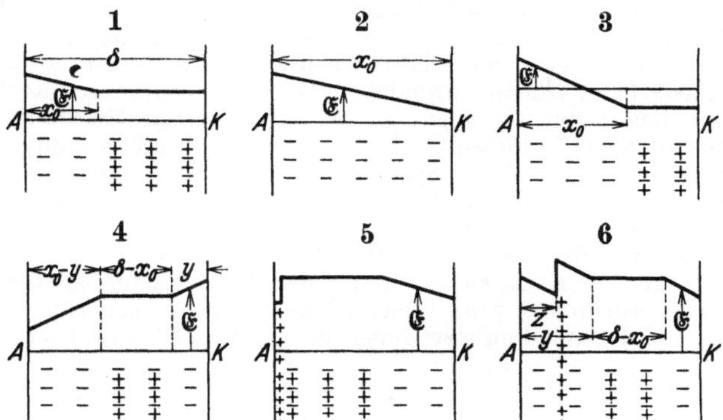

Abb. 39. Feld- und Raumladungsverteilung.

durch das Feld z. B. nach rechts bewegt, so hat das Feld nach der Zeit $t = t_0$ das Aussehen, wie es in Abb. 39, Bild 1 dargestellt ist; das zur Zeit $t = 0$ an der Anode befindliche Ion hat zur Zeit $t = t_0$ den Weg x_0 zurückgelegt.

Sind nun alle positiven Ionen abgeführt, so erhält man eine Feldverteilung, die in Abb. 39, Bild 2 wiedergegeben ist.

Der Ausdruck für die Feldstärke $\mathfrak{E}_x$ im abfallenden Teil und an der Kathode $\mathfrak{E}_k$ kann errechnet werden. Die Fortführungsgeschwindigkeit ist für alle Ionen gleich, sie fällt aber mit der Zeit immer mehr mit dem Felde $\mathfrak{E}_k$ ab.

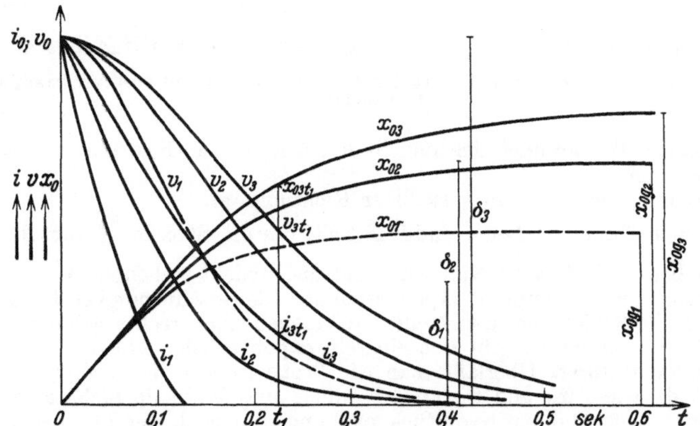

Abb. 40. Dielektrikum mit positiver beweglicher Raumladung.

i_1, i_2, i_3 Strom in Abhängigkeit von der Zeit⎫ bei
v_1, v_2, v_3 Ionengeschwindigkeit in Abhängigkeit von der Zeit⎬ verschiedenen
x_{01}, x_{02}, x_{03} Weg der Ionen in Abhängigkeit von der Zeit⎭ Schichtdicken

Es ist durchaus nicht erforderlich, daß alle Ionen abgeschieden werden. Ist die angelegte Spannung nicht ausreichend, so kann $\mathfrak{E}_k$ gegen Null gehen, womit die Ionenbewegung aufhört.

In der Abb. 40 ist die Abhängigkeit des Stromes i, der Geschwindigkeit v und des von den Ionen zurückgelegten Weges x_0 von der Zeit t dargestellt. Als Parameter dient die Elektrodenentfernung δ. Bei der Elektrodenentfernung δ_1

ist der Strom i als Funktion der Zeit t durch die Kurve i_1, die Ionengeschwindigkeit v als Funktion der Zeit t durch die Kurve v_1 und der von den Ionen zurückgelegte Weg x_0 als Funktion der Zeit t durch die Kurve x_{01} dargestellt. Bei der Elektrodenentfernung δ_2 ergeben sich die Kurven i_2, v_2, x_{02} und bei δ_3 dementsprechend i_3, v_3, x_{03}. Man sieht bei dieser Darstellung, daß sich der von den Ionen zurückgelegte Weg x_0 einem Grenzwert x_{0g} nähert, und zwar bei δ_1 ist dieser Wert x_{0g_1}, x_{0g_2} bei δ_2 und x_{0g_3} bei δ_3. Ist nach dem Anlegen der Spannung die Zeit t_1 verstrichen, und ist die Elektrodenentfernung δ_3, so ist zu diesem Zeitpunkt die Stromstärke i_{3t_1}, die Geschwindigkeit v_{3t_1} und der zurückgelegte Weg x_{03t_1}.

Der Strom dauert nur so lange an, bis entweder x_{0g} erreicht ist oder bis x_0 gleich δ geworden ist. In diesem Fall ist keine sekundäre Erscheinung mehr zu erwarten. Je größer die angelegte Spannung ist, desto eher wird das letzte Ergebnis zu erreichen sein, da x_{0g} ja proportional v_0 und damit der angelegten Spannung ist. Im ersten Fall kann bei einer Spannungserhöhung, nachdem der Strom bereits Null war, neuerdings ein Strom fließen.

β) **Rückstrom bei Kurzschluß.** Wird der Kondensator kurzgeschlossen, nachdem man die Spannung vom Dielektrikum weggenommen hat, so erhalten wir eine Feld- und Raumladungsverteilung, die in Abb. 39, Bild 3, gezeigt wird.

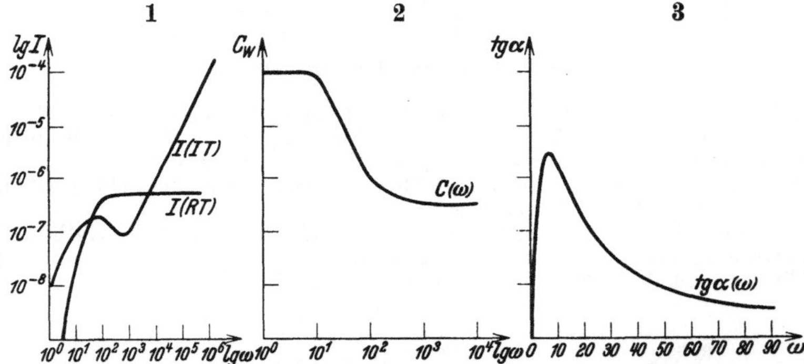

Abb. 41. Strom, Kapazität und Verlustwinkel im Dielektrikum mit positiver beweglicher Raumladung.

Die Ionenwolke befindet sich nun in einem negativen Feld und beginnt nach links zu wandern.

Es tritt ein Rückstrom in verkehrter Richtung auf.

Die Schicht braucht aber unendliche Zeit, um die Strecke $\dfrac{x_0}{2}$ zurückzulegen, wo die treibende Feldstärke Null wird und die Schicht stehenbleibt.

Die Geschwindigkeit nimmt exponentiell ab. Die Geschwindigkeit hängt davon ab, wie weit die Schicht im ursprünglichen Versuch nach rechts gelangt ist.

Für die Stromdichte ergibt sich ein rein exponentieller Abfall.

γ) **Rückspannung.** Überläßt man die Probe isoliert sich selbst, so ändern sich die Feldstärken $\mathfrak{E}_A$ und $\mathfrak{E}_K$ an der Anode und Kathode nicht mehr.

Es ergibt sich eine positive Rückspannung, die nach der gleichen Zeitkonstante wie im Rückstromversuch auf den Endwert U_g abfällt.

δ) **Kommutierung der Spannung.** Anode und Kathode werden vertauscht. Dann bewegt sich die Ionenwolke nach links und hat die Breite $\delta - x_0$, wenn sie ursprünglich um x_0 nach rechts verschoben war.

Nach einiger Zeit zeigt sich eine Feldverteilung der Abb. 39, Bild 4.

ε) **Ionenwolke befindet sich zwischen den Elektroden. I. Für Gleichspannung.** Die Geschwindigkeit der Ionenwolke nimmt exponentiell ab. Nach unendlich langer Zeit wird also $v = 0$. Es sind damit zwei Fälle möglich:

1. Die Wolke bleibt innerhalb des Dielektrikums.

2. Der vordere Rand der Wolke erreicht die Kathode. Der Strom fällt in beiden Fällen exponentiell.

Bei der Kommutierung ergibt sich ein Sprung im absoluten Wert des Stromes.

II. Für Wechselspannung. Befindet sich die Ionenwolke zwischen den Elektroden, und legt man Wechselspannung an das Dielektrikum, so ergibt sich die Geschwindigkeit $\dot{v}$, deren Amplitude $|v|$ mit der Frequenz steigt.

Die Schwingungsamplitude $\dfrac{|v|}{\omega}$ fällt mit der Frequenz. Der Strom als Funktion der Frequenz ist in Abb. 41, Bild 1, dargestellt.

Das Dielektrikum zeigt eine frequenzabhängige Kapazität sowie auch einen frequenzabhängigen Wirkleitwert (Abb. 41, Bild 2).

Der Verlustfaktor des Dielektrikums als Funktion der Frequenz ist in Abb. 41, Bild 3, dargestellt.

Neben dem Wechselstromvorgang tritt noch ein reiner Gleichstrom auf, der mit $e^{-\lambda t}$ abklingt. Die Wolke führt eine Translation aus. Erreicht die Ionenwolke eine der beiden Elektroden, dann wird auch Kapazität und Wirkleitwert zeitabhängig.

ζ) **Einfluß der Anodenschicht auf den Rückstrom.** Wenn die Ionen beim ersten Versuch die Kathode nicht verlassen haben, sondern sich in Form einer Schicht angelagert haben, entsteht beim Kommutieren die Feld- und Raumladungsverteilung wie in Abb. 39, Bild 5, gezeigt wird. Die Schicht habe die Flächendichte σ Coul/cm². Für die Bewegung kommt die mittlere Feldstärke in Frage.

Die Schicht kann sich nur dann in Bewegung setzen, wenn die mittlere Feldstärke positiv ist. Ist dies nicht der Fall, dann setzt sich nur die Ionenwolke in Bewegung. Damit steigt die Feldstärke, und wenn die mittlere Feldstärke > 0 ist, setzt sich die Schicht in Bewegung. Nimmt man an, daß sich die Schicht gleich in Bewegung setzt, so wird dennoch die Schicht gegenüber der Wolke zurückbleiben, da ja zu ihrer Bewegung eine geringere Feldstärke zur Verfügung steht. Nach einiger Zeit wird Abb. 39, Bild 6, erreicht sein.

b) Stromleitung im Dielektrikum, in dem die Ionen an den Elektroden erzeugt werden.

Die experimentellen Untersuchungen führen uns zu der Annahme, daß die Elektrizitätsträger aus der Elektrode stammen. Unter diesem Gesichtspunkt betrachtet W. O. Schumann (*389*) den Stromtransport im Dielektrikum bei geringen Feldstärken. Er nimmt zuerst an, daß beiderlei Träger vorhanden seien, aber nur die positiven beweglich, und berechnet den raum-zeitlichen Verlauf der positiven und negativen Ionendichte und den Feld- und Geschwindigkeitsverlauf. Dann nimmt er auch den Fall an, daß nur positive Träger, die aus der Anode stammen, vorhanden seien und behandelt rechnerisch 1. die Abhängigkeit des Stromes von der Zeit, 2. die raum-zeitliche Verteilung der Dichte der Ladungsträger und des Feldverlaufes, 3. die Abhängigkeit des Stromes von der angelegten Spannung und 4. verschiedene andere Vorgänge, wenn der Strom konstant gehalten wird (z. B. durch Vorschaltung eines gesättigten Glühkathodenrohres).

Macht man die einfachste Annahme, daß sich unter dem Einfluß der angelegten Spannung an den Elektroden geladene Schichten ablösen, die z. B. von an den Elektroden haftenden Fremdstoffen oder von elektrolytischen Prozessen stammen können, so erhält man den Fall, als ob eine dünne Ladungsschicht von einer Elektrode zur anderen bewegt würde (*390*). Unter dieser Voraussetzung wird der Strom- und Feldverlauf in den Isolierstoffen bei verschiedenen Versuchsbedingungen untersucht. Ist die angelegte Spannung U und der von der Schicht zurückgelegte Weg x_0, so erhalten wir

$$U = \mathfrak{E}_1 x_0 + \mathfrak{E}_2 (\delta - x_0),$$

wobei δ die Elektrodenentfernung und $\mathfrak{E}_1$ und $\mathfrak{E}_2$ die Feldstärken innerhalb x_0 und $(\delta - x_0)$ bedeuten. Für die Bewegung der Schicht ist der Mittelwert $\dfrac{\mathfrak{E}_1 + \mathfrak{E}_2}{2}$ maßgebend. Die Geschwindigkeit u der Schicht ergibt sich danach

$$u = v \frac{\mathfrak{E}_1 + \mathfrak{E}_2}{2} = v \left(\mathfrak{E}_m + \frac{2 x_0 - \delta}{2\delta} \cdot \frac{\sigma}{\varepsilon} \right),$$

wobei ε die Dielektrizitätskonstante, $\sigma = \mathfrak{D}_2 - \mathfrak{D}_1$, $\mathfrak{D}_1$ und $\mathfrak{D}_2$ die Verschiebung in den Schichten x_0 und $(\delta - x_0)$, σ Flächenladung und $\mathfrak{E}_m = \dfrac{U}{\delta}$ die mittlere Feldstärke bedeuten. Mit der Zeit wächst x_0; damit wird auch die Geschwindigkeit u größer, die Schicht bewegt sich also beschleunigend von der Anode zur Kathode. Bei Gleichspannung ergibt sich der Strom

$$i = \frac{\sigma}{\delta}\, u = \frac{\sigma}{\delta}\, u_0 \cdot e^{\lambda t},$$

wobei u_0 die Anfangsgeschwindigkeit der Schicht bedeutet. Daraus sehen wir, daß die Stromdichte der Schichtdicke des Dielektrikums umgekehrt proportional ist. Je dünner die Schichtdicke ist, desto besser müssen die Erscheinungen zu beobachten sein. Es ist eine mittlere Mindestfeldstärke

$$\mathfrak{E}_{m\,\mathrm{min}} = \frac{U_{\mathrm{min}}}{\delta} = \frac{\sigma}{2\,\varepsilon}$$

notwendig, damit sich die Schicht überhaupt in Bewegung setzt. Wird die Spannung abgeschaltet, und die Elektroden kurz geschlossen, bevor die bewegte Schicht die Kathode erreicht hat, so kann je nach der Lage der Schicht im Moment des Kurzschlusses der Rückstrom sowohl in der gleichen als auch in der entgegengesetzten Richtung wie der ursprüngliche Strom fließen. Die zeitliche Abhängigkeit dieses Rückstromes wird durch eine Exponentialkurve gegeben. Durch Kommutierung wird die Bewegungsrichtung der Schicht umgekehrt. Der Strom und die Geschwindigkeit gehorchen denselben Gesetzen.

$$u = u_0 \cdot e^{\frac{\sigma v}{\delta \varepsilon} t},$$

$$i = \frac{\sigma}{\delta}\, u\,.$$

Im Umschaltmoment treten Sprünge der absoluten Werte von u und i gegen die Werte des ersten Versuchs auf.

Wird nun nach der Abschaltung der Spannung, im Gegensatz zu den oben geschilderten Fällen, das Dielektrikum sich selbst überlassen, so treten Rückspannungen auf.

Wird nun an die Probe Wechselspannung angelegt, so entsteht eine Phasenverschiebung zwischen der Geschwindigkeit der Schicht und der aufgeprägten Spannung. Die Schicht eilt der Spannung nach. Auch hier, ebenso wie bei Gleichspannung, ist eine Mindestspannung von der Größe

$$U_0 = \frac{1}{2}\,\frac{'\sigma\,\delta}{\varepsilon}$$

notwendig, damit die Schicht in Bewegung gesetzt wird. Ist die angelegte Wechselspannung kleiner als diese Mindestspannung, so wird die Schicht von der Kathode nicht abgelöst und der Vorgang gleicht dann dem des gewöhnlichen Kondensators. Bei $U > U_0$ hängen die Wanderungsgesetze der Schicht vom Momentanwert der Spannung im Einschaltmoment ab. Ist er kleiner als U_0, so bleibt die Schicht so lange in Ruhe, bis die Wechselspannung den Wert U_0 erreicht hat, und die Anfangsgeschwindigkeit der Schicht ist dann $u = 0$. Ist aber im Einschaltmoment die Momentanspannung größer als die Abreißspannung U_0, so ist die Anfangsgeschwindigkeit der Schicht nicht Null.

Bei hohen Spannungen und kleinen Frequenzen tritt eine Gleichstromkomponente bei Wechselstrom auf. Dieser Effekt wird geringer, wenn die aufgeprägte Spannung herabgesetzt und die Frequenz der Wechselspannung gesteigert wird. Wird einer Gleichspannung eine Wechselspannung überlagert, und zwar in dem Moment, in dem sich die bewegte Schicht zwischen den Elektroden, z. B. in der Mitte, befindet, so überlagert sich den Schwingungen auch immer eine Translation.

Es besteht eine Phasengleichheit zwischen dem Konvektionsstrom und der Schichtgeschwindigkeit. Zwischen dem Gesamtstrom (Konvektionsstrom + Ladestrom) und der Spannung besteht eine Phasenverschiebung ($90^0 - \alpha$), die mit wachsender Frequenz zunimmt und die bei hohen Frequenzen einem oberen Grenzwert zustrebt. Der Phasenverschiebungswinkel α bedeutet den **Verlustwinkel** des Dielektrikums.

Bei zwei Elektroden können zwei solche Schichten auftreten (*391*), und zwar können diese Schichten aus Trägern verschiedener Ladung und Beweglichkeit bestehen. Nach dem Anlegen der Spannung können aus diesen zwei Schichten eine ganze Reihe solcher Schichten auftreten. Dabei treten die zeitlichen Vorgänge von Strom, Kapazität und dielektrischen Verlusten auf, die ein komplizierteres Aussehen haben, als wenn man nur eine Schicht im Dielektrikum hat. Die eingehende Diskussion dieser Frage findet man bei W. O. Schumann (*391*).

c) Leitfähigkeit polarisierbarer Medien.

G. Jaffé (*392*) stellte eingehende theoretische Betrachtungen an über die Theorie der Leitfähigkeit polarisierbarer Medien (Flüssigkeiten und feste Körper). Er nimmt an, daß es zweierlei Ionenarten gibt.

1. Solche, die hinsichtlich Diffusion, Wanderung im Felde und Wiedervereinigung den üblichen Gesetzen genügen, die aber weder befähigt sind, ihre Ladung an den Grenzen abzugeben noch das Medium zu verlassen.

Sie vermögen keinen stationären Strom zu bilden; nur beim Einschaltvorgang ist durch die an den Elektroden influenzierte Ladung ein Strom vorhanden. Aus dem gleichen Grunde ist natürlich auch ein Rückstrom zu erwarten.

2. Ionen, die die stationäre Stromleitung besorgen.

α) **Grund für diese Annahme.** Durch systematische Reinigung von Hexan sind die Anomalien auf ein Minimum zu bringen. Es gelingt, im kanadischen Kalkspat durch Einführung von Verunreinigungen Polarisationserscheinungen hervorzurufen.

β) **Ergebnis.** Anomalien der Leitung und des Reststromes lassen sich einfach superponieren (im stationären Fall). Der Strom berechnet sich auf Grund der Feldverteilung. Es ergibt sich also dann letzten Endes die Aufgabe, die Leitfähigkeit eines ionisierten Mediums bei erzwungener Feldverteilung zu behandeln.

Die Theorie sagt **nichts** aus über die Abhängigkeit von der Temperatur und anderen Parametern. Die Konstanten werden als bekannt vorausgesetzt.

Wir wollen zunächst den Fall betrachten, daß es nur **Ionen der ersten Art** gibt. Es bestehe Plattenelektrodenanordnung.

ε = Dielektrizitätskonstante.

$\mathfrak{E}_x = h$ = Feldstärke, die in die x-Richtung fällt.

p, n = Dichte der Volumladung.

q = pro Zeit- und Volumeinheit erzeugte Elektrizitätsmenge jedes Zeichens.

$k\,k'$ = spezifische Geschwindigkeiten.

$D\,D'$ = Diffusionskoeffizient.

α = Wiedervereinigungskoeffizienten.

Es ergeben sich also die Ausgangsgleichungen

$$\frac{\partial p}{\partial t} = q - \alpha\,p\,n + D\,\frac{\partial^2 p}{\partial x^2} - k\,\frac{\partial}{\partial x}\,(h\,p), \qquad \frac{\partial h}{\partial x} = \frac{4\,\pi}{\varepsilon}\,(p - n),$$

$$\frac{\partial n}{\partial t} = q - \alpha\,p\,n + D'\,\frac{\partial^2 n}{\partial x^2} + k'\,\frac{\partial}{\partial x}\,(h\,n)$$

mit den Grenzbedingungen

$$\left.\begin{aligned} D\,\frac{\partial p}{\partial x} - k\,h\,p &= 0, \\[2mm] D'\,\frac{\partial n}{\partial x} + k'\,h\,n &= 0, \end{aligned}\right\} \quad \text{für } x = 0 \text{ und } x = l$$

und der Bedingung

$$\int_0^l h\,dx = V = \text{Potentialdifferenz.}$$

Für den stationären Fall verschwindet das linke Glied der Ausgangsgleichung.

Für diesen Fall ist die **Townsendsche** Relation vorausgesetzt

$$\frac{k}{D} = \frac{k'}{D'}.$$

Der Gesamtstrom

$$i = D' \frac{\partial n}{\partial x} - D \frac{\partial p}{\partial x} + h(k'n + kp)$$

muß im stationären Fall verschwinden.

Nun werden dimensionslose Variable eingeführt:

$$\pi = \sqrt{\frac{\alpha}{q}} \cdot p, \qquad\qquad v = \sqrt{\frac{\alpha}{q}} \cdot n,$$

$$\xi = 2 \sqrt[4]{\frac{\pi^2}{\varepsilon^2} \frac{k^2}{D^2} \frac{q}{\alpha}}\, x, \qquad \eta = \frac{1}{2} \sqrt[4]{\frac{\varepsilon^2}{\pi^2} \frac{k^2}{D^2} \frac{\alpha}{q}}\, h.$$

Die Differentialgleichungen nehmen dann folgende Form an:

$$\frac{\varepsilon}{4\pi} \frac{\alpha}{k} (1 - \pi v) + \frac{d^2\pi}{d\xi^2} - \frac{d}{d\xi}(\pi\eta) = 0,$$

$$\frac{\varepsilon}{4\pi} \frac{\alpha}{k'} (1 - \pi v) + \frac{d^2 v}{d\xi^2} - \frac{d}{d\xi}(v\eta) = 0,$$

$$\frac{d\eta}{d\xi} = \pi - v.$$

Nimmt man an, daß kein Überschuß von Ionen des einen Zeichens vorhanden ist, so müssen h und damit η an beiden Elektroden gleich sein.

Der Mittelpunkt $x = \dfrac{l}{2}$ ist jene Stelle, wo $\dfrac{d\eta}{d\xi} = 0$ ist. Dem entspricht ein Wert η_0.

Es folgt: η bezüglich ξ_0 symmetrisch,

π und v gehen durch Spiegelung an der Geraden $\xi = \xi_0$ auseinander hervor.

Setzt man ferner

$$\varkappa_1^2 = \frac{\eta_0^2}{8} = 1 - \varkappa^2,$$

$$\delta = \frac{1}{2} \sqrt[4]{\frac{\varepsilon^2}{\pi^2} \frac{D^2}{k^2} \frac{\alpha}{q}}\, l = \text{reduzierte Dicke},$$

$$\frac{1}{2} \frac{k}{D}\, V = V' = \text{reduzierte Spannung}.$$

Nimmt man an, daß $\varkappa_1 \to 0$ geht, wenn also das Gebiet freier Raumladungen auf relativ dünne, den Elektroden anhaftende Schichten beschränkt ist, so tritt dies ein, wenn δ eine große Zahl ist.

Dann ist

$$\eta_0 = \sqrt{8}\,\varkappa_1 = \sqrt{8}\, \frac{e^{V'} - 1}{e^{V'} + 1}\, \frac{1}{\operatorname{\mathfrak{S}in} \dfrac{\delta}{\sqrt{2}}}.$$

$$\eta = \eta_0\, \frac{\operatorname{\mathfrak{C}of} \sqrt{2}\,\xi}{1 - \varkappa_1^2 \operatorname{\mathfrak{S}in}^2 \sqrt{2}\,\xi}.$$

$$\pi = \frac{1}{v} = \frac{1 + \varkappa_1 \operatorname{\mathfrak{S}in} \sqrt{2}\,\xi}{1 - \varkappa_1 \operatorname{\mathfrak{S}in} \sqrt{2}\,\xi}.$$

Die Gleichungen für **nichtstationäre** Zustände lassen sich durch sukzessive Approximation lösen.

Man macht zur Linearisierung der Differentialgleichungen den Ansatz:

$$p = p_1 q^{1/2} + p_2 q + p_3 q^{3/2} + \cdots$$
$$n = n_1 q^{1/2} + n_2 q + n_3 q^{3/2} + \cdots$$
$$h = h_0 + h_1 q^{1/2} + h_2 q .$$

Die Berechnung von p, n, h wird mit der ersten Näherung p_1, n_1, h_1 abgebrochen. Dies bedeutet, daß die Ionenbildung und Rekombination vernachlässigt ist und der Vorgang so behandelt wird, als ob sich die Ionen in einem homogenen Feld $h_0 = \dfrac{V}{l}$ bewegen würden. Die Gültigkeit der Townsend-Relation wird nicht vorausgesetzt.

Für $t = 0$ nehmen wir an, daß $p = $ const und $n = $ const.

$$p = p_1 q^{1/2} = C , \quad n = n_1 q^{1/2} = C' .$$

Ferner setzen wir

$$\frac{k h_0}{D} = H , \qquad \frac{k' h_0}{D'} = H' .$$

Es ergibt sich:

$$p_1 q^{1/2} = \frac{C H \cdot l}{1 - e^{-H l}} \cdot e^{-H (l - x)} \qquad \text{für } t = \infty ,$$

$$n_1 q^{1/2} = \frac{C' H' l}{1 - e^{-H' l}} e^{-H' x} \qquad \text{für } t = \infty ,$$

$$h = \frac{V}{l} + \frac{4 \pi}{\varepsilon} \left[\frac{C \cdot l}{1 - e^{-H l}} \cdot e^{H (x - l)} + \frac{C' l}{1 - e^{-H' l}} \cdot e^{-H' x} - \frac{C}{H} - \frac{C'}{H'} \right] \text{für } t = \infty .$$

Der Strom ist gegeben durch:

$$I = - \frac{q^{1/2}}{l} \frac{d}{dt} \int\limits_0^l d\xi \int\limits_0^\xi (p_1 - n_1)\, dx ,$$

$$I = I_+ + I_- ,$$

$$I_+ = - \frac{q^{1/2} D}{l} \int\limits_0^l \left(\frac{d p_1}{dx} - H p_1 \right) dx ,$$

$$I_- = + \frac{q^{1/2} D'}{l} \int\limits_0^l \left(\frac{d n_1}{dx} + H' n_1 \right) dx .$$

Man führt wieder dimensionslose Variable ein:

$$T = \frac{\tau}{l^2} = \frac{D t}{l^2} , \qquad T' = \frac{\tau'}{l^2} = \frac{D' t}{l^2} ,$$

$$v = H l = \frac{k V}{D} , \qquad v' = H' l' = \frac{k' V}{D'} ,$$

für kleine Werte von T gilt:

$$I_+ = \frac{C D v}{l} \left[1 - \frac{4}{\sqrt{\pi}} T^{1/2} - \frac{1}{3 \sqrt{\pi}} v^2 \cdot T^{3/2} + \cdots \right].$$

Der von den positiven Ionen herrührende Wert beginnt

$$I_+^0 = \frac{C D v}{l} = C k \cdot h_0 .$$

Für große Werte von T ergibt sich aus

$$I_+ = \frac{4\,C\,D\,v}{l} \sum_1^\infty m\,C^{-\left(\frac{v^2}{4} + m^2\,\pi^2\right)T} \cdot \frac{1}{m^2\,\pi^2} \cdot \frac{1 - (-1)^m\,\mathfrak{Co}\mathfrak{f}\,\dfrac{v}{2}}{\left[1 + \left(\dfrac{v}{2\,m\,\pi}\right)^2\right]^2}$$

ein exponentielles Abfallen des Stromes.

Für Werte von T, die dazwischen liegen, gilt also:

$$\frac{1}{T} > v \gg 1 \qquad \frac{(1 - v\,T)^2}{4\,T} \gg 1 \qquad \frac{v^2\,T}{4} \gg 1,$$

erhält man:

$$I_+ = \frac{C\,D\,v}{l}\,[1 - v\,T].$$

Die Kurve setzt sich also zusammen aus einem parabolischen Stück für $T \sim 0$, einem exponentiellen Stück für große T und dazwischen aus einem geradlinigen Stück.

I_- wird auf dieselbe Weise errechnet. Er hat die gleiche Richtung wie I_+. Die Anomalien, daß bei Erhöhung des Potentials wiederum ein zeitlich abnehmender Strom fließt, bei Erniedrigung ein Strom entgegengesetzter Richtung auftritt, lassen sich hier zwanglos erklären.

Rückstrom: beginnt mit dem gleichen Anfangswert. Für kleine T-Werte ist die Entladungskurve ein genaues Spiegelbild der Ladungskurve. Dann fällt der Entladungsstrom schneller ab, ist aber dennoch später beendigt als der Ladevorgang.

Für den Lösungsansatz für den stationären Zustand, wenn Ionen beider Art vorhanden sind, setzt man voraus, daß für beide Ionenarten die Townendsche Relation genügt, ferner, daß die Ionen nur unter sich rekombinieren.

Man erhält zwei völlig getrennte Systeme von je 3 Differentialgleichungen.

Das erste ist identisch mit dem bereits früher behandelten. Aus dem zweiten können wir die resultierende Verteilung der Ionen zweiter Art errechnen bei vorgegebenem Feld, und durch eine Quadratur die Rückwirkung auf das Feld hinterher errechnen.

Die Ausbildung der Polarisationsschichten erfolgt also nahezu so, als ob die Ionen zweiter Art gar nicht vorhanden wären. Das Verhalten der Ionen zweiter Art ist also annähernd so, als ob ein Leitvorgang bei erzwungener Feldverteilung vorläge.

Vergleich mit der Erfahrung. Feldverteilung. Bezeichnet man als die Dicke d den Abstand von der Elektrode, wo die Feldstärke auf den e ten Teil abgefallen ist, so gilt für große δ nach der Formel für η

$$d = \sqrt{\frac{\varepsilon}{8\,\pi}\,\frac{D}{k}\,\frac{1}{c_0}}\,, \qquad c_0 = \sqrt{\frac{q}{\alpha}} \tag{1}$$

oder

$$d = \frac{1}{H} = \frac{D}{k\,h_0}\,, \qquad d' = \frac{D'}{k'}\,\frac{1}{h_0}\,. \tag{2}$$

Die Messungen an Kalkspat von Rojansky, Jaffé und Sitnelnikov werden herangezogen. Hier bildet sich aber nur an der Kathode eine Polarisationsschicht aus. Von der Dauer des Stromdurchganges ist die Dicke unabhängig, ebenso von der Potentialdifferenz. Unsere zweite Formel ist also nicht zur Deutung anwendbar. Unsere Theorie würde symmetrische Feldverteilung verlangen. Da dies nicht der Fall ist, müssen wir die Townendsche Relation aufgeben. Dann geht in unsere Formel (1) nur noch das Verhältnis $\dfrac{k}{D} : \dfrac{k'}{D'}$ ein, und wir können sie zur Deutung der experimentellen Tatsache heranziehen.

Die Unabhängigkeit von der Potentialdifferenz ist in Übereinstimmung mit der Theorie, ebenso kann theoretisch eine Unabhängigkeit von der Temperatur gefunden werden.

d ist im stationären Zustand natürlich auch von der weiteren Dauer des Stromdurchganges unabhängig.

Die Änderung der Polarisationsschicht bei hohen Stromwerten zeigt, daß unsere Grenzbedingung nicht ideal erfüllt ist. Abnahme des Stromes bedeutet Verarmung an Ionen zweiter Art.

Daß Gleichung (2) versagt, bedeutet, daß man hier nicht von gegebenen Ionenmengen auszugehen hat, sondern daß Ionenbildung und Wiedervereinigung eine Rolle spielen.

Bei Flüssigkeiten ist dies nicht direkt anwendbar, da keine Rückströme auftreten, wie es unsere Theorie verlangt.

Zeitliche Vorgänge. Die Stromintegrale des Auflade- und Abschaltvorganges müssen gleich sein. Das ist ein Kriterium für die Anwendbarkeit der Theorie (stationärer Strom natürlich abgezogen).

Das Superpositionsprinzip von Hopkinson jedoch ist nicht gültig.

Die Endformeln für den Lade- und Entladestrom stimmen formal mit der Schweidlerschen überein.

Die älteren Versuche, die nach der empirischen Formel $I = \text{const} \cdot t^{-n}$ darstellbar sind, lassen sich durch die Theorie nicht deuten.

Übereinstimmung besteht aber bei den Messungen von Hochberg und Jaffé an Na-Salpeter. Die Entladungs- und Ladungskurven zeigen so gute Übereinstimmung, daß sogar die Ionenkonstanten bestimmt werden können. Allerdings muß die Townsendsche Relation aufgegeben werden.

Die Theorie verlangt ferner, daß die auf den Elektroden influenzierte Ladung einem Maximalwert zustrebt, und daß die Zeitladekurve Sättigungscharakter aufweist; auch hier zeigt sich eine Übereinstimmung.

Die von Richardson gemessenen Entladungskurven lassen sich auch durch Kurven solchen Typs wiedergeben (Quarz, Kalkspat, Steinsalz, Glas, Paraffin, Ebonit).

Strom-Spannungs-Charakteristik. $R = \dfrac{I_+}{I_+^0}$ wird für kleine v vom Parameter v unabhängig.

$$I_+ = \text{const } V f(t) \quad \text{für} \quad v \to 0.$$

Auch für hinreichend kleine Werte von T ist das Ohmsche Gesetz für beliebige v erfüllt.

Das ist weitgehendst durch Versuche bestätigt worden. Für beliebige Werte von T und v gilt das Ohmsche Gesetz nicht mehr. Der Stromabfall erfolgt um so schneller, je höher die angelegte Spannung ist. Die Theorie wird durch Versuche von Schaposchnikoff an Quarz bestätigt.

Bei niederen Feldwerten soll der Strom anfangs dem Ohmschen Gesetz genügen, dann allmählich in Sättigung übergehen. Ersteres wurde allgemein bestätigt, letzteres findet Bialobjewski an dünnen Paraffinschichten.

Der Einsatzwert des Stromes gibt eine umgekehrte Proportionalität mit l. Das zeigt sich bei Messungen von Jaffé. Allerdings gilt das theoretisch nur für den Einsatzwert.

Polarisationsspannung. Polarisationskapazität. Die Polarisationsspannung ist

$$P = V \frac{J_0 - J}{J_0},$$

wenn J der Strom im betreffenden Zeitpunkt ist.

$$C = \frac{Q}{P} = \frac{1}{P} \int_0^t J \, dt.$$

Unser d ist hier gleich der Dicke des äquivalenten Kondensators zu setzen.

Diese Begriffe sind in der Theorie nicht notwendig, man kann sie aber später definieren.

9*

Es ergibt sich:

$$P = V \left(1 - \frac{i_0}{I_0 + i_0}\right)$$

für den stationären Fall, wenn i_0 der Reststrom, I_0 der Anfangswert ist.

Bezeichnet man mit p_1, n_1 die Ausgangskonzentrationen und setzt ferner

$$k_1 = k_1', \qquad p_1 = n_1, \qquad k_2 = k_2', \qquad p_2 = n_2,$$

so ergibt sich wiederum:

$$P = V \left(1 - \frac{k_2 p_2}{k_1 p_1 + k_2 p_2}\right).$$

Die Temperaturabhängigkeit von p_1 und p_2 kann sehr verschieden sein. Je nach der Art der Ionen wird daher auch die Temperaturabhängigkeit von P sein.

Die Ionen sind entweder chemisch verschieden (die Polarisationsschicht ist größtenteils auf Verunreinigungen zurückführbar); oder sind die Ionen erster und zweiter Art gleich, dann bedeutet unser Ansatz nur, daß nicht alle Ionen zur Ausscheidung kommen.

III. Elektrizitätsleitung bei hohen Feldern in dielektrischen Flüssigkeiten.

1. Allgemeines.

Der allgemeine Verlauf der Beziehung zwischen dem Strom und der angelegten Spannung bei Plattenelektrodenanordnung (mit Erdring) ist in der Abb. 25 schematisch dargestellt. Die Aufgabe des vorigen Abschnittes war, über die experimentellen und theoretischen Grundlagen der Natur der Entstehung der Ladungsträger und ihres Verhaltens bei niedrigen Feldern, und zwar im 1. und 2. Gebiet (siehe Abb. 25) mitzuteilen.

Der vorliegende Abschnitt beschäftigt sich ausschließlich mit den Erscheinungen, die im Gebiete der hohen Feldstärken (siehe Abb. 25) auftreten.

In dem vorhergehenden Abschnitt haben wir erkannt, daß die Ladungsträger, die in dielektrischen Flüssigkeiten vorhanden sind, entstehen können, 1. infolge von Dissoziation elektrolytischer Beimengungen, 2. infolge der Ionisation durch Strahlung, 3. infolge der Vorgänge an den Elektroden, 4. infolge der lichtelektrischen Wirkungen an der Kathode. In den Fällen 1 und 2 haben wir es mit Volumenionisation zu tun und der Anteil des Sättigungsstromes, der von 1 und 2 herrührt, wächst mit der Elektrodenentfernung proportional. In den Fällen 3 und 4 findet Flächenionisation statt und die Stromstärke, die dadurch entsteht, nimmt mit der Elektrodenentfernung praktisch nicht zu, ja in manchen Fällen nimmt sie sogar ziemlich stark ab. In ungereinigten oder in mäßig gereinigten Flüssigkeiten überwiegt die 1. Art der Ionenerzeugung. Mit fortdauernder Reinigung der Flüssigkeit, der Elektroden und des Versuchsgefäßes wird sie in sehr starkem Maße unterdrückt, und man erkennt, daß dann hauptsächlich die ionenerzeugenden Ursachen 2, 3 und 4 wirksam sind, wobei 4 bei gewöhnlichem Tageslicht keine Rolle spielt. Durch Abschirmung des Versuchsgefäßes mit einem dickwandigen Bleimantel kann man die Wirkung der Strahlung sehr herabsetzen, aber wir sind nicht in der Lage, die 3. Ursache unmittelbar zu beeinflussen. Infolgedessen ist zu erwarten, daß die freibeweglichen Ladungsträger in dielektrischen Flüssigkeiten auch im extremen Fall vorhanden sind. Diese Elektrizitätsträger bilden den Leitungsstrom im 1. und 2. Gebiet der Stromspannungscharakteristik. Das Auftreten des Sättigungsstromes kann so gedeutet werden, daß bei den Sättigungsspannungen alle in der Zeiteinheit erzeugten Ladungsträger aus dem Elektrodenzwischenraum entfernt werden. In gut gereinigtem Toluol bleibt der Sättigungsstrom mit wachsender Spannung U bzw. Feldstärke $\mathfrak{E} = \dfrac{U}{\delta}$ (δ = Elektrodenentfernung) unverändert, bis die mittlere Feldstärke den Wert 110 bis 120 kV/cm erreicht hat. Von dieser Grenzspannung U_0 bzw. der Grenzfeldstärke $\mathfrak{E}_0 = \dfrac{U_0}{\delta}$ fängt der Strom an, sehr stark zu steigen. Offenbar tritt hier ein neuer Stromleitungsmechanismus in Funktion. Steigert man die mittlere Feldstärke von etwa $1{,}20 \cdot 10^5$ Volt/cm auf $4{,}0 \cdot 10^5$ Volt/cm, so wächst der Strom etwa um das 20000-fache des Sättigungsstromes. Bei einer Vergrößerung der mittleren Feldstärke über die Grenzfeldstärke $\mathfrak{E}_0$ um etwa eine Potenz, also von $1{,}20 \cdot 10^5$ auf $1{,}3 \cdot 10^6$ Volt/cm, erfolgt bereits die elektrische Funkenentladung (Durchschlag). Der Mittelwert der Durchschlagfeldstärke $\mathfrak{E}_d = \dfrac{U_d}{\delta}$ (U_d = Mittelwert der Durchschlagsspannung) beträgt in gut gereinigtem Toluol etwa $1{,}3 \cdot 10^6$ Volt/cm.

2. Einfluß von Suspensionen.

Die in der Praxis verwendeten Flüssigkeiten enthalten gewöhnlich Suspensionen, Kolloidlösung, Emulsionen usw. Deswegen ist es von Interesse, den Einfluß der fremden Beimengungen auf die Leitfähigkeit der Flüssigkeit bei hohen Feldern zu kennen.

Es ist zu erwarten, daß die Suspensionen auch bei hohen Spannungen von Bedeutung sind.

Der Einfluß der fremden Beimengungen auf die Stromstärke bei hohen Feldern wurde bei Elektrodenanordnung: Spitze gegen Platte eingehend studiert (*404*) und festgestellt, daß durch Entfernung der fremden Beimengungen (Filtration, Trocknung, elektrischer Stromdurchgang) die Stromstärke bedeutend herabgesetzt wird. Auch die symmetrische Elektrodenanordnung hat bei hohen Feldstärken dasselbe Resultat ergeben (*408, 426*).

Es soll hier kurz erwähnt werden, daß die an den Elektroden haftenden fremden Substanzen (Verunreinigungen) großen Einfluß auf die Stromstärke auch bei hohen Feldern besitzen. [Einfluß der Reinheit siehe (*418, 425*.]

3. Die zeitliche Abhängigkeit der Stromstärke.

Kurz nach dem Anlegen der Spannung ist der Strom groß, dann fällt er mit der Zeit. Die Zeit t, in der der konstante Endwert des Stromes erreicht wird, hängt auch von der Reinheit der Flüssigkeit und der Elektroden ab (*404, 409, 427*). Mit zunehmender Reinheit wird t kürzer. Auch die Natur der Flüssigkeit spielt hier eine Rolle; in Mineralölen z. B. ist diese zeitliche Abhängigkeit $J = f(t)$ durch Reinigung leicht zu beseitigen. Mäßig gereinigte Öle zeigen praktisch keine Abhängigkeit, hingegen ist in gut gereinigten Hexanproben eine geringe Zeitabhängigkeit zu beobachten.

Auch bei hohen Feldstärken müssen wir die Begriffe der statischen (stationäre Ströme) und dynamischen Charakteristiken einführen. Die in diesem Kapitel mitgeteilten Ergebnisse stellen Messungen im stationären Zustand dar.

Die Ursachen der zeitlichen Abhängigkeit der Stromstärke bei konstanter hoher Spannung (3. Gebiet der Charakteristik) sind vermutlich dieselben, die im Ohmschen bzw. im Sättigungsgebiet wirksam sind: Ab- und Aufbau der Feldverzerrung und die elektrolytischen Beimengungen, die den Feldverzerrungsgrad und den zeitlichen Verlauf der Feldverzerrung (*435*) beeinflussen.

Warburg, Kohlrausch und Heydweiller nahmen als Grund der zeitlichen Abhängigkeit nur die elektrolytischen Beimengungen (*425*) an.

Auch L. S. Ornstein, G. J. D. J. Willemse und J. H. G. Mulders (*402, 406*) erklären die von ihnen in Transformatorenöl beobachtete zeitliche Abhängigkeit des Stromes durch den elektrolytischen Vorgang. Sie denken sich die Leitung aus zwei Teilen bestehend, ein konstanter Teil σ_0 und ein veränderlicher σ. Nimmt man weiter an, daß in erster Annäherung die Leitung der Konzentration proportional ist, mithin $\sigma = b \cdot c$; $d\sigma = b \cdot dc$, so ist der Totalwert der Leitung $S = \sigma_0 + \sigma = \sigma_0 + bc$. Den Ausdruck $-dc$ setzen sie dem Ionenstrom proportional und erhalten die Menge, die in der Zeit dt durch Elektrolyse aus dem Öl tritt: $dc = -ai \cdot dt$ (i = Strom). Daraus ergibt sich $d\sigma = -abidt$. Es ist aber $i = \mathfrak{E} \cdot \sigma$ und deshalb erhält man $d\sigma = -ab\mathfrak{E} \cdot \sigma dt$ oder $\sigma = A \cdot e^{-ab\mathfrak{E}t}$ und damit $S = \sigma + Ae^{-ab\mathfrak{E}t}$. Von vierzehn Ölproben haben zehn diese Beziehung bestätigt. Auch die Messungen von F. Kautzsch (*403*) zeigen denselben Verlauf. Die von den obigen Autoren beobachtete Zunahme des Leitvermögens mit der Zeit führen sie auf die Rückdiffusion der durch Elektrolyse entfernten Substanzen zurück. Auch sie beobachteten die Zunahme des Leitwertes, wenn sie die Feldrichtung am Meßkondensator umkehrten, und der Strom vorher seinen konstanten Wert erreicht hatte. Nachdem der Strom nach dem Umpolen das Maximum erreicht hatte, fiel er wieder ab. Die verwendeten Spannungen lagen nicht über 20 kV. Die Stromspannungskurven zeigten keine Sättigung. Die Flüssigkeiten wiesen ziemlich große Leitfähigkeiten auf.

Weitere Ausführungen über die zeitliche Abhängigkeit der Stromstärke und die zugehörige Literatur siehe vorigen Abschnitt.

4. Über den Stromleitungsmechanismus bei hohen Feldern.

Die Versuche (*428*) haben ergeben, daß es sich bei Feldstärken, die oberhalb des Sättigungsgebietes liegen, um Stoßionisation handeln kann. Das zeigen die Kurven, die $\lg J$ als Funktion von der Elektrodenentfernung δ darstellen. Sie ergaben in manchen Fällen Geraden, die schwer wieder zu reproduzieren waren. Gewöhnlich stellte $\lg J = f(\delta)$ gekrümmte Kurven dar, deren Zuwachs mit wachsendem Elektrodenabstand abnahm. Dieser letzte Befund sprach dafür, daß es sich hier nicht nur um einen elementaren Stoßionisationsprozeß handeln kann, sondern auch um andere Elementarprozesse, wie z. B. um die Anlagerung der Elektronen an neutrale Moleküle der Flüssigkeit usw. Um den Stromleitungsmechanismus bei hohen Feldern zu studieren, war es nötig, die Natur der spontanen Ionisation zu kennen. Die Untersuchungen (400) haben gezeigt, daß in reinen Flüssigkeiten die Elektrodenoberfläche die Hauptquelle der Trägererzeugung ist. Diese Träger erzeugen dank der kinetischen Energie, die sie im hohen Feld erhalten, beim Stoß mit neutralen Gebilden neue Ladungsträger. Nehmen wir eine homogene Feldverteilung an (im stationären Zustand, insbesondere in reinen Flüssigkeiten trifft das zu) und dazu noch, daß an der Kathode pro Zeit- und Volumeneinheit n_0 Elektronen entstehen, so wandern bei Sättigungsspannung in der Sekunde durch die Fläche $1\ \mathrm{cm}^2$ $n_0 v$ Elektronen, wo v die Elektronengeschwindigkeit bedeutet. Nehmen wir weiter an, daß die relative Zunahme der Elektronen durch Stoß je Zentimeter Weg α', und daß die relative Abnahme der Elektronen ebenfalls je Zentimeter Weg ε' betrügen, so ist die Gesamtzahl der Träger durch eine Flächeneinheit in der Sekunde an irgendeiner Stelle x zwischen den Elektroden

$$n\,v = n_0 v \cdot e^{(\alpha' - \varepsilon')\,x}.$$

Es ist hier wesentlich, daß die Größe $n_0 v$ sich nicht ändert. Bei sehr hohen Feldstärken können nämlich zusätzliche Elektronen $n_\mathfrak{E}$ aus dem Metall ausgelöst werden (Feldemission). Dann hätten wir in der obigen Gleichung statt n_0 noch ein von der Feldstärke abhängiges Term $n_\mathfrak{E}$, also

$$n_0 + n_\mathfrak{E}.$$

Die quantenmechanischen Untersuchungen haben ergeben, daß durch das äußere Feld $\mathfrak{E}$ die Potentialschwelle C um den Betrag $\varDelta C$ erniedrigt wird.

$$\varDelta C = \sqrt{e\,\mathfrak{E}}.$$

Die Beziehung zwischen der Elektronenstromdichte i und der Feldstärke $\mathfrak{E}$ ist durch die Gleichung

$$i = i_0\, e^{\frac{e\,\sqrt{e\,\mathfrak{E}}}{k\,T}}$$

($i_0 = n_0 v$ Elektronenstromdichte ohne Feld, e Elementarladung) gegeben. Rechnet man die Feldstärke, bei der ein merklicher Strom (infolge der Auslösung der Elektronen aus dem Metall durch das Feld) im Vakuum zu erwarten ist (z. B. Wolfram: Austrittsarbeit bei reinem Wolfram 4,5 Volt), aus, so erhält man 2 bis $3 \cdot 10^7$ Volt/cm. Nun haben wir bei Flüssigkeiten diese Feldwirkung bei niedrigeren Feldstärken zu erwarten. Dazu führt uns dieselbe Überlegung, die die Wirkung der Oberflächenschicht (Verunreinigung) auf den Elektronenaustritt aus dem Metall erklärt. Denn die Verunreinigung können wir als eine monomolekulare Schicht fremder Moleküle auf der Metalloberfläche betrachten. Diese Schicht kann natürlich auch aus mehreren Molekularschichten bestehen, und zwar können sie auch die Flüssigkeitsmoleküle bilden. Man hat festgestellt, daß durch Verunreinigung der Metalloberfläche der Elektronenaustritt erleichtert wird. Die neueste Entwicklung der Quantenmechanik spricht für diesen Effekt.

Es liegt nahe, anzunehmen, daß hier ein Potentialverlauf mit einer Erhebung vorliegt. Für die Elektronenaustrittsarbeit χ ist

$$\chi = C - \mu \, .$$

$C = $ Potentialwert im Unendlichen im Vakuum, $\mu = \left(\dfrac{3\,n}{\pi}\right)^{2/3} \dfrac{h^2}{8\,m}$,

$m = $ Elektronenmasse, $h = $ Plancksches Elementarquant. Durch μ ist die maximal vorkommende Energie gegeben, und zwar ist sie für ein Elektronengas mit einem Elektron pro Atom etwa 7 bis 8 Volt. Für zwei Elektronen pro Atom muß man sie mit $z^{2/3} = 2^{2/3}$ multiplizieren.

Die Erhebung des Potentials erhöht die Elektronenreflexion, verkleinert also den Transmissionskoeffizienten. Wird nun jetzt mit sehr sauberem Metall die Flüssigkeit in Berührung gebracht, so entsteht dadurch eine elektrische Doppelschicht. Der ursprüngliche Potentialverlauf wird deformiert, und zwar wird die Potentialschwelle herabgesetzt, die Elektronenauslösung erleichtert und die Feldstärke, bei der ein merklicher Elektronenstrom fließt, wird geringer. Man hat experimentell zeigen können, daß bei Metallen, deren Oberfläche verunreinigt war, bereits bei $\mathfrak{E} \approx 10^6$ Volt/cm der Elektronenstrom im Vakuum auftrat. Ersetzt man das Vakuum durch das flüssige Medium, so sind voraussichtlich noch etwas kleinere Feldstärken, bei der die Elektronenauslösung durch das Feld einsetzt, zu erwarten. Aus der obigen Ausführung entnimmt man, daß bei den Experimenten keine sehr hohen Feldstärken angewandt werden durften, keine Feldstärken, bei denen die Feldauslösung merkbar wird. Deshalb sollen für die Deutung des Stromleitungsmechanismus Messungen bis etwa $\mathfrak{E} = 0{,}5 \cdot 10^6$ Volt/cm benutzt werden.

Auch die Versuche von A. Joffé, T. Kurchatoff und K. Sinjelnikoff (*412*) zeigten, daß bei sehr dünnen Schichten ($\delta = 10^{-3}$ bis 10^{-6} cm) die Stoßionisierungsvorgänge wahrscheinlich sind. (Gegenwärtig wird diese Möglichkeit der Stoßionisierung von A. Joffé als fraglich betrachtet.) A. Smuroff (*413*) entwickelt eine andere Vorstellung über die Ionisation bei hohen Feldern. Nach ihm wird die Ablösungsarbeit durch die Zuführung der Energie des Atoms durch das äußere Feld (entsprechend dem Starkeffekt) verringert. Bei großen Molekülen läßt er die Möglichkeit der direkten Ionisierung durch das äußere Feld offen. Für $r = 0{,}5 \cdot 10^{-6}$ cm wird $\mathfrak{E}_i = 3{,}3 \cdot 10^6$ Volt/cm. Die gleichzeitige Anwesenheit eines Magnetfeldes parallel zum elektrischen vergrößert die vom Atom aufgenommene Energie, erleichtert also Ionisierung und Durchschlag. Er berichtet, daß durch ein solches Magnetfeld die Durchschlagspannung bei Luft, Öl und Glimmer eine geringe Erniedrigung erfahren hat. Auch Monkhouse (*414*) berichtet über die Beeinflussung von Durchschlagspannung und dielektrischen Verlusten durch Magnetfelder. Diese Anschauung muß noch mit sicheren experimentellen Ergebnissen belegt werden.

Die experimentelle Forschung hat ergeben (*401, 428*), daß die Abhängigkeit des Stroms J von der angelegten Spannung U im 3. Gebiet der Charakteristik $J = f(U)$ durch eine Gleichung gegeben ist, in der die Funktion $f(U)$ und ihre Ableitung $f'(U)$ in einer bestimmten Beziehung stehen.

$$\frac{dJ}{dU} = c \cdot f(U) \, .$$

Diese Differentialgleichung ist in allen bis jetzt untersuchten Flüssigkeiten und Spannungsgebieten bestätigt worden. Aus dieser Gleichung kann eine Beziehung hergestellt werden, die erlaubt, von einem Anfangswert auf einen höheren Stromwert zu schließen. Diese Beziehung ist durch die Funktion

$$J = J_0 \cdot e^{cU}$$

dargestellt. Die untere Schranke der Größe U ist durch die Spannung U_0 gegeben, bei der das 3. Gebiet beginnt. Wird in diese Gleichung $U = U_0$ eingesetzt, so erhalten wir den Sättigungsstrom J_s. Die Konstante J_0 wird erhalten, wenn der obige Ausdruck auf $U = 0$ extrapoliert wird. Der Exponentialkoeffizient c gibt die Geschwindigkeit der Stromsteigerung an.

Für den Stromleitungsmechanismus ist die Feldstärke, die in jedem Punkt des Raumes zwischen den Elektroden herrscht, von Bedeutung. Sie ist durch

$$\mathrm{grad}\, U = \frac{dU}{dx} = \mathfrak{E}_x$$

gegeben und die Spannung durch

$$U = \int\limits_{x=0}^{x=\delta} \mathfrak{E}_x \cdot dx \, .$$

Die Stromfeldstärkegleichung lautet daher ganz allgemein

$$J = J_0 \cdot e^{c \int\limits_{x=0}^{x=\delta} \mathfrak{E}_x \, dx} \, .$$

Im Falle der gleichmäßigen Gradientenverteilung erhalten wir

$$J = J_0 \cdot e^{c\,\delta\,\mathfrak{E}} \, .$$

Die Gleichung gilt näherungsweise auch dann, wenn keine so starken Feldverzerrungen bestehen, so daß die „mittlere" Feldstärke

$$\mathfrak{E}_m = \frac{U}{\delta}$$

nicht wesentlich von der höchsten in irgendeinem Punkt des Raumes herrschenden Feldstärke abweicht.

Die Stromspannungs- bzw. Stromfeldstärkegleichungen können mit Berücksichtigung der Größen U_0, $\mathfrak{E}_0$ und J_s in folgender Form dargestellt werden:

$$J = J_s \cdot e^{c\,(U - U_0)}, \tag{1a}$$

$$J = J_s \cdot e^{c\,\delta\,(\mathfrak{E} - \mathfrak{E}_0)} \, . \tag{1b}$$

Durch das Studium der Stromfeldstärkecharakteristiken bei verschiedenen Elektrodenentfernungen erhält man einen Einblick in den Stromleitungsmechanismus in dielektrischen Flüssigkeiten (*421*). Dieser ist auch für die Erklärung der elektrischen Funkenentladung in Flüssigkeiten von Bedeutung (*422, 430, 436, 437*).

Nimmt man Messungen von $J = f(\mathfrak{E}_m)$ in unreinen Flüssigkeiten vor, so erhält man Kurven, die Unregelmäßigkeiten zeigen (*428*). Es ist deshalb notwendig, die Versuchsflüssigkeit, die Elektroden und das Versuchsgefäß peinlichst zu reinigen und zu trocknen. Die Abhängigkeit des Stromes von der Elektrodenentfernung bei konstanter mittlerer Feldstärke in ungereinigter Flüssigkeit zeigt bald eine Zunahme des Stromes mit der Elektrodenentfernung, bei noch größerem δ bald eine Abnahme, bald ist J mit wachsendem δ konstant.

In einem speziellen Fall wurde gefunden, daß die Beziehung zwischen dem Strom J und der Elektrodenentfernung δ bei konstanter Feldstärke $\mathfrak{E}_m = \dfrac{U}{\delta}$ der Gleichung

$$J = J_s \cdot e^{\alpha' \delta} \tag{2a}$$

gehorcht (*428*). Der Strom steigt exponentiell mit der Elektrodenentfernung an. Daraus wurde auf die Stoßionisation in dielektrischen Flüssigkeiten geschlossen. Die Größe J_s bedeutet hier den Sättigungsstrom, und der Exponentialkoeffizient α' gibt die Anzahl der von einem Ladungsträger auf der Längeneinheit erzeugten Träger an, er stellt also die Ionisierungszahl dar. In logarithmischer Darstellung ergibt die Gleichung (2a) eine Gerade

$$\lg J = \lg J_s + \alpha' \cdot \delta . \tag{2b}$$

Die Neigung dieser Geraden ergibt die Ionisierungszahl α'.

In den meisten Fällen ist die Gleichung (2a) bzw. (2b) nicht erfüllt. Mit steigender Elektrodenentfernung nimmt $\lg J$ langsamer zu. Hier können indirekte Einflüsse wirksam sein, wie z. B. Feldverzerrung oder Anlagerung oder Rekombination.

Trägt man den Logarithmus des Stromes als Funktion der mittleren Feldstärke, die über dem Sättigungsgebiet liegt und doch keinen zu hohen Wert besitzt, bei verschiedenen Elektrodenentfernungen auf, so erhält man eine Kurvenschar. $\lg J = f(\mathfrak{E})$ sind Geraden, die einen gemeinsamen Schnittpunkt mit den Koordinaten $\lg J_s$ und $\mathfrak{E}_0$ haben. Die Gleichung dieser Kurvenschar ist durch den Ausdruck

$$\lg J = m\,(\mathfrak{E} - \mathfrak{E}_0) + \lg J_s$$

gegeben, in dem $m = c\delta$ ist, J_s den Sättigungsstrom und $\mathfrak{E}_0$ die Feldstärke bedeuten, bei der nach dem Durchlaufen des Sättigungsgebietes der Wiederanstieg des Stromes beginnt.

Differenziert man den obigen Ausdruck partiell nach der Elektrodenentfernung, so erhalten wir die von einem Ladungsträger auf einer Weglänge erzeugte Ionenzahl α' (Ionisierungszahl) bei gegebener konstanter Feldstärke.

$$\alpha' = \frac{\partial \lg J}{\partial \delta} = c\,(\mathfrak{E} - \mathfrak{E}_0) .$$

Wir sehen, daß zwischen der Ionisierungszahl α' und der mittleren Feldstärke $\mathfrak{E}_m$ eine einfache Proportionalität besteht, wenn man die Feldstärke in einem begrenzten Bereich nach dem Beginn des 3. Gebietes der Stromfeldstärkecharakteristik variiert, und wenn die Größe c unabhängig von der Schichtdicke ist. Der Proportionalitätsfaktor c ist gleichzeitig der Exponentialkoeffizient der Stromspannungsgleichung. Diese Konstante c gibt den Zuwachs an Ionen an, die von einem Ladungsträger auf 1 cm Weglänge erzeugt werden, wenn die Feldstärke um 1 kV/cm gesteigert wird. Deshalb bekommt die Konstante c in diesem speziellen Fall die Bedeutung der „spezifischen Ionisierungszahl".

Diese Deutung der Größe c ist aber nur dann richtig, wenn $\lg J$ mit δ linear verläuft und c unabhängig von δ ist. Ist das nicht der Fall, so drückt c den Integraleffekt aller Elementarprozesse (Ionisierung, Anlagerung usw.) zusammen aus, die sich bei hohen Feldern abspielen. Die Experimente haben ergeben, daß die Größe c unabhängig ist vom Druck (unter 760 mm Hg), von der Elektrodenflächengröße, von der Temperatur und in gewissen Grenzen auch von der Reinheit. In einem speziellen Fall wurde beobachtet, daß c unabhängig von der Elektrodenentfernung ist.

In den meisten Fällen aber ergibt sich die Größe c als Funktion der Elektrodenentfernung; c fällt mit δ. Die Abb. 42 gibt die Beziehung zwischen c und δ bei verschiedenen Flüssig-

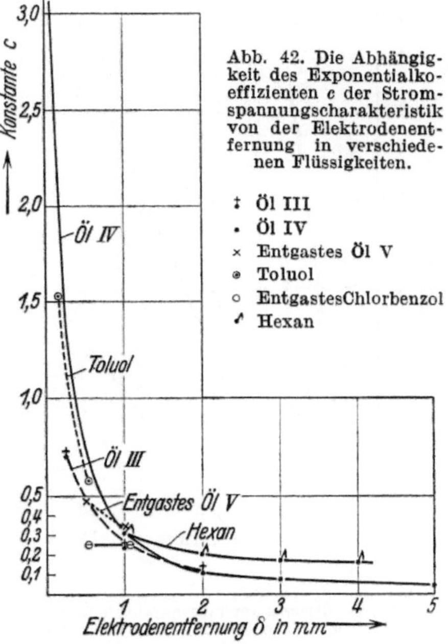

Abb. 42. Die Abhängigkeit des Exponentialkoeffizienten c der Stromspannungscharakteristik von der Elektrodenentfernung in verschiedenen Flüssigkeiten.

‡ Öl III
• Öl IV
× Entgastes Öl V
⊕ Toluol
○ Entgastes Chlorbenzol
⁄ Hexan

keiten: Hexan, Chlorbenzol, Toluol und drei verschiedene Mineralöle. Aus dieser Darstellung erkennt man, daß die Größe c von der Natur der Flüssigkeit abhängig ist; diese Abhängigkeit ist aber bei den hier untersuchten Flüssigkeiten nicht sehr groß. Durch die folgende Gleichung kann der Zusammenhang zwischen c und δ dargestellt werden

$$c = \frac{A}{\delta + B} + D.$$

Dieser Umstand bedingt, daß die Neigung der Kurve $\lg J = f(\delta)$ mit wachsender Elektrodenentfernung abnimmt. Dadurch wird die eindeutige Bestimmung der Ionisierungszahl α' erschwert. Als Ursache der Abnahme $\dfrac{\partial \lg J}{\partial \delta}$ kann der Anlagerungsprozeß oder die Feldverzerrung oder beides zusammen angenommen werden. Wahrscheinlicher erscheint der Anlagerungsprozeß. Es wird später gezeigt werden, daß im stationären Zustand in gereinigten Flüssigkeiten keine Feldverzerrung vorhanden ist. Die Stärke sowohl der Anlagerung als auch der Feldverzerrung ist vermutlich eine Funktion der Elektrodenentfernung. In Gasen wächst der Grad der Feldverzerrung mit zunehmender Elektrodenentfernung. Lassen wir eine gewisse Analogie zwischen Gasen und Flüssigkeiten zu, so können wir annehmen, daß bei kleinen Elektrodenentfernungen geringe Feldverzerrungen vorhanden sind. Auch der Anlagerungsprozeß wird bei kleinem δ geringer. Deshalb entsprechen der Wirklichkeit am ehesten die Werte von α', die aus den Tangenten der Kurven $\lg J = f(\delta)$ bei $\delta = 0$ gewonnen werden können.

Bei beliebig kleinem δ erhalten wir

$$c = \frac{A}{B} + D$$

und die Ionisierungszahl α' ist dann

$$\alpha' = \left(\frac{A}{B} + D\right)(\mathfrak{E} - \mathfrak{E}_0).$$

Tabelle 12. Die Abhängigkeit der Feldstärke $\mathfrak{E}_0$, bei der der Wiederanstieg des Stroms nach dem Sättigungsgebiet beginnt, von der Natur der Flüssigkeit.

Flüssigkeit	$\mathfrak{E}_0$ in $\dfrac{kV}{cm}$
Toluol . . .	110—120
Chlorbenzol	85—100
Öl V . . .	80—90

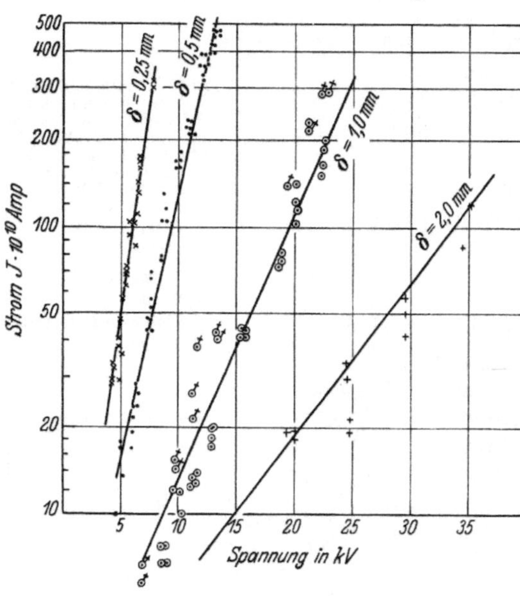

Abb. 43. Stromspannungscharakteristiken bei verschiedenen Elektrodenentfernungen in logarithmischer Darstellung. — Mineralöl, mäßig gereinigt.

Diese Gleichung gibt die Anfangssteigung der Kurven $\lg J = f(\delta)$. Sie kann aus den Tangenten bei $\delta = 0$ bestimmt werden.

Wie die Experimente gezeigt haben, ist die Feldstärke $\mathfrak{E}_0$, bei der der Strom exponentiell mit $\mathfrak{E}$ anzusteigen beginnt, von der Reinheit der Flüssigkeit abhängig. In unreinen Flüssigkeiten ist diese Größe überhaupt nicht zu messen. Bei mäßig gereinigten Proben besitzt sie den Wert zwischen 15 bis 20 kV/cm. Reinigt man die Flüssigkeit weiter, so steigt $\mathfrak{E}_0$. Bei sehr gut gereinigtem Toluol hat $\mathfrak{E}_0$ den Wert 110 bis 120 kV/cm. Die Durchschlagfeldstärke unterscheidet sich um nur etwa einen Zehner-Faktor; es ist $\mathfrak{E}_0 = 1,2 \cdot 10^5$ Volt/cm und $\mathfrak{E}_d = 1,3 \cdot 10^6$ Volt/cm.

Die Abhängigkeit der Feldstärke $\mathfrak{E}_0$ von der Natur der Flüssigkeiten ist in der Tabelle 12 zu sehen. Es sind keine größeren Unterschiede vorhanden. Vielleicht sind zufällig keine Flüssigkeiten untersucht worden, deren $\mathfrak{E}_0$-Werte größere Differenzen zeigen.

In der Abb. 43 sind die Stromspannungscharakteristiken bei verschiedenen Elektrodenentfernungen in logarithmischer Darstellung wiedergegeben. Die Resultate sind in Mineralöl gewonnen worden. Die

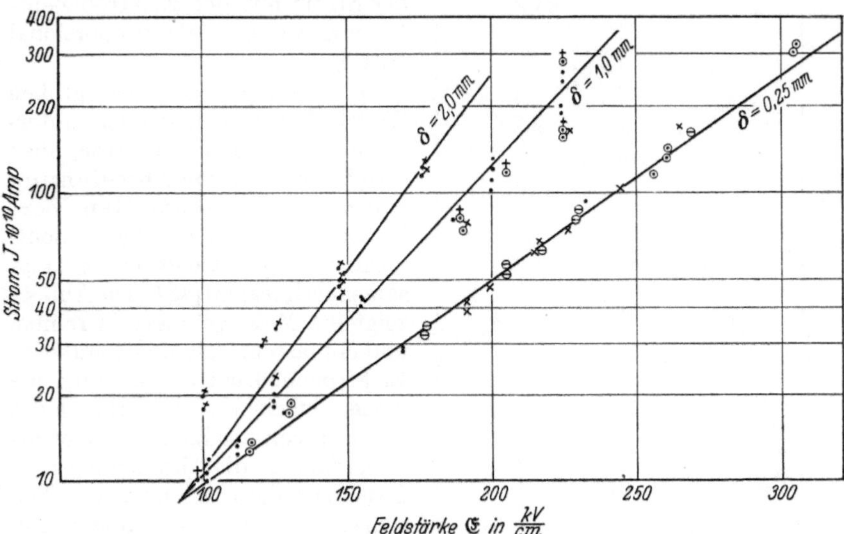

Abb. 44. Die Stromfeldstärkecharakteristik bei verschiedenen Elektrodenentfernungen in logarithmischer Darstellung. — Mineralöl, mäßig gereinigt.

$$\mathfrak{E}_0 = 90 \, \frac{\text{kV}}{\text{cm}}; \qquad i = 8{,}5 \cdot 10^{-10} \, \text{Amp.}$$

Messungen sind bei vier verschiedenen Elektrodenentfernungen durchgeführt worden: $\delta = 0{,}25$; $0{,}5$; $1{,}0$ und $2{,}0$ mm. Man sieht daraus deutlich, wie die Konstante c (die Neigung der Gerade) mit zunehmender Elektrodenentfernung abnimmt. Leitet man aus diesen Kurven die Stromfeldstärkecharakteristiken ab, so erhält man die Abb. 44. Die Messungen bei $\delta = 0{,}5$ mm sind wahrscheinlich falsch, weil sie sich nicht richtig in die Stromfeldstärkecharakteristiken einordnen lassen. Die Geraden haben einen gemeinsamen Schnittpunkt mit den Koordinaten $\mathfrak{E}_0 = 90$ kV/cm und $J_s = 8{,}5 \cdot 10^{-10}$ Amp. Aus diesen Charakteristiken kann die Beziehung zwischen dem Strom J und

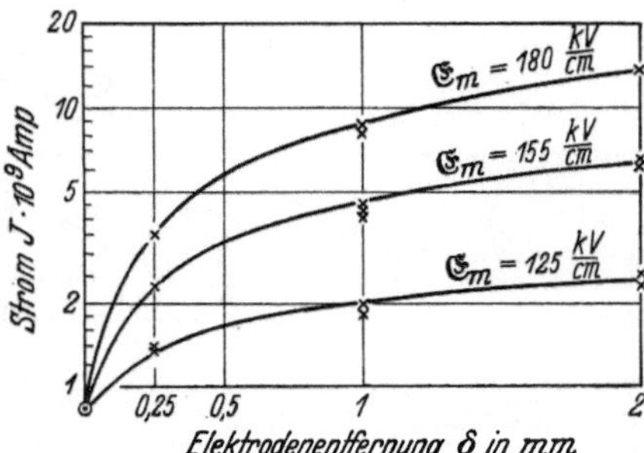

Abb. 45. Die Abhängigkeit des Logarithmus des Stromes von der Elektrodenentfernung bei verschiedenen konstanten mittleren Feldstärken. — Mineralöl, mäßig gereinigt.

$$\mathfrak{E}_0 = 90 \, \frac{\text{kV}}{\text{cm}}; \qquad i = 8{,}5 \cdot 10^{-10} \, \text{Amp.}$$

der Elektrodenentfernung δ bei konstanter Feldstärke abgeleitet werden. Die Abhängigkeit des Logarithmus des Stromes von der Elektrodenentfernung bei drei verschiedenen konstanten Feldstärken ($\mathfrak{E} = 125$;

155 und 180 kV/cm) ist in der Abb. 45 dargestellt. Man sieht daraus, daß lg J mit wachsender Elektrodenentfernung nicht linear ansteigt. In der nächsten Abb. 46 wird gezeigt, daß der Strom mit der Elektrodenentfernung weniger als proportional ansteigt.

Insbesondere tritt bei großen Schichtdicken in fast allen untersuchten Flüssigkeiten (wie oben erwähnt wurde) eine **Abweichung von dem exponentiellen Verlauf des Stromes von der Schichtdicke** auf: lg J steigt mit δ langsamer als linear an (*421*). Die Abb. 47 zeigt die Meßergebnisse in reinem und entgastem Toluol mit sauberen Elektroden. Die Kurven stellen die Abhängigkeit des Logarithmus des Stromes von der Elektrodenentfernung dar, die die Abweichung vom Exponentialgesetz ganz deutlich zeigen. Zeichnet man einfach den Strom in Abhängigkeit von der Elektrodenentfernung, so bekommt man zwei Typen von Kurven: 1. Typ: Der Strom steigt langsamer als linear mit der Schichtdicke an. Es wurden Hexan, Toluol, Chlorbenzol, Nitrobenzol und fünf verschiedene Mineralölsorten durchgemessen. In der vorwiegenden Zahl der Fälle wurden Kurven dieses Typs festgestellt. 2. Typ: Der Strom steigt schneller als linear an. Die Abb. 48 stellt die Meßergebnisse in Nitrobenzol dar. Diese Kurven gehören zum 1. Typ. Auch die Kurven der Abb. 46, die den Messungen in Mineralöl entnommen sind, repräsentieren den 1. Typ. Die Messungen in Toluol (Abb. 49) enthalten bei Feldstärken 150 und 180 kV/cm die Kurven des 1. Typs. Es wurde aber auch beobachtet, daß ein und die-

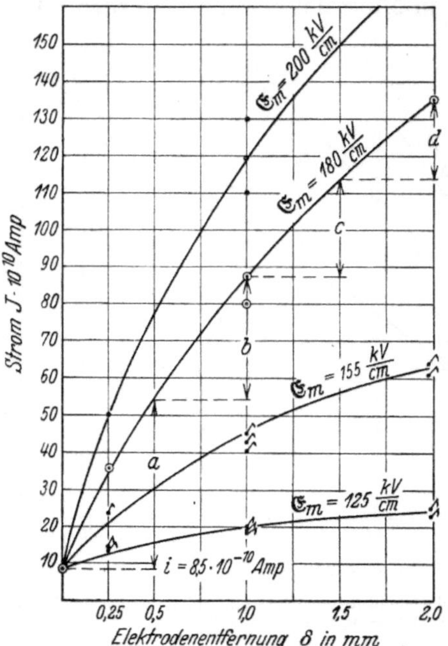

Abb. 46. Die Abhängigkeit des Stromes von der Elektrodenentfernung bei verschiedenen konstanten mittleren Feldstärken. — Mineralöl, mäßig gereinigt.

$$\mathfrak{E}_0 = 90 \ \frac{\text{kV}}{\text{cm}}; \qquad i = 8,5 \cdot 10^{-10} \ \text{Amp}.$$

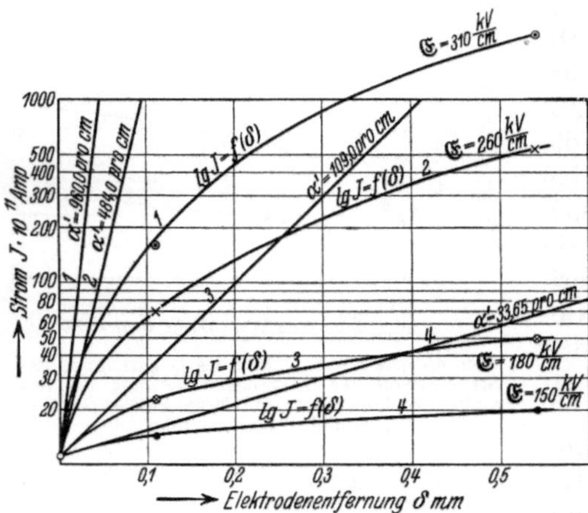

Abb. 47. Die Abhängigkeit des Logarithmus des Stromes von der Elektrodenentfernung bei verschiedenen Feldstärken im gereinigten Toluol mit den Tangenten im Ursprung. Die Zahlen *1*, *2*, *3* und *4* zeigen die zugehörigen Tangenten zu lg $I = f(\delta)$.

selbe Flüssigkeit bei denselben Feldstärken erst den einen und dann den anderen Typ von Kurven ergibt. Wahrscheinlich spielen hier mini-

male Reste fremder Substanzen eine Rolle, die trotz sorgfältiger Reinigung in der Flüssigkeit zurückbleiben. Es kommt auch vor, daß die Kurven mit steigenden Feldstärken vom 1. Typ allmählich in den 2. übergehen. Die Kurven der Abb. 49 zeigen dies deutlich. Bei $\mathfrak{E} = 150$ und 180 kV/cm steigt der Strom mit der Schichtdicke langsamer als linear und bei $\mathfrak{E} = 260$ und 310 kV/cm schneller. Als Ursache der Abweichung vom Exponentialgesetz (d. h. die

Abnahme $\dfrac{\partial \lg J}{\partial \delta}$ mit δ) kann

betrachtet werden: 1. Feldverzerrung, 2. Rekombination und Diffusion der Ladungsträger und 3. Anlagerung von Elektronen an neutrale Moleküle. Die Messungen der Feld-

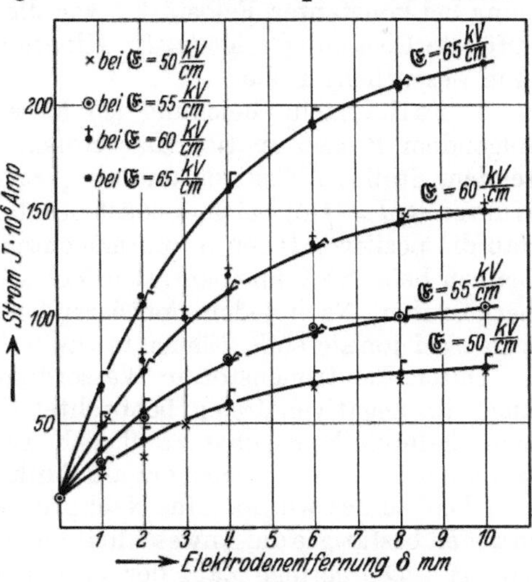

Abb. 48. Die Abhängigkeit des Stromes von der Elektrodenentfernung bei konstanten Feldstärken in Nitrobenzol. — Die eingetragenen Punkte (× ⊙ ‡ •) sind die Meßergebnisse. Die Punkte mit Fähnchen (∫) stellen die gerechneten Werte dar.

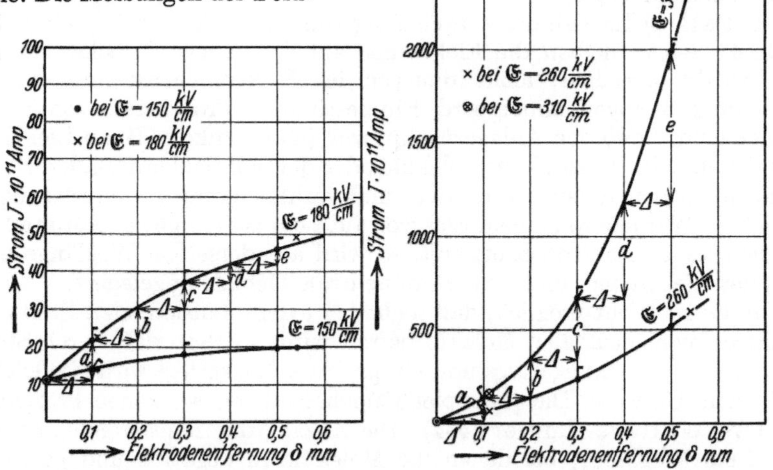

Abb. 49. Die Abhängigkeit des Stromes von der Elektrodenentfernung im gereinigten Toluol bei verschiedenen konstanten Feldstärken. Die Punkte mit Fähnchen stellen die gerechneten Werte dar. Die eingetragenen Punkte (• × ⊗) sind experimentell gewonnen.

verteilung bei hohen Feldern mit Hilfe des Kerr-Effektes zeigen, daß im stationären Zustand (hier sollen die Vorgänge nur im stationären Zustand betrachtet werden) keine Feldverzerrung vorhanden ist. Auch die zweite Ursache, Rekombination und Diffusion, hat keinen wesentlichen Einfluß auf den Verlauf des Stromes mit der Elektrodenentfernung bei konstanter Feldstärke, wie die von W. O. Schumann durchgeführte Rechnung zeigt (*424*). Hingegen spielt der Anlagerungsprozeß eine wesentliche Rolle.

1. Fall. Nach Gleichung (2) haben wir es im wesentlichen mit folgendem Prozeß zu tun. Das stoßende Elektron erzeugt bei ionisierendem Stoß ein Elektron und ein positives Ion. Nach dem Verlauf der Kurven $\lg J = f(\delta)$ bei $\mathfrak{E} = $ const beurteilt, kann wohl gefolgert werden, daß die positiven Ionen im untersuchten Feldstärke- und Schichtdickenbereich beim Stoß mit neutralen Molekülen keine merkliche Ionisierung hervorrufen. Nach jedem ionisierenden Stoß haben wir in diesem Fall also zwei ionisierende Elemente: zwei Elektronen.

Durch Elektronenstoß in Wasserdampf wurden neben den positiven auch die negativen Ionen beobachtet [Lozier (*434*)]. Diese machten sich dadurch bemerkbar, daß sich zwei scharfe Spitzen einstellten, wenn der negative Ionenstrom als Funktion der Elektronengeschwindigkeit beobachtet wurde. Eine Nachprüfung mittels eines Massenspektrographen bestätigte die Anwesenheit von H-Ionen und ergab den e/m-Wert von H^-. Die geringe Zahl der vorhandenen negativen Ionen ließ den Gedanken aufkommen, daß sie von einer Verunreinigung herrühren könnten. Sie waren aber trotz aller Vorsichtsmaßregeln zu beobachten. Durch Zuführung von Wasserdampf und Entfernung des Wasserstoffs erschienen die H^--Ionen in viel größerer Zahl. Auffallend ist der extrem enge Bereich von Elektronengeschwindigkeiten, die fähig sind, negative Ionen zu erzeugen.

2. Fall. a) Im Fall der Abweichung von der Gleichung (2), wie z. B. Abb. 47 zeigt, bleiben die Elektronen auf der ganzen Strecke, bis sie die Anode erreichen, nicht dauernd im Elektronenzustand, wie in Gleichung (2) angenommen wird. Ein bestimmter Prozentsatz von Elektronen geht durch den Anlagerungsprozeß (man denke z. B. an Elektronenaffinität der Flüssigkeitsmoleküle oder der minimalen fremden Substanzen) in den Ionenzustand über und verliert damit die Ionisierungsfähigkeit. Werden von einem Elektron auf 1 cm Weglänge bei bestimmter Feldstärke α' Elektronen erzeugt, so wird auf derselben Weglänge ein Teil der Elektronen, und zwar ε' an neutrale Gebilde angelagert.

b) Es ist leicht möglich, daß nicht bei jedem ionisierenden Stoß ein Elektron vom neutralen Molekül befreit wird, sondern daß durch Stoß das Molekül in ein negatives und ein positives Ion zerlegt wird (vielleicht auf einem Umweg). Die prinzipielle Möglichkeit eines solchen Prozesses zeigt W. Wallace Lozier (*434*). Die Anzahl der ionisierenden Stöße auf 1 cm Weglänge, bei denen die Moleküle in negative und positive Ionen zerlegt werden, sei $\varkappa$ und die Anzahl der ionisierenden Stöße, bei denen die Elektronen von Molekülen entfernt werden, sei α. Dann ist die Gesamtionisierungszahl $\alpha' = \alpha + \varkappa$. Ein Teil von diesen Elektronen wird angelagert, der mit ε bezeichnet sei. Die Gesamtzahl der negativen Ionen, die auf 1 cm Weglänge erzeugt wird, ist dann durch die Summe $\varepsilon' = \varepsilon + \varkappa$ gegeben.

Wir müssen uns wohl bewußt bleiben, daß durch die oben geschilderte Vorstellung wahrscheinlich nicht alle für den Stromleitungsmechanismus in Betracht kommenden Elementarprozesse (Anregung, Ionisierung in Stufen usw.) erfaßt worden sind. Wenn diese einfachen Annahmen über den Ionisierungsvorgang gemacht werden, so geschieht dieses in der Hoffnung, daß wenigstens die Grundzüge des Stromleitungsphänomens im wesentlichen erkannt werden.

Uns interessiert hier hauptsächlich der 2. Fall, der als Allgemeinfall zu betrachten ist. Wir wollen unseren weiteren Betrachtungen zunächst den Prozeß a) zugrunde legen.

Zur theoretischen Begründung der oben genannten Abweichung des Verlaufes der Stromstärke mit der Schichtdicke ($\mathfrak{E} = $ const) von dem Exponentialgesetz kann eine Arbeit von W. O. Schumann (*420*) herangezogen werden, die seinerzeit für die Klärung der Verhältnisse in Gasen ausgeführt wurde. Sie betrachtet den Einfluß des Anlagerungsprozesses in Gasen.

Die Differentialgleichungen, die nach Schumann (*420, 424*) neben der Ionisierung durch Elektronenstöße noch die Anlagerung der Elektronen an neutrale Moleküle in Flüssigkeiten (Überführung der negativen Träger aus dem Elektronen- in den Ionenzustand) berücksichtigt, sind folgende:

$$\frac{d\,n\,v}{dx} = n\,v\,(\alpha' - \varepsilon')$$

und

$$\frac{d\,N\,V}{dx} = n\,v\,\varepsilon',$$

wo n die Elektronendichte, N die Dichte der negativen Ionen, v die Elektronengeschwindigkeit, V die Geschwindigkeit der negativen Ionen, α' die von einem stoßenden Elektron auf 1 cm Weglänge gebildeten Trägerpaare (Ionisierungszahl) und ε' die auf 1 cm Weglänge an neutrale Moleküle angelagerte Elektronenzahl (Anlagerungskoeffizient) bedeuten.

Nimmt man ein homogenes Feld und nur Elektronenauslösung an der Kathode an, so erhalten wir

$$n\,v = n_0\,v \cdot e^{(\alpha' - \varepsilon') \cdot x}$$

und

$$N\,V = n_0\,v \cdot \frac{\varepsilon'}{\alpha' - \varepsilon'}\,(e^{(\alpha' - \varepsilon')\,x} - 1)$$

und die Gesamtströmung der Ladungsträger ist dann durch die Summe gegeben

$$Z = (n\,v + N\,V)_{x=\delta} = n_0\,v \left(\frac{\alpha'}{\alpha' - \varepsilon'}\,e^{(\alpha' - \varepsilon')\,\delta} - \frac{\varepsilon'}{\alpha' - \varepsilon'} \right).$$

Den Strom erhalten wir, indem diese Gleichung mit der Ladung des einzelnen Trägers multipliziert wird

$$J = J_s \left(\frac{\alpha'}{\alpha' - \varepsilon'} \cdot e^{(\alpha' - \varepsilon')\,\delta} - \frac{\varepsilon'}{\alpha' - \varepsilon'} \right), \tag{3a}$$

wo J_s den Sättigungsstrom bedeutet. Ist die Anlagerung aber größer als die Neuerzeugung von Elektronen $\alpha' < \varepsilon'$, so geht die obige Gleichung über in

$$J = J_s \left[\frac{\varepsilon'}{\varepsilon' - \alpha'} - \frac{\alpha'}{\varepsilon' - \alpha'} \cdot e^{-(\varepsilon' - \alpha')\delta} \right]. \qquad (3\,b)$$

Man kann die Konstanten α' und ε' aus den experimentell gewonnenen Kurven, die die Funktion des Stromes von der Elektrodenentfernung darstellen, ermitteln (*423*). In die obige Gleichung führen wir

$$A = J_s \cdot \frac{\varepsilon'}{\varepsilon' - \alpha'} \qquad (4)$$

und

$$B = J_s \cdot \frac{\alpha'}{\varepsilon' - \alpha'} \qquad (5)$$

ein und erhalten

$$J = A - B \cdot e^{-\mu\delta}, \qquad (6)$$

wo

$$\mu = \varepsilon' - \alpha'. \qquad (7)$$

Um die Größe μ zu berechnen, teilen wir die δ-Achse der Abb. 49 in gleiche Teile $\varDelta$, so wie das in der Abb. 49 gezeigt wird. Das Verhältnis der nacheinander folgenden Zunahmen der Stromstärke nach jedem $\varDelta$ ergibt $e^{\mu\varDelta}$. Es ist

$$\frac{a}{b} = \frac{b}{c} = \frac{c}{d} = \cdots = e^{\mu\varDelta}$$

und daraus

$$\mu = \frac{\lg\left(\frac{a}{b}\right)}{\varDelta} = \frac{\lg\left(\frac{b}{c}\right)}{\varDelta} = \frac{\lg\left(\frac{c}{d}\right)}{\varDelta} = \cdots. \qquad (8)$$

Bei $\delta = 0$ geht die Gleichung (6) über in:

$$J = A - B = J_s. \qquad (9)$$

Die Differenz der Konstanten A und B ergibt den Sättigungsstrom. Ziehen wir von Gleichung (6) die Gleichung (9) ab, so erhalten wir

$$J - J_s = B \left[1 - e^{-(\varepsilon' - \alpha') \cdot \delta} \right].$$

Daraus errechnet sich die Konstante B:

$$B = \frac{J - J_s}{\left[1 - e^{-(\varepsilon' - \alpha') \cdot \delta} \right]}. \qquad (10)$$

Die Größe $\mu = \varepsilon' - \alpha'$ ist bereits rechnerisch bestimmt. Der Sättigungsstrom J_s ist durch Experimente bekannt. Außerdem liefern die Experimente auch den Strom J bei dem jeweiligen δ. Also kann die Konstante B zahlenmäßig ermittelt werden. Die Gleichung (9) liefert dann auch die Konstante A.

Dividieren wir die Gleichung (4) durch die Gleichung (5), so erhalten wir

$$\frac{A}{B} = \frac{\varepsilon'}{\alpha'}. \qquad (11)$$

Die Gleichungen (7) und (11) stellen zwei Gleichungen mit zwei Unbekannten ε' und α' dar. Daraus können also der Anlagerungskoeffizient ε' und die Ionisierungszahl α' berechnet werden.

In der Tabelle 13 sind die gerechneten Konstanten μ, ε', α', A, B und $\frac{\varepsilon'}{\alpha'}$ für Nitrobenzol, Öl und Toluol wiedergegeben. Die Ionisierungszahl α' kann auch aus dem Verlauf der Kurve $\lg J = f(\delta)$ ermittelt werden. Zu diesem Zweck legt man an diese Kurve eine Tangente in einem Punkte mit der Abszisse $\delta = 0$. Bei sehr kleinen Elektrodenentfernungen kann angenommen werden, daß das Exponentialgesetz [Gleichung (2a)] angenähert gilt. In der Abb. 47 sind die Tangenten zu den Kurven $\lg J = f(\delta)$ bei $\delta = 0$ für verschiedene Feldstärken eingezeichnet, woraus die Ionisierungszahl α' ausgerechnet werden kann. Es ist möglich, den Berührungspunkt einer Tangente zu bestimmen, wenn deren Richtung gegeben ist. Man kann so vorgehen, daß die Tangentenrichtungen auf Grund der rechnerisch bestimmten Ionisierungszahlen ermittelt werden. Die Tangenten sind $\lg J' = \lg J_s + \alpha'\delta$. Man setzt die Funktion $\lg J = f(\delta)$ der Abb. 47 für negative Werte fort. Damit ist ein Stück der Kurve $\lg J = f(\delta)$ in der Nähe des Nullpunktes nach beiden Richtungen gegeben. Außerdem ist noch die Richtung der Tangenten, die an dieses Kurvenstück gelegt werden müssen, als gegeben zu betrachten. Berührt die Gerade $\lg J' = \lg J_s + \alpha'\delta$, deren Richtung durch die rechnerisch bestimmte Konstante α' festgelegt ist, das Kurvenstück im Nullpunkt, so stimmen die Ionisierungszahlen, die nach den

Tabelle 13.

a) Die Konstanten μ, α', ε', A und B bei verschiedenen Feldstärken in Nitrobenzol.

Konstante	Feldstärke in kV/cm			
	50	55	60	65
μ pro cm	2,94	2,85	2,75	2,72
$B \cdot 10^6$ Amp	66,0	95,0	146,0	220,5
$A \cdot 10^6$ Amp	80,0	109,0	160,0	234,5
$\dfrac{\varepsilon'}{\alpha'}$	1,21	1,15	1,09	1,06
α' pro cm	13,9	19,0	29,0	41,8
ε' pro cm	16,84	21,85	31,75	44,52
$\sqrt{\alpha'}$	3,72	4,35	5,37	6,46
$\sqrt{\varepsilon'}$	4,10	4,66	5,63	6,66

$$J_s = 14{,}0 \cdot 10^{-6}\ \text{Amp}$$

b) Die Konstanten μ, α', ε', A und B bei verschiedenen Feldstärken in Mineralöl.

Konstante	Feldstärke in kV/cm			
	125	155	180	200
μ pro cm	10,99	7,00	5,10	4,05
$B \cdot 10^{10}$ Amp	17,25	73,0	201,0	359,0
$A \cdot 10^{10}$ Amp	25,75	81,5	209,5	367,5
$\dfrac{\varepsilon'}{\alpha'}$	1,49	1,11	1,04	1,02
α' pro cm	22,4	60,0	121,2	184,0
ε' pro cm	33,39	67,0	126,3	188,0
$\sqrt{\alpha'}$	4,73	7,74	11,0	13,55
$\sqrt{\varepsilon'}$	5,77	8,2	11,30	13,7

$$J_s = 8{,}5 \cdot 10^{-10}\ \text{Amp}$$

c) Die Konstanten μ, α', ε', A und B bei verschiedenen Feldstärken in Toluol.

Konstante	Feldstärke in kV/cm			
	150	180	260	310
μ pro cm $\mu = (\varepsilon' - \alpha')$	33,65	23,1	-24	-44
$B \cdot 10^{11}$ Amp	11,0	52,0	222,0	229
$A \cdot 10^{11}$ Amp	22,0	63,0	210,5	240
$\dfrac{\varepsilon'}{\alpha'}$	2,0	1,21	0,95	0,95
α' pro cm	33,65	109,0	484	960
ε' pro cm	67,30	132,1	460	915
$\sqrt{\alpha'}$	5,74	10,4	22	31
$\sqrt{\varepsilon'}$	8,2	11,48	21,4	30,25

$$J_s = 11{,}0 \cdot 10^{-11}\ \text{Amp}$$

stück im Nullpunkt, so stimmen die Ionisierungszahlen, die nach den

Formeln errechnet werden, mit denen, die sich aus den Tangenten im Ursprung bestimmen lassen, überein. Die Resultate zeigen eine befriedigende Übereinstimmung.

Trägt man die Ionisierungszahl α', den Anlagerungskoeffizienten ε', die aus den Gleichungen ausgerechnet wurden (Tabelle 13) und das Ver-

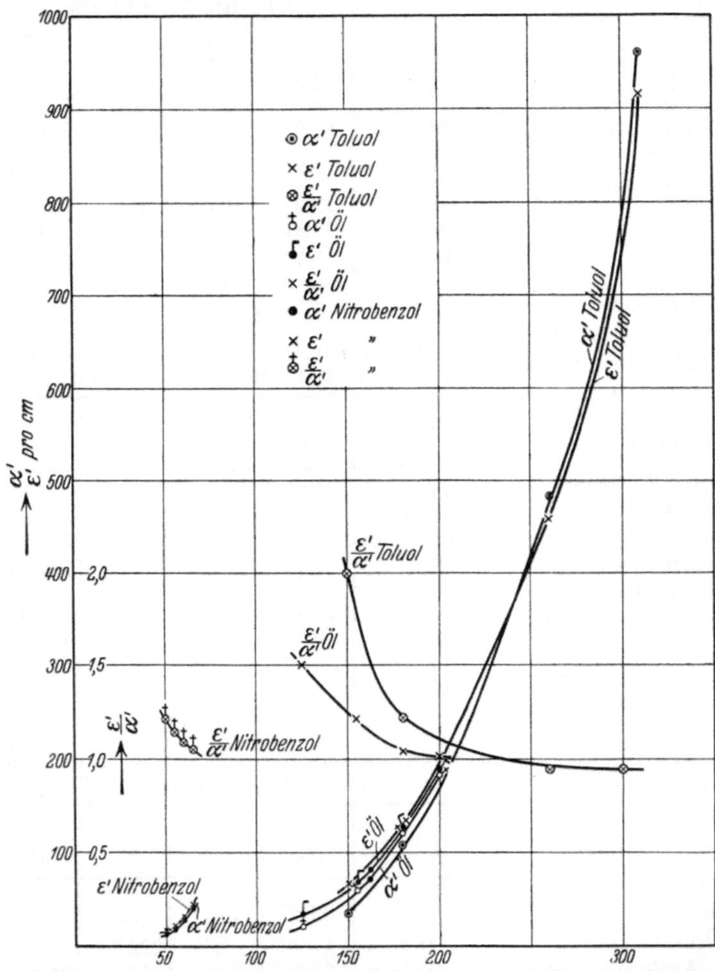

Abb. 50. Die Abhängigkeit der Konstanten α' und ε' von der Feldstärke in verschiedenen Flüssigkeiten. $\varepsilon' = \varepsilon + \varkappa$ Gesamtzahl der negativen Ionen, die auf 1 cm Weglänge erzeugt wird. $\alpha' = \alpha + \varkappa$ Gesamtionisierungzahl pro 1 cm Weglänge. α Anzahl der ionisierenden Stöße pro 1 cm Weglänge, bei denen die Elektronen von Molekülen entfernt werden. ε Zahl der Elektronen, die auf 1 cm Weglänge durch Anlagerung die negativen Ionen bilden. $\varkappa$ Zahl der ionisierenden Stöße auf 1 cm Weglänge, bei denen die Moleküle in negative und positive Ionen zerlegt werden.

hältnis $\frac{\varepsilon'}{\alpha'}$ graphisch als Funktion der Feldstärke auf, so erhält man die Abb. 50, in der die Ergebnisse für Toluol, Mineralöl und Nitrobenzol dargestellt sind. Man sieht daraus den Einfluß der Natur der Flüssigkeit. Die Konstanten α' und ε' haben in Nitrobenzol bereits bei 65 kV/cm dieselben Werte, wie in Mineralöl bei 145 kV/cm. In Nitrobenzol scheint die Ionisierung und Anlagerung leichter vor sich zu gehen, als in Mineralöl. Hingegen liegen die Konstanten in Mineralöl und in Toluol nicht weit voneinander, obwohl der Verlauf des Verhältnisses $\dfrac{\varepsilon'}{\alpha'}$ bei diesen Flüssigkeiten verschieden ist.

Es gilt

$$\alpha' = a\,(\mathfrak{E} - \mathfrak{E}_{0\,\alpha})^2,$$

wo die Konstante $\sqrt{a} = a'$ die Steigung der Kurve darstellt und $\mathfrak{E}_{0\alpha}$ die Feldstärke bedeutet, bei der die Gerade

$$\sqrt{\alpha'} = a'\,(\mathfrak{E} - \mathfrak{E}_{0\alpha})$$

die $\mathfrak{E}$-Achse schneidet (Abb. 51). Die Zahlenwerte der Konstanten a und $\mathfrak{E}_{0\alpha}$ sind für Nitrobenzol, Mineralöl und Toluol bestimmt und in der Tabelle 14 dargestellt.

$$\varepsilon' = b\,(\mathfrak{E} - \mathfrak{E}_{0\varepsilon})^2.$$

$\mathfrak{E}_{0\varepsilon}$ bedeutet hier die Feldstärke, bei der die Gerade $\sqrt{\varepsilon'} = b'\,(\mathfrak{E} - \mathfrak{E}_{0\varepsilon})$ die $\mathfrak{E}$-Achse schneidet und $\sqrt{b} = b'$ die Steigung der Kurven. Auch diese Konstanten b und $\mathfrak{E}_{0\varepsilon}$ sind für Nitrobenzol, Mineralöl und Toluol bestimmt worden. Ihre Zahlenwerte findet man in der Tabelle 14 eingetragen.

Aus der Tabelle 14 sieht man, daß die Werte von $\mathfrak{E}_{0\alpha}$ der Größenordnung nach mit den Feldstärken $\mathfrak{E}_0$, bei denen nach dem Durchlaufen des Sättigungsstromgebietes der

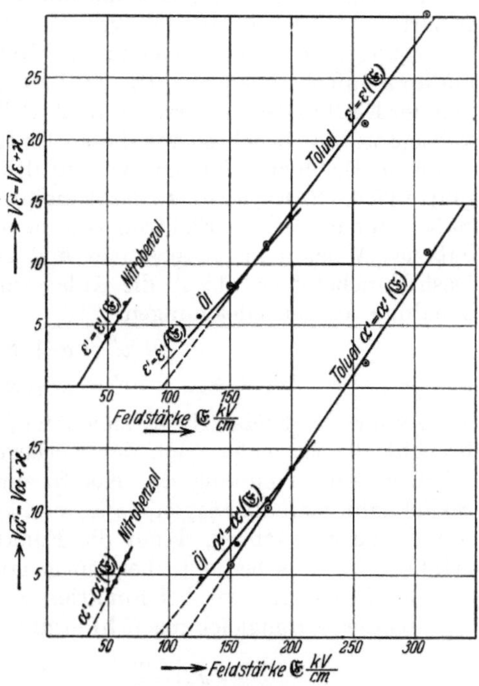

Abb. 51. Die Abhängigkeit von $\sqrt{\alpha'}$ (untere Kurven) und von $\sqrt{\varepsilon'}$ (obere Kurven) von der Feldstärke bei verschiedenen Flüssigkeiten.

Wiederanstieg des Stromes mit der Feldstärke beginnt, ganz gut übereinstimmen. Hingegen bleiben die Werte von $\mathfrak{E}_{0\varepsilon}$ gegen $\mathfrak{E}_0$ etwas zurück. Vergleicht man nun die Koeffizienten a und b bei ein und derselben Flüssigkeit miteinander, so stellt man fest, daß $a > b$. Das bedeutet, daß die Funktion $\alpha' = \alpha'(\mathfrak{E})$ schneller ansteigt als $\varepsilon' = \varepsilon'(\mathfrak{E})$. Ist

Tabelle 14.

Die Konstanten a, b, $\mathfrak{E}_{0\alpha}$ und $\mathfrak{E}_{0\varepsilon}$ bei verschiedenen Flüssigkeiten.

Flüssigkeit	a pro kV/cm	b pro kV/cm	$\mathfrak{E}_{0\alpha}$ in kV/cm	$\mathfrak{E}_{0\varepsilon}$ in kV/cm
Toluol.	0,023	0,018	112	95
Mineralöl	0,014	0,013	90	81
Nitrobenzol	0,040	0,032	31	26

bei nicht zu großen Feldstärken $\alpha' < \varepsilon'$, so wird bei hohen Feldern $\alpha' > \varepsilon'$, d. h. die Kurven vom Typ 1 gehen mit steigender Feldstärke in die Kurven des 2. Typs über, wie dieses bei Toluol experimentell gezeigt wurde. Das Verhältnis zwischen a und b hängt von der Flüssigkeit ab. Bei ¡Toluol ist es größer als bei Mineralöl oder Nitrobenzol. Dieses Verhältnis ist wahrscheinlich von der Reinheit der Flüssigkeit bzw. der Elektroden (Einfluß der fremden Substanzen) abhängig.

Aus der Abb. 50 ist ersichtlich, daß sowohl α' als auch ε' mit wachsender Feldstärke steigt. Daß die Ionisierungszahl α' mit $\mathfrak{E}$ wächst, ist erklärlich. Aber die Zunahme von ε' mit $\mathfrak{E}$ ist merkwürdig, da sie den Erfahrungen in Gasen widerspricht. Nach den Erfahrungen in Gasen müßte ε' mit $\mathfrak{E}$ abnehmen. Dieser Widerspruch ist dadurch entstanden, daß der Einfluß des Prozesses b) im 2. Fall (siehe Seite 144) nicht berücksichtigt wurde. Beachten wir diesen Einfluß, so wird die Unstimmigkeit behoben. Der hier gefundene Verlauf der Funktion $\varepsilon'(\mathfrak{E})$ (siehe Abb. 50) führte W. O. Schumann zu der Annahme, daß nach jedem ionisierenden Stoß nicht immer ein Elektron vom neutralen Molekül befreit, sondern daß das Molekül in ein positives und ein negatives Ion zerlegt wird. Deshalb scheint es, als ob die Anlagerung mit wachsender Feldstärke zunähme. In den Gleichungen

$$\alpha' = \alpha + \varkappa, \tag{12}$$

$$\varepsilon' = \varepsilon + \varkappa \tag{13}$$

kann $\varkappa$ mit der Feldstärke so zunehmen, daß ε mit $\mathfrak{E}$ nicht zuzunehmen braucht. Es ist leider nach den vorliegenden Ergebnissen noch nicht möglich, eine Trennung der Koeffizienten α, ε und $\varkappa$ vorzunehmen. Soviel kann man aber sagen, daß, wenn ε mit $\mathfrak{E}$ abnehmen soll, so muß $\varkappa$ mit $\mathfrak{E}$ enorm wachsen, damit die Funktion $\varepsilon'(\mathfrak{E})$ und Gleichung (13) erfüllt wird. Das bedingt aber ein genau so starkes Anwachsen von $\varkappa$ mit der Feldstärke wie bei Funktion $\alpha'(\mathfrak{E})$.

Aus der Stromgleichung (3 b) ergibt sich:

$$J = J_s \left[\frac{\varepsilon + \varkappa}{\varepsilon - \alpha} - \frac{\alpha + \varkappa}{\varepsilon - \alpha} \cdot e^{-(\varepsilon - \alpha) \cdot \delta} \right]. \tag{14a}$$

Andererseits ist der Strom als Funktion der Feldstärke durch die Gleichung (1 b) gegeben. Aus (14a) und (1 b) erhalten wir

$$e^{c \cdot \delta (\mathfrak{E} - \mathfrak{E}_0)} = \left[\frac{\varepsilon + \varkappa}{\varepsilon - \alpha} - \frac{\alpha + \varkappa}{\varepsilon - \alpha} \cdot e^{-(\varepsilon - \alpha) \cdot \delta} \right] \tag{14b}$$

und daraus

$$c = \frac{\lg \left[\frac{\varepsilon + \varkappa}{\varepsilon - \alpha} - \frac{\alpha + \varkappa}{\varepsilon - \alpha} \cdot e^{-(\varepsilon - \alpha) \cdot \delta} \right]}{\delta (\mathfrak{E} - \mathfrak{E}_0)}. \tag{15}$$

Die Gleichung (15) gibt die Abhängigkeit des Exponentialkoeffizienten c der Stromfeldstärkegleichung von der Elektrodenentfernung, von der Feldstärke und von allen den Größen, die für die Elementarprozesse der Ionenvorgänge bei hohen Feldstärken von Bedeutung sind. Es wurde experimentell beobachtet, daß die Größe c unabhängig von der Feldstärke in dem untersuchten Gebiet ist. Das heißt aber, daß, wenn die an sich ziemlich komplizierten Funktionen, die $\alpha = \alpha(\mathfrak{E})$, $\varepsilon = \varepsilon(\mathfrak{E})$ und $\varkappa = \varkappa(\mathfrak{E})$

darstellen, in die Gleichung (15) eingeführt werden, so muß die Feld stärke in der Gleichung herausfallen. Da der Verlauf der Größen $(\alpha + \varkappa)$ und $(\varepsilon + \varkappa)$ mit der Feldstärke durch die Abb. 50 bekannt ist, sind wir in der Lage, den Exponentialkoeffizienten der Stromspannungsgleichung bei gegebener Elektrodenentfernung und bei $\mathfrak{E} = \mathrm{const}$ auszurechnen. Wird die Rechnung bei verschiedenen konstanten Feldstärken durchgeführt, so muß c bei allen Feldstärken denselben Wert ergeben. Die Rechnung ist für Mineralöl bei drei verschiedenen Elektrodenentfernungen 0,25; 1,0 und 2,0 mm durchgeführt worden, und zwar wurde bei jeder Elektrodenentfernung die Rechnung bei 125, 155, 180 und 200 kV/cm ausgeführt. Die Grenzfeldstärke beträgt 90 kV/cm. Die Rechnung hat eine gute Übereinstimmung mit den Experimenten gezeigt (*423*).

Der allgemeine Ausdruck für den Exponentialkoeffizienten c der Stromspannungsgleichung ist

$$c = \frac{\lg\left(\dfrac{\alpha + \varkappa}{\alpha - \varepsilon}\right) + (\alpha - \varepsilon)\,\delta + \lg\left[1 - \dfrac{\varepsilon + \varkappa}{\alpha + \varkappa}\cdot e^{-(\alpha - \varepsilon)\,\delta}\right]}{\delta\cdot(\mathfrak{E} - \mathfrak{E}_0)}.$$

Setzt man den Ausdruck der eckigen Klammer gleich 1 (er ist davon gewöhnlich nicht weit entfernt), so ist

$$c\,\delta \approx \frac{1}{\mathfrak{E} - \mathfrak{E}_0}\cdot \lg\frac{\alpha + \varkappa}{\alpha - \varepsilon} + \frac{(\alpha - \varepsilon)\,\delta}{\mathfrak{E} - \mathfrak{E}_0}.$$

Soll der Ausdruck unabhängig von $\mathfrak{E}$ sein, so folgt:

$$\frac{\alpha + \varkappa}{\alpha - \varepsilon} = e^{c_1\,(\mathfrak{E} - \mathfrak{E}_0)}$$

und

$$(\alpha - \varepsilon) = c_2\,(\mathfrak{E} - \mathfrak{E}_0)$$

oder

$$\alpha + \varkappa = c_2\,(\mathfrak{E} - \mathfrak{E}_0)\cdot e^{c_1\,(\mathfrak{E} - \mathfrak{E}_0)}$$

und daraus

$$c = \frac{c_1}{\delta} + c_2.$$

Danach nimmt c mit δ nach einer Hyperbel ab, wie dieses bereits durch Experimente gezeigt wurde. Nur bei sehr kleinen Schichtdicken ist nach Schumann zu erwarten, daß c von $\mathfrak{E}$ abhängig sein wird. Dann würde die Stromspannungskurve kein logarithmisches Gesetz zeigen.

Die Rechnung zeigt (*424*), daß eine prozentuale Änderung des Anlagerungskoeffizienten ε den Strom sehr wesentlich beeinflußt. Wird ε um einen sehr kleinen Betrag vergrößert, so kann die Kurve des 1. Typs in die Kurve des 2. Typs übergeführt werden. Schon eine geringe Verunreinigung würde ε beeinflussen. Ist $\alpha = \varepsilon$, so stellt der Strom als Funktion der Schichtdicke eine Gerade dar.

Rechnet man den Strom als Funktion der Elektrodenentfernung nach der theoretischen Gleichung, indem man die rechnerisch ermittelten Werte der Konstanten der Tabelle 13 zugrunde legt, so erhält man die Tabelle 15. Trägt man diese Stromwerte in die Abb. 46, 48 und 49 ein (Punkte mit Fähnchen), so stellt man fest, daß die gerechneten Stromwerte mit den experimentell bestimmten Kurven gut übereinstimmen. Diese Ergebnisse sprechen für die Richtigkeit der Theorie.

Nach v. Hippel (*440*) spielt die Anregung von Molekülschwingungen in Flüssigkeiten beim Ionisierungsprozeß eine wesentliche Rolle. Tatsächlich liegt der Energiezuwachs eines Elektrons pro mittlere freie Weglänge in der Größenordnung dieser Schwingungsquanten; entsprechend ist die Anregungswahrscheinlichkeit sehr hoch, falls der Übergang vom Kraftfeld eines Moleküls in das eines benachbarten Moleküls für das Elektron schon eine Art Zusammenstoß bedeutet. Energieübertragung auf das Molekül findet nach ihm (nicht klassisch) durch Kopplung über das Elektronensystem des Stoßpartners statt.

P. Debye (*442*) behandelt in einem zusammenfassenden Bericht die elektrische Leitfähigkeit von Elektrolytlösungen in starken Feldern und bei hohen Frequenzen.

Tabelle 15. Die Abhängigkeit der Stromstärke von der Elektrodenentfernung bei verschiedenen Feldstärken, ausgerechnet nach der Gleichung (3).

a) Toluol.

Elektroden-entfernung δ mm	Stromstärke in 10^{-11} Amp bei			
	150 kV/cm	180 kV/cm	260 kV/cm	310 kV/cm
0	11,0	11,0	11,0	11,0
0,10	14,1	21,8	71,5	145,0
0,30	18,0	37,0	241,5	671,0
0,50	19,9	46,3	527,5	1941,0

b) Mineralöl.

Elektroden-entfernung δ mm	Stromstärke in 10^{-10} Amp bei			
	125 kV/cm	155 kV/cm	180 kV/cm	200 kV/cm
0	8,5	8,5	8,5	8,5
0,025	12,6		32,5	42,5
0,10	20,0	45,3	89,0	128,0
0,20	23,8	63,4	137,0	208,0

c) Nitrobenzol.

Elektroden-entfernung δ mm	Stromstärke in 10^{-6} Amp bei			
	50 kV/cm	55 kV/cm	60 kV/cm	65 kV/cm
0	14,0	14,0	14,0	14,0
1,0	30,8	37,8	49,0	66,5
2,0	43,3	55,4	75,0	106,5
4,0	59,7	78,7	111,5	160,2
6,0	68,7	91,8	132,0	191,3
8,0	73,7	99,3	143,9	209,4
10,0	76,5			

5. Die Abhängigkeit der Stromstärke von der Elektrodenflächengröße.

Die Versuche sind in drei verschiedenen Mineralölen durchgeführt worden (*408*). Die Behandlungsmethoden der Flüssigkeit und der Elektroden wurden streng gleich gehalten. Die Elektrodenflächen betragen: $F_1 = 3{,}14 \text{ cm}^2$; $F_2 = 7{,}075 \text{ cm}^2$; $F_3 = 12{,}55 \text{ cm}^2$ und $F_4 = 19{,}65 \text{ cm}^2$. Zeichnet man die Stromspannungscharakteristiken in logarithmischer Darstellung, so erhält man bei allen vier Flächen Geraden, die parallel zueinander verlaufen. Also wird in der Stromspannungsgleichung

$$J = J_0 \cdot e^{cU} = J_s \, e^{c(U-U_0)}$$

nur die Konstante J_0 beeinflußt, und der Exponentialkoeffizient c bleibt unverändert. Die Messungen bei drei verschiedenen Elektrodenentfernungen ($\delta = 3$, 4 und 5 mm) haben dieselben Resultate ergeben. Die Beziehung zwischen J_0 und der Elektrodenflächengröße F wird durch die Gleichung

$$J_0 = b \cdot F$$

wiedergegeben. Der Proportionalitätsfaktor b hat denselben Wert, wie der der Beziehung zwischen Sättigungsstrom und Elektrodenflächengröße, wie das auch zu erwarten war. Die Veränderung der Stromstärke bei hohen Feldern, die man durch Veränderung der Elektrodenflächengröße beobachtet, wird nur durch Änderung des Sättigungsstromes erklärt.

6. Polaritätseffekt.

Studiert man die Stromspannungscharakteristik bei unsymmetrischer Elektrodenanordnung, so stellt man auch bei hohen Spannungen einschließlich der Funkenentladung den Polaritätseffekt fest (404). Bei Elektrodenanordnung Spitze gegen Platte liegt die Stromspannungskurve höher, wenn die Spitze negativ geladen ist, als wenn sie positiv geladen ist. Wechselt man die Pole der Elektroden einige Male um, so stellt man fest, daß bei Spitze als Anode recht gut reproduzierbare Kurven erhalten werden können, während die Kurven große Streuung aufweisen, wenn die Spitze als Kathode geschaltet wird. Bei verschiedenen Elektrodenmaterialien ist der Polaritätseffekt verschieden stark ausgeprägt. Der Einfluß des Druckes wurde bei derselben Elektrodenanordnung studiert und festgestellt, daß der Polaritätseffekt auch bei niedrigen Drucken vorhanden ist und vom Druck praktisch nicht abhängt (401). H. Edler (429) bestätigte diesen Tatbestand.

Auch die Temperaturänderung (von Zimmertemperatur bis 120° C Mineralöl) hat keinen nennenswerten Einfluß auf den Polaritätseffekt gezeigt (401).

Es wurde beobachtet, daß infolge des Stromdurchganges und der schwachen Entladungen der Polaritätseffekt sich umkehren kann. Führte zuerst die negative Spitze größere Ströme als die positive, so zeigt nachher die negative Spitze bei derselben Spannung kleinere Ströme als die positive (401). Auch H. Edler (429) beobachtete später die Umkehrung des Polaritätseffektes in Mineralölen. Er fand, daß in entgasten Flüssigkeiten die negative Spitze bei einer konstanten Spannung größeren Strom führt als die positive. Dann läßt er die getrocknete Luft in das Versuchsgefäß einströmen und läßt so die Flüssigkeit 48 Stunden lang stehen, damit die Luft Zeit hat, sich in der Flüssigkeit zu lösen. Die danach durchgeführten Messungen der Stromspannungskurven zeigten, daß bei konstanter Spannung die negative Spitze einen kleineren Strom führt als die positive, und daß sie sich bei Spitze als Kathode weniger geändert haben als bei Spitze als Anode. Aus diesem Versuch wird von Edler geschlossen, daß die gelöste Luft schuld an der Umkehrung des Polaritätseffektes ist. Bindend ist diese Folgerung nicht. Es ist schwer zu entscheiden, ob dabei die gelösten Gasreste oder die durch die gegenseitige Einwirkung der Flüssigkeit und des Metalls entstandenen neuen Bedingungen an den Elektroden (Schichtbildung) diese Umkehrung veranlaßt haben. Aus früheren Darlegungen (*405*) geht hervor, daß bei zwei ungleich großen Platten sich der Polaritätseffekt bei Sättigungsströmen auch ohne Entladungen beim Normaldruck umkehren kann. Dasselbe gilt auch für das Ohmsche Gebiet. Durch die Umkehrung des Polaritätseffektes bei Sättigungsströmen kann die Umkehrung des Effektes bei hohen Feldern bedingt werden.

Wird die Spitzenelektrode künstlich mit Gasen beladen, so beobachtet man oft plötzliche Stromstöße (*408*); eine Zeitlang bleibt der Strom auf einem höheren Wert und geht plötzlich auf den ursprünglichen Wert zurück. Diese plötzlichen Stromstöße kann man auch in gut gereinigtem Toluol, Öl oder Hexan bei Plattenelektrodenanordnung ohne künstliche Begasung der Elektroden beobachten, wenn die Elektrodenentfernung gering ($\delta=0{,}1$ mm) ist. Auch Brünnigshaus (*399*) beobachtete plötzliche Erscheinungen metallischer Leitung bei plötzlicher Felderregung. Die Flüssigkeitsschicht zwischen den Elektroden betrug bei seinen Untersuchungen $\delta = 10$ m μ.

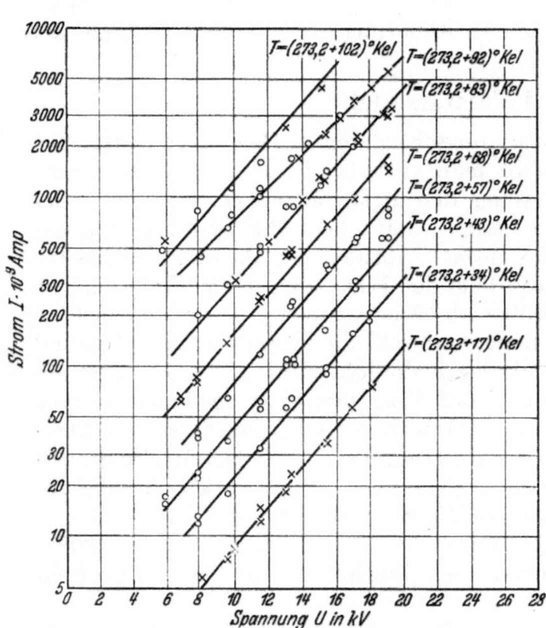

Abb. 52. Die Temperaturabhängigkeit der Stromspannungscharakteristik (logarithmische Darstellung).

7. Einfluß der Temperatur.

Die Abhängigkeit der Leitfähigkeit von der Temperatur bei hohen Spannungen ist in Mineralölen untersucht und ein positiver Temperaturkoeffizient festgestellt worden (*404, 426, 427*).

Studiert man aber die Stromspannungscharakteristik von hohen Feldern bei verschiedenen Temperaturen und stellt die Versuchsergebnisse logarithmisch [$\lg J = f(U)$ bei T-Parameter] dar, so erkennt man, daß die Geraden $\lg J = \lg J_0 + c U$, die die Stromspannungskurven in logarithmischer Darstellung (Abb. 52) ergeben, durch die Temperaturänderung einfach parallel verschoben werden (*405, 407*). Nur $\lg J_0$ ändert sich mit der Temperatur, während der Exponentialkoeffizient c der Stromspannungsgleichung unbeeinflußt von der Temperatur bleibt. In Mineralölen wurde die Temperatur von etwa 15° C bis zu etwa 115° C variiert. Die Beziehung zwischen Strom und Temperatur bei Spannung als Parameter läßt sich durch den Ausdruck

$$J = J_T \cdot e^{\alpha T} = f(U) \cdot e^{\alpha T}$$

darstellen (Abb. 53). Durch die Änderung der angelegten Spannung ändert sich in dieser Gleichung nur der Koeffizient J_T (J_T stellt die auf $T = 0$ extrapolierte Stromstärke dar, T = absolute Temperatur). Die Experimente haben gezeigt, daß der Temperaturkoeffizient α der Gleichung genau denselben Wert besitzt wie der der Gleichung, die den Zusammenhang zwischen dem Sättigungsstrom J_s und der Temperatur T darstellt.

Daraus darf die Schlußfolgerung gezogen werden, daß die Abhängigkeit der Leitfähigkeit von der Temperatur bei hohen Feldern in Mineralölen durch die Veränderung des Sättigungsstromes (der Stärke der spontanen Ionisation) mit der Temperatur erklärt werden kann. Durch die Temperaturänderung wird der Ionisierungsprozeß bei hohen Feldern qualitativ nicht beeinflußt.

Die Temperaturabhängigkeit der Stromspannungscharakteristik in chemisch definierten reinen Flüssigkeiten ist nicht studiert worden. Aber es ist bekannt, daß der Sättigungsstrom in sehr reinem Hexan fast unabhängig von der Temperatur ist. Es ist

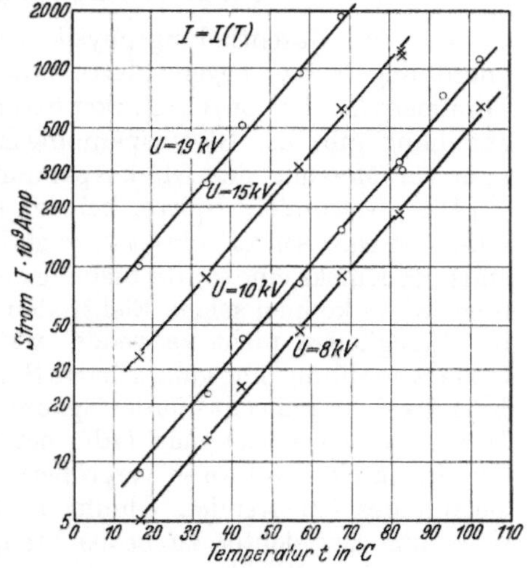

Abb. 53. Die Abhängigkeit des Stroms von der Temperatur bei verschiedenen Spannungen.

deshalb anzunehmen, daß die Leitfähigkeit bei hohen Feldern fast unabhängig von der Temperatur ist.

Die von L. S. Ornstein, G. J. D. J. Willemse und J. H. G. Mulders (402) untersuchte Temperaturabhängigkeit der Stromspannungskurve in Transformatorenölen zeigt die Zunahme der Stromstärke mit der Temperatur bei konstanter Spannung (positiver Temperaturkoeffizient). Sie fanden, daß der Ansatz der Beziehung zwischen der Leitfähigkeit und der Feldstärke $\mathfrak{E}$

$$\lambda = A \cdot e^{b\,\mathfrak{E}}$$

bei hohen Temperaturen besser erfüllt ist als bei niedrigen.

8. Einfluß des Druckes.

Die Untersuchungen in Mineralölen haben ergeben, daß die Stromspannungskurven bei Plattenelektrodenanordnung bei hohen Feldern (3. Gebiet der Charakteristik) von der Veränderung des auf der Flüssigkeitsoberfläche herrschenden Druckes unbeeinflußt bleibt (408). Der Druck wurde dabei vom Normaldruck (760 mm Hg) bis hinunter auf

3 mm Hg variiert. Auch die Elektrodenanordnung Spitze gegen Platte ergibt dasselbe Resultat (*398, 401, 429*).

H. Edler und O. Zeier (*441*) erweiterten die Untersuchungen der Abhängigkeit der Stromspannungscharakteristik vom Druck bei hohen Drucken, und zwar bis 200 at. Sie fanden, daß die Konstante c der Stromspannungsgleichung nicht geändert wird, und daß der Strom nach einem Exponentialgesetz mit zunehmendem Druck abnimmt. Also wird durch diese Druckänderung nur die spontane Ionisierungsstärke verändert.

9. Glimmerscheinung. Spitzenstrom.

Aus der Gasentladungsphysik ist bekannt, daß bei Elektrodenanordnung Spitze gegen Platte mit dem Auftreten des leuchtenden Glimmens (Ionisation) ein starker Stromstoß festzustellen ist. Bei Glimmspannung gibt die Stromspannungskurve einen scharfen Knick, den man zur Messung der Glimmspannung in Gasen benutzt.

Die abgerundete Spitze, bei der in Gasen der Stromstoß mit dem Glimmen ganz schroff einsetzt, zeigt in dielektrischen Flüssigkeiten anstatt des Knicks eine sanfte Biegung der Stromspannungskurve (*404*). Infolgedessen können solche Elektroden zur Messung der Glimmspannung in Flüssigkeiten nicht verwendet werden. Nimmt man aber als Elektrodenanordnung eine ganz scharfe Spitze gegen Platte in gut gereinigten Flüssigkeiten und geht mit der Spannung ganz langsam stufenweise in die Höhe, so beobachtet man (*401*) bei einer bestimmten Spannung, wie der Strom sich stoßweise vergrößert. Gleichzeitig beobachtet man den Beginn des leuchtenden Glimmens der Spitzenelektroden. Diese Erscheinung ist leichter zu beobachten, wenn die Spitze als Anode geschaltet wird. Die Spannung U_g, bei der das Glimmen einsetzt, liegt zwischen 4,2 und 4,5 kV/cm bei der Elektrodenentfernung 0,5, 1,0 und 2,0 mm, und zwar wenn die Spitze positiv geladen ist. Es ist nicht ohne weiteres zu entscheiden, ob bei dieser Glimmerscheinung die Moleküle der Gasreste oder der Flüssigkeit angeregt und ionisiert werden.

Geht man nach dem Einsetzen des Glimmens mit der Spannung langsam herunter, so hört die Spitze bei kleinerer Spannung als U_g auf, zu glimmen. Die kleinste Spannung, bei der das Glimmen verschwindet, läßt sich nicht genau messen und ist davon abhängig, ob die Spitze positiv oder negativ geladen ist. Auch die Glimmspannung U_g hängt davon ab, ob die Spitze Kathode oder Anode ist. Im ersten Fall ist sie größer als im zweiten. Auch hier ist die Änderung des Polaritätseffektes beobachtet worden.

Bei hohen Spannungen wurden oft Stromstöße beobachtet, die offenbar durch die nichthomogene Beschaffenheit der Elektrodenoberfläche zu erklären ist (Kraterbildung, Befreiung der Metallgasreste usw.).

Photographisches Papier weist zwischen Plattenelektroden (homogenes Feld) Schwärzungen auf (*438, 439*). Sie wird auf das Glimmen in Luft zurückgeführt. In blasenfreien Flüssigkeiten hingegen wird die Stoßionisation und das Glimmen von der flüssigen Phase abhängig gemacht.

10. Potentialverteilung bei hohen Feldern.

Die Messungen der Potentialverteilung in reinen dielektrischen Flüssigkeiten bei hohen Feldern (im 3. Gebiet der Stromspannungscharakteristik) fehlen bis jetzt. Die Messungen der Feldverteilung in Chlorbenzol (*431*) sind vorwiegend im Sättigungsgebiet durchgeführt worden, wie das die späteren Messungen ergeben haben (*435*). Es liegen aber die Messungen in reinem Nitrolbenzol vor (*432, 433*). Diese Flüssigkeit weist gewöhnlich so große spezifische Leitfähigkeit auf, daß sie zu den Halbleitern gezählt werden kann. Aber man kann die in Nitrobenzol gewonnenen Resultate unter Umständen auf die dielektrischen Flüssigkeiten übertragen. Die Messungen der Feldverteilung in gereinigtem Nitrobenzol mit Hilfe des Kerr - Effekts mittels Babinetstreifen bei wachsender Feldstärke haben gezeigt, daß die Babinetinterferenzstreifen sich parallel zu sich selbst verschieben. Die dabei verwendeten Feldstärken reichten bis 150 kV/cm. Die weitere Steigerung der Feldstärke war durch die auftretenden Funkenentladungen unterbunden. Im ganzen untersuchten Meßbereich zeigte sich im stationären Zustand eine gleichmäßige Feldverteilung, wenn das Nitrobenzol gut gereinigt war. Die Streifenverschiebung in verunreinigten Nitrobenzolproben zeigt die ungleichmäßige Feldverteilung zwischen den Elektroden an. Auch die Messungen mit Gesichtsfeldaufhellung ergeben dieselben Resultate. Bei annähernd monochromatischem Licht zeigte sich eine ungleichmäßige Verteilung der Lichtintensität, die den Deformierungen der Babinetstreifen entsprach. Je unreiner die Flüssigkeit ist, desto stärker ist die Feldverzerrung ausgeprägt (*431, 432*).

Wenn in einer Flüssigkeit, deren Eigenleitvermögen um einige Zehner-Faktoren größer ist als das der reinen dielektrischen Flüssigkeiten in reinem Zustand, homogene Feldverteilung zu beobachten ist, so ist in reinen dielektrischen Flüssigkeiten eher eine gleichmäßige Feldverteilung möglich.

Aus diesen Resultaten sehen wir, daß der nichtlineare Verlauf des Logarithmus des Stromes mit wachsender Elektrodenentfernung bei konstant gehaltener mittlerer Feldstärke $\mathfrak{E}_m = \dfrac{U}{\delta}$ nicht durch eine ungleichmäßige Feldverteilung verursacht werden kann.

D. Potentialsprung, Elektrokinetik. Dispersoidik.

I. Potentialsprung. Elektrokinetik.

Bei inniger Berührung verschiedenartiger Substanzen entsteht in der Grenzschicht ein elektrisches Feld. Nach dem Coehnschen Ladungsgesetz lädt sich die Substanz mit der höheren Dielektrizitätskonstante im allgemeinen positiv auf. Perucca (*455*) fand, daß eine reine, frisch hergestellte Quecksilberoberfläche sich bei der Berührung mit Glas stets positiv lädt. In einiger Zeit aber (zwischen wenigen Minuten und mehreren Stunden) zeigt dieselbe Quecksilberoberfläche eine negative

Ladung. Offenbar ist diese Umkehrung des Vorzeichens der Aufladung auf die Wirkung von Spuren von Stickstoffoxyden und Sauerstoff zurückzuführen. Man sieht daraus, daß die Oberflächenbeschaffenheit des Metalls auf den Sinn der Aufladung großen Einfluß hat [siehe auch Richards (456)]. Deshalb ist es sehr schwer, reproduzierbare Verhältnisse zu erhalten. Coehn und Lotz (457) erhielten im Hochvakuum reproduzierbare Ergebnisse. Unedle Metalle luden sich negativ und edle positiv auf. Reines Quecksilber lädt sich gegen Glas stets positiv auf, es genügt aber ein Zusatz von 0,001% Natrium, um den Sinn der Aufladung umzukehren. Heydweiler (459) untersuchte die Wanderungsrichtung von Goldteilchen in Flüssigkeiten und fand einen Einfluß der Dielektrizitätskonstante der Flüssigkeit. In Azeton ($DK = 21$) bewegten sich die Goldteilchen zur Anode und in Chloroform ($DK = 5$) zur Kathode. Das verschiedene Verhalten unedler und edler Metalle wird folgendermaßen gedeutet (457). Alle Metalle geben infolge ihrer hohen Elektronenkonzentration Elektronen an das sie berührende Dielektrikum ab und laden sich deswegen positiv auf. Dieser Wirkung überlagert sich noch eine zweite: infolge der Lösungstensionen der Metalle senden diese in das Lösungsmittel positive Ionen und bleiben selbst negativ geladen zurück. Bei edlen Metallen scheint die erste Wirkung zu überwiegen, bei unedlen die zweite [siehe auch S. 100 u. 101 und Coehn und Curs (458)].

Gony (446) und Chapman (447) nehmen an, daß den elektrostatischen Anziehungs- und Abstoßungskräften der Wand die kinetische Wärmebewegung entgegenwirkt, die eine homogene Ionenverteilung in der Flüssigkeit anstrebt. Werden an die Grenzfläche z. B. positive Träger herangezogen, so ordnen sich die abgestoßenen negativen Ionen in einer gewissen Entfernung von der Wand. Die Wärmebewegung wirkt so, daß diese negative Belegung der Doppelschicht diffus ist (keine molekulare Belegung). Die Zahl der überschüssigen negativen Ionen nahe dieser Schicht nimmt von der Wand nach dem Innern der Flüssigkeit kontinuierlich ab (448). Deshalb muß zwischen dem unverschieblichen Teil der Flüssigkeit und der verschieblichen Schicht, die sich parallel zur Grenzfläche bewegt, ein Potentialsprung auftreten. Durch die Vorstellung über die Adsorption der Ionen in der Grenzschicht lassen sich einige Erscheinungen gut erklären (443, 436). Die Abb. 54 ist der Theorie von H. Freundlich entnommen. Sie zeigt zwei Möglich-

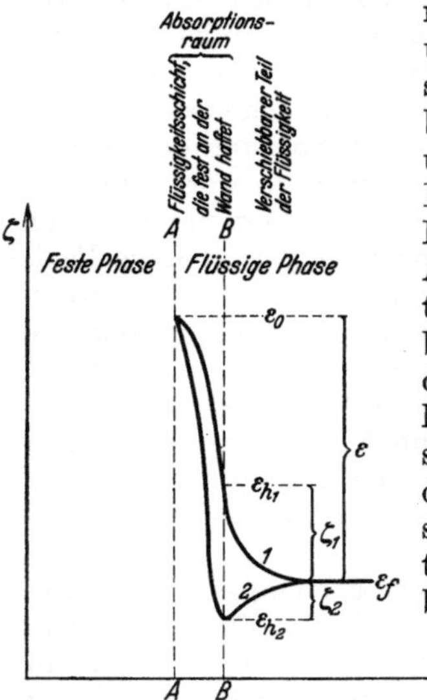

Abb. 54. Potentialverlauf zwischen dem Innern der Flüssigkeit und dem festen Körper. B—B Beginn der diffusen Schicht. An B—B wird die flüssige Phase zerrissen, wenn die Flüssigkeit parallel zu B—B bewegt wird. ε Phasengrenzkraft (Nernstsche Potentialdifferenz oder thermodynamische Potentialdifferenz, ζ_1, ζ_2 elektrokinetische Potentialdifferenz, ε_0 Potential der festen Phase, ε_f Potential der flüssigen Phase.

keiten des Potentialverlaufes zwischen dem Innern der Flüssigkeit und dem festen Körper. Nach Freundlich ist im 2. Fall (Kurve *2*) der Potentialteil ein anderer infolge der Anwesenheit noch anderer Ionen als im 1. Fall (Kurve *1*) und infolge deren verschiedener Adsorbierbarkeit. Ist das Potential der festen Phase ε_0 und das des Flüssigkeitsinnern ε_f, so ist die Potentialdifferenz

$$\varepsilon = \varepsilon_0 - \varepsilon_f,$$

die man als **Phasengrenzkraft (Nernstsches Potential)** bezeichnet. Die Potentialdifferenz zwischen dem Potential ε_h der an der Wand haftenden Flüssigkeitsschicht und dem Potential ε_f im Innern der Flüssigkeit

$$\zeta = \varepsilon_h - \varepsilon_f$$

nennt man das **elektrokinetische Potential**. Da es zwei Möglichkeiten des Potentialverlaufes geben kann entsprechend Abb. 54, so sind zwei verschiedene elektrokinetische Potentiale zu erwarten, die entgegengesetzte Vorzeichen aufweisen. Die Kurve *1* (Abb. 54) schneidet die *BB*-Schicht (Grenzschicht zwischen der an der Wand haftenden Flüssigkeitsschicht und der freibeweglichen Flüssigkeit) in einem anderen Punkt als die Kurve *2*, es gibt daher zwei Potentiale ε_{h_1} und ε_{h_2} und dementsprechend ist

$$\zeta_1 = \varepsilon_{h_1} - \varepsilon_f, \qquad \zeta_2 = \varepsilon_{h_2} - \varepsilon_f.$$

Man sieht, daß bei demselben ε-Potential die ζ-Potentiale verschieden sein können. (Unabhängigkeit des elektrokinetischen Potentials ζ von dem Nernstschen ε.) Nach dem oben Gesagten wird das ζ-Potential von der Adsorbierbarkeit der Ionen stark beeinflußt, hingegen das ε-Potential nicht. Über die Adsorption der einzelnen Ionen, ihre gegenseitige Verdrängung usw. sind unsere Kenntnisse recht mangelhaft. Deshalb kann nicht genau angegeben werden, wie die Kurven *1* und *2* (Abb. 54) im einzelnen wirklich verlaufen. Von den Elektrolyten her ist bekannt, daß auf das ζ-Potential dasjenige Ion in erster Linie von Einfluß ist, das die entgegengesetzte Ladung trägt wie die Wandschicht. Dabei spielen sowohl die Wertigkeit der Ionen als auch die Adsorbierbarkeit der organischen Ionen eine Rolle. Je höherwertiger die Ionen sind und je stärker sie adsorbiert werden, desto stärker wird das Potential verkleinert.

Freundlich und Rona (*449*) und Freundlich und Ettisch (*450*) haben experimentell gezeigt, daß man einen ζ-Potentialsprung von einem ε-Sprung zu unterscheiden hat. Auch der Größenordnung nach unterscheiden sie sich ganz bedeutend: Der ε-Potentialsprung beträgt etwa 1 Volt und der ζ-Potentialsprung ist gewöhnlich kleiner als 100 Millivolt. Ändert man die Konzentration derjenigen Ionen, die dem betreffenden Elektrodenmaterial zugrunde liegen (*451*), so wird der ε-Sprung beeinflußt.

Befinden sich feste Teilchen oder flüssige Tröpfchen oder Gasblasen in einer Flüssigkeit, und legt man ein elektrisches Feld an, so greift es die geladenen Belegungen der Teilchen an und führt sie mit einer ge-

wissen Geschwindigkeit fort. Man nennt diese Erscheinung Kata-
phorese. Die Teilchen im Wasser sind Träger der negativen Ladung.
Legt man die Spannung an ein Diaphragma, in dem sich Wasser befindet,
so stellt man eine Bewegung des Wassers zur negativen Elektrode hin
fest; das Wasser erscheint so, als ob es positiv geladen wäre. Diese Erscheinung nennt man Elektroosmose (Elektroendosmose).

Treibt man die Flüssigkeit durch das Diaphragma (z. B. mit einer
Pumpe), so entsteht eine Potentialdifferenz rechts und links vom
Diaphragma (d. h. zwischen zwei Punkten des Diaphragmas, die in Richtung der Flüssigkeitsströmung liegen). Das auf diese Weise erzeugte
Potential (oder der Strom) wird als Strömungspotential (oder Strö-
mungsstrom) bezeichnet. Läßt man aber zwischen zwei Elektroden,
die sich in einer Flüssigkeit befinden, feste Teilchen fallen, so erzeugt
man zwischen den Elektroden eine Potentialdifferenz, die als Potentialdifferenz durch fallende Teilchen bezeichnet wird.

Wiedemann fand an porösen Tonplatten, daß die übergeführte
Wassermenge von der Stromstärke direkt abhängig und von der Oberfläche und Dicke der Schicht unabhängig ist. Quinke stellte bei seinen
ausgedehnten Messungen in Glaskapillaren fest, daß die Wanderungsgeschwindigkeit eines suspendierten Teilchens proportional der Stromstärke und von der Länge des Flüssigkeitsweges unabhängig ist. Dabei
machte er auch die ersten Beobachtungen über Strömungspotentiale oder
Strömungsströme. Zur Erklärung der Erscheinungen nahm er an, daß
sich zwischen der festen und flüssigen Phase eine Doppelschicht entgegengesetzter Ladungen ausbildet. Auf Grund dieser Vorstellung stellte
Helmholtz eine mathematische Theorie der Elektroosmose und Strömungsströme auf. Er betrachtete die Verhältnisse für laminare Strömung
im stationären Zustand. Die in der Zeiteinheit fortgeführte Wassermenge V ist durch die Gleichung

$$V = \frac{U \cdot r^2 \zeta}{4 \pi \eta l}$$

gegeben (C. G. S.-Maßsystem), wo U die angelegte Spannung, r den Radius
der Kapillare, ζ den elektrokinetischen Potentialsprung, η die innere
Reibung der Flüssigkeit (die η-Werte sind leider nicht gut definiert,
was eine gewisse Unsicherheit der Ergebnisse mit sich bringt) und l die
Länge der Röhre bedeuten. Man erhält eine gute Übereinstimmung mit
den Experimenten, wenn man noch dazu nach dem Vorschlag von
Pellat die Dielektrizitätskonstante D berücksichtigt:

$$V = \frac{D U r^2 \zeta}{4 \pi \eta l} \, .$$

Für das Strömungspotential U gilt:

$$U = \frac{P \zeta D}{4 \pi \eta \lambda} \, ,$$

wo P den hydrostatischen Überdruck und λ die spezifische Leitfähigkeit
bedeuten. Smoluchowski erweiterte die Theorie für isolierende Gefäße
beliebiger Form. Befindet sich ein Teilchen in einer unendlich aus-

gedehnten Flüssigkeit (kein Wandeinfluß), so ist seine Wanderungsgeschwindigkeit v gegeben:

$$v = \frac{D \cdot U \cdot \zeta}{4 \pi \eta l}.$$

In vielen Fällen ist diese Beziehung experimentell bestätigt worden.
Die Potentialdifferenz, die durch ein fallendes kugelförmiges Teilchen
erzeugt wird, ist nach Smoluchowski durch die Gleichung

$$U = \frac{D R^3 g (s - s_1) \cos \varphi}{12 \pi \lambda \eta r^2}$$

gegeben. Hier bedeuten R den Radius des Teilchens, r die Entfernung des
Aufpunktes, φ den Winkel zwischen Radiusvektor zum Aufpunkt und
Bewegungsrichtung, s das spezifische Gewicht des Teilchens, s_1 das spezifische Gewicht der Flüssigkeit, g die Schwerebeschleunigung. Sind in
der Volumeneinheit n-Teilchen vorhanden, die im Schwerefeld innerhalb
eines Rohres in der Flüssigkeit fallen, so ist der Potentialabfall

$$E = \frac{D \zeta R^3 (s - s_1) n g}{3 \eta \lambda}.$$

Stock hat die Beziehung von Smoluchowski durch Versuche bei
laminarer Strömung bestätigt. Lamb (445) entwickelte eine andere
Theorie, die aber keinen Einklang mit den Experimenten fand. Er lehnt
die Existenz einer Schicht der Flüssigkeit ab, die an der Wand fest-
haftet. Nun wissen wir aber, daß die neuesten experimentellen und theoretischen Forschungen in der Hydrodynamik das Vorhandensein einer
solchen Schicht gesichert haben (Prandtlsche Grenzschicht). Auch
die Gültigkeit der Navier-Stokesschen Gleichung für das Flüssig-
keitsgebiet, in dem sich die Doppelschicht befindet, wird abgelehnt.

Es seien hier noch die wichtigsten Arbeiten erwähnt, die in Elektrolyten von besonderer Bedeutung sind. Debye und E. Hückel (452)
beschäftigen sich mit dem Einfluß der Teilchenform für die kataphore-
tischen Wanderungsgeschwindigkeiten; Stern (453) bildete die Ad-
sorptionstheorie der Doppelschicht und Gemant (454) die Theorie der
Ionenverteilung aus.

N. Schönfeldt (462) referiert über Elektroosmose und Elektro-
phorese.

II. Dispersoidik.

Vom Standpunkt der Kolloidforschung tritt fast immer eine Be-
sonderheit auf, wenn irgendein Material in kolloidalen Dimensionen
auftritt. Dieser Gesichtspunkt ist bei den Untersuchungen von dielektrischen Flüssigkeiten oder Mischungen sehr wenig berücksichtigt
worden. Über die allgemeine und ausführliche Betrachtung der Isolierstoffe unter diesem Gesichtspunkt siehe Wo. Ostwald (463).

Außer in den Zuständen kristallinisch oder amorph, fest, flüssig und
gasförmig kommt die Materie auch in Zuständen verschiedener Zerteilung vor. Die Begrenzung der Partikelchen in diesem letzten Zustand
spielt eine besondere Rolle. Bei Polyedern z. B. unterscheiden wir Grenz-
schichten, Grenzkanten und Grenzecken. Die Grenzgebiete be-

sitzen (räumliche) Tiefenausdehnungen im physikalisch-chemischen Sinne, die nur im extremen Fall zu mathematischen Flächen, Linien und Punkten werden. Diese Grenzgebiete sind der Sitz ganz besonderer physikalisch-chemischer Kräfte und Erscheinungen, die sie von den Eigenschaften des Körperinnern auszeichnen. Daher ist eine Anhäufung besonderer Eigenschaften zu erwarten, je stärker diese Grenzgebiete auf Kosten der gesamten Masse vermehrt werden (Zerteilung). Wird ein Körper in Flächen zerteilt (erste Zerteilungsoperation), so erhält man lamellare Systeme: Feste, mesomorphe, flüssige und gasförmige Schichten, Filme, Häute, Membranen usw., z. B. Glimmer, Flüssigkeitshäute, Adsorptionsschichten (zweidimensionale Gase) usw. Durch Zerteilung der lamellaren Systeme (zweite Zerteilungsoperation) erhält man fibrillare Systeme: Feste, mesomorphe, flüssige Fäden, Fasern, z. B. Fadenkristalle, Spinnenfasern usw. Zerteilt man diese Systeme (dritte Zerteilungsoperation), so erhält man korpuskulare Systeme. Lamellare und fibrillare Systeme bilden partiell disperse und korpuskulare total disperse Systeme (Dispersoidik oder Dispersoidwissenschaft). Die Dimensionen der Kolloidteilchen liegen etwa zwischen 10^{-5} und 10^{-7} cm. Es gibt auch Übergänge zwischen den Kolloiden und den benachbarten Gebieten, z. B. Dispersoidserien (von ion- und molekulardispersem, komplexem, kolloidem und grobdispersem Gold). Auch von den kleinsten bisher bekannten physikalischen Realitäten, Protonen und Elektronen, ausgehend, kann man durch Zusammensetzung dieser kleinsten Teilchen sukzessive in das Gebiet kolloider Dimensionen gelangen. Außer Sinn und Anzahl der Ladungen kommen Abstand, Geschwindigkeit, Form der Bahnen, Rotation oder der „Spin" dieser bewegten Ladung hinzu. Die Art der zwischen den Elementarladungen herrschenden Kräfte ist sehr verschieden (elektronische, atomare, ionische, innen- und zwischenmolekulare, van der Waalssche molekulare Kräfte, primäre und sekundäre Valenzen, Gitterkräfte, homöopolare und heteropolare Bindungskräfte usw.). Je nach Art dieser Kräfte werden die Komplexe verschiedene Eigenschaften (Stabilität, Größe usw.) haben.

Die Variation des Zerteilungsgrades und der Zerteilungsform ist durchaus nicht nur eine stereometrische Angelegenheit. Mit den Teilchengrößen ändern sich auch verschiedene physikalische Eigenschaften: Absorptionsvermögen, Diffusion, Löslichkeit, Trübung, Viskositätsanomalien, Härte usw. Als Beispiel sei hier die theoretisch und experimentell weitgehend bestätigte Beziehung zwischen dem Diffusionskoeffizienten D und der Teilchengröße d (Einstein — Smoluchowski) erwähnt:

$$D = \frac{R\,T}{N \cdot 12\,\pi\,d\,\eta}.$$

Die Funktion $D = f(d)$ stellt eine Hyperbel dar.

Auch die Isolierstoffe kommen außer in drei Aggregatzuständen auch in drei allgemeinen Zerteilungsformen vor: Z. B. lamellare: Flüssigkeitshäute; fibrillare: Wasserkapillaren in Faserstoffen oder in Ölen; korpuskulare: inhomogene flüssige Isolatoren mit C-Abscheidung, Poly-

metrisations- und Oxydationsprodukte in Ölen, H_2O in molekulardispersem bis grobdispersem Zustand in Ölen.

Es ist naheliegend, anzunehmen, daß die dielektrischen Eigenschaften
der Isolatoren von dem Dispersionsgrad abhängig sind. Unter diesem
Gesichtspunkt sind sehr wenig Messungen unternommen worden.
H. Stäger (469) fand, daß die Beeinflussung der elektrischen Festigkeit
im wesentlichen abhängig vom Dispersionsgrad des vorhandenen
Wassers ist. Es ist auffallend, daß bei lamellaren Systemen der Isoliermaterialien wichtige Funktionen zwischen Dielektrizitätskonstante, Leitfähigkeit, Durchschlagspannung und Feldstärke
mit der Schichtdicke bestehen. Es würde von Interesse sein, die Eigenschaften von Isoliermaterialien als Funktion der Teilchengröße zu
studieren. Retzow (468) gibt an, daß die DK von etwa 3,8 auf 2,3 fällt,
wenn die Dicke des Hartpapiers von 4 mm auf 1 mm reduziert wird.
Die Durchschlagsfestigkeit der Luftkanäle (fibrillare Systeme) ist schon
bei 0,1 mm Durchmesser um 20- bis 30mal größer, als die normale
Festigkeit der Luft (464). Die Durchschlagsfeldstärke nimmt zu bei
abnehmender Schichtdicke. Besonders im kolloiden Schichtdicken-
gebiet ist das stark ausgeprägt.

Pungs (465) untersuchte die Leitfähigkeit bei Wechselspannung
und die dielektrischen Verluste eines Gemisches von Wachs und Kolophonium als Funktion der Temperatur. Das Gemisch ist bei hohen Temperaturen hochdispers und entmischt sich beim Abkühlen zu einem
grobdispersen System. Während des Entmischungsstadiums, in dem
ein kolloides Dimensionsgebiet durchschritten wird, zeigt das Gemisch
ein Maximum in den Leitfähigkeits- und Verlustkurven.

Die Nachwirkungserscheinungen treten um so mehr zurück, je reiner
und gleichmäßiger die untersuchten Isolierstoffe sind (466, 467) (Inhomogenität!).

E. Durchschlag.

I. Allgemeines.

Wird in sehr reinen und trockenen isolierenden Flüssigkeiten die
Spannung gesteigert, so beobachtet man in einem bestimmten Spannungsbereich einen Sättigungsstrom. Bei der Spannung U_0 fängt aber
der Strom i mit der Spannung U wieder an zu steigen (Wirkung der hohen
Feldstärken). Er wächst exponentiell, bis die Entladung schließlich eingeleitet wird. Es sieht also so aus, als ob man daraus schließen könne,
daß der Durchschlag von Ionisierungsvorgängen bei hohen Feldern eingeleitet wird (Ionisierungsdurchschlag). Es wird aber später gezeigt werden, daß es auch solche Funkenentladungen gibt, die nicht vom
Ionisierungsvorgang bei hohen Feldern eingeleitet werden (Nichtionisierungsdurchschlag. Siehe die Abhängigkeit der Durchschlagspannung vom Druck). Die überwiegende Zahl der Veröffentlichungen behandeln den Nichtionisierungsdurchschlag.

Bei Durchschlagsversuchen werden die Durchschlagspannung U_d
und die Elektrodenentfernung δ gemessen. Aus diesen zwei Größen

wird dann die Durchschlagsfeldstärke $\mathfrak{E}_d = \dfrac{U_d}{\delta}\,\dfrac{\text{kV}}{\text{cm}}$ bestimmt, die in der Hochspannungstechnik als Durchschlagsfestigkeit des Isoliermaterials bezeichnet und als Materialkonstante betrachtet wird.

Die Bildung der Durchschlagfeldstärke als Quotient von Durchschlagspannung und Elektrodenentfernung ist aber nur dann zulässig, wenn die Verteilung des Feldes zwischen den Elektroden gleichmäßig ist. Wird nämlich die Erreichung einer kritischen Feldstärke in irgendeinem Punkt des Elektrodenzwischenraumes als Bedingung für den Durchschlag angesehen, wie das bei Gasen üblich ist, so berechnet man die maximale Feldstärke als $\dfrac{U_d}{\delta}$ falsch, wenn zwischen den Elektroden eine inhomogene Feldverteilung herrscht. Die Experimente haben mit Hilfe des Kerr-Effektes gezeigt, daß in mäßig gereinigter Flüssigkeit kurz nach dem Anlegen der Spannung eine Feldverzerrung vorhanden ist, die aber mit der Zeit abgebaut wird. Im stationären Zustand stellt sich dann ein homogenes Feld ein. In diesem Fall kann die Feldstärke $\mathfrak{E}$ als $\dfrac{U}{\delta}$ definiert werden. Je sauberer die Flüssigkeit gemacht wird, desto geringer ist die Feldverzerrung, und bei manchen Flüssigkeiten (Toluol) kann auch die zeitliche Abhängigkeit der Feldverzerrung leicht beseitigt werden (Reinigung).

Ob diese gleichmäßige Feldverteilung auch noch kurz vor dem Durchschlag vorhanden ist (Durchschlagfeldstärke in reinem, trockenem und entgastem Toluol ca. $1,3 \cdot 10^6$ Volt/cm), ist noch unbekannt. Die Durchschlagfestigkeit ist die kritische maximale Feldstärke, die räumlich oder zeitlich auftritt, und bei der die angelegte Spannung unter Funkenbildung zusammenbricht. Ist die Spannungsquelle leistungsfähig, so daß der erforderliche Strom nachgeliefert werden kann, so bildet sich beim Durchschlag ein Lichtbogen aus. Danach wäre bei Wechselspannung der Maximalwert für den Durchschlag ausschlaggebend. Es wird aber später gezeigt werden, daß für den Durchschlag auch die Kurvenform und daneben noch andere Parameter von Bedeutung sind. Das besagt, daß für den Durchschlag nicht nur die Feldstärke, sondern noch andere Faktoren von Einfluß sind, und zwar gilt dieses, wie wir noch sehen werden, insbesondere für den Nichtionisierungsdurchschlag. Für den Ionisierungsdurchschlag scheint nur die maximale Feldstärke maßgebend zu sein.

Man beobachtet namentlich in unreinen Flüssigkeiten zunächst Vorentladungen. Das sind lichtschwache Entladungen, die trotz weitergehender Spannungssteigerung sofort wieder verlöschen. Diese Entladungen dürfen nicht mit den eigentlichen Durchschlägen verwechselt werden.

Leider sind die Durchschlagsspannungen mit großer Streuung behaftet. Bei gleicher Temperatur, Druck, Elektrodenform und -entfernung in der gleichen Flüssigkeit weichen die Durchschlagspannungen vom Mittelwert ziemlich stark ab. Dieser Umstand bringt eine große Unsicherheit in der Auswertung und Deutung der Versuchsergebnisse mit sich. Deshalb ist in der Beurteilung oder beim Vergleich der Resultate eine kritische Einstellung im verstärkten Maße am Platze. Bei Angabe der mittleren Durchschlagspannung ist stets auch die Streuung und die Zahl der Durchschläge, aus der der Mittelwert gebildet worden ist, anzugeben.

Da die Durchschlagfeldstärke sich abhängig von Elektrodenform, Elektrodenentfernung, Beanspruchungsdauer, Geschwindigkeit der Spannungssteigerung und der Art der Spannung ergeben hat, ist bei der Durchschlagfeldstärke ebenfalls dieser Parameter anzugeben. Das gilt in besonders hohem Maße für den Nichtionisierungsdurchschlag. Wir werden sehen, daß für den Ionisierungsdurchschlag sich alles vereinfacht.

Es ist schwer, die Resultate der verschiedenen Autoren miteinander zu vergleichen, da ihre Versuchsbedingungen ganz verschieden waren.

Die experimentelle Forschung ist viel weiter fortgeschritten als die theoretische. Das liegt hauptsächlich in der Unsicherheit, die Versuchsergebnisse zu deuten. Eine abgeschlossene Theorie gibt es nicht. Jede behandelt nur einen Teil der Ursachen, die zum Durchschlag führen können. Deshalb können sie auch so lange nebeneinander bestehen, bis eine allgemeine Theorie entwickelt werden kann. Hier aber sollen die einzelnen Theorien für sich besprochen werden, um einen Gesamtüberblick davon zu geben, welche theoretischen Grundgedanken und Ansätze bis jetzt für die Deutung des Durchschlagphänomens gemacht wurden. Die weitere Forschung in dieser Richtung hat nun die Aufgabe, das Brauchbare aus diesen Teilansätzen und Gedanken zu einer allgemeinen Theorie zu vereinigen.

Dem Kapitel über die Durchschlagtheorien soll ein Kapitel über die experimentellen Tatsachen vorausgeschickt werden.

II. Experimentelles.

1. Einfluß der Reinigung auf die Durchschlagspannung.

a) Einfluß der Reinheit der Flüssigkeit.

Die im Handel vorhandenen organischen Flüssigkeiten (Hexan, Xylol, Benzol usw.) sind schon gereinigt. Wenn sie aber auch als „chemisch rein" bezeichnet werden, so reicht ihre Reinheit doch nicht aus, um einwandfreie Resultate zu erzielen. Deshalb müssen sie für die Untersuchungen sorgfältig gereinigt werden.

Eine erste Reinigung des Öls wird von den Ölfirmen selbst vorgenommen, aber gebrauchsfähig ist es darum noch nicht. Die elektrischen Fabriken reinigen die Öle nochmals. Diese Reinigung besteht im wesentlichen darin, daß Wassergehalt und Schmutz nach Möglichkeit entfernt werden. Erreicht wird dieses durch Filtration und Kochen. Bei der Filtration wird das Öl meist auf ca. 60° C erwärmt, um den Prozeß zu beschleunigen. Man nimmt oft die Trocknung (Kochen) im Vakuum vor, weil sich dies als wirksamer gezeigt hat. Besonders in Amerika bedient man sich des Zentrifugierens; hierbei wird die Verschiedenheit der spezifischen Gewichte zur Trennung von Wasser und Schmutz vom Öl ausgenutzt. Die Ausscheidung aller Stoffe vom spezifischen Gewicht des Öls ist dabei nicht möglich. Deshalb kommt die Reinigungsmethode nur für die Praxis in Betracht, wenn stark verschmutztes Öl schnell gereinigt werden soll. Man kann Öl auch auf chemischem Wege (Zusatz von Chlorkalzium, Phosphorpentoxyd, ungelöschtem Kalk) entfeuchten.

In der Praxis hat aber diese Methode keine Bedeutung, weil der Prozeß lange dauert und noch dazu eine Filtration unentbehrlich bleibt.

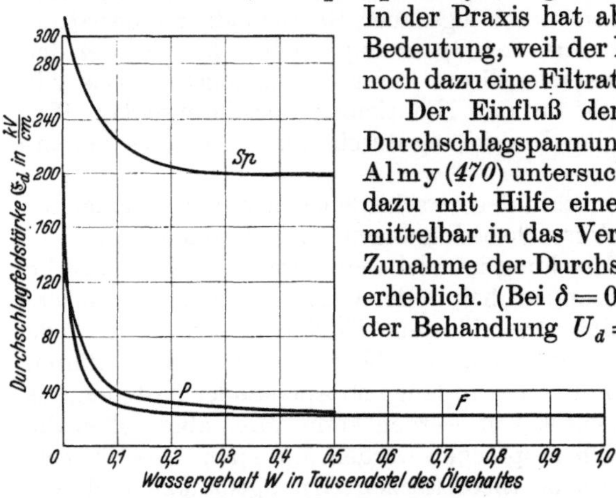

Der Einfluß der Suspensionen auf die Durchschlagspannung wurde zuerst von Almy (470) untersucht. Die Flüssigkeit wurde dazu mit Hilfe einer porösen Tonzelle unmittelbar in das Versuchsgefäß filtriert. Die Zunahme der Durchschlagfestigkeit war ganz erheblich. (Bei $\delta = 0,04$ cm war in Xylol vor der Behandlung $U_d = 3$ bis $7,5$ kV und nach der Filtration bei frisch polierten Elektroden und nach erfolgtem ersten Funken $U_d = 27,3$ bis $27,9$ kV, $\mathfrak{E}_d = 682,5$ bis $697,5$ kV/cm.) Auch Friese (480) filtrierte seine Versuchsflüssig-

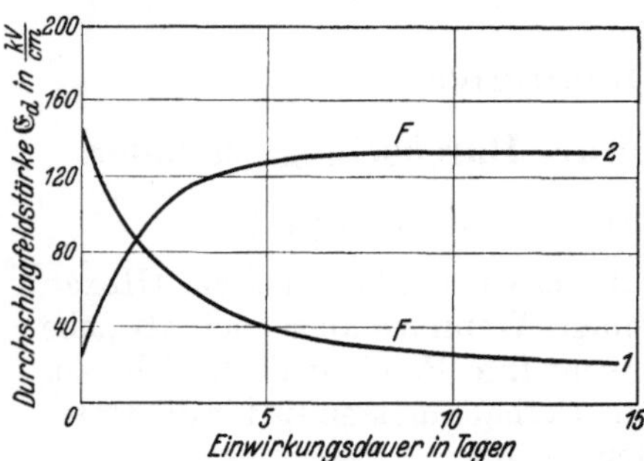

Abb. 55. Der Einfluß der Feuchtigkeit auf die Durchschlagfeldstärke. Sp = Spath; P = Peek; F = Friese. Die Abnahme von $\mathfrak{E}_d$ eines entfeuchteten Öls durch Wasserzusatz.

keit durch größere Mengen von entfetteter und getrockneter Watte, wahrscheinlich aber war die Filtration unwirksam, weil dabei sicherlich Fasern der Watte in das Versuchsöl hineinkamen. Hingegen erzielte er eine gute Trocknung der Flüssigkeit (Erhitzen unter Vakuum. Der erste Funke fand statt bei 230 kV/cm. Wechselspannung von 50 Per/sec. Scheitelspannung 325 kV/cm). Spath (526) stellt den Einfluß der Reinheit der Flüssigkeit auf die Abhängigkeit der Durchschlagfeldstärke von der Elektrodenentfernung fest. Die unreinen Öle zeigen bei $\delta = 0,2$ cm ein Minimum, das bei gereinigten und getrockneten Ölen verschwindet. Er beobachtete den schädlichen Einfluß der Luftreste auf die Durchschlag-

Abb. 56. Kurve 1: Abnahme von $\mathfrak{E}_d$ eines entfeuchteten Öls in feuchter Luft (80% rel. Feuchtigkeit) abhängig von der Zeitdauer der Einwirkung. Kurve 2: Zunahme von $\mathfrak{E}_d$ eines feuchten Öls in trockener Luft (18% rel. Feuchtigkeit) abhängig von der Zeitdauer der Einwirkung. Zimmertemperatur.

spannung. In reinen Flüssigkeiten erfolgten die Entladungen ungefähr in der Mitte der Elektroden. Die Vorentladungen, die in unreinen Flüssigkeiten leichter zu beobachten sind, erfolgten hingegen an allen Stellen der Elektrode. Mit zunehmender Feuchtigkeit nimmt die Durchschlagfestigkeit zuerst sehr schnell und dann langsamer ab (siehe hierzu Abb. 55, 56). Bald wird ein Minimalwert erreicht, der durch weiteren Wasserzusatz nicht unterschritten werden kann (siehe auch Friese).

Die japanischen Forscher Hirobe, Ogawa und Kubo (*491*) stellten fest, daß beim Durchschlag neben dem Wassergehalt auch feine Fasern eine wesentliche Rolle spielen, die möglicherweise durch das Filtrierpapier ins Öl kommen. Die Fasern bilden eine Brücke zwischen den Elektroden und erleichtern den Durchschlag. Es ergab sich für faserfreies Öl die vielfache Festigkeit einer gleichfeuchten gewöhnlichen Probe. Der englische Forscher Langhlin (*498*), der die Leitfähigkeit von flüssigem Paraffin untersuchte, beobachtete unter dem Mikroskop die Faserbrücken zwischen den Elektroden. Schröter (*524*) zeigte mit Hilfe von Mikroskopbeobachtungen, wie die Brücken entstehen. Ist ein elektrisches Feld zwischen den Elektroden vorhanden, so werden alle in der Nähe befindlichen Suspensionen in das Feld hineingezogen. (Teilchen mit höherer Dielektrizitätskonstante.) Sie fliegen von einer Elektrode zur anderen, bleiben auch aneinander hängen, bis der Abstand teilweise oder ganz überbrückt ist. In verschmutzten Flüssigkeiten vollzieht sich die Brückenbildung im Bruchteil einer Sekunde. Es wurde gezeigt, daß trockene Fasern keinen nennenswerten Einfluß auf die Durchschlagspannung haben. Schröter hat gezeigt, daß mit fortschreitender Reinigung der Flüssigkeit und der Elektroden die Durchschlagspannung steigt und die Streuung der Werte abnimmt. Er konnte keine Brückenbildung bei hohen Spannungen beobachten, weil dabei leicht ein Überschlag auf das Mikroskop hätte stattfinden können. Sorge (*525*) hat eine besondere Methode unter Benutzung eines Projektionsapparates ausgearbeitet, mit der man die Brückenbildung bei hohen Spannungen studieren kann. Bei Gleichspannung ist diese Brückenbildung stärker als bei Wechselspannung. Er untersuchte hauptsächlich die flüssigen Kohlenwasserstoffe (chemisch definierte Flüssigkeiten: Hexan, Benzin, Xylol).

Kieser (*526*) gibt an, daß Durchschläge bei vermindertem Druck über der Flüssigkeit in der Nähe des Siedepunktes die Flüssigkeit verbessern: die Durchschlagspannung steigt. Die Pumpe, die das Vakuum erzeugt, war dabei dauernd in Betrieb. Danach besteht offenbar die Wirkung dieser Behandlung in der Entgasung und Beseitigung leichtflüchtiger Bestandteile und in der Entfeuchtung der Flüssigkeit. Inge und Walther (*493*) weisen darauf hin, daß bei dieser Reinigungsmethode eher die Elektroden als das Öl gereinigt werden, so daß sie sich bei vollkommen reinen Elektroden als überflüssig erwies.

R. Vieweg und G. Pfestorf (*536*) besprechen die Durchschlagstheorien, die Verluste, die Dielektrizitätskonstante, den Isolationswiderstand und die Untersuchung der Gefügebilder und der Struktur mit Röntgenstrahlen. A. Ketnath (*537*) beschreibt für den Großbetrieb geeignete Entgasungsmethoden von Transformatorenölen.

L. S. Ornstein, C. Janßen, Czn. und C. Krygsman (*541*) untersuchten die Oxydation der Transformatorenöle.

J. Tausz (*542*) beschreibt ebenfalls die chemischen Vorgänge bei der Oxydation der Isolieröle, Einfluß der Sauerstoffüberträger, wie Baumwolle, unedler Metalle usw. und der Konstitution der Kohlenwasserstoffe auf den Verlauf der Oxydation.

F. Moench (*543*) behandelt natürliche und künstliche Isolierstoffe, Tränk- und Vergußmassen usw. und ihre Bedeutung in der Nachrichtentechnik.

b) Einfluß der Reinheit der Elektroden.

Bereits Friese (*480*) ist darauf aufmerksam geworden, daß die Reinheit der Elektroden einen ebenso großen Einfluß auf die Durchschlagspannung hat wie die der Flüssigkeit. Durch Reinigung und Trocknung der Kugelelektroden erzielte er viel größere Durchschlagspannungen. Schröter (*477*) und Engelhardt (*524*) behandelten die Elektroden auf verschiedene Weise und stellten fest, daß mit fortschreitender Reinigung und Trocknung die Durchschlagspannung stieg. Auch die Vorentladungen waren davon abhängig; bei sehr gut gereinigten und getrockneten Elektroden bleiben die Vorentladungen aus. Sorge (*525*) teilt mit, daß der Zustand der Elektrodenfläche nur geringen Einfluß auf die Durchschlagfeldstärke ausübt. Hingegen ist die Streuung der Durchschlagwerte von der Beschaffenheit der Elektrodenoberfläche stark abhängig. Je reiner die Elektroden sind, desto geringer fällt die Streuung aus.

Eine wirksame Methode, den Einfluß der Elektrodenreinheit zu studieren, ist die Strommessung, weil die Leitfähigkeit der Flüssigkeit stärker durch Verunreinigungen beeinflußt wird als die Durchschlagspannung. Sie wurde auch angewendet (*501*), und zwar sind die Versuche in Öl durchgeführt worden, nachdem es gut gereinigt, getrocknet und so lange mit Stromdurchgang behandelt wurde, bis die Kurven reproduzierbar waren. Die dabei benutzte Elektrodenanordnung war: geerdete Kupferspitze (Anode) gegen Kupferplatte mit der Elektrodenentfernung $\delta = 2$ mm. Die Plattenelektrode wurde nach Methode d) (siehe unten) behandelt und während der folgenden Versuche nicht ausgewechselt. Für die Untersuchung einzelner Elektrodenbehandlungsmethoden wurde keine frische Füllung genommen, sondern absichtlich alle Untersuchungen in derselben Füllung vorgenommen. Bei allen Untersuchungen wurde die gleiche Kupferspitzenelektrode benutzt.

a) Die Kurve *a* in Abb. 57 stellt die Stromspannungskurve dar bei ungereinigter Spitzenelektrode.

b) Die Kupferelektrode wurde mit grobem, dann mit feinem Schmirgelpapier abgerieben, mit Sidol blank geputzt und so lange mit einer Leinwand gerieben, bis keine schwarzen Spuren mehr zu sehen waren. Die Ergebnisse sind durch die Kurve *b* (Abb. 51) dargestellt. Die Stromstärken und die Schwankungen der einzelnen Stromwerte sind kleiner geworden.

c) Die Spitzenelektrode wurde bis zur Weißglut erhitzt, dann im trocknen Raum abgekühlt, die Oxydschicht mit Schmirgelpapier entfernt, mit Sidol geputzt und mit Leinwand wie vorher blank gerieben. Die Ergebnisse sind in Abb. 57 durch die Kurve *c* dargestellt.

d) Die oberste Schicht der gleichen Elektroden wurde mit feinstem Schmirgelpapier abgenommen. Dann wurden sie mit dem Putzmittel

Sidol blank gemacht und mit sauberer Leinwand so lange gerieben, bis die Elektroden keine dunkle Spur mehr auf der Leinwand zurückließen. Um die Reste von Sidol zu entfernen (gleichzeitig auch Schmutz und Fette), wurden sie mit Alkohol abgerieben. Um Fasern und gelöste Substanzen zu entfernen, wurden die Elektroden mit destilliertem Wasser abgespült. Die danach folgende Alkoholspülung entfernte wieder die Wasserspuren. Dann wurden die Elektroden bei ungefähr 150° C in einem sauberen Trockenschrank getrocknet, in einem Exsikkator (trockene Luft) abgekühlt und erst dann ins Versuchsöl eingeführt. Die Ergebnisse sind in Abb. 57 durch die Kurve *d* dargestellt. Man sieht, daß die Leitfähigkeit außerordentlich gesunken ist.

e) Dieselben Elektroden wurden unter sauberem Öl mit

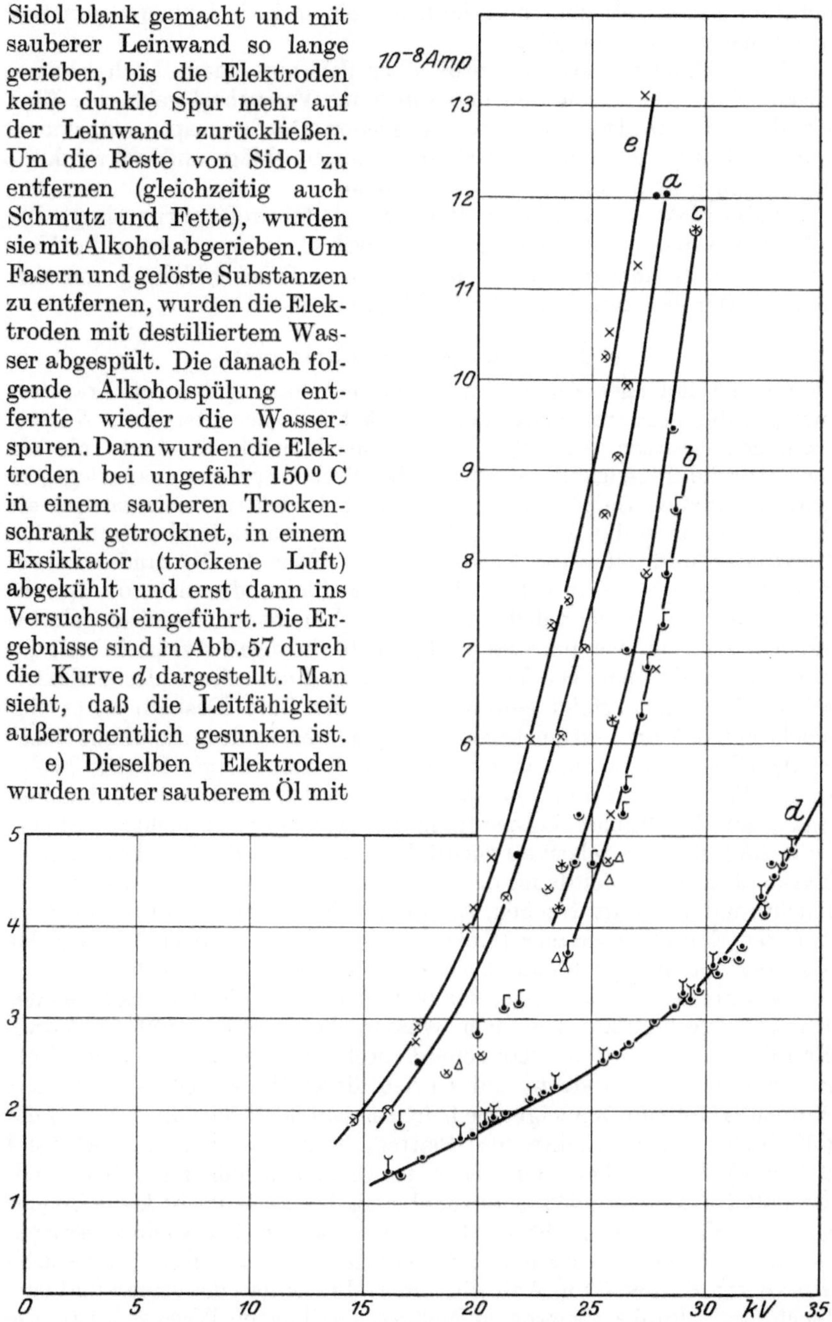

Abb. 57. Einfluß der Elektrodenbehandlungsmethoden auf die Stromspannungscharakteristik. Öl filtriert, getrocknet, elektrisch behandelt. Verschiedene Punkte ein und derselben Kurve bedeuten verschiedene Meßreihen.

feinstem Schmirgelpapier und dann mit einem Lederlappen abgerieben (siehe Kurve *e* in Abb. 57).

f) Die Spitzenelektrode wurde über den aus einem Loch herausströmenden Dampf gehalten und sofort ins Versuchsöl gebracht. Eine Kondensation des Dampfes wurde vermieden. Die Stromspannungskurve war nicht aufzunehmen. Die Galvanometerausschläge und -schwankungen waren sehr groß.

g) Die Elektrode wurde mit Wasser und Putzwolle verunreinigt. Infolge der außerordentlich großen Stromschwankungen waren die Versuche undurchführbar. Man beobachtete eine Brückenbildung und eine enorme Herabsetzung des Durchschlagwertes.

c) Einfluß der Feuchtigkeit.

Es ist seit langer Zeit bekannt, daß der Wassergehalt im Transformatoröl die Durchschlagsspannung beträchtlich heruntersetzt. Wassertröpfchen besitzen eine viel höhere Dielektrizitätskonstante als die dielektrische Flüssigkeit. Wird an die Probe Spannung angelegt, so schießen fremde Substanzen mit größerer Dielektrizitätskonstante als das Öl, also auch die Wassertröpfchen, in das starke Feld zwischen den Elektroden und leiten die Entladung ein. (Über das Zustandekommen einer Wassertröpfchenbrücke zwischen den Elektroden siehe die Durchschlagstheorien.) Gewöhnlich handelt es sich nicht um chemisch gelöstes Wasser, sondern, wie mikroskopische Beobachtungen gezeigt haben, um richtige Emulsionen. Die Feuchtigkeitsaufnahme seitens der dielektrischen Flüssigkeit erfolgt gewöhnlich aus der Luft. Deshalb ist es einleuchtend, daß die Luftfeuchtigkeit des Raumes, in dem die offene isolierende Flüssigkeit aufbewahrt wird, ihre Durchschlagfeldstärke beeinflußt. Die Kurven *1* und *2* in Abb. 56 zeigen den Einfluß der Luftfeuchtigkeit auf die Durchschlagsspannung. Ist das Öl gut entfeuchtet und enthält die Luft hohe relative Feuchtigkeit, so nimmt die Durchschlagfeldstärke ab mit der Zeitdauer der Einwirkung (Kurve *1*). Ist aber das Öl feucht und die Luft trocken, so nimmt die Durchschlagfeldstärke zu mit der Einwirkungsdauer (Kurve *2*). Es ist noch ungeklärt, wie der Vorgang der Wasseraufnahme oder -abnahme vor sich geht.

R. Friese war der erste, der in Deutschland die Abhängigkeit der Durchschlagsspannung von dem Wassergehalt systematisch studierte. Er reinigte und entfeuchtete seine Ölprobe, so weit es ihm seine Versuchsanordnung gestattete und schrieb dieser Probe den Wassergehalt Null zu. Diese Ölprobe zeigt eine Durchschlagfeldstärke von 230 kV$_{eff}$/cm (Wechselspannung. Elektroden: Platten, 10 mm Durchmesser. Abstand 2,33 mm). Danach beurteilt, besaß das Öl keinen hohen Reinheitsgrad. Deshalb ist es nicht zulässig, anzunehmen, daß diese Probe keine Feuchtigkeit mehr enthalten hätte. Da es sich aber um Vergleichsmessungen handelt, ist der von Friese eingeschlagene Weg gangbar. Eine solche Kurve von Friese ist in Abb. 55 dargestellt. Er gab der reinen und entfeuchteten Ölprobe abgewogene Mengen destillierten Wassers hinzu, die in dem Öl gut emulgiert wurden. Auch Peek (*516*) und Spath (*526*) haben ähnliche Messungen ausgeführt, wie sie in derselben Abb. 55 durch die Kurven P und Sp gegeben sind. Die Kurven sinken zuerst sehr schnell und dann langsamer, bis sie schließlich von weiterem Wasserzusatz unbeeinflußt bleiben. Auffallend ist, daß der konstante Wert von Spath viel höher liegt als bei Peek oder Friese. Allerdings hat seine Ausgangsprobe einen besseren Reinheitsgrad.

Es hat sich herausgestellt, daß es sehr darauf ankommt, auf welche Weise die Feuchtigkeit ins Öl eingeführt wird. Das Öl absorbiert den Wasserdampf (Luftfeuchtigkeit) schneller, als sich der Feuchtigkeitsübergang aus dem in flüssiger Form direkt mit dem Öl in Berührung stehenden Wasser vollzieht.

2. Reproduzierbarkeit (Streuung) der Durchschlagspannung. Vorentladung.

Die Reproduzierbarkeit der gewonnenen Resultate ist ein sehr wesentlicher Punkt bei jeder Forschung. Sie muß in der Festigkeitslehre der isolierenden Flüssigkeiten deshalb besonders besprochen werden, weil es außerordentlich schwierig, ja vielleicht aussichtslos ist, die Reproduzierbarkeit der Durchschlagswerte in Flüssigkeiten zu bekommen. Sie weichen gewöhnlich sehr stark vom Mittelwert ab (Streuung). Deshalb ist bei der Angabe der mittleren Durchschlagspannung oder Durchschlagfeldstärke zu verlangen, u. a. anzugeben, wie und aus wieviel Einzelmessungen der Mittelwert gebildet wurde, und wie groß die prozentuale Schwankung der einzelnen Durchschlagspannungen ist.

Als Ursachen der Streuung können angegeben werden:

1. Nichteinhaltung derselben Beanspruchungsdauer der Spannung (siehe Einfluß der Beanspruchungsdauer der Spannung auf die Durchschlagspannung, Abb. 61).

2. Geschwindigkeit der Spannungssteigerung (in der Wirkung ist sie mit Punkt 1 identisch).

3. Veränderung des Flüssigkeits- und Elektrodenzustandes nach dem Durchschlag.

4. Die Natur und der Zustand der Gasreste und der Verunreinigungen, die ihren Sitz in der Flüssigkeit und in der Elektrodenoberfläche haben.

5. Die Natur der Flüssigkeit und der Elektroden.

Daraus sieht man, welche Bedingungen eingehalten werden müssen, damit die Streuung möglichst herabgesetzt wird. Leider liegen keine systematischen unter exakten Versuchsbedingungen durchgeführten Messungen vor, um die Streuung ganz zu beseitigen. Über die Ursache der Streuung werden bis jetzt zwei Auffassungen vertreten. Einige Forscher sind der Meinung, daß die Streuungen von den Verunreinigungen herrühren; andere behaupten, daß sie in der Natur der Flüssigkeit liegt, und daß sie deshalb nicht zu beseitigen sei. Diese letzte Ansicht haben zum erstenmal die amerikanischen Forscher Hayden und Eddy (*488*) vertreten. Für die Untersuchungen verwendeten sie durch Erwärmung entfeuchtetes und durch mehrere Lagen heißer und trockener Papierfilter filtriertes Öl. In dieser Ölprobe führten sie eine fortlaufende Reihe von 50 Durchschlägen aus. Den Einfluß der nach jedem Durchschlag

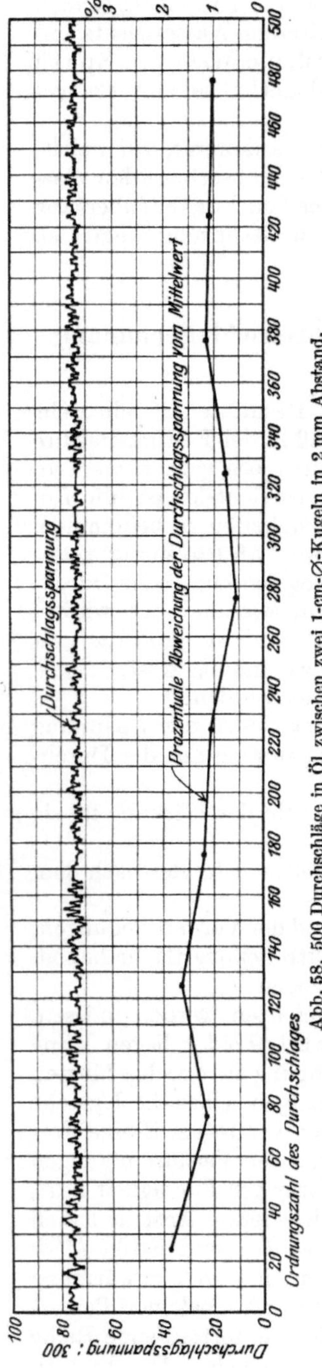

Abb. 58. 500 Durchschläge in Öl zwischen zwei 1-cm-⌀-Kugeln in 2 mm Abstand.

entstandenen Rußteilchen (Verbrennungsprodukt des Öls), hofften sie durch Wahl einer großen Ölprobemenge (mehrere Liter) sehr herabgesetzt zu haben. Die Elektroden wurden nach jedem Durchschlag unter Öl mit einem Wischer abgewischt, um die auf der Oberfläche haftenden Rußpartikelchen zu entfernen. Um die verwendeten Elektroden möglichst unempfindlich gegen den beim Durchschlag entstehenden Funken zu machen, wurden sie mit Molybdän vergiftet. Angeblich wird solches Material neben Wolfram durch die Lichtbogenwirkung am wenigsten angegriffen. Die Versuchsergebnisse in Öl sind in Abb. 58 dargestellt. Die einzelnen Durchschlagswerte schwanken um den mittleren Durchschlagswert; die prozentuale Abweichung der Durchschlagsspannungen vom Mittelwert (Streuung) als Funktion der Durchschläge zeigt keine rechte Gesetzmäßigkeit.

Um den Einfluß der Elektrodenform auf die Reproduzierbarkeit festzustellen, wurden dieselben Messungen mit drei verschiedenen Anordnungen ausgeführt. Auch in Benzol und Luft sind dieselben Messungen ausgeführt worden.

Trägt man nun den Prozentsatz y der Gesamtzahl der Durchschläge (500) als Funktion der mittleren prozentualen Abweichung x der 500 Durchschläge vom Mittelwert jeder Gruppe (zu 50 Durchschlägen) auf, so erhält man die Beziehung

$$y = a\,e^{-b(x-c)^2}.$$

Die Koeffizienten a und b für Luft, Benzol und Öl sind in Tabelle 16 zahlenmäßig angegeben.

Zeichnen wir die Kurven sowohl für positive als auch für negative Werte von x, so erhalten wir Abb. 59. Wir wollen nur solche Werte von y betrachten, die größer als $^1/_{10}$ der Kurvenspitze (y_{max}) betragen. Diese Grenze der Wahrscheinlichkeitskurve (mit Punkten in den Kurven vermerkt) liegt für Luft bei 4% und für Öl bei 24%. Das bedeutet, daß die in Luft

Tabelle 16.

Medium	a	b	c	Bemerkung
Luft	123	0,232	0	
Reines Benzol	60,8	0,0536	0	
Handelsübliches Benzol	45,8	0,0251	0	
Öl, Spitze—Kugel	20,7	0,006	0	
Öl, große Kugeln.	27,2	0,0055	4	⎱In der Abbildung ver-
Öl, kleine Kugeln	22,4	0,0051	3	⎰schoben eingezeichnet.

auftretende Abweichung 4% und in Öl 24% nicht überschreitet.

In Abb. 60 ist die Abhängigkeit der prozentualen Abweichung der Durchschlagspannungen vom Mittelwert von der Zahl der Durchschläge aufgetragen, und zwar für drei verschiedene Elektrodenanordnungen. Bildet man für jede Kurve den Mittelwert der prozentualen Abweichung, so erhält man für die 1. und 2. Kurve etwa 7,5% und für die 3. Kurve etwa 8%, Werte, die also nicht weit voneinander abweichen.

Die oben betrachteten Erscheinungen kann man nicht als Eigenschaft von äußerst reinen Flüssigkeiten mit ebenso reinen Elektroden auffassen. Nach der Höhe der Durchschlagfestigkeit beurteilt, besaß die Probe keinen sehr hohen

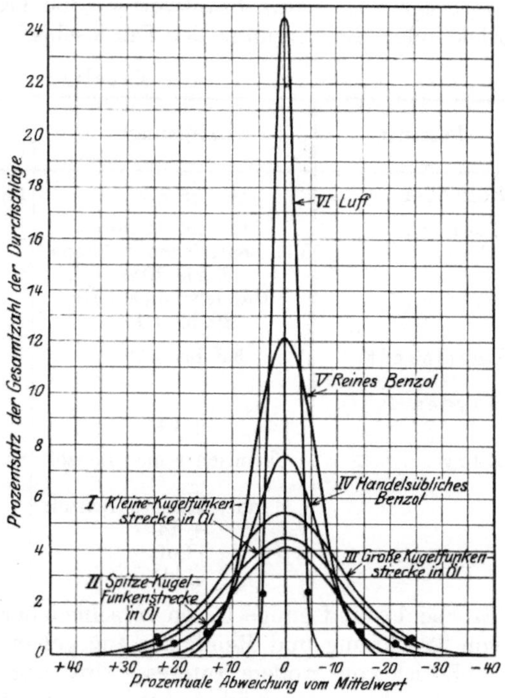

Abb. 59. Wahrscheinlichkeitskurven, die aus Serien von 500 hintereinander in ein und derselben Probe vorgenommenen Durchschlagsfestigkeitsmessungen ermittelt wurden.

Reinheitsgrad. Außerdem veränderten die vielen Durchschläge das Öl und die Elektroden. Hayden und Eddy führen die Schwankungen

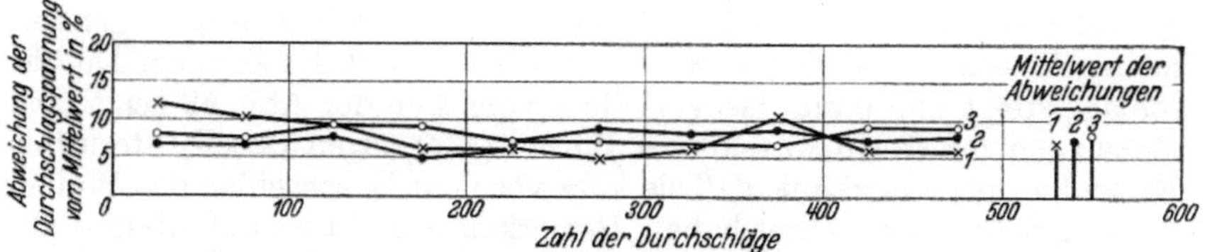

Abb. 60. Die Abhängigkeit der prozentualen Abweichung der Durchschlagspannung vom Mittelwert von der Zahl der Durchschläge für die verschiedenen Elektrodenanordnungen. Rechts sind die Mittelwerte der Abweichungen für alle drei Kurven eingetragen.

der Durchschlagspannung auf die Natur des Öls (seine chemischen oder
physikalischen Eigenschaften) zurück. Der obige physikalische Befund
ist aber für diese Behauptung nicht ausreichend. Die Untersuchungen
anderer Forscher sprechen dafür, daß die Reinheit der Flüssigkeit und
der Elektroden einen Einfluß auf die Streuung der Durchschlagwerte
ausübt. Nach Schröter, Spath, Engelhardt u. a. wird die Streuung
mit der Reinigung der Flüssigkeit und der Elektroden geringer. Wenn
auch die Daten, die die obigen Forscher erhalten haben, stark voneinander abweichen, und teilweise sich sogar widersprechen, so kann man
die Frage doch dahin beantworten, daß Trocknung und Reinigung der
Elektroden die Streuung der Durchschlagspannungen herabsetzen. In

Tabelle 17.

Forscher	Streuung	Zahl der Durchschläge	Durchschlagfeld-stärke in kV/cm
Schröter . . .	± 7%	nicht angegeben	330
Spath	1,5 bis 2,0 mm Mit Zentrifugen behandelt 5 bis 10% Handelsübliches Öl 30 bis 50%	6 6 6	222
Engelhardt. .	3,3 bis 13,0%	3 bis 8	313 . (391)
Hayden. . . .	Öl ± 24%	50	330
Eddy	Chemisch reines Benzol ± 12% Handelsübliches Benzol ± 14% Luft ± 4%	 50 50 50	

Tabelle 17 sind einige Daten verschiedener Forscher über den Einfluß
von Trocknung und Reinigung angegeben.

   Es ist von großem Interesse (insbesondere vom meßmethodischen
Standpunkt aus), zu wissen, wie sich die Durchschlagspannungen
bei mehreren, in gleichen Ölproben hintereinander vorgenommenen Messungen verhalten. Bereits Abb. 58 gibt die Antwort darauf.
Aber dieses Resultat ist nicht immer vorhanden. Zimmermann (533)
teilt in einer interessanten Zusammenstellung Ergebnisse seiner Messungen mit, wonach die Durchschlagfeldstärke (Wechselspannung) eines
nicht vorbehandelten, handelsüblichen Transformatoröls bei 200 hintereinander in ein und derselben Probe (Menge etwa 250 cm³) vorgenommenen Messungen bei den ersten Durchschlägen mit der Zahl der Durchschläge steigt und dann das Verhalten vom Typ der Abb. 58 zeigt. Die
Messungen von H. Edler und C. A. Knorr (474) zeigen dasselbe Resultat.
Es sei hier noch erwähnt, daß sie kurz vor dem Durchschlag das Wallen
der Flüssigkeit beobachtet haben. Bemerkenswert ist es, daß diese Wall-
spannungen besser reproduzierbare Werte darstellen als die Durchschlagspannungen selber.

Daß der Mittelwert der Durchschlagspannung bei den ersten Durchschlägen (W. Zimmermann, H. Edler und C. A. Knorr) ansteigt, ist dadurch bedingt, daß die verwendete Flüssigkeit nicht gereinigt und nicht getrocknet war. Die ersten Durchschläge wirken reinigend und trocknend, ähnlich wie Kieser (496) bei schwachen Entladungen an Flüssigkeiten unter erniedrigtem Druck fand. Hayden und Eddy benutzten getrocknete und gereinigte Flüssigkeit, deshalb fehlt bei ihnen der ansteigende Ast der Kurve, die die Abhängigkeit der mittleren Durchschlagfeldstärke von der Zahl der Durchschläge zeigt.

Bereits Friese (480) fand, daß bei einem feuchten Öl U_d mit der Zahl der Durchschläge zu- (Trocknung) und in einem trockenen Öl abnimmt (Verunreinigung durch Rußbildung und Gasentwicklung. Zu geringe Ölmenge). Auch von anderen Forschern wurde später dieses Verhalten beobachtet. Die Streuung ist bei Spitzenelektroden geringer als bei Platten- oder Kugelelektroden.

3. Frequenzabhängigkeit. Kurvenform. Stoßspannung. Verzögerungserscheinung.

Kock (497) fand, daß der Durchschlag ein mit Trägheit behafteter Vorgang ist. In unreinen Ölen steigt die Durchschlagspannung mit der Frequenz. Bei Gleichspannung fällt sie viel niedriger aus als bei Wechselspannung. Peek (515) wies nach, daß U_d von der Geschwindigkeit der Spannungssteigerung abhängt. Er verwendete auch Stoßspannungen. Je kürzer die Spannungsstoßdauer war, desto höher lag U_d. Hingegen stellt Almy (470) eine Erniedrigung von U_d fest, wenn man der Flüssigkeitsfunkenstrecke eine Gasfunkenstrecke parallel schaltete, darin Funken übergehen ließ, und deren Schlagweite so lange vergrößerte, bis die Flüssigkeitsfunkenstrecke ansprach. (Einfluß der hochfrequenten Spannungsoszillationen!) Naeher (500) hat gezeigt, daß bei gedämpften Schwingungen, die durch einen mittels Funkenstrecke angestoßenen Schwingungskreis erzeugt werden, eine höhere Durchschlagspannung erhalten wird, als bei Dauer-Gleichspannung oder Wechselspannung, da die Schwingungen in Bruchteilen von Sekunden abklingen. Sorge (525) bestätigte die Zunahme der Durchschlagspannung mit der Geschwindigkeit der Spannungssteigerung und mit der Frequenz. Dies wird auch von Dräger (473) mitgeteilt. Er untersuchte außerdem den Einfluß der Kurvenform der Wechselspannung auf die Durchschlagspannung und fand, daß U_d nicht nur vom Scheitelwert, sondern auch von der Kurvenform abhängt. U_d, in Höchstwerten gemessen, ist um so größer, je höher der Scheitelfaktor, je spitzer also die Kurvenform ist. U_d gemessen in Effektivwerten fällt mit zunehmendem Scheitelfaktor. Aus den Messungen in Gasen ist bekannt, daß für die Durchschlagspannung nur der Höchstwert der Spannung maßgebend ist. Der zum Durchbruch erforderliche Scheitelwert muß um so größer sein, je kleiner der Effektivwert ist und umgekehrt. Bereits Kock fand in unreinen Flüssigkeiten, daß für den Durchschlagswert nicht nur der Scheitelwert, sondern auch der Scheitelfaktor von Bedeutung ist.

F. Koppelmann (*541*) fand in Hexan, daß der Durchbruch durch den Scheitelwert der Spannung bestimmt ist. Auch bei Spitzenelektroden ist bei Spannungen verschiedener Kurvenform der Durchschlag nach ihm ebenfalls durch den Scheitelwert der Spannung bedingt (*542*).

W. Schlegelmilch (*544*) führte experimentelle Untersuchungen aus über die elektrische Festigkeit von Ölen und Xylol bei Frequenzen von $4 \cdot 10^5$ bis $1,2 \cdot 10^7$ Hertz ($\lambda = 750$ bis 25 m). Bei hohen Frequenzen haben Verunreinigungen einen geringeren Einfluß als bei Dauergleichspannung. Die Durchschlagspannung nimmt mit der Frequenz zu, und zwar bei kleinen Schichtdicken stärker als bei großen.

Im praktischen Betrieb treten häufig bei Schaltvorgängen und durch atmosphärische Einflüsse bei Gewittern Wanderwellen in das Leitungsnetz ein. Die Spannungshöhe dieser Wellen übersteigt oft um ein Vielfaches die normalen Betriebsspannungen. Deshalb ist es auch vom praktischen Standpunkt interessant zu wissen, wie sich die flüssigen Isolierstoffe in bezug auf ihre dielektrische Festigkeit bei ganz kurzzeitigen Beanspruchungen verhalten. Bereits Peek (*514*) fand, daß die Durchschlagspannung bei einem Spannungsstoß (gedämpfte Schwingungen einer Wechselspannung von 200000 Hertz) von $2,5 \cdot 10^{-4}$ sec Anstiegsdauer für Transformatoröl um das 2,3-fache größer war als bei Wechselspannung von 60 Hertz. Burawoy (*472*) ließ die Gleichspannung noch kürzere Zeiten einwirken. Er fand bei einer Beanspruchungsdauer von $0,5 \cdot 10^{-8}$ bis $7 \cdot 10^{-8}$ sec eine Steigerung des Durchschlagswertes um das 8- bis 11-fache gegenüber der bei Wechselspannung von 50 Hertz gewonnenen Durchschlagspannung. Naeher (*500*) führte eingehende Untersuchungen über den Zusammenhang zwischen Durchschlagfestigkeit und Dauer der Spannungsbeanspruchung aus. Die Messungen ergaben ein allmähliches, immer stärkeres Ansteigen der Durchschlagfeldstärke in den untersuchten Flüssigkeiten (Transformatorenöl, Petroleum, Xylol und Rizinusöl) bei einer Beanspruchung von langer (100 sec) bis zu ganz kurzer ($3 \cdot 10^{-9}$ sec) Dauer. Die Größe der Zunahme hängt von der Reinheit der Flüssigkeit ab. Diesen Zustand erklärt er damit, daß bei Dauerbeanspruchung der Hauptgrund für die Höhe der Durchschlagspannung die Brückenbildung durch Fasern zwischen den Elektroden ist, und daß bei kürzeren Zeiten die Brückenbildung nur zum Teil erfolgen kann. Bei ganz kurzer Dauer ist sie überhaupt nicht möglich. Bei Überschlägen über Porzellan unter Öl und bei Durchschlägen von papierisolierten Drähten und Öl tritt ebenfalls eine Erhöhung der Festigkeit mit abnehmender Dauer der Beanspruchung ein. Dieser Anstieg beträgt aber nur etwa das 2- bis 3-fache der Durchschlagspannung. Bei Ölen allein steigt die Durchschlagspannung um das 7- bis 7,5-fache.

Es ist interessant, den Verlauf der Kurven, die die Abhängigkeit der Durchschlagfeldstärke von der Beanspruchungsdauer darstellen, bei noch kleinerer Einwirkungsdauer zu verfolgen, als aus den Meßresultaten von Naeher ersichtlich ist. Wir müssen uns dabei der Extrapolationsmethoden bedienen. Um zu wissen, nach welchen Gesichtspunkten die Extrapolation vorgenommen werden darf, ist es im gegebenen Fall zweckmäßig, die formelmäßige Gesetzmäßigkeit des Verlaufes der einzelnen Kurven zu finden. In einem Aufsatz (*508*) wurden die von Naeher mitgeteilten Ergebnisse umgearbeitet und gefunden, daß unterhalb der Einwirkungsdauer $\tau = 10^{-2}$ bis 10^{-3} sec bis hinunter zu $\tau = 10^{-8}$ sec der Logarithmus der Durchschlagfeldstärke mit dem Logarithmus der Einwirkungsdauer der Spannung geradlinig verläuft. Es gilt

$$\mathfrak{E}_d = \mathfrak{E}_{0\,d} \cdot \tau^{-\alpha},$$

wo $\mathfrak{E}_{0\,d}$ eine Konstante ist, und der Koeffizient α die Zunahme der Durchschlagfeldstärke mit abnehmender Einwirkungsdauer angibt. Man erhält α, wenn man die Werte $\mathfrak{E}_{d_1}$ und $\mathfrak{E}_{d_2}$, die den Einwirkungsdauern τ_1 und τ_2 zugehören, kennt. Es ist

$$\alpha = \frac{\lg \dfrac{\mathfrak{E}_{d_1}}{\mathfrak{E}_{d_2}}}{\lg \dfrac{\tau_2}{\tau_1}}.$$

Die Kurven für Öl mit verschiedenen Reinheitsgraden zeigen, daß der Koeffizient α von der Reinheit der Flüssigkeit abhängt. Je reiner die Flüssigkeit ist, desto geringer wird α. Bei reinsten Flüssigkeiten ist anzunehmen, daß α beliebig klein wird, und die Abhängigkeit der Durchschlagfeldstärke von der Einwirkungsdauer verschwindet oder sehr gering wird. Man sieht, daß drei Kurven bei $\tau = 1,25 \cdot 10^{-10}$ sec zusammenlaufen und einen Durchschlagswert von etwa $\mathfrak{E}_d = 1,3 \cdot 10^6$ Volt/cm ergeben. Diesen Wert müßte man auch bei Dauerbeanspruchung bekommen, wenn die Flüssigkeit, die Elektroden und das Versuchsgefäß äußerst gut gereinigt, entfeuchtet und entgast sind. Die Messungen der Durchschlagfeldstärke bei Plattenelektroden in reinstem und entgastem Toluol ergeben im Mittelwert etwa $\mathfrak{E}_d = 1,3 \cdot 10^6$ Volt/cm bei Dauergleichspannungsbeanspruchung (*508, 510*).

Mit der Zahl der Durchschläge nimmt bei Stoßspannung U_d zuerst ab und wird dann konstant. Wird an die Probe Gleichspannung so lange angelegt, bis sich eine deutlich sichtbare Faserbrücke gebildet hat, und wird danach mittels Stoßspannung (mit $\tau = 10^{-8}$ sec) beansprucht, so liegt der Durchschlagswert niedriger als bei einmaliger Beanspruchung und vorherigem Umrühren des Öls. Gewöhnlich liegt dieser Wert 3,3 mal höher als der bei langer Beanspruchungsdauer (100 sec) und ist die Hälfte von dem Durchschlagswert, der nach dem ersten Spannungsstoß (ohne Faserbrücke) erhalten wird. Die technisch reinen flüssigen Isolierstoffe schützen sich gegen die im Betrieb auftretenden Überspannungsbeanspruchungen kurzer Dauer von selbst, da ihre Durchschlagfestigkeit bei diesen Einwirkungsdauern der Spannung ein Vielfaches als der bei Wechselspannung von 50 Hertz ist. Diese Tatsache ist für die Praxis von beachtenswerter Bedeutung. Im praktischen Betrieb treten nicht nur einmalige Spannungsstöße von kurzer Dauer auf, sondern auch hochfrequente Schwingungen, die durch den Widerstand der Leitungsanlage gedämpft sind. Die Experimente haben höhere Durchschlagswerte bei gedämpften hochfrequenten Schwingungen (sie waren in Bruchteilen von Sekunden abgeklungen) ergeben als bei Wechselspannung von 50 Hertz. Auch die Versuche der E.R.A. (*531*) haben einen Einfluß der Kurvenform auf die Durchschlagspannung ergeben.

W. Weber (*545*) untersuchte die Durchschlagspannung von Paraffin als Funktion des Drucks, der Kurvenform, der Beanspruchungsdauer und der Schichtdicke, und gibt eine Durchschlagfestigkeit von 3800 kV/cm an. Er hält den Scheitelfaktor als maßgebend für den Durchschlag.

Toriyama zeigt, daß der Energieverbrauch während des Spannungsanstieges kleiner als

$$W_t = U_s^2 \frac{\tau}{r_{\min}} = s \cdot t \cdot v$$

ist. (U_s = Höchstwert der Stoßspannung $= 2 \cdot 10^4$ Volt; v = Volumen der geheizten Ölstrecke; $r_{\min}$ = Widerstand des Öls; τ = Beanspruchungsdauer; s = spezifische Wärme; t = Temperatur in ^{0} C.) Über die Zahlenwerte kann man nur ungenaue Angaben machen. Setzt man den kleinen Widerstand ein, der bei Gleichspannung gemessen wird, so erhält man eine Übertemperatur von $(10^{-8})^0$ C im Spannungsmaximum. Wenn man bei der Schätzung des tatsächlichen $r_{\min}$ einen 100- oder 1000-fachen Fehler macht, so wird das Ergebnis qualitativ dadurch nicht wesentlich beeinflußt. Es ist nicht anzunehmen, daß diese geringe Temperaturerhöhung den Durchschlag einleiten kann. Whitehead (*531*) und Flight (*479*) haben die Abhängigkeit der Durchschlagspannung von der Einwirkungsdauer der Spannung verfolgt. Je höher die Spannung ist, die auf die Probe wirkt, desto weniger Zeit braucht sie, um die Entladung herbeizuführen. Der Zusammenhang zwischen diesen zwei Größen, der von Whitehead stammt, ist in Abb. 61 gegeben. Die Spannung fällt zuerst schnell, dann aber langsam mit steigender Dauer ab, ohne sich einem Grenzwert zu nähern. Die niedrigen Durchschlagswerte der Kurve zeugen dafür, daß die verwendete Flüssigkeit ziemlich unrein war. Deshalb dürfen wir diesen Tatbestand auf äußerst reine und entgaste Flüssigkeiten nicht übertragen. Im Falle von Abb. 61 kann die Durchschlagfeldstärke nicht ganz exakt angegeben werden, wenn man nicht zu dieser Größe noch die Zeit angibt, die nach dem Anlegen der Spannung verstrichen war, als die Durchschlagspannung gemessen wurde. Denn die Durchschlagspannung variiert mit der Beanspruchungsdauer stetig. Bevor man den Einfluß verschiedener Parameter auf die Durchschlagspannung studiert, ist es notwendig, zuerst die obige Beziehung in Abb. 61 der betreffenden Flüssigkeit bei dem bestimmten Reinheitsgrad, bei dem man die Versuche durchzuführen gedenkt, zu untersuchen. Daraus kann eine passende Zeit als Beanspru-

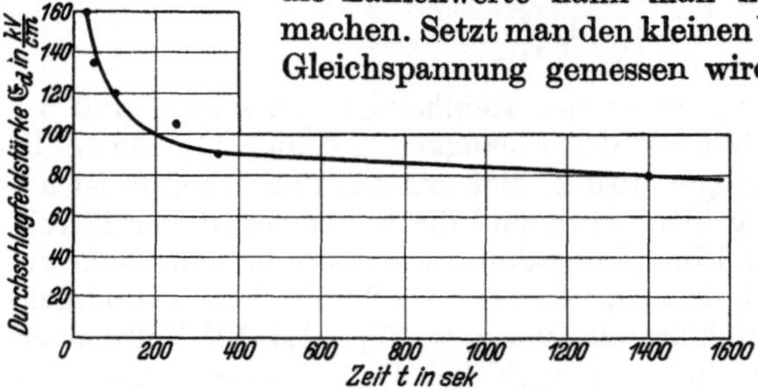

Abb. 61.

Die Durchschlagfeldstärke $\left(\mathfrak{E}_d = \dfrac{U_d}{\delta} = \dfrac{\text{Durchschlagspannung}}{\text{Elektrodenabstand}} \right)$ als Funktion der Spannungseinwirkungsdauer.

chungsdauer gewählt und bei den Messungen eingehalten werden. Es ist nicht ausgeschlossen, daß die große Streuung der Durchschlagspannungen, die von verschiedenen Forschern beobachtet wurde, größtenteils darauf zurückzuführen ist, daß bei den Durchschlagmessungen unabsichtlich eine verschiedene Beanspruchungsdauer gewählt wurde.

In gut gereinigten Flüssigkeiten ist der Einfluß der Beanspruchungsdauer von mehr als eine Minute auf die Durchschlagspannung nicht mehr groß. In diesem Falle ist es zweckmäßig, als Beanspruchungsdauer 1 Minute zu wählen.

Als Ursache dieser Verzögerungserscheinungen sind wahrscheinlich in erster Linie fremde Beimengungen und Gasreste zu betrachten, denn es ist eine bestimmte Zeit notwendig, bis so viele Suspensionen (mit größerer Dielektrizitätskonstante) in das Feld hineingezogen werden, daß sie die Entladung einleiten können. Auch die Gasreste, die in der Elektrodenoberfläche sitzen, und die unter Umständen bei gewissen

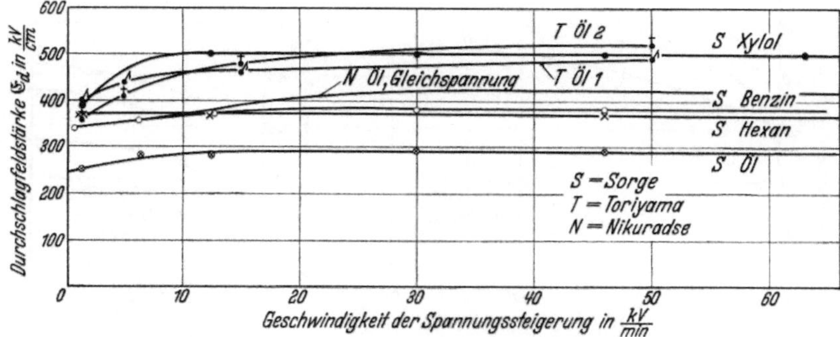

Abb. 62. Die Abhängigkeit der Durchschlagfeldstärke von der Geschwindigkeit der Spannungssteigerung.

Spannungen befreit werden können, brauchen vielleicht für die Entbindung bei niedriger Spannung mehr Zeit als bei hohen. Auch Wärmewirkungen können mitspielen.

Genau dieselben Gründe kann man bei der Erklärung des Einflusses der Geschwindigkeit der Spannungssteigerung auf die Durchschlagspannung angeben. In Abb. 62 sehen wir die Abhängigkeit von $\mathfrak{E}_d$ von der Geschwindigkeit der Spannungssteigerung (*501, 525, 528*). Bei langsamer Geschwindigkeit, z. B. bei etwa 2 bis 5 kV/min, erhält man geringere Durchschlagswerte als bei großen Geschwindigkeiten. Bei 60 kV/min ist fast keine Abhängigkeit mehr vorhanden. Diese Abhängigkeit ist ihrerseits wahrscheinlich eine Funktion der Reinheit der Flüssigkeit und der Elektroden. Systematische Untersuchungen in dieser Richtung fehlen. Peek nimmt an, daß infolge der Langsamkeit der Ionenvorgänge die Entwicklung der Ströme, deren unhaltbares Anwachsen die Entladung einleitet, eine gewisse Zeit braucht. Es wurde auch beobachtet (*501, 528, 503, 504*), daß dem Durchschlag bei hoher konstanter Spannung ein langsames Anwachsen des Stromes vorausging. Aber diese Fälle kommen selten vor. Meistens beobachtet man keine Änderung des Stromes vor der Entladung. Außerdem ist daran zu erinnern, daß

die Durchschläge, die für die obige Abhängigkeit der Beanspruchungsdauer gefunden wurden, nicht durch den Ionisierungsvorgang eingeleitet werden (siehe Abschnitt über die Abhängigkeit der Durchschlagspannung von dem Druck).

Auch der Einfluß der Frequenz ist auf dieselben Ursachen zurückzuführen. Die Maximalwerte sind nur sehr kurze Zeit wirksam. Außerdem liegt der Durchschlagswert um so höher, je spitzer die Spannung
ist, d. h. je kurzzeitiger ihre Wirkung (Kurvenform).

Dazu kommt noch das Wechseln der Feldrichtung, womit wahrscheinlich die Aufhebung der vorherigen Wirkung verknüpft ist. Der
Einfluß des Scheitelfaktors auf die Durchschlagfeldstärke bei verschiedenen Reinheitsgraden der Flüssigkeit ist in Abb. 63 rechts dargestellt. Die Resultate sind der Arbeit von Draeger entnommen.

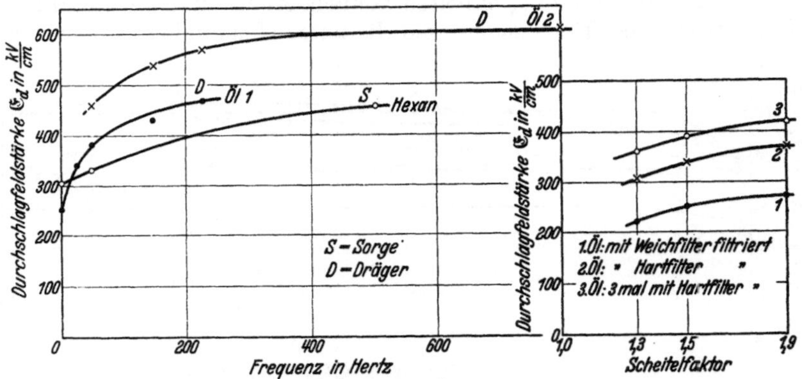

Abb. 63. Die Abhängigkeit der Durchschlagfeldstärke von der Frequenz (links) und von dem
Scheitelfaktor (rechts).

4. Die Abhängigkeit der Durchschlagspannung von dem Druck.

Kock (497) untersuchte die Abhängigkeit der Durchschlagspannung
U_d von dem Druck p in Petroleum, Rizinusöl und Transformatoröl,
und zwar verfolgte er diese Abhängigkeit von 0 bis 70 at. Die verwendeten Flüssigkeiten waren leider ungereinigt. In Abb. 64 sind
die Ergebnisse (K-Kurven) zusammengestellt. Die Durchschlagfeldstärke nimmt mit dem Druck zu. Je größer aber der Druck wird, um
so geringer wird die Zunahme der Durchschlagfeldstärke. In Rizinusöl
wird die Durchschlagfeldstärke zwischen 60 und 70 at überhaupt konstant. Die Kurven in Transformatorenölen sind bei verschiedenen
Frequenzen aufgenommen worden. Bei Gleichspannung liegt die Kurve
am niedrigsten. Mit steigender Frequenz steigt der Durchschlagswert.
Die Kurve für 20 Hertz liegt höher und für 60 Hertz noch höher.

Friese (480) (Transformatoröl) und Sorge (525) (Xylol, Hexan)
haben Untersuchungen unterhalb des Atmosphärendruckes vorgenommen, und die oben in Abb. 64 mit S und F bezeichneten Kurven gefunden. Danach steigt die Durchschlagfestigkeit proportional mit dem
Druck an.

$$\mathfrak{E}_d = A + B\,p,$$

wo A und B Konstanten sind, die in der folgenden Tabelle 18 zahlenmäßig eingetragen sind.

Auch Kieser (*496*) fand die Proportionalität zwischen $\mathfrak{E}_d$ und p bis zu einem gewissen Druck p_1. Unterhalb dieses Druckes erwies sich die Durchschlagfeldstärke als unabhängig vom Druck. Spätere Versuche von H. Edler und C. A. Knorr (*474*) konnten dieses Verhalten nicht nachweisen, und die Messungen von L. Inge und A. Walther (*493*) bestätigen es nicht.

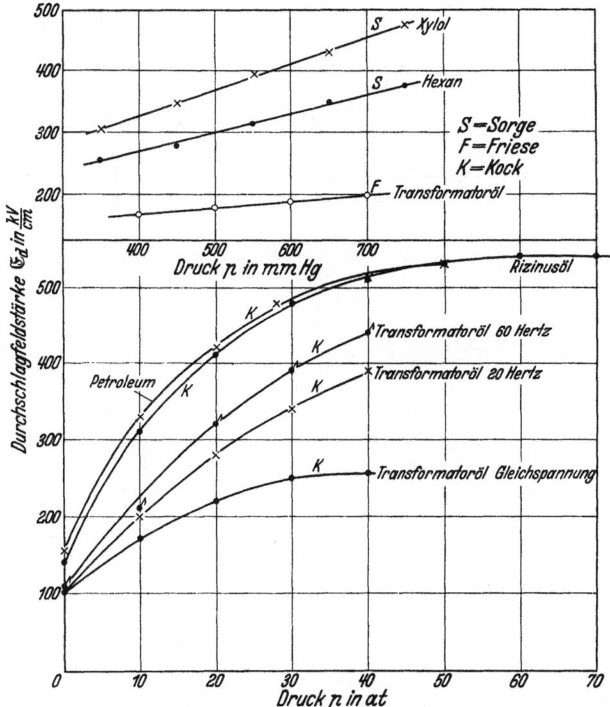

Abb. 64. Die Abhängigkeit der Durchschlagfeldstärke von dem auf der Flüssigkeitsoberfläche ruhenden Druck. Oben: unterhalb des Atmosphärendrucks; unten: bei hohen Drucken.

Untersucht man den Verlauf der Stromspannungscharakteristik bei verschiedenen unterhalb des Atmosphärendrucks liegenden Drucken, so

Tabelle 18. Die Konstanten A und B für verschiedene Flüssigkeiten.

Forscher	Flüssigkeit	A [kV/cm]	$B\left[\text{kV/cm} \cdot \dfrac{1}{\text{at}}\right]$
Friese . . .	Transformatoröl	122	80
Sorge . . .	Xylol	159	230
Sorge . . .	Hexan	144	320

ergibt sie sich als unabhängig vom Druck (*502*). In Abb. 65 ist eine solche Charakteristik dargestellt, die in Transformatoröl bei Plattenelektroden-

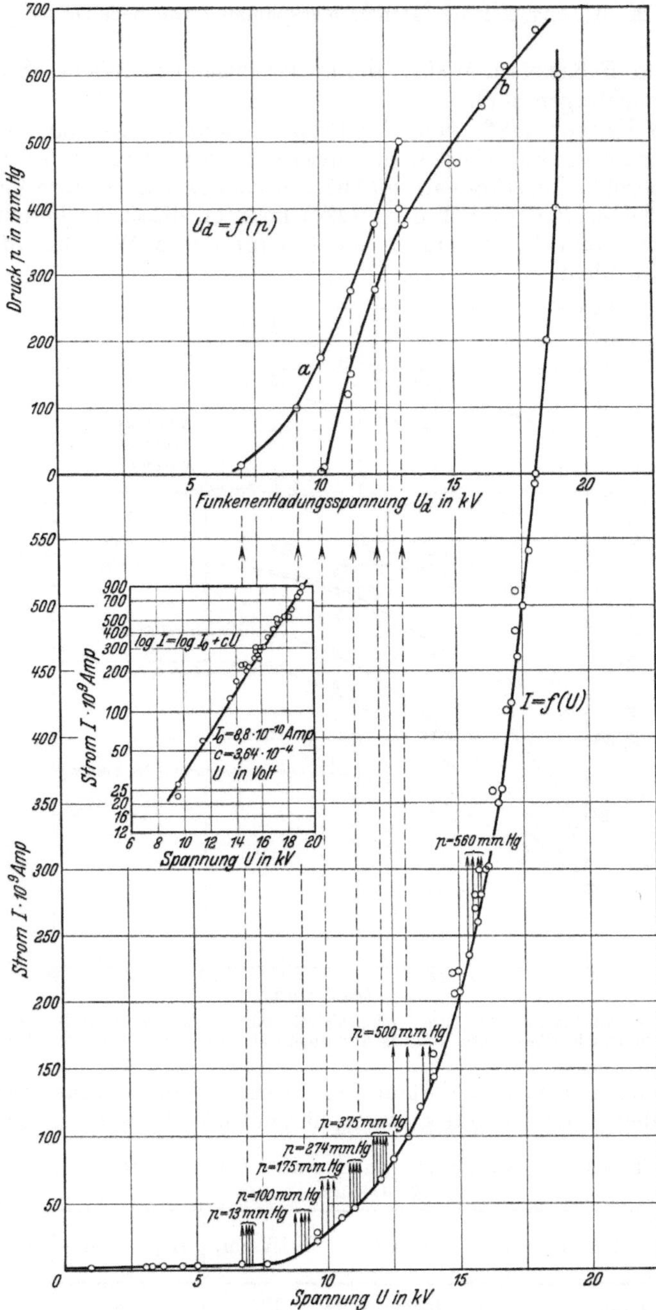

Abb. 65. Die Stromspannungscharakteristik und die Durchschlagspannung als Funktion des auf der Flüssigkeitsoberfläche ruhenden Drucks. Die Pfeile in der Stromspannungscharakteristik bedeuten die Durchschläge bei den betreffenden (in der Abbildung angegebenen) Drucken. Die Mittelwerte dieser Durchschläge sind nach oben mit gestrichelten Linien projiziert; sie ergeben die Kurve a oben, die die Durchschlagspannung als Funktion des Drucks darstellt.
Die Kurve b entspricht einem anderen Reinheitsgrad der Flüssigkeit. Die entsprechenden Pfeile in der Stromspannungscharakteristik sind nicht eingetragen.
In der Mitte der Abbildung wird gezeigt, daß die Stromspannungscharakteristik in dem untersuchten Gebiet bei hohen Feldern dem Exponentialgesetz gehorcht.

anordnung gewonnen wurde (*505*). Bei konstanter Temperatur und Atmosphärendruck steigt der Strom mit der Spannung U nach dem Durchlaufen des Sättigungsgebietes, das in dem konkreten Fall bis etwa $U_0 = 7,5\,\mathrm{kV}$ reicht, sehr stark an und wächst bis der Durchschlag erfolgt. Das erweckt den Eindruck, als ob die Entladung eine zwingende Naturnotwendigkeit wäre, die bei der Ausbildung der Stromspannungsverhältnisse herauswächst. Wird der Druck erniedrigt z. B. $p = 560\,\mathrm{mm}$ Hg, so durchläuft man genau dieselbe Stromspannungscharakteristik, bis die Entladung ganz unerwartet ohne jede Voranzeige bei niedrigerer Spannung als der bei $p = 760\,\mathrm{mm}$ Hg einsetzt. Bei noch niedrigeren Drucken tritt der Durchschlag bei noch kleineren Spannungen auf. Die Durchschlagspannungen bei den betreffenden Drucken sind in der Charakteristik als Pfeile eingezeichnet. Die Messungen bei $p = 13\,\mathrm{mm}$ Hg zeigen, daß die Entladungen auch im Sättigungsgebiet auftreten können, d. h. um diese Entladungen einzuleiten, ist es nicht notwendig, daß die Stromspannungscharakteristik sich bei Spannungen höher als U_0 ausbildet. Nach diesem experimentellen Befund wäre zu folgern: Wird die Möglichkeit eines „reinen Ionisierungsdurchschlags" [Durchschlag, der von Vorgängen eingeleitet wird, die die Steigerung des Stromes bei hohen

Feldern über $\mathfrak{E}_0 = \dfrac{U_0}{\delta}$ (δ = Elektrodenentfernung) verursachen] angenommen, so müssen wir noch eine andere Art des Durchschlags annehmen. Diese letzte Art des Durchschlags wird von Nebeneffekten (Gasresten, fremden Beimengungen usw.) eingeleitet. Da die Stromspannungscharakteristik im untersuchten Druckgebiet unabhängig vom Druck ist, so müßte der Ionisierungsdurchschlag ebenfalls unabhängig vom Druck sein, und die Durchschlagspannungen, die sich als druckabhängig ergeben, müssen von fremden Substanzen, die ihren Sitz in der Flüssigkeit oder an den Elektroden haben, sehr beeinflußt werden. Reinigt man die Flüssigkeit und die Elektroden mit der Vakuumentladungsmethode (schwache Entladungen unter erniedrigtem Druck bei angeschlossener Pumpe, die dauernd evakuiert) oder durch sonst eine Methode, so werden dadurch nicht nur die Durchschlagswerte erhöht, sondern der ganze Verlauf der Kurve, der die Abhängigkeit der Durchschlagspannung von dem Druck darstellt, wird vollkommen geändert. Das sieht man deutlich aus den Kurven a und b, die in derselben Abb. 65 oben gezeichnet sind. Die Kurve a entspricht der in der Stromspannungscharakteristik als Pfeile eingezeichneten Abhängigkeit der Durchschlagspannung von dem Druck, die vor der Vakuumentladungsbehandlung aufgenommen wurde. Nach dieser Behandlung ist die Kurve b aufgenommen worden. Die entsprechenden Durchschlagspannungen sind in der Stromspannungscharakteristik nicht vermerkt. Man sieht aber, daß die Pfeile durch die Behandlung nach oben verschoben werden. Daraus kann gefolgert werden, daß die Abhängigkeit der Durchschlagspannung vom Druck weder durch eine Gerade (Friese, Sorge), noch durch eine Form, die die Kurven a oder b haben, generell dargestellt werden kann. Das gilt sowohl für Gleich- als auch für Wechselspannung.

Die Beziehung zwischen dem Strom und der Spannung U oder

Feldstärke $\mathfrak{E}$ bei hoher Spannung kann durch die Gleichung

$$J = J_s \cdot e^{c(U - U_0)} = J_s \, e^{c\,\delta\,(\mathfrak{E} - \mathfrak{E}_0)}$$

dargestellt werden. J_s ist der Sättigungsstrom, U_0 die Spannung, bei der das Sättigungsgebiet aufhört und bei der der Wiederanstieg des Stromes mit der Spannung beginnt. Daraus errechnet sich die Grenzfeldstärke $\mathfrak{E}_0 = \dfrac{U_0}{\delta}$ (δ = Elektrodenentfernung). Der Exponentialkoeffizient c gibt die Geschwindigkeit der Stromsteigerung mit der Spannung an. Sowohl die spontane Ionisierungsstärke, die durch den Sättigungsstrom J_s gegeben ist, als auch die trägererzeugende Wirkung der hohen Feldstärken (der Exponentialkoeffizient c der Stromfeldstärkecharakteristik) in ihrer Gesamtwirkung sind im untersuchten Gebiet unabhängig vom äußeren Druck. Auch die Feldstärke $\mathfrak{E}_0$ hat sich als unabhängig vom Druck ergeben. Daraus dürfen wir wohl folgern, daß durch Druckänderung weder die spontane Ionisation (Sättigungsgebiet) noch der Stromleitungsmechanismus, welcher Art er auch sein mag, beeinflußt wird.

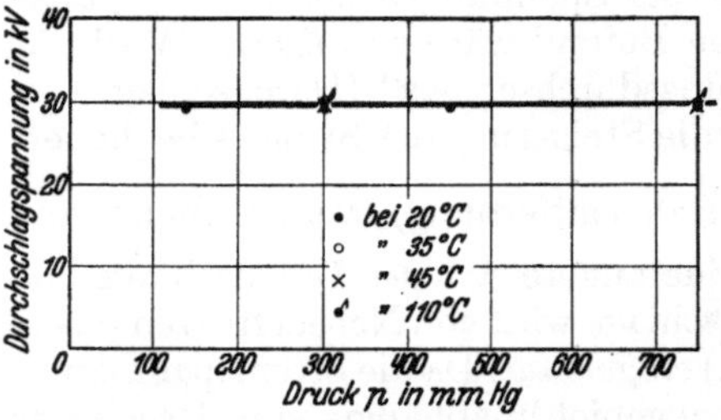

H. Edler und C. A. Knorr (474) haben gezeigt, daß durch Entgasung der Flüssigkeit die Druckabhängigkeit der Durchschlagspannung unterhalb des Atmosphärendruckes in Ölen verschwindet. L. Inge und A. Walther (493) fanden, daß die Durchschlagspannung mit dem Druck

Abb. 66. Die Abhängigkeit der Durchschlagspannung vom Druck bei Stoßspannung, und zwar bei vier verschiedenen Temperaturen.

(unterhalb 760 mm Hg) zunimmt. Bei Gleichspannung war die Zunahme bedeutend größer als bei Wechselspannung. Beansprucht man aber die Ölprobe mit Stoßspannung bei Zimmertemperatur, so liegen die Durchschlagwerte erstens bedeutend höher, und zweitens ist keine Abhängigkeit der Durchschlagspannung mit dem Druck festzustellen, bis der Druck etwa den Wert von 150 mm Hg erreicht hat. Bei noch tieferen Drucken steigt die Durchschlagspannung in Ölen steil an, um bei noch kleineren Drucken ebenso steil abzufallen. Bei höheren Temperaturen, z. B. bei 114° C, verschwindet dieses Maximum vollkommen, und die Durchschlagspannung ist dann einfach unabhängig vom Druck unterhalb 760 mm Hg. Es ist bemerkenswert, daß das oben erwähnte Maximum in Ölen unterhalb 150 mm Hg in chemisch definierten organischen Flüssigkeiten (Xylol, Hexan) auch bei Zimmertemperatur nicht auftritt. In Abb. 66 sind die Durchschlagspannungen als Funktion des Druckes bei Stoßbeanspruchung (die Kurve ist den von L. Inge und A. Walther gewonnenen Resultaten entnommen) dargestellt, und zwar bei Temperaturen 20°, 35°, 45° und 110° C. Bei allen Temperaturen ist die Durchschlagspannung in Xylol unabhängig vom Druck. Es scheint, daß dieses Maximum eine spezifische Eigenschaft des Transformatoröls ist. Dieselbe Druckunabhängigkeit der Durchschlagspannung haben sie auch bei Gleichspannung (Dauerbeanspruchung in entgasten Flüssigkeiten) bekommen.

Aus dem oben geschilderten Tatbestand sieht man, daß die fremden Beimengungen (sekundäre Effekte), die durch Reinigung und Entgasung entfernt werden, auch durch kurzzeitige Beanspruchung der Spannung (Stoßspannung) unschädlich gemacht werden können. Sie sind zu träge, um bei einer Beanspruchungsdauer von etwa 10^{-8} sec den Durchschlag einzuleiten.

5. Die Leitfähigkeit und die Durchschlagspannung.

Almy (470) erhöhte die Leitfähigkeit von gereinigtem Xylol stark durch Anilinzusatz und fand, daß die Durchschlagspannung dadurch nicht beeinflußt wird. Auch Kock (497) fand in 6 Ölsorten keinen Einfluß. Heydweiler (490) stellte in schwach leitenden wässerigen Lösungen fest, daß mit der Zunahme der Leitfähigkeit eine Abnahme von U_d erfolgte. Der Einfluß war bei geringem Leitvermögen stärker als bei größerem. Auch Draeger (473) erhielt negative Resultate. Gemant (482) veränderte die Leitfähigkeit von Benzol mit Pikrinsäurezusatz und fand, daß bei einer Leitwertzunahme von 1 : 10 die Durchschlagspannung nur um 20% abnahm. Auch durch Reinigung der Flüssigkeit kann man die Leitfähigkeit beeinflussen (501, 502, 504, 508, 528), aber auch in diesem Fall beobachtete man, daß die Leitfähigkeit um das Vielfache sinkt und die Durchschlagfeldstärke nur um wenige Prozente steigt. Aus dem oben Gesagten schloß man, daß die Leitfähigkeit nichts mit der Entladung zu tun hat. Es wäre falsch, diese Schlußfolgerung so zu verstehen, daß damit auch jeder mögliche Ionisierungsvorgang in Flüssigkeiten bei hohen Feldern für den Durchschlag keine Bedeutung habe. Eine einfache Leitfähigkeitsmessung reicht nicht aus, um eine Aussage zu machen über die Natur der Stromleitung bei hohen Feldern und damit auch über die Natur der Entladung, die unter Umständen durch die Ladungsträger eingeleitet wird. Wir wissen, daß die Entladung in Gasen durch Stoßionisation eingeleitet wird. Bestrahlt man die Funkenstrecke mit Strahlen von verschiedener Intensität, so wird die Leitfähigkeit um das Vielfache, die Durchschlagspannung aber nur um wenige Prozent verändert. Bei der elektrischen Funkenentladung in Gasen kommt es hauptsächlich auf die Ionisierungsfähigkeit der Elektronen und Ionen (die Ionisierungszahlen α und β) an und nicht auf die Höhe der Leitfähigkeit, so lange sie unter einer gewissen Grenze bleibt.

In den letzten Jahren wurden mehrere experimentelle Untersuchungen durchgeführt, die versuchten, die Stromleitung in dielektrischen Flüssigkeiten bis einschließlich der Durchschlagspannung zu verfolgen, um festzustellen, ob sie mit dem Durchschlag in irgendeinem Zusammenhang steht (528, 504, 503, 502, 505).

Es wurde oft beobachtet, daß kurz vor der Durchschlagspannung der Strom automatisch steigt, ohne daß die Spannung vergrößert wird, worauf die Entladung erfolgt (528, 502). Bei der Elektrodenanordnung Spitze gegen Platte bleibt dieser Effekt aus. Bei Plattenelektrodenanordnung beobachtete Toriyama, daß der Effekt immer auftritt, wenn die Stromspannungskurven eine gewisse Steilheit $\dfrac{dJ}{dU} \geqq C$ erreicht haben. Er bezeichnet diese Erscheinung mit „Unstabilität". Der Beginn des unstabilen Gebiets ist nicht scharf ausgeprägt. Er teilt mit, daß bei $\delta = 1$ und 3 mm der Effekt ungefähr bei derselben Feldstärke zu beobachten ist.

Die Stromspannungskurven in gut gereinigten (Filtration, Trocknung) und durch Stromdurchgang stabilisierten Flüssigkeiten sind reproduzierbar. Man durchläuft dieselbe Kurve, wenn man mit der Spannung hinauf und herunter geht. Dieser Befund spricht dagegen, daß der Wärmeeffekt die Steigerung des Stromes bei hohen Feldern bedingt. Rechnen wir aus der Stromspannungskurve die zugeführte elektrische Leistung $N = J \cdot U = f(U)$ abhängig von der Spannung aus, und nehmen wir den ungünstigsten Fall an, daß die gesamte elektrische Leistung in Wärme umgesetzt wird, so erhalten wir die erzeugten Kalorien pro sec aus $Q = N \cdot 0,239$ (kal/sec) und mit Hilfe der Wärmekapazität der betreffenden Flüssigkeit die Temperaturerhöhung abhängig von der Spannung ausrechnen. Die zugeführte Energie reicht nicht aus, um die Temperatur der zwischen den Elektroden befindlichen Flüssigkeit in einer kurzen Zeit nennenswert zu vergrößern, und zwar auch dann, wenn der unwahrscheinlichste Fall angenommen wird, daß die Wärme aus dem Elektrodenzwischenraum überhaupt nicht abgestrahlt wird. Auch der experimentelle Befund, daß der Strom mit der Zeit abnimmt ($U = $ const), spricht dafür, daß der Wärmeeffekt in diesem Fall keinen nennenswerten Einfluß auf die Stromleitung bei hohen Feldern hat.

Man sollte deshalb nicht abgeneigt sein, anzunehmen, daß die automatische Stromzunahme bei Spannungen kurz vor dem Durchschlag und die darauffolgende Entladung durch fremde Beimengungen (man denke an die Brückenbildung) verursacht werden. Es wurde vielfach beobachtet, daß durch Zerstörung der Brücke, die aus den Suspensionen durch das Feld zwischen den Elektroden gebildet wird, die Leitfähigkeit etwa um das Zehnfache fällt. Am besten ist es, die Brücke so zu zerstören, daß die konstante Spannung angelegt bleibt, um damit die Möglichkeit jeder Fehlerquelle zu vermeiden. Durch Verschieben und Gegeneinanderdrehung der geerdeten Elektrode von außen wurde dieses erreicht. Beobachtet man den Strom nach der Zerstörung der Brücke, so stellt man das allmähliche Ansteigen des Stromes mit der Zeit fest, und gleichzeitig beobachtet man die Brückenbildung.

F. Koppelmann (540) versuchte einen engeren Zusammenhang zwischen Stromleitung und Durchschlag zu erhalten.

6. Einfluß der Temperatur.

Die älteren experimentellen Untersuchungen haben gezeigt, daß die Durchschlagspannung mit steigender Temperatur zuerst steigt, ein Maximum erreicht, um dann wieder abzufallen. Friese (480), Spath (526).

Naeher (500) fand, daß die Temperatur auf die Durchschlagspannung bei ganz kurzzeitiger Beanspruchungsdauer der Spannung keinen Einfluß hat, während bei Wechselspannung von 50 Hertz ein solcher vorhanden ist.

Inge und Walther (*493*) haben gezeigt, daß die Öle, die bei Atmosphärendruck ein Maximum der Durchschlagspannung bei bestimmten Temperaturen haben, bei niedrigen Drucken ($p \approx 10$ mm Hg) kein Maximum aufweisen. Bei Stoßspannungsbeanspruchung fanden sie auch wie Naeher keine Temperaturabhängigkeit der Durchschlagspannung. Bei hohen Temperaturen (oberhalb von 90 bis 100° C) beginnt ein Abfallen der Durchschlagfeldstärke, und zwar bei Wechselspannung bedeutend schärfer als bei Gleichspannung. Bei Annäherung an den Siedepunkt der Flüssigkeit nehmen bei gegebenem Druck die Durchschlagspannungen zuerst langsam und dann schnell ab. In den siedenden Flüssigkeiten betragen die Durchschlagspannungen nur einen Bruchteil des Wertes, den sie bei Normaltemperatur aufweisen. Bei Stoßspannung hängt die Durchschlagspannung weder von der Temperatur noch von dem Druck ab. In Abb. 67

sind die von Inge und Walther gewonnenen Meßergebnisse wiedergegeben, die die Abhängigkeit der Durchschlagspannung von der Temperatur in Xylol bei Stoßspannungsbeanspruchung darstellen, und zwar bei verschiedenen Drucken. Die mit einem Viereck bezeichneten Punkte sind Durchschlagswerte der siedenden Flüssigkeit bei verschiedenen Drucken. P. H. Tobey (*527*) hat die Untersuchungen bis zu $-10°$ hinunter ausgedehnt und unterhalb 0° eine Abnahme der Durchschlagspannung mit fallender Temperatur gefunden. Bei etwa $-10°$ befindet sich der Stockpunkt des Öls. Unter-

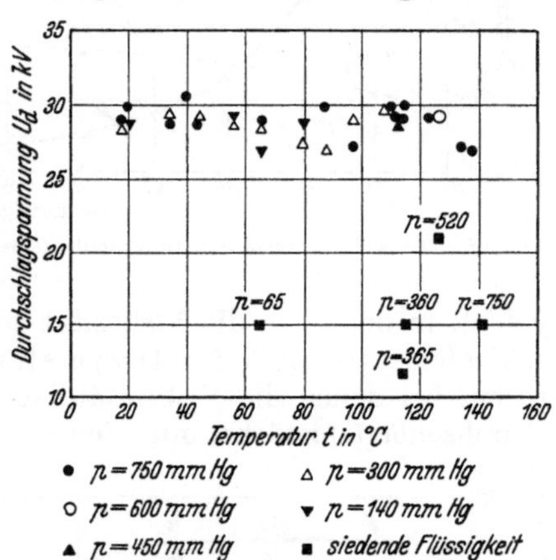

Abb. 67. Die Abhängigkeit der Durchschlagspannung von der Temperatur in Xylol bei Stoßspannungsbeanspruchung, und zwar bei verschiedenen Drucken.

halb dieser Temperatur verhält sich das Öl wie ein fester Körper, und die Durchschlagfestigkeit steigt wieder.

Toriyama hat Messungen zwischen $+105°$ und $-60°$ ausgeführt. Er fand ein ausgesprochenes Maximum bei positiven und ein Minimum bei negativen Temperaturen.

In Abb. 68 sind die Kurven gezeichnet, die die Abhängigkeit der Durchschlagspannung von der Temperatur in Ölen darstellen, und die von verschiedenen Forschern gewonnen wurden. Außer der Kurve N besitzt jede Kurve ein Maximum. Auch die Kurve N zeigte vorher ein Maximum. Durch sorgfältige Reinigung und Trocknung verschwand das Maximum allmählich. Das Auftreten des Maximums ist danach auf die Nebeneinflüsse (Feuchtigkeit, Verunreinigung) zurückzuführen. Auch Hirobe (*492*) und Peek (*516*) haben in sehr reinen Ölen kein Maximum erhalten.

Einige Forscher sind geneigt, die Temperaturabhängigkeit der Durchschlagspannung auf die Änderung der Viskosität des Öls zurückzuführen.

In derselben Abb. 68 ist auch die Abhängigkeit der Viskosität η von der Temperatur t dargestellt. Sie ist in demselben Öl gewonnen worden, zu dem die Durchschlagskurve N gehört. Gerade in dem Temperatur-

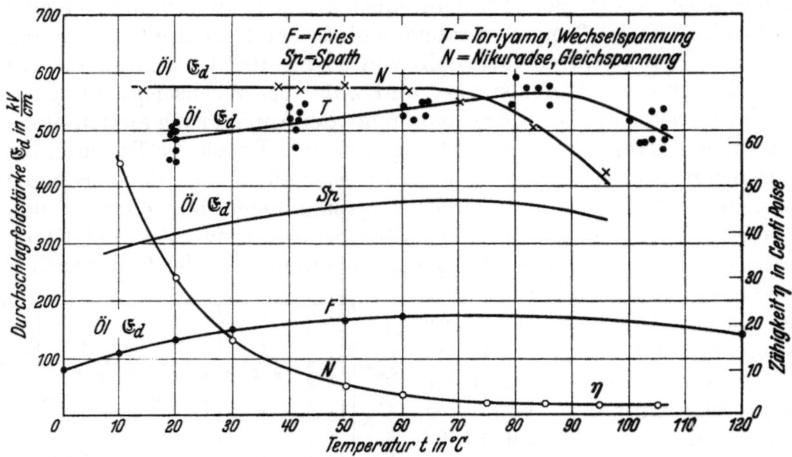

Abb. 68. Die Abhängigkeit der Durchschlagfeldstärke und der Viskosität von der Temperatur.

gebiet, in dem sich die Viskosität sehr stark ändert, bleibt die Durchschlagfeldstärke mit der Temperatur konstant. Erst bei den Temperaturen, bei denen die Viskosität fast unveränderlich mit t ist, fällt die Durchschlagfeldstärke mit steigender Temperatur. Auf Grund dieser Tatsachen darf man wohl behaupten, daß die Viskosität bei dem Durchschlagsmechanismus keine primäre Rolle spielt und in der Theorie des Durchschlages erst in zweiter Linie berücksichtigt zu werden braucht.

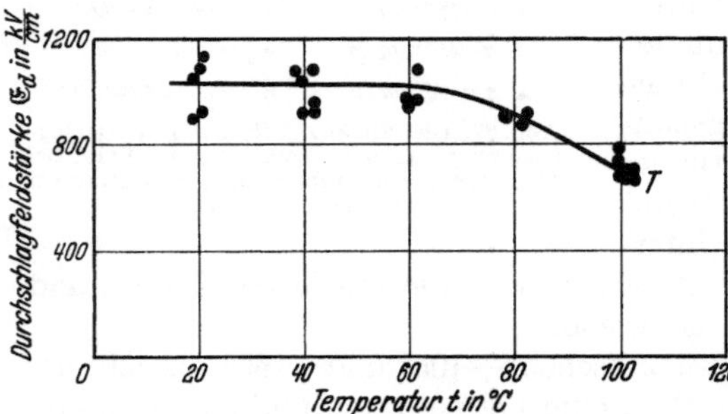

Abb. 69. Die Abhängigkeit der Durchschlagfeldstärke von der Temperatur bei Stoßspannung, die erst nur bei hohen Temperaturen eine Abhängigkeit zeigt.

Es sei hier noch erwähnt, daß der Polaritätseffekt sich als fast unabhängig von der Temperatur ergeben hat (siehe hierzu noch Polaritätseffekt).

Sorge hat gezeigt, daß die Durchschlagspannung in chemisch definierten organischen Flüssigkeiten (Hexan, Xylol) unabhängig von der Temperatur ist bis zur Nähe des Siedepunktes, wo sie sehr schnell herabsinkt.

In Abb. 69 ist die Abhängigkeit der Durchschlagfeldstärke von der Temperatur bei Stoßspannung aufgezeichnet, die der Arbeit von Toriyama entnommen ist. Das verwendete Öl wurde 5mal mit Porzellanfilter filtriert. Die Zeit, in der die Spannung um 1% des Maximalwerts fällt, beträgt $2{,}5 \cdot 10^{-7}$ sec. In diesem Fall (Stoßspannung) zeigt die Durchschlagspannung als Funktion der Temperatur kein Maximum.

7. Der Einfluß der Elektrodenform und -flächengröße auf die Durchschlagspannung.

Sorge (525) stellte fest, daß mit größer werdendem Krümmungsradius der Elektroden die Durchschlagfeldstärke von Hexan, Xylol und Öl kleiner wird (Abb. 70). Wöhr (532) fand, daß kantige Elektroden unter Öl größere Durchschlagfeldstärken ergeben als ebene. Er stellte ebenfalls fest, daß auch die Streuung von der Elektrodenform abhängt: Bei Spitzen und Kanten ist sie geringer als bei Platten oder Kugeln. An Hand des Schwaigerschen Ähnlichkeitsgesetzes verfolgt er den Ausnutzungsfaktor der kantigen Elektroden unter Öl und wertet die Durchschlagfeldstärken aus.

Die Form der Elektroden spielt bei Gleich- und Wechselspannung für die Durchschlagspannung eine Rolle. Bei Plattenelektroden fällt

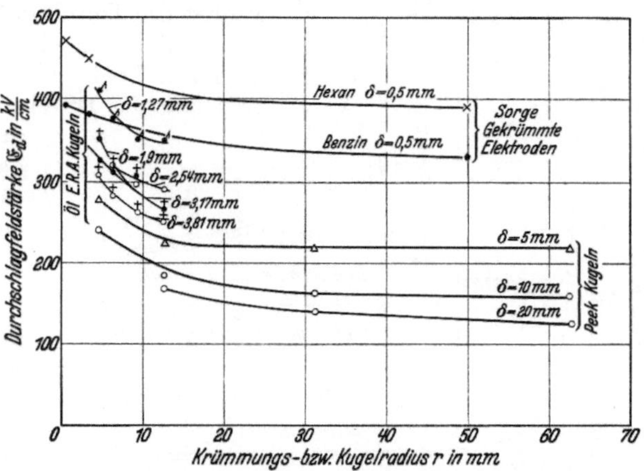

Abb. 70. Die Abhängigkeit der Durchschlagfeldstärke von dem Krümmungs- bzw. Kugelradius der Elektroden.

der Durchschlagswert kleiner aus als bei Kugelkalotten oder bei Kugeln. Inge und Walther haben gezeigt, daß bei Stoßspannungsbeanspruchung die ebenen Elektroden genau dieselben Werte der Durchschlagspannungen ergeben, wie die Kugelelektroden. Bei Gleich- oder Wechselspannung hängt der Durchschlagswert von der Elektrodenflächengröße ab. Bei Stoßspannungsbeanspruchung verschwindet diese Abhängigkeit. Farmer (478) hat den Einfluß der Flächengröße ebener Elektroden auf die Durchschlagspannung studiert. Das Resultat seiner Untersuchungen ist in Abb. 71 dargestellt. Bei kleinen Elektrodenflächengrößen und kleinen Elektrodenentfernungen ist der Einfluß größer als bei großen Flächen und Entfernungen. Die Abnahme der Durchschlagfeldstärke bei kleinen Schichtdicken und großen Elektrodenflächen ist sehr merkwürdig. Die Durchschlagswerte liegen sehr niedrig. Daraus sieht man, daß die Flüssigkeit unrein war. Deshalb wäre es wünschenswert, die Messungen unter ganz sauberen Verhältnissen durchzuführen, um etwas Bestimmtes sagen zu können. Die Unabhängigkeit der Durchschlagspannung von der Elektrodenflächengröße bei Stoßspannung deutet darauf hin, daß der oben geschilderte Flächeneinfluß von sekundären Erscheinungen (Gasresten, Wärme usw.) verursacht wird.

In Abb. 70 ist die Abhängigkeit der Durchschlagfeldstärke von dem Krümmungsradius oder Kugelradius aufgetragen. Diese Resultate sind den Messungen von Sorge (Hexan, Benzin) (525), Electrical Research Association (Öl) (531) und Peek (Öl) (516) entnommen. Wir sehen, daß die Durchschlagfeldstärke von dem Krümmungsradius der Elektroden abhängig ist; sie nimmt ab, wenn der Krümmungsradius vergrößert wird. Bei großen Radien macht die Änderung des Krümmungsradius nicht viel aus.

Peek hat auch die Durchschlagsspannung bei konzentrischen Zylinderelektroden untersucht. Wird der Radius des inneren Zylinders verkleinert, so wächst die Durchschlagfeldstärke.

Ähnliche Erscheinungen hat man auch in Gasen beobachtet. Den Zusammenhang zwischen der Durchschlagfeldstärke $\mathfrak{E}_d$ und dem Krümmungsradius r hat Heydweiler (489) für Gase durch die Gleichung

$$\mathfrak{E}_d = a + \frac{b}{\sqrt{r}}$$

dargestellt, wo a und b Konstanten sind. Gemant (485) hat gezeigt, daß die Resultate von Peek und der E.R.A. auch durch dieselbe Gleichung beschrieben werden können.

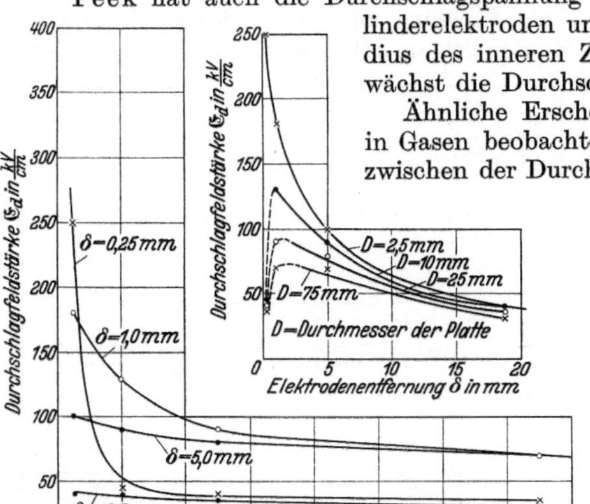

Abb. 71. Die Abhängigkeit der Durchschlagfeldstärke von der Elektrodenflächengröße.

8. Einfluß des Elektrodenmaterials.

Der Einfluß des Elektrodenmaterials auf die Durchschlagsspannung wurde zum erstenmal von Sorge (525) untersucht. In der Tabelle 19 sind die Hauptergebnisse zusammengestellt. Die Experimente wurden in drei verschiedenen Flüssigkeiten (Benzin, Hexan, Xylol) durchgeführt und jedesmal dieselbe Reihenfolge der Metalle gefunden. Die Durchschlagsspannung ist bei Eisenelektroden am kleinsten und bei Silber-

Tabelle 19. Die Durchschlagfeldstärke in kV/cm in Abhängigkeit von der Natur des Elektrodenmaterials.

Flüssigkeit	Eisen	Messing	Blei	Kupfer	Aluminium	Gold	Zink	Silber
Benzin . . .	400	420	435	455	450	—	490	—
Hexan . . .	355	370	380	435	440	430	475	480
Xylol. . . .	430	410	465	470	480	485	515	535

elektroden am größten von allen untersuchten Metallen. Der Unterschied zwischen den Durchschlagsspannungen bei Eisen- und Silberelektroden beträgt etwa 25%.

Mit gewissen Ausnahmen wächst die Wärmeleitfähigkeit der untersuchten Metalle in derselben Reihenfolge. Das führt auf den Gedanken, die Wärmewirkung für die Erklärung des Durchschlags in irgendeiner Form heranzuziehen (siehe Theorie des Durchschlags: Edler, Inge, Walther).

Man kann auch den Einfluß des Elektrodenmaterials auf die Durchschlagspannung studieren, indem man den Strom mit steigender Spannung bis einschließlich der Funkenentladung bei verschiedenen Elektrodenmaterialien verfolgt. Solche Untersuchungen sind bei der Elektrodenanordnung: Spitze gegen Platte durchgeführt worden (*501*), indem hauptsächlich das Spitzenelektrodenmaterial variiert wurde. Diese Versuche wurden unter folgenden Gesichtspunkten angestellt:

1. Temperatureinfluß. Während der Messungen wurde die Temperatur der Flüssigkeit konstant gehalten.

2. Einfluß der Elektrodenflächenbeschaffenheit. Für alle verwendeten und wiederholt verwendeten Elektroden wurde genau dieselbe Reinigungsmethode angewendet.

3. Einfluß des Reinheitsgrades der Flüssigkeit. Die Flüssigkeit wird sorgfältig gereinigt, getrocknet und elektrisch behandelt. Die zu vergleichenden Kurven müssen in derselben Probe gewonnen werden.

4. Einfluß des Stromdurchganges. Der Strom wird solange durchgeschickt, bis die Reproduzierbarkeit der Kurven erreicht ist und bis der weitere Stromdurchgang keinen Einfluß ausüben kann.

5. Zufällige Einflüsse. Verschiedene Reihenfolge der Spitzenelektrodenmaterialien bei derselben Plattenelektrode. Ein und dasselbe Elektrodenmetall gelangt mehr als einmal zur Untersuchung und muß jedesmal dieselbe reproduzierbare Kurve ergeben, sonst können die Messungen des betreffenden Metalls für den Vergleich nicht verwendet werden.

Da es bei diesen Messungen nicht möglich war, das Versuchsgefäß luftdicht abzuschließen, so müssen wir immer die Möglichkeit der Veränderung des Flüssigkeitszustandes offen lassen. Dasselbe gilt auch bei den Messungen von Sorge, und zwar in verstärktem Maße.

Die Versuche ergeben, daß der Strom bei konstanter Spannung und konstanter Elektrodenentfernung vom Spitzenelektrodenmetall abhängt. Es gilt folgende Reihe (kurz vor der Entladung)

$$Cu > Fe > Zn > Ag.$$

Geht man mit der Spannung höher, bis die Funkenentladung erfolgt, so bekommt man folgende Reihe der Durchschlagspannung

$$Cu < Fe < Zn < Ag.$$

Sorge bekommt für dieselben Metalle folgende Reihe:

$$Fe < Cu < Zn < Ag.$$

Man sieht hier den Widerspruch in der Metallreihe. Kupfer hat bei Sorge eine größere Durchschlagspannung als oben. Die strenge Richtigkeit der Reihe ist also nicht erfüllt.

Aus den obigen Untersuchungen über den Einfluß der Beschaffenheit der Elektrodenoberfläche geht deutlich hervor, daß sowohl bei der Stromleitung bei hohen Feldstärken als auch für den Durchschlagmechanismus nicht nur das zwischen den Elektroden befindliche Medium, sondern auch die Elektroden von Bedeutung sind.

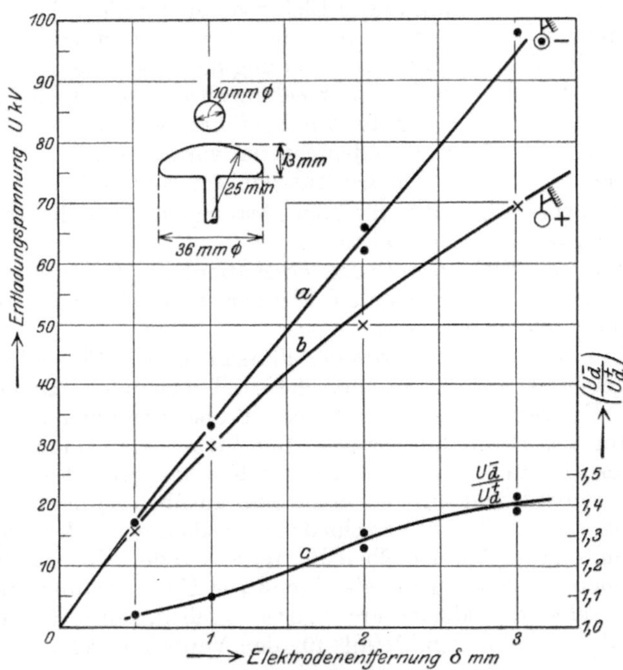

Abb. 72. Einfluß der Elektrodenentfernung auf die Polarität der Entladungsspannung.

9. Polaritätseffekt.

Sorge (*525*) studierte die Durchschlagspannung bei unsymmetrischer Elektrodenanordnung und stellte einen geringen Polaritätseffekt fest. Auch Spath beobachtete einen Polaritätseffekt.

Studiert man den Zusammenhang zwischen Strom und Spannung einschließlich der Funkenentladung bei der Elektrodenanordnung: abgerundete Spitze gegen Platte (*501*), so stellt man einen Unterschied sowohl bei den Stromstärken kurz vor dem Durchschlag als auch bei den Durchschlagspannungen fest, wenn die Spitze einmal positiv und dann negativ geladen ist. Dieser Polaritätseffekt ist bei verschiedenen Spitzenelektrodenmaterialien verschieden stark ausgeprägt. Ist der Strom bei Spitze als Anode kleiner als bei Spitze als Kathode, so ist die Durchschlagspannung bei Spitze als Anode größer als bei Spitze als Kathode. Es wurde beobachtet, daß der Polaritätseffekt auch bei anderer unsymmetrischer Elektrodenanordnung (z. B. zwei ungleich große Kugeln) in oben erwähnter Weise auftritt (*504*). Infolge der Durchschläge kann sich der Polaritätseffekt umkehren. War der Strom vorher bei positiver Spitze größer, so ist er nachher bei positiver Spitze kleiner als bei negativer. Mit dieser Umkehrung ist auch die Umkehrung des Polaritätseffektes bei Durchschlagspannungen verknüpft. Auch in Gasen (*520*) hat man festgestellt, daß infolge des Feuchtigkeitseinflusses der Polaritätseffekt der Durchschlagspannung eine Umkehrung erleidet. Edler (*476*) hat später auch ähnliche Erscheinungen in Ölen beobachtet.

Der Polaritätseffekt ist eine Funktion der Elektrodenentfernung. In Abb. 72 sind Messungen bei kleinen Kugeln gegen große Kugelkalotten durchgeführt worden. Der Effekt wächst mit dem Abstand (*504*).

Auch der Einfluß der Temperatur auf den Polaritätseffekt der Durchschlagspannung wurde untersucht (*504*). Abb. 73 zeigt die Meßresultate. Man kann wohl daraus schließen, daß keine Temperatur- abhängigkeit vorhanden ist.

Bei Spitzenelektrode wurde ein Glimmen unter der Flüssigkeit beobachtet (*504, 501*), dessen Auftreten in der Stromspannungscharakteristik nicht durch einen so scharfen Knick gekennzeichnet ist wie bei

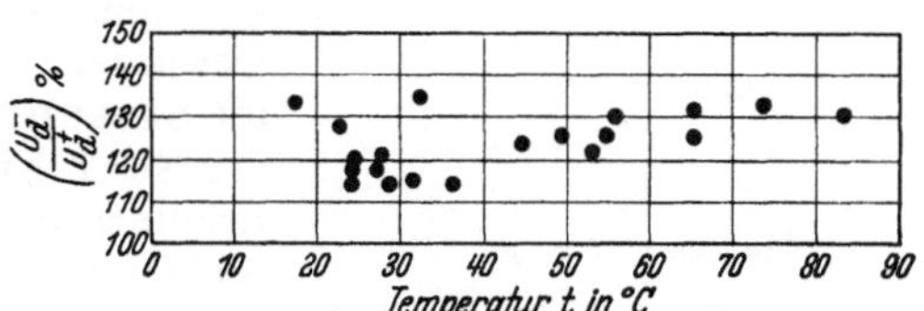

Abb. 73. Einfluß der Temperatur auf den Polaritätseffekt der Durchschlagspannung.

Gasen. Die Glimmspannung beträgt bei $\delta = 1,0$ mm etwa 4,5 kV. Marx (*499*) beobachtete unter Wasser an der Spitzenelektrode ein Büschel mit rötlichen Stielen, das bei positiver Spitze eine größere Ausdehnung hatte als bei negativer. Er untersuchte Gase, Flüssigkeiten und feste Körper bei der Elektrodenanordnung Spitze gegen Platten und stellt einen großen Einfluß der Polarität auf die Durchschlagspannung fest. Bei positiver Spitze war U_d kleiner als bei negativer. Außer Wasser wurden Öl, Xylol und Rizinusöl untersucht. Xylol ergab besonders große Streuung der Durchschlagswerte.

Diese Effekte lassen die Deutung zu, daß bei dem Durchschlagmechanismus die Ionisierungsvorgänge eine Rolle spielen.

10. Einfluß der Elektrodenentfernung auf die Durchschlagspannung.

Almy (*470*) gibt an, daß die Beziehung zwischen der Durchschlagfeldstärke und der Elektrodenentfernung durch folgende Gleichung

$$\mathfrak{E}_d = A + \frac{B}{\delta}$$

gegeben ist. (Die Konstanten A und B siehe in Tabelle 20.) $\delta =$ Elektrodenentfernung; $U_d =$ Durchschlagspannung; $\mathfrak{E}_d = \dfrac{U_d}{\delta} =$ Durchschlagfeldstärke. Spath (*526*) untersuchte die Abhängigkeit der Durchschlagspannung von der Elektrodenentfernung bei verschiedenen Reinheitsgraden des Öls. Die Flüssigkeiten zeigen zunächst ein Minimum bei $\delta = 0,2$ bis 0,3 cm (Abb. 74). Mit fortschreitender Reinigung verschwindet dieses Minimum. Die Kurven *1, 2* und *3* besitzen dieses Minimum. Bei verhältnismäßig reinem Öl (Kurven *4* und *5*) weisen die Kurven kein Minimum mehr auf. Die Durchschlagfeldstärke fällt mit steigender Elektrodenentfernung. Die Bestrahlung beeinflußt weder die Kurvenform noch die Einzelwerte. Sorge (*525*) untersuchte diese Abhängigkeit in chemisch definierten Flüssigkeiten bei verschiedenen Elektrodenanordnungen und fand in reinem Xylol, Hexan, Benzin und Öl, daß die Durchschlagfestigkeit mit der Schlagweite abnimmt, einem Verhalten, das dem in Gasen sehr ähnlich ist. Er fand ferner, daß die Streuung der Durchschlagswerte mit der Schichtdicke abnimmt. Die Meßresultate über die Abhängigkeit der Durchschlagfeldstärke von der Elektrodenentfernung bei Plattenelektrodenanordnung zeigt Abb. 75. Auch die Messungen mit der Elektrodenanordnung: Kugel gegen Kugel und Spitze gegen Spitze ergeben denselben Sachverhalt. Die von verschiedenen Forschern gefundene Abnahme der Durchschlagfeldstärke

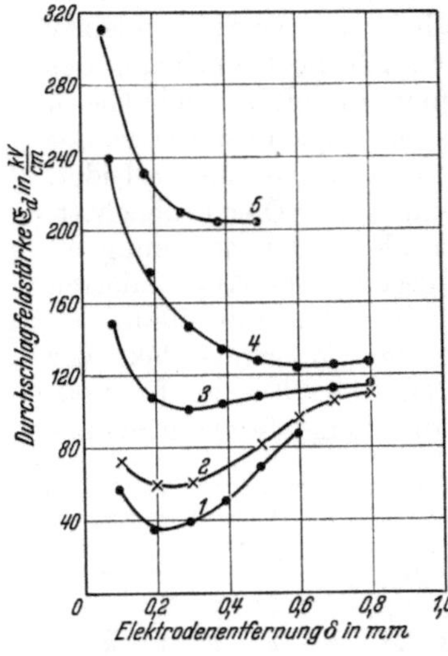

Abb. 74. Einfluß der Elektrodenentfernung auf die Durchschlagfeldstärke in ungereinigten Flüssigkeiten.

mit der Elektrodenentfernung zeigt Abb. 76. Marx (*499*) untersuchte die Abhängigkeit der Durchschlagspannung von der Elektrodenentfernung bei verschiedenen Spannungsstößen (Spannungseinwirkungsdauer) und unsymmetrischer Elektrodenanordnung. Die Durchschlagspannung nimmt mit der Schichtdicke immer langsamer zu. Naeher (*500*) hat die

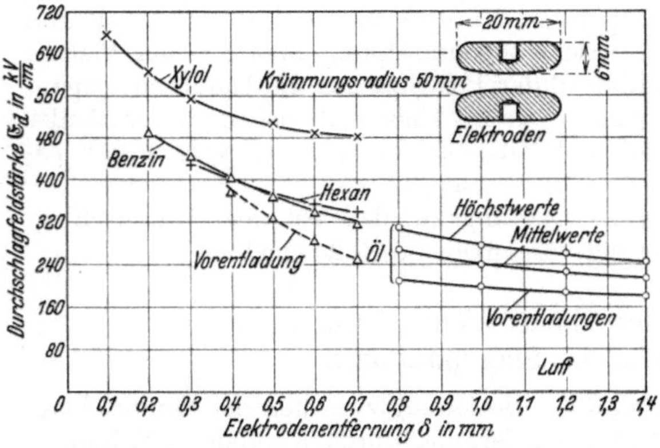

Abb. 75. Einfluß der Elektrodenentfernung auf die Vorentladungs- und Durchschlagfeldstärke in verschiedenen Flüssigkeiten.

Abhängigkeit der Durchschlagspannung von der Elektrodenentfernung in Transformatoröl zwischen Kugelkalotten (VDE) bei verschiedenen Spannungsbeanspruchungsdauern (Gleichspannung mit Rechteckform) untersucht. Die Resultate sind in Abb. 77 dargestellt. Das verwendete Öl hat einen Durchschlagswert von 110 kV/cm, war also nicht sehr rein.

Man sieht aus den Kurven, daß die Gleichspannung bei längerer Beanspruchungsdauer (Kurve *1*) den kleinsten Durchschlagswert aufweist. Die Kurve *7* für Wechselspannung liegt höher. Je kürzer die Spannung an den Elektroden wirkt, desto höher liegen die Kurven. Ebenso ist ein ähnliches Verhalten der Durchschlagspannung mit der Elektrodenentfernung bei verschiedenen Beanspruchungsdauern der Spannung (von

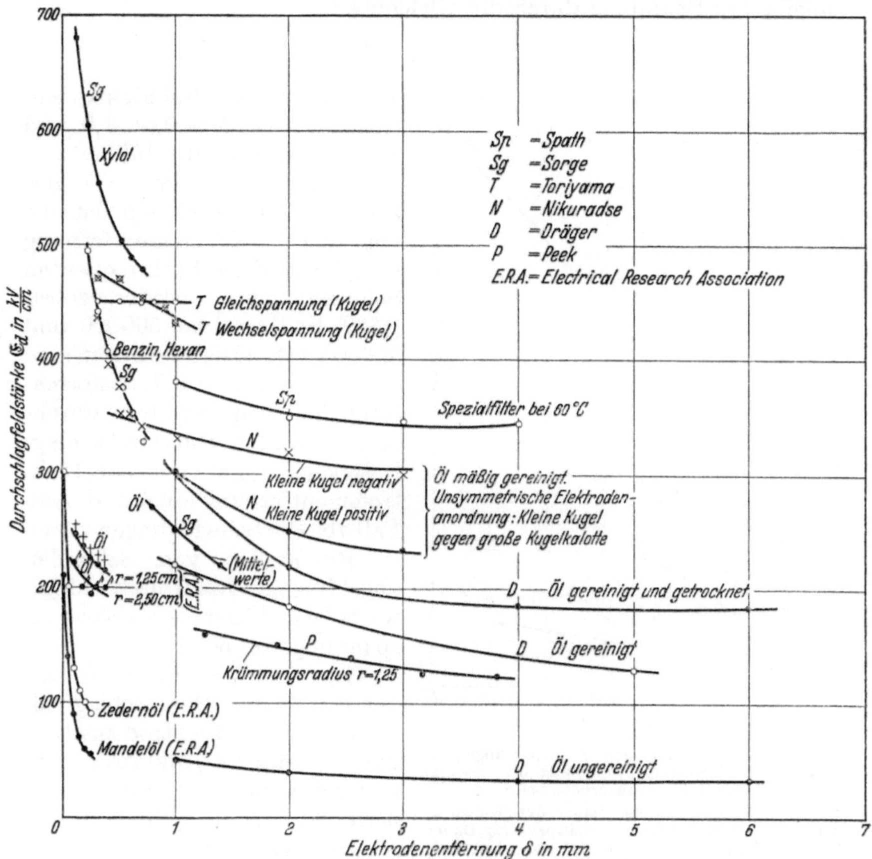

Abb. 76. Die Zusammenstellung der Kurven, die die Beziehung zwischen der Durchschlagfeldstärke und der Elektrodenentfernung darstellen und die in verschiedenen Flüssigkeiten von verschiedenen Forschern gefunden worden sind. Sie zeigen eine Abnahme der Durchschlagfeldstärke, wenn die Elektrodenentfernung vergrößert wird.

10^2 bis ca. 10^{-9} sec) in sehr verschmutztem Öl und auch bei Spitzenelektroden zu beobachten.

Die Streuung der Durchschlagswerte bei kurzzeitiger Beanspruchung mit Gleichspannung ist kleiner als bei Wechselspannung.

Um die Abhängigkeit der Durchschlagfestigkeit von der Elektrodenentfernung zu bekommen, rechnen wir die von Naeher erhaltenen, in Abb. 78 dargestellten Resultate um. Wir stellen in Abb. 78 fest, daß die Durchschlagfestigkeit mit der Elektrodenentfernung abnimmt, und

13*

zwar sowohl bei Wechselspannung (Kurve *7*) als auch bei Gleichspannung mit verschiedenen Beanspruchungsdauern (Kurve *1*: $\tau = 100$ sec; Kurve *2*: $\tau = 3{,}3 \cdot 10^{-4}$ sec; Kurve *3*: $\tau = 4{,}6 \cdot 10^{-6}$ sec; Kurve *4*: $\tau = 1{,}2 \cdot 10^{-7}$ sec; Kurve *5*: $\tau = 1{,}3 \cdot 10^{-8}$ sec). Trägt man $\lg (U_d)$ als Funktion von $\lg \tau$ auf, so erhält man Abb. 79. Man sieht, daß die Beziehung zwischen der Durchschlagfeldstärke und der Beanspruchungsdauer τ der Spannung durch die Gleichung:

$$\mathfrak{E}_d = \mathfrak{E}_{0d}\,\tau^{-\alpha}$$

gegeben werden kann, und zwar ist die Beziehung für alle drei Elektrodenentfernungen $\delta = 0{,}5$; $1{,}0$ und $1{,}5$ mm annähernd erfüllt.

In Abb. 80 ist die Abhängigkeit der Durchschlagfeldstärke von der Elektrodenentfernung bei gedämpften hochfrequenten Schwingungen wiedergegeben [(*500*) und zwar bei 500000 und 30000 Hertz.] Die Messungen sind in technisch reinem Transformatoröl mit Kugelkalotten durchgeführt worden. Die Durchschlagfestigkeit nimmt mit der Elektrodenentfernung auch in diesem Fall ab. Die Schwingungen waren in Bruchteilen von Sekunden abgeklungen. Die Durchschlagswerte lagen höher als bei Wechselspannung von 50 Hertz.

Inge und Walther (*493*) fanden, daß die Durchschlagfeldstärke mit der Elektrodenentfernung konstant ist, und zwar nicht nur bei Atmosphärendruck, sondern auch bei niedrigeren Drucken.

Die Zunahme der Durchschlagfeldstärke mit abnehmender Schichtdicke der Flüssigkeit ist wahrscheinlicher als ihre Konstanz, aber die Zunahme von $\mathfrak{E}_d$

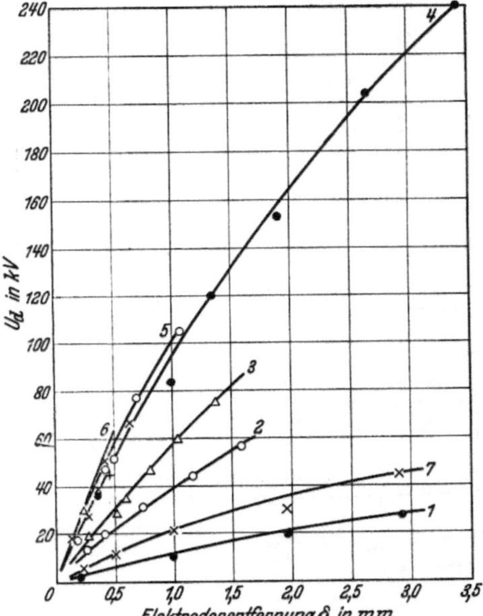

Abb. 77. Die Abhängigkeit der Durchschlagspannung von der Elektrodenentfernung bei verschiedener Spannungsbeanspruchungsdauer.

Kurve *1*: Gleichspannung, Dauer der Beanspruchung $\tau = 100$ sec, Kurve *2*: Gleichspannung, Dauer der Beanspruchung $\tau = 3{,}3 \cdot 10^{-4}$ sec, Kurve *3*: Gleichspannung, Dauer der Beanspruchung $\tau = 4{,}6 \cdot 10^{-6}$ sec, Kurve *4*: Gleichspannung, Dauer der Beanspruchung $\tau = 1{,}2 \cdot 10^{-7}$ sec, Kurve *5*: Gleichspannung, Dauer der Beanspruchung $\tau = 1{,}3 \cdot 10^{-8}$ sec, Kurve *7*: Wechselspannung 50 Hertz.

mit wachsendem δ kann nicht als einwandfrei gesichert betrachtet werden.

In Tabelle 21 sind die Namen der Forscher zusammengestellt, die die Abhängigkeit der Durchschlagfeldstärke vom Elektrodenabstand untersucht haben. Sie sind in zwei Gruppen geteilt. Die zweite Gruppe (Mehrzahl) findet, daß die Durchschlagfeldstärke mit zunehmender Elektrodenentfernung abnimmt, die erste Gruppe hingegen beobachtet die Unabhängigkeit von $\mathfrak{E}_d$ von δ. Man sieht einen offensichtlichen Widerspruch. Die Resultate erwecken aber den Eindruck, als ob die sehr reinen Flüssigkeiten doch eine Abhängigkeit der Durchschlagfeldstärke von der Schichtdicke zeigen. Bei ungenügender Reinigung verdecken die sekundären Erscheinungen den wahren Effekt. Bei sehr kurzzeitiger Spannungsbeanspruchung spielen die sekundären Einflüsse für den Durchschlag gar keine oder nur eine sehr untergeordnete Rolle. Deshalb ist es von Interesse, die Durchschlagfeldstärke als Funktion der Elektrodenentfernung bei Stoßspannung zu verfolgen. Abb. 78 zeigt diese Abhängigkeit bei Wechsel- und Gleichspannung, die den von Naeher gewonnenen Resultaten entnommen ist. Die Beanspruchungsdauer der Gleichspannung wurde von 100 bis 10^{-8} sec variiert. Bei allen diesen Kurven stellt man eine Zunahme

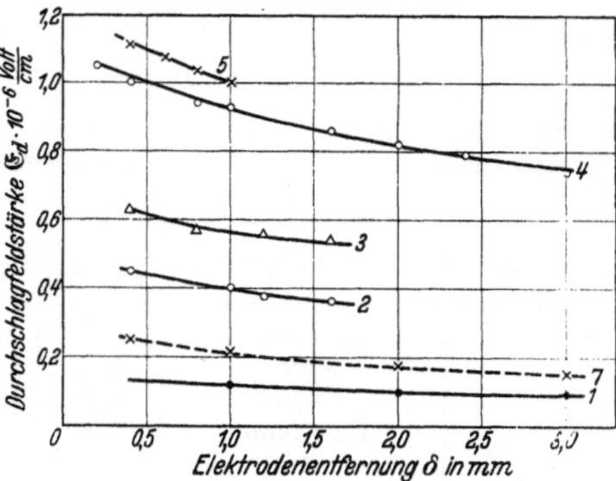

Abb. 78. Die Abhängigkeit der Durchschlagfeldstärke von der Elektrodenentfernung bei verschiedener Spannungsbeanspruchungsdauer.
Kurve *1*: Gleichspannung, Dauer der Beanspruchung $\tau = 100$ sec, Kurve *2*: Gleichspannung, Dauer der Beanspruchung $\tau = 3{,}3\cdot10^{-4}$ sec, Kurve *3*: Gleichspannung, Dauer der Beanspruchung $\tau = 4{,}6\cdot10^{-6}$ sec, Kurve *4*: Gleichspannung, Dauer der Beanspruchung $\tau = 1{,}2\cdot10^{-7}$ sec, Kurve *5*: Gleichspannung, Dauer der Beanspruchung $\tau = 1{,}3\cdot10^{-8}$ sec, Kurve *7* (gestrichelt): Wechselspannung 50 Hertz.

der Durchschlagfeldstärke mit abnehmender Schichtdicke fest.

Der Zusammenhang zwischen der Durchschlagfeldstärke $\mathfrak{E}_d$ und der Elektrodenentfernung δ kann durch die Gleichung

$$\mathfrak{E}_d = A + \frac{B}{\delta}$$

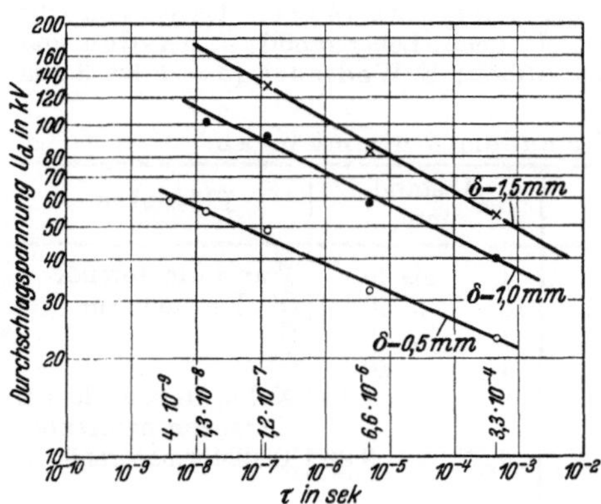

Abb. 79. Der Logarithmus der Durchschlagfeldstärke als Funktion des Logarithmus der Spannungsbeanspruchungsdauer bei verschiedenen Elektrodenentfernungen.

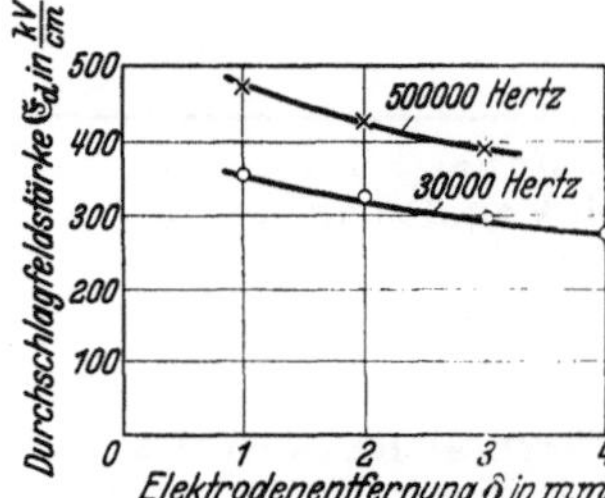

Abb. 80. Die Durchschlagfeldstärke als Funktion der Elektrodenentfernung bei verschiedenen Frequenzen.

recht befriedigend beschrieben werden, in der A und B Konstanten sind. In Tabelle 20 sind sie für verschiedene Flüssigkeiten angegeben, die den Resultaten verschiedener Forscher entsprechen. Peek (*516*) beschäftigte sich eingehend damit, diese aus dem empirischen Tatbestand entstandene Gleichung theoretisch zu begründen und abzuleiten. Er nahm die Stoßionisation und den Durchschlag ganz analog wie in Gasen an.

Aber die Durchschläge, aus denen die obige Beziehung abgeleitet worden ist, sind höchstwahrscheinlich in der Hauptsache nicht von Ionisierungsvorgängen in der Flüssigkeit eingeleitet worden (wenigstens nicht nur davon), sondern sind von Nebeneffekten (Gasresten, Wärme) hervorgerufen. Man müßte die bis jetzt gefundene Abhängigkeit der Durchschlagfeldstärke von der Elektrodenentfernung unter Berücksichtigung des Einflusses der Nebeneffekte, die meistens den Durchschlag herbeiführen, ableiten und erklären. Bei der Deutung der Abhängigkeit der Durchschlagfeldstärke von der Elektrodenentfernung bei sehr kurzzeitiger Spannungsbeanspruchung (Stoßspannung) kann man sich reiner Ionisierungsvorgänge bedienen.

Tabelle 20. Die Zahlenwerte der Konstanten der empirischen Gleichung $\mathfrak{E}_d = A + \dfrac{B}{\delta}$, die die Beziehung zwischen der Durchschlagfeldstärke $\mathfrak{E}_d$ und der Elektrodenentfernung δ angibt.

Forscher	Flüssigkeit	A [kV/cm]	B [kV]
Almy ...	Terpentinöl	243	6
	Xylol	402	12
	Benzol	525	6,33
	Petroleum	576	6,06
E.R.A....	Öl		
	Krümmungsradius		
	$r = 1,25$ cm	170	9
	$r = 2,5$ cm	180	3
Peek. ...	Öl		
	$r = 1,25$ cm	89	10
	$r = 2,5$ cm	100	8

Tabelle 21.

1. Gruppe: Keine Abhängigkeit von $\mathfrak{E}_d$ von δ.

Schröter ($\delta = 0,2$ bis 1,1 mm Öl); Toriyama ($\delta = 0,1$ bis 0,9 mm Öl); P. Schaw ($\delta = 1$ bis 5 mm Raps-. Fusel-, Lein-, Lebertranöl); J. Hayden und C. P. Steinmetz ($\delta = 1$ bis 5 mm Paraffinöl); E. Wedmore ($\delta = 1$ bis 5 mm Öl); Inge und Walther.

2. Gruppe: Mit zunehmendem δ nimmt $\mathfrak{E}_d$ ab.

Name	Abstand mm		Flüssigkeit
E. Jona	1	bis 20	Transformatorenöl
M. Vogelsang	10	,, 50	Öl, Benzinoform
Spath	1	,, 8	Öl
Dräger	1	,, 10	Öl
Sorge	0,1	,, 1,4	Xylol, Hexan, Benzin Transformatorenöl
Electrical Research Association	1,27	,, 3,82	Transformatorenöl
Radius $r_1 = 1,25$ cm, $r_2 = 2,5$ cm			
Peek.	1,27	,, 3,82	—
$r_1 = 1,25$ cm, $r_2 = 2,5$ cm			
Electrical Research Association	0,012	,, 0,25	Mandelöl, Zedernöl
Naeher	0,1	,, 3,0	Öl
Wechselspannung, Gleichspannung, Stoßspannung			
Almy	—		—
Marx	0,5	,, 3	Öl
Unsym. el. Stoßspannung			
Nikuradse.	0,5	,, 3,0	Öl
Unsym. Elektrodenanordnung, kl. Kugel gegen große Kugelkalotten			

III. Die Theorien des Durchschlags.

1. Theorien, die die Natur des Durchschlags nicht in der Ionisierung der Flüssigkeit begründet sehen (mechanischer und Wärmedurchschlag).

Kock (*497*) machte die ersten Ansätze zu der später von Güntherschulze (*486*) ausgearbeiteten Theorie des Durchschlags in isolierenden Flüssigkeiten. Der Ausgangspunkt dieser Theorie war die Schlußfolgerung, die Güntherschulze aus den bis dahin veröffentlichten experimentellen Arbeiten gezogen hat: „Die Zunahme der dielektrischen Festigkeit mit dem Druck ist für die Flüssigkeit von der gleichen Größenordnung wie für Gase.“

$$U_d = A + B \cdot p.$$

Er erklärte dieses Resultat dadurch, daß er annahm, daß die Entladung in dielektrischen Flüssigkeiten eine „verschleierte Gasentladung“ sei. Nach dieser Theorie steigt mit der Feldstärke die Ionenreibung. Dies bewirkt eine steigende Erwärmung der die Ionenbahn umgebenden Flüssigkeitsmoleküle. Bei einer bestimmten Feldstärke wird die Erwärmung so groß, daß die Ionen eine minimale, submikroskopische Dampfbahn bilden. In diesen Dampfkanälen findet die Stoßionisierung statt, die, ähnlich wie in Gasen, die Funkenentladung einleitet. Die Konstante A gibt die Spannung an, bei der die Flüssigkeitsionen solche Dampfbahnen durch Reibung bilden können. Nach der Theorie hängt A 1. von der Ionengröße, 2. von der Viskosität der Flüssigkeit und 3. von der Verdampfungswärme ab. Durch B wird die Erhöhung der Verdampfungswärme ausgedrückt, wenn der Druck vergrößert wird und die Stoßionisierung in den Dampfkanälen besorgt. B hängt hiernach ab 1. von dem Verhältnis der Dielektrizitätskonstante der Flüssigkeit zu der Dampfbahn, 2. von der Stoßionengröße in der Dampfbahn, 3. von der Ionisierungsspannung des Dampfes, 4. von der Dichte des Dampfes und 5. von der Zunahme der Verdampfungswärme mit dem Druck ab. Mit dieser Theorie erklärt Güntherschulze den phänomenologischen Einfluß der verschiedenen Parameter auf U_d. Draeger (*473*) hat diese Theorie an Hand der Experimente verfolgt und sie teilweise ergänzt. Nach ihm werden die Dampfbahnen in der Flüssigkeit durch schwerbewegliche Ionen großer Reibung gebildet. Die leichtbeweglichen Ionen mit größerer mittlerer freier Weglänge bewirken die Stoßionisation und leiten die Entladung ein.

Die Theorie von Gemant (*484*) betrachtet als Ursache, die den Durchschlag einleitet, hauptsächlich die an der Metalloberfläche adsorbierte Gasschicht. Bei einer bestimmten Feldstärke ($\mathfrak{E} = 100$ kV/cm) schlägt die Gasschicht durch und wird leitend. An der Stelle der höchsten Feldstärke sammeln sich diese Gasreste und bilden eine mikroskopisch kleine Halbkugel (Durchmesser 10^{-4} bis 10^{-3} cm), die an der Elektrode haftet. Das Feld streckt diese Halbkugel der anderen Elektrode entgegen. So wird ein Kanal gebildet, in dem ein Gasdurchschlag erfolgt.

Wird die Oberflächenspannung der Flüssigkeit mit γ [dyn/cm], der Radius der Gasblase mit a [cm], der äußere Druck mit p [mm Hg] und die Viskosität mit $\eta \left[\dfrac{\text{dyn sec}}{\text{cm}^2}\right]$ bezeichnet, so ergibt sich die Durchschlagfeldstärke

$$\mathfrak{E}_d = 0{,}3 \sqrt{\frac{\gamma}{a} + \frac{k}{\eta}\, p} \left[\frac{\text{kV}}{\text{cm}}\right],$$

wo k eine Konstante ist. Für die Mehrzahl der Flüssigkeiten, die hier in Betracht kommen, ist $\gamma = 30$. Damit erklärt diese Theorie die Unabhängigkeit der Durchschlagspannung von der chemischen Natur der Flüssigkeit. Je geringer der Gasgehalt der Elektroden ist, desto geringer fällt der Radius a der Gasblase aus. Deswegen wächst $\mathfrak{E}_d$ mit der Quadratwurzel von $\dfrac{1}{a}$. Je größer die Viskosität der Flüssigkeit ist, desto niedrigere $\mathfrak{E}_d$-Werte müssen sich nach der obigen Gleichung ergeben. Hierin steckt indirekt auch die Temperaturabhängigkeit, denn γ und a sind außerdem eine Funktion der Temperatur. Die kapillaren Kräfte (γ), die die elektrische Kraft zu überwinden haben, um die Gasblase zu strecken, nehmen mit der Temperatur ab, deswegen nimmt auch $\mathfrak{E}_d$ mit der Temperatur ab. Das Volumen der Gasblase nimmt mit der Temperatur zu, deswegen nimmt $\mathfrak{E}_d$ mit der Temperatur ab. Das Auftreten des Maximums kann diese Theorie nicht erklären. Auch die Konstanz der Durchschlagfeldstärke mit der Temperatur in dem Temperaturbereich, in dem die Viskosität sehr stark abnimmt, und die Temperaturabhängigkeit der Durchschlagfeldstärke bei hohen Temperaturen, bei denen die Viskosität fast konstant ist, bleibt von der Theorie unerklärt. Bei Flüssigkeiten mit geringer Viskosität (Hexan, Benzol) kann es leicht vorkommen, daß die Gasblase von der Elektrode plötzlich losgelöst wird und eine Vorentladung einleitet. Für den Durchschlag ist es erforderlich, daß sich die Gasblase während der Streckung auch im Volumen ausdehnt. Die Flüssigkeit muß infolgedessen zur Seite geschoben werden. Dabei muß der äußere Druck überwunden werden. Darin steckt teilweise die Druckabhängigkeit der Durchschlagspannung, die die Theorie verlangt. Setzt man in die obige Gleichung für $\dfrac{\gamma}{a} = 2{,}35 \cdot 10^4$ und für $\dfrac{k}{\eta} = 0{,}70 \cdot 10^4$ ein, so erhält man

$$\mathfrak{E}_d^2 = (2{,}35 \cdot 10^4 + 0{,}7 \cdot 10^4\, p)\,.$$

Die danach berechneten Werte von $\mathfrak{E}_d$ bei $p = 0$, 10, 20, 30 und 40 at stimmen gut mit den von Kock in unreinen Flüssigkeiten (Petroleum) experimentell gewonnenen überein.

Den Einfluß des in der Flüssigkeit gelösten Wassers erklärt Gemant (481) durch folgende Überlegung: Die Wasserkügelchen mit hoher Dielektrizitätskonstante werden in Richtung des Feldes gestreckt (ihre Polarisation nimmt mit der Streckung zu). Bei einer bestimmten Feldstärke bilden die gestreckten Kügelchen eine Brücke, einen leitenden Kanal, und der Durchschlag ist eingeleitet. Je mehr Wassertröpfchen es sind, desto geringer ist die Feldstärke, bei der die Wasserteilchen in eine Brücke zusammenfließen. Bezeichnet man den Radius des Wassertröpfchens mit r, die Kapillarkonstante zwischen Wasser und Öl mit γ und die Feldstärke mit $\mathfrak{E}$, so ist die Beziehung zwischen der Energie E eines Tröpfchens und der Exzentrizität e des gestreckten Rotationsellipsoids

$$E = 2\,\pi\,r^2\,\gamma \left[f_1(e) - \frac{r\,\mathfrak{E}^2}{12\,\pi\,\gamma}\,f_2(e) \right],$$

wo

$$f_1(e) = \sqrt[3]{1 - e^2} + \frac{\text{arc sine } e}{e\,\sqrt[6]{1 - e^2}}, \qquad f_2(e) = \frac{1}{\dfrac{1 - e^2}{e^2}\left(\dfrac{1}{2\,e}\,\lg\dfrac{1 + e}{1 - e} - 1 \right)}.$$

Die Streckung wächst ziemlich linear mit der Feldstärke.

H. Edler (475) sieht die Ursache des Durchschlags in einem Verdampfungsprozeß an den Elektroden. An den Elektroden befindet sich eine Übergangsschicht, die z. B. aus adsorbiertem Gas bestehen kann. Wärme- und elektrisches Leitvermögen dieser Schicht muß als sehr gering angenommen werden. Geht nun der elektrische Strom durch diese Schicht, so wird darin Wärme erzeugt, die bei bestimmter Temperatur die Verdampfung bzw. Gasentbindung verursacht, wodurch der Durchschlag eingeleitet wird. Die Durchschlagspannung ist durch die Gleichung gegeben

$$J \cdot U_d = \frac{2\,k'\,[\alpha + \beta\,(h - \alpha)]}{\alpha^2 \left(A - \dfrac{1}{2} \right)}\,B,$$

wo

$$A = \frac{1 + \dfrac{1}{2}\,\dfrac{k}{k'}\,\dfrac{\alpha}{h - \alpha}}{1 + \dfrac{k}{k'}\,\dfrac{\alpha}{h - \alpha}} \qquad \text{und} \qquad B = \frac{1}{T_1 + \dfrac{R}{\lambda}\,\lg\dfrac{p_1}{p_2}} - T_0.$$

$h\ \ =$ halber Elektrodenabstand in cm
$J\ \ =$ Strom bei der Durchschlagspannung U_d
$T_0 =$ absolute Temperatur der Umgebung
$R\ \ =$ Gaskonstante
$\lambda\ \ =$ Absorptionswärme
$p_1 =$ Druck des gelösten Gases bei der absoluten Temperatur T_1
$p_2 =$ Versuchsdruck
$\alpha\ \ =$ Dicke der Übergangsschicht in cm
$\beta\ \ = \dfrac{\text{spez. Leitfähigkeit der Flüssigkeit}}{\text{spez. Leitfähigkeit der Übergangsschicht}}$
$k\ \ =$ Wärmeleitfähigkeit der Flüssigkeit
$k' =$ Wärmeleitfähigkeit der Übergangsschicht

Leider hat man von der Übergangsschicht, die für die Theorie von großer Bedeutung ist, keine ganz klare Vorstellung. Die Wärmeleitfähigkeit k', die Dicke α und die elektrische Leitfähigkeit dieser Schicht sind unbekannt. Auch die Temperaturen, die bei gegebenem J und U auftreten, sind leider bis jetzt unbekannt. Man kann aber aus den bekannten Versuchsergebnissen ermitteln, welche Größenordnung die unbekannten Konstanten annehmen müssen, damit die richtigen Zahlenwerte für U_d herauskommen. Rechnet man jetzt die Abhängigkeit von U_d von dem Druck p aus, in dem man verschiedene Sättigungsdrucke der gelösten Luft in Öl annimmt, so erhält man Kurven, deren Verlauf und absolute Höhe mit den experimentell gewonnenen gut übereinstimmen. Je geringer der Sättigungsdruck, d. h. je geringer die gelöste

Gasmenge ist, desto geringer wird die Druckabhängigkeit der Durchschlagspannung und desto höher liegen die Einzelwerte von U_d.

Bei Fehlen der gelösten Gase und der leichtflüchtigen Bestandteile wird angenommen, daß die Flüssigkeit selbst beim Stromdurchgang verdampft, wodurch der Durchschlag eingeleitet wird. Die Zeit, die dazu nötig ist, die Verdampfungstemperatur zu erreichen, ist ziemlich groß; sie errechnet sich etwa zu 0,3 sec. Bei ganz kurzzeitiger Spannungsbeanspruchung dürften also solche Arten von Durchschlägen nicht auftreten.

Diese Theorie weist noch den Vorteil auf, daß sie zwanglos das Auftreten der Streuungen erklärt. Sie werden dadurch bedingt, daß bei Gasentbindung und Verdampfung infolge der einem gewissen Zufall unterworfenen Größe der „Keimpunkte" eine Art Siedeverzug auftritt.

Gleichzeitig und unabhängig von H. Edler haben Inge und Walther ebenfalls eine Wärmetheorie des Durchschlags entwickelt.

Inge und Walther (493), die zu ihrer theoretischen Überlegung auf Grund der eigenen eingehenden experimentellen Untersuchungen gekommen sind, befassen sich mit den Durchschlägen, die durch Wärmeentwicklung eingeleitet werden. Die von Güntherschulze entwickelte Ansicht halten sie für wenig wahrscheinlich. Sie bezweifeln die Ausbildung des Dampfkanals infolge der Ionenreibung. Sollte aber ein solcher Kanal entstehen, so wird der Krümmungsradius der Oberfläche so klein, daß in dem Dampfkanal ein hoher Druck herrscht. In diesem Zustand kann der Kanal kaum als Gasvolumen betrachtet werden.

Nach Inge und Walther spielen die in der Flüssigkeit gelösten Gasblasen eine Rolle. Erreicht die Feldstärke in einer Gasblase einen bestimmten Wert, so beginnt darin die Ionisation. Das bedingt die Erwärmung der die Gasblase umgrenzenden Flüssigkeitsteilchen. Bei bestimmter Spannung wird die Siedepunkttemperatur der Flüssigkeit erreicht. Bei etwas höherer Spannung wird die Flüssigkeit verdampft und die Gasblase vergrößert. So wächst das Gasvolumen, in dem die Stoßionisation stattfindet. Dadurch wird die vollständige Funkenentladung eingeleitet. Als Durchschlag wird die Spannung bezeichnet, bei der die Blase zu wachsen beginnt. Diese Spannung hängt u. a. von der entwickelten Wärmemenge und von der Intensität der Wärmeabfuhr ab, weil von diesen zwei Größen wieder die Temperatur der Flüssigkeit an der betreffenden Stelle abhängt. Die entwickelte Wärmemenge Q_1 sei

$$Q_1 = \sigma \cdot U^n,$$

wobei der Proportionalitätsfaktor σ mit der Leitfähigkeit der Flüssigkeit nicht identifiziert werden soll. Der Exponent n der angelegten Spannung U ist größer als 2. Wahrscheinlich ist $n = 3$. Bezeichnen wir die Temperatur der erwärmten Flüssigkeit dicht neben der Gasblase mit T_1 und die der umgebenden kalten Teile mit T, so ist die abgeführte Wärmemenge Q_2 durch die Gleichung

$$Q_2 = \beta \, (T_1 - T)$$

gegeben (β = Konstante). Soll die Gasblase wachsen, so muß $Q_1 > Q_2$

werden, wenn $T_1 = T_S =$ Siedetemperatur erreicht ist. Damit ist auch die Durchschlagsbedingung gegeben:

$$\sigma\, U_d^n = \beta\,(T_S - T) + q\,.$$

Das Zusatzglied q muß also größer als Null sein und deckt einen Teil des Wärmeverbrauches, der für das Verdampfen der Flüssigkeit erforderlich ist. Wird $\dfrac{\beta}{\sigma} = \alpha$; $\dfrac{q}{\sigma} = \dfrac{q}{\beta}\,\alpha = \tau_1\alpha$ und $T_S - T = \tau$ bezeichnet, so erhalten wir

$$U_d^n = \alpha\,[\tau + \tau_1]\,.$$

Besitzt die Flüssigkeit die Siedetemperatur, ist also $T_S = T$, so ist die Durchschlagspannung

$$U_d = \sqrt[n]{\frac{q}{\sigma}}\,.$$

Als Ausgangspunkt der Wärmeentwicklung wurden die gelösten Gasreste betrachtet. Die obigen Formeln haben auch dann Gültigkeit, wenn keine Gasblasen vorhanden sind und die Wärmeentwicklung aus einem anderen Grund stattfindet. Dann kann σ der Leitfähigkeit der Flüssigkeit gleichgesetzt werden.

In der Nähe der Siedetemperatur können die Kurven, die die Abhängigkeit der Durchschlagspannung von der Temperatur darstellen, im Fall der Gleichspannung durch die Gleichung $U_d^n = \alpha\,(\tau + \tau_1)$ gut wiedergegeben werden. Die Daten für die Konstanten der Formel sind in der nachstehenden Tabelle 22 ersichtlich.

Tabelle 22. Die Konstanten für die Gleichung $U_d^n = \alpha\,(\tau + \tau_1)$.

Flüssigkeit	Druck p mm Hg	Elektroden	Temperaturbereich	n	α	τ_1
Xylol	760	Platten	von 70^0 bis Siedepunkt	3	130	13
Xylol	450	Platten	von 70^0 bis Siedepunkt	3	92	7
Hexan.	760	Kugel		3	380	6
Hexan.	450	Kugel		3	245	3

Bei Wechselspannung ist die Übereinstimmung zwischen der obigen Formel und den Experimenten schlechter. Nach der Wärmetheorie müßte gleichzeitig eine Temperatur- und Druckabhängigkeit der Durchschlagspannung vorhanden sein, wie dies Inge und Walther in ihrer Ausführung mit Recht bemerken.

Zu den beiden letzten Wärmetheorien muß bemerkt werden, daß die Möglichkeit einer Wärmeentwicklung der an die Gasblase grenzenden Flüssigkeitsschicht und der Übergangsschicht zwischen Elektrode und Flüssigkeit noch nicht geklärt ist. Dazu fehlen bis jetzt sowohl die theoretischen als auch die experimentellen Untersuchungen. Nach der Wärmetheorie müßte gleichzeitig eine Temperatur- und Druckabhängigkeit der Durchschlagspannung vorhanden sein. Es gibt Fälle, in denen sich die Durchschlagspannung abhängig vom Druck und gleichzeitig unabhängig von der Temperatur ergibt, und zwar bei derselben Art der

Spannung. In diesem Fall ist der Wärmedurchschlag unwahrscheinlich.
Die Experimente zeigen aber, daß es sich in dem hier in Betracht
kommenden Fall auch nicht um den Ionisierungsdurchschlag handeln
kann, weil er druckabhängig ist. Damit ist die Möglichkeit eines Nicht-
ionisierungsdurchschlags gegeben, der auch keinen Wärmedurchschlag
darstellt. Andererséits haben wir gesehen, daß die druckabhängigen
Durchschläge sehr von den gelösten Gasen abhängig sind. Der Verlauf
$U_d = f(p)$ hängt vom Gasgehalt ab. Bei vollkommener Entgasung verschwindet die Druckabhängigkeit der Durchschlagspannung. Daraus
darf wohl geschlossen werden, daß es Durchschläge gibt, die ohne mechanische Wirkung und ohne Wärmewirkung durch das Vorhandensein der
Gasreste eingeleitet werden (Gas-Flüssigkeitsdurchschlag infolge
der Ionisierung), wovon im nächsten Abschnitt die Rede sein wird.

2. Theorien, die den Durchschlag durch die Ionisierung eingeleitet betrachten.

W. O. Schumann (*521*) wies darauf hin, daß der Durchschlag durch
reine Ionisierungsvorgänge eingeleitet werden kann. Von anderer Seite
wurde gezeigt (*504*), daß die Zunahme des Stromes mit der Spannung
bei sehr hohen Feldstärken nicht durch den Wärmeeffekt erklärt werden
kann, und daß für die Deutung des Phänomens die Stoßionisation herangezogen werden müsse, und zwar unter Berücksichtigung des Einflusses
sehr hoher Felder auf die Elektroden hinsichtlich der Trägererzeugung
(Elektronenauslösung aus dem Metall). In einer Arbeit von A. Jaffé,
T. Kurchatoff und K. Sinjelnikoff (*494*) wird gezeigt, daß bei sehr
dünnen Schichten ($\delta = 10^{-3}$ bis 10^{-6} cm) die Stoßionisation wahrscheinlich ist. Die Kathodenoszillogramme (Durchschlagspannung in Ölen,
$\delta = 0,15$ cm), die W. Rogowski (*518*) bei kurzzeitiger Spannungseinwirkung (10^{-7} sec) aufgenommen hat, läßt nach Rogowski die
Deutung zu, daß es sich dabei um eine Elektronenlawine handeln kann.

Die Ionisierungskonstanten α, ε und $\varkappa$ sind Funktionen der Feldstärke (*511*). Die Exponentialkonstante c ist eine Funktion der Ionisierungskonstanten α, ε, $\varkappa$. Die experimentelle Forschung hat ergeben, daß
die Exponentialkonstante c der Stromfeldstärkecharakteristik unab-
hängig ist 1. vom Druck, 2. von der Temperatur, 3. von der Elektrodenflächengröße und 4. in gewissen Grenzen von der Reinheit. Das besagt, daß
der Integraleffekt (c) der Ionisierungsvorgänge von diesen Parametern im
untersuchten Gebiet unabhängig ist. Infolgedessen sollte auch die Durchschlagspannung, die durch einen Ionisierungsvorgang eingeleitet wird,
unabhängig von diesen Parametern sein.

Die experimentelle Forschung hat ergeben, daß die Durchschlagspannung bei Stoßspannungsbeanspruchung ($\tau = 10^{-8}$ bis 10^{-9} sec)
unabhängig von 1. Druck, 2. Temperatur, 3. Elektrodenflächengröße
und 4. in gewissen Grenzen auch von der Reinheit der Flüssigkeit ist.
Andererseits zeigen die Experimente ebenfalls, daß durch weitgehende
Reinigung (Filtration, Destillation, elektrische Behandlung, Trocknung,
Entgasung) die Druck- und Temperaturunabhängigkeit der Durchschlagspannung erzielt werden kann. Offenbar nähert sich der Durch-

schlagmechanismus in den oben genannten Fällen dem Ionisierungs-durchschlag. Damit ist die gleichzeitige Unabhängigkeit von U_d (bei Stoßspannung und im Falle der äußersten Reinheit) und der Größe c von denselben Parametern wahrscheinlich.

Die Abhängigkeit der Konstanten α' und ε' von der Feldstärke wird durch die Gleichungen

$$\alpha' = a\,(\mathfrak{E} - \mathfrak{E}_{0\,\alpha})^2$$

und

$$\varepsilon' = b\,(\mathfrak{E} - \mathfrak{E}_{0\,\varepsilon})^2$$

dargestellt (511). Hier bedeuten $\alpha' = (\alpha + k)$, $\varepsilon' = (\varepsilon + k)$, a und b Konstanten, $\mathfrak{E}_{0\,\alpha}$ und $\mathfrak{E}_{0\,\beta}$ die Feldstärken, bei denen α' und ε' dem Werte Null zustreben (gewonnen durch Extrapolation). Diese Beziehung wurde in Toluol bis zu etwa $\mathfrak{E} = 350\ \text{kV/cm}$ verfolgt.

Das sind die Hauptergebnisse, die über die Ionisierungsvorgänge bei hohen Feldern bekannt sind. Es fehlt leider sowohl an experimentellem als auch an theoretischem Material, um eine exakte Entladungsbedingung für den Ionisierungsdurchschlag aufzustellen.

F. Peek (516) geht von der Annahme der Möglichkeit der Stoßionisation in Flüssigkeiten aus und behandelt die Durchschlagsbedingungen ähnlich wie in Gasen. Er überträgt die Gültigkeit des Schumannschen Kriteriums der Gase auf die Flüssigkeiten und entwickelt Gleichungen, die den für die Entladungsbedingungen in Gasen geltenden ähnlich sind. Nach Peek soll die Ionisierungszahl mit der Feldstärke nicht mit der zweiten Potenz wachsen, sondern mit der ersten.

Wie oben ausgeführt wurde, deutet die vorwiegende Zahl der bis jetzt gebildeten Durchschlagstheorien den Durchschlag als durch Wärmewirkung oder durch mechanische Streckung einer Gasblase von der einen bis zur anderen Elektrode eingeleitet. Sie erklären die Entstehung eines Gaskanals zwischen den Elektroden, in dem der Gasdurchschlag stattfindet. Es soll gezeigt werden (534), daß es nicht notwendig ist, die Nebeneinflüsse in der Wärmewirkung oder mechanischen Streckung einer Gasblase zwischen den Elektroden zu erblicken. Um diese letzteren Ursachen auszuschalten, wurde Gleichspannung, die während einer Zeit von etwa 10^{-8} bis 10^{-7} sec wirksam war, an die Probe angelegt. Solche Spannungen wurden mittels einer Stoßanlage erzeugt. Während so kurzen Zeiten bleiben die Wärmeeinflüsse und die mechanische Streckung einer Gasblase (infolge ihrer Trägheit) wirkungslos.

Uns sollen hier die Ursachen des Durchschlags interessieren, wenn ein Gasraum (Gasblase) in der Flüssigkeit wirklich vorhanden ist. Den Prozeß während der Entladung wollen wir außer acht lassen. Daß die Wärmewirkung während des Entladungsprozesses eine große Rolle spielt, ist weiter nicht verwunderlich.

Die Arbeitshypothese des Gas-Flüssigkeitsdurchschlags besteht in folgendem:
Ist ein Gasraum an einer Elektrode oder in der Flüssigkeit vorhanden, so kann darin bei einer bestimmten Feldstärke, die in dem Gasraum herrscht, eine Entladung durch Stoßionisierung entstehen. Die Entladung im Gasraum ist als ein Strahl von Ladungsträgern gedacht. Sie

kann gewissermaßen der Entstehung einer feinen metallischen Spitze gleichbedeutend gesetzt werden. Am Ende der Spitze findet eine starke Feldkonzentration statt; ist sie hoch genug, so findet die Ionisation auch in der Flüssigkeit statt, und die Spitze schreitet mit hohem Feld voran. So entsteht die Funkenentladung.

Dieser Gedanke findet seine Bestätigung durch die nachstehenden Resultate.

Für die Nachprüfung der obigen Arbeitshypothese wurde über die Flüssigkeitsschicht δ_{Fl} noch eine bestimmte Luftschicht δ_L geschaltet, wie dieses die erste Elektrodenanordnung in der Abb. 81 zeigt. Die Luftschicht sollte als Ersatz des Gasraumes dienen.

Es wurde festgestellt: 1. In gewissen Grenzen ist die Durchschlagspannung U_d bei konstanter Flüssigkeitsschichtdicke unabhängig von der Luftschichtdicke, und zwar sowohl bei abgerundeten Plattenelektroden als auch bei Spitze (in der Luft) gegen abgerundete Platten (in der Flüssigkeit). 2. Verändert man die Stellung der Elektrode, die sich in der Luft befindet, so weit, daß sie satt an der Flüssigkeit aufliegt ($\delta_L = 0$), so springt der Durchschlagswert bei der ersten Elektrodenanordnung (beide Platten) auf höhere Werte, während bei der zweiten Elektrodenanordnung (Spitze in Luft gegen Platte in Flüssigkeit) sich die Durchschlagspannung nicht ändert.

Durch die Kurve A der Abb. 81 ist die Abhängigkeit der Durchschlagspannung von der Flüssigkeitsschichtdicke dargestellt, wenn eine von den Elektroden sich in Luft befindet. Die Meßpunkte der beiden Elektrodenanordnungen ergeben die gleiche Kurve A. Es ist also kein Unterschied, ob die in der Luft befindliche Elektrode eine abgerundete Platte oder eine feine Spitze ist. Der „Elektronenstrahl", der sich bei der Entladung bei der ersten Anordnung (Platte) ausbildet, kann durch eine feine metallische Spitze der zweiten Elektrodenanordnung ersetzt werden.

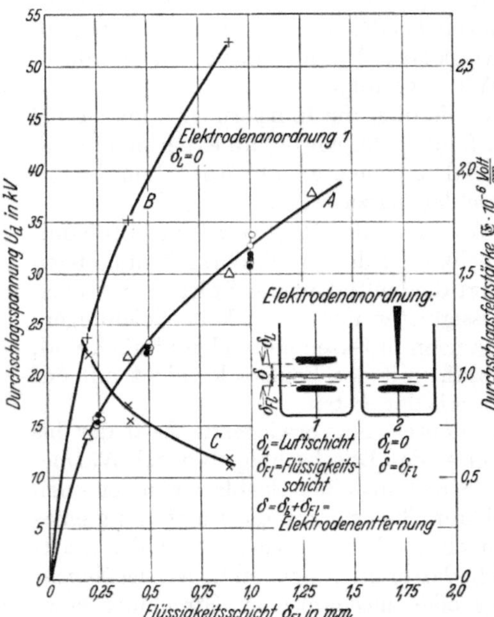

Abb. 81. Kurve A: △ Mittelwert der Durchschlagspannung U_d in Abhängigkeit von der Flüssigkeitsschichtdicke δ_{Fl} bei der 1. Elektrodenanordnung. ◯ Spitze pos., ● Spitze neg. Durchschlagspannung in der Abhängigkeit von der Flüssigkeitsschichtdicke bei der 2. Elektrodenanordnung. Kurve B: + Die Abhängigkeit der Durchschlagspannung U_d von der Flüssigkeitsschichtdicke bei der 1. Elektrodenanordnung, wenn sich zwischenden Plattenelektroden nur Flüssigkeit befindet. Kurve C: ✕ Die Abhängigkeit der Durchschlagfeldstärke $\mathfrak{E}_d$ von der Flüssigkeitsschichtdicke bei der 1. Elektrodenanordnung, wenn sich zwischen den Plattenelektroden nur Flüssigkeit befindet. Sie ist von der Kurve B abgeleitet.

Durch die Kurve B wird die Abhängigkeit der Durchschlagspannung von der Flüssigkeitsschichtdicke wiedergegeben, wenn die Luftschicht völlig ausgeschaltet wird. Sie zeigt, wie der Durchschlagswert auf höhere Werte springt, wenn $\delta_L = 0$ gemacht wird.

Ist $\delta_L = 0$, erzeugt man aber an der Elektrode feine Luftblasen, so springt die Durchschlagspannung herunter, und man erhält wieder die Kurve A. Dieser letzte Befund spricht dafür, daß die Spitzenausbildung bei Entladung auch in kleinen Luftblasen stattfinden kann.

Die Kurve C, die die Abhängigkeit der Durchschlagfeldstärke von der Flüssigkeitsschichtdicke (abgeleitet von der Kurve B) darstellt, zeigt, wie hoch sich die Durchschlagswerte bei Stoßspannung ergeben.

Die obigen Resultate sprechen auch dafür, daß die Entladung sich in Gasen beim Normaldruck strahlenförmig ausbildet. D. h. nicht die ganze Front der an der Kathode ausgelösten Elektronen nehmen an der Einleitung der Entladung teil, sondern ein oder einige Elektronen der Gesamtzahl ist befähigt, die Entladung einzuleiten und so den Entladungsstrahl zu bilden.

Es muß hier bemerkt werden, daß die Inhomogenität der Oberflächenbeschaffenheit der Elektroden ebenfalls den Anlaß zur Ausbildung der Spitzenwirkung geben und verfrühte Durchschläge herbeiführen kann (Siehe auch 557).

IV: Elektrische Figuren.

Die elektrischen Figuren in Gasen sind schon seit sehr langer Zeit bekannt (546, 547), aber die Beobachtungen dieser Figuren in Flüs-

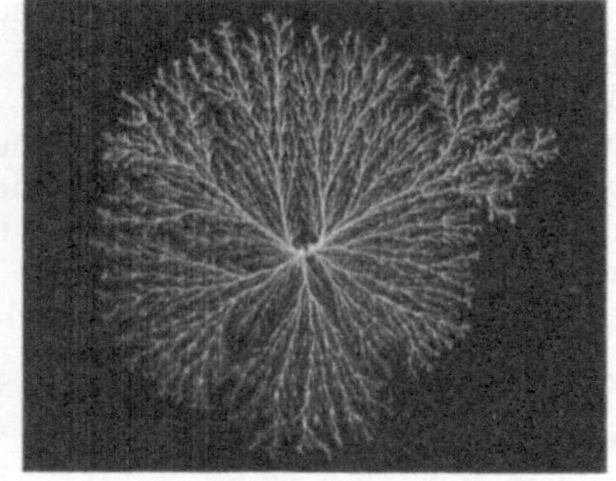

Abb. 82. Gleitfunkenbild unter Öl.

sigkeiten sind verhältnismäßig neu. In Mineralöl beobachtete man (554) bei Gleichspannung ein helles Leuchten der Spitzenelektrode (Elektrodenanordnung Spitze gegen Platte) und stellte auch den Einfluß der Polarität fest. Auch stark abgerundete Spitze gegen Platte bei sehr kleiner Elektrodenentfernung (keine Spitzenwirkung) zeigte diese Leuchterscheinung (554). K. Przibram photographierte zum erstenmal diese elektrischen Figuren in Flüssigkeiten (552); sie sind als Büschel- und nicht als Streifenentladungsfiguren (Polbüschel) anzusprechen. Bei negativer Spitze scheinen sich kleinere Figuren zu ergeben als bei positiver, wenn als Versuchsflüssigkeit buttersaures Isobutyl genommen wird. In Amylalkohol ist das umgekehrte Verhältnis vorhanden. Nach einer Mitteilung von Przibram ist der Einfluß der Polarität sichergestellt. E. Marx (549) stellte jedoch keinen Unterschied der Gleitfunkenbilder bei positiver und negativer Spitze unter Öl fest. In der Abb. 82 ist eine Aufnahme von Marx wiedergegeben (550). Y. Toriyama (551) untersuchte die Beziehung zwischen dem Durchschlag des flüssigen Isolators und den Lichtenbergschen Figuren oder den Staubfiguren im flüssigen Isolator. Er fand folgendes:

In dem Temperaturgebiet von -10^0 C bis 70^0 C wächst die Durchschlagspannung mit steigender Temperatur.

In demselben Temperaturgebiet dagegen wird der Umfang der Staubfigur kleiner mit zunehmender Temperatur.

Mit abnehmendem Atmosphärendruck sinkt die Durchschlagspannung von Öl und der Umfang der Staubfigur wird kleiner.

Toriyama folgert, daß bei zunehmender Durchschlagspannung des Öles der Umfang der Staubfigur kleiner wird und umgekehrt. Da die Staubfigur in Öl durch partialen elektrischen Durchschlag des Öles erzeugt werden kann, ist also die Theorie vernünftig, daß eine Beziehung zwischen der Durchschlagspannung und der Staubfigur besteht. Bei der Elektrodenanordnung Nadel gegen Platte fand er Unterschiede in den Figurengrößen. Bei Anlegung einer Stoßspannung von 35 kV war die Durchschnittsgröße der Radien R von 15 positiven Figuren 7,13 mm und die der negativen Figuren 4,62 mm. Das Verhältnis $\frac{R^+}{R^-}$ betrug 1,54 (R^+ und R^- bezeichnen die Radien der positiven und negativen Staubfiguren).

Der Durchmesser der positiven Figur ist größer als derjenige der negativen Figur. Der Grund für diese Tatsache kann auf folgende Weise erklärt werden: Wenn an die Elektroden eine Stoßspannung geiegt wird, so bewegen sich die negativen Ionen (die Elektroden eingeschlossen), die durch Stoßionisation entstanden sind, auf die Nadel zu, denn die Nadel ist ja der positive Pol. Die positiven Ionen dagegen bewegen sich radial nach außen.

Die Radien der positiven und negativen Staubfiguren wachsen mit zunehmender Temperatur des Transformatorenöls, und das Verhältnis $\frac{R^+}{R^-}$ wird auch kleiner mit steigender Temperatur. Die Gestalt der Figur ändert sich aber nicht.

Die Größe der positiven und negativen Figuren wächst mit abnehmendem Atmosphärendruck.

Auch Staack (*553*) führte eingehende Untersuchungen über elektrische Figuren in Flüssigkeiten aus.

v. Hippel (*555*) betrachtet die Entladungserscheinungen zusammenhängend in Gasen, Flüssigkeiten und festen Körpern. Nach ihm ändert sich an den Grundlagen nichts Wesentliches beim Übergang von Gasen zu Flüssigkeiten und von Flüssigkeiten zu festen Körpern. Nur die Bewegungsgesetze der Elektronen ändern sich. Die Molekülabstände werden anders; auf die mittlere freie Weglänge der Elektronen entfallen etwa 1,5 Volt (Durchschlagfeldstärke etwa 30 kV/cm). In reinen Flüssigkeiten erreicht die Durchschlagfeldstärke etwa 1 bis $1{,}5 \cdot 10^6$ Volt/cm (*556*). Die Molekülabstände sind in Flüssigkeiten um etwa drei Zehnerfaktoren geringer. Die Spannung pro mittlere freie Weglänge der Elektronen in Flüssigkeiten kann also auf 10^{-2} bis 10^{-1} geschätzt werden. Die Verluste, die die Elektronen beim Zusammenstoß mit den Molekülen erleiden, erhalten daher in Flüssigkeiten einen anderen Charakter. Man ist geneigt, anzunehmen, daß in Gasen die Anregung durch Elektronensprünge eine wesentliche Rolle spielt. In Flüssigkeiten scheint die Anregung von Molekülschwingungen entscheidend zu sein.

Literaturverzeichnis.

A. Theorie der Dielektrika. Dielektrische Anomalien. Dielektrische Verluste.

1. Clausius, R.: Die mechanische Wärmetheorie Bd. 2 (1879) S. 64.
2. Abegg, R. u. W. Seitz: Z. physik. Chem. Bd. 29 (1899) S. 242 u. 491.
3. Pauli, W.: Z. Physik Bd. 6 (1921) S. 319.
4. Mensing, L., u. W. Pauli: Physik. Z. Bd. 27 (1926) S. 509.
5. Y. H. von Vleck: Nature Bd. 118 (1926) S. 226.
6. Sutherland, W.: Philos. Mag. Bd. 39 (1895) S. 1; Bd. 4 (1902) S. 625.
7. Reinganum, M.: Physik. Z. Bd. 2 (1901) S. 241.
8. Schrödinger, E.: Wiener Ber. Bd. 121 (IIa) (1912) S. 1937.
9. Thomson, J. J.: Philos. Mag. Bd. 28 (1914) S. 757.
10. Kroo, J.: Physik. Z. Bd. 13 (1912) S. 246.
11. Boguslawski, S.: Physik. Z. Bd. 15 (1914) S. 283.
12. Czukor, K.: Verh. dtsch. physik. Ges. Bd. 7 (1915) S. 73.
13. Lundblad, R.: Z. Physik Bd. 5 (1921) S. 349.
14. Born, M.: Verh. dtsch. physik. Ges. Bd. 17 (1915) S. 204.
15. Gans, R.: Ann. Physik Bd. 64 (1921) S. 481.
16. Isnardi, H.: Z. Physik Bd. 9 (1922) S. 153.
17. Manneback, C.: Physik. Z. Bd. 27 (1926) S. 563; Bd. 28 (1927) S. 72 u. 514.
18. Lorentz, H. A.: Ann. Physik Bd. 9 (1880) S. 641. — Lorentz, L.: Ann. Physik Bd. 11 (1880) S. 70.
19. Drude, P.: Ann. Physik Bd. 58 (1896) S. 1; Bd. 60 (1897) S. 500; Bd. 61 (1897) S. 466; Bd. 64 (1898) S. 131.
20. Einstein, A.: Ann. Physik Bd. 17 (1905) S. 549; Bd. 19 (1906) S. 371.
21. Debye, P.: Verh. dtsch. physik. Ges. Bd. 15 (1913) S. 777.
22. Rubens, H.: Verh. dtsch. physik. Ges. Bd. 17 (1915) S. 315.
23. Born, M.: Z. Physik Bd. 1 (1920) S. 221.
24. Lertes, P.: Z. Physik Bd. 4 S. 315; Bd. 6 (1921) S. 56, Bd. 6 S. 257; Physik. Z. Bd. 22 (1922) S. 621.
25. Nikuradse, A.: Z. physik. Chem. (A) Bd. 155 (1931) S. 59.
26. Graetz, L.: Eigenschaften der Dielektrika (in Winkelmanns Handbuch der Physik Bd. 4 S. 1. Leipzig 1905).
27. Schrödinger, E.: Dielektrizität (im Handbuch der Elektrizität und des Magnetismus, herausgegeben von L. Graetz, Bd. 1, Leipzig 1912).
28. v. Schweidler, E.: Die Anomalien der dielektrischen Erscheinungen (im Handbuch der Elektrizität und Magnetismus, herausgegeben von L. Graetz).
29. Tangl, K.: Ann. Physik Bd. 10 (1903) S. 748.
30. Debye, P.: Handbuch der Radiologie von Marx Bd. 6 (1925) S. 627.
31. Graffunder, W.: Ann. Physik Bd. 70 (1923) S. 225.
32. Jezewski, M.: S.-A. Poln. Akad. Ber. 1921 S. 105.
33. Jackson, L. C.: Philos. Mag. Bd. 43 (1922) S. 481.
34. Grützmacher, M.: Z. Physik Bd. 28 (1924) S. 342.
35. Bell, G. E., u. F. Y. Poynton: Philos. Mag. Bd. 49 (1925) S. 1065.
36. Pulfrich: Z. physik. Chem. Bd. 4 (1889) S. 561.
37. Silberstein: Ann. Physik Bd. 65 (1921) S. 661.
38. Lange, L.: Z. Physik Bd. 33 (1925) S. 169.
39. Meyer, E. H. L.: Z. Physik Bd. 24 (1924) S. 148; Ann. Physik Bd. 75 (1924) S. 801.
40. Grimm, F. V., u. W. A. Patrick: J. Amer. Chem. Soc. Bd. 45 (1923) S. 2794.
41. Röntgen, W. C.: Ann. Physik Bd. 52 (1894) S. 593.

42. **Falckenberg, G.**: Diss. Rostock 1914. Ann. Physik Bd. 61 (1920) S. 145.
43. **Greinacher, M.**: Ann. Physik Bd. 77 (1925) S. 138.
44. **Francke, Ch.**: Ann. Physik Bd. 77 (1925) S. 159.
45. **Waibel, F.**: Ann. Physik Bd. 72 (1923) S. 161.
46. **Debye, P.**: Polare Molekeln. Leipzig.
47. **Hoffmann, G.**: Handbuch der Experimentalphysik Bd. 10. Herausgegeben von Wien u. Harms. Leipzig 1930.
48. **Lecher, E.**: Ann. Physik Bd. 41 (1890) S. 850.
49. **Drude, P.**: Ann. Physik Bd. 55 (1895) S. 633; Bd. 58 (1896) S. 1; Bd. 59 (1896) S. 17; Bd. 61 (1897) S. 466; Bd. 8 (1902) S. 336.
50. **Ellinger, H. O. G.**: Ann. Physik Bd. 46 (1892) S. 513; Bd. 48 (1893) S. 108.
51. **Cole, A. D.**: Ann. Physik Bd. 57 (1896) S. 290.
52. **Kossonogow, J.**: Physik. Z. Bd. 3 (1902) S. 207.
53. **Drude, P.**: Z. physik. Chem. Bd. 23 (1897) S. 267. Bei sehr tiefen Temperaturen **Abegg** u. **Seitz**: Z. physik. Chem. Bd. 29 (1899) S. 242.
54. **Augustin, H.**: Diss. Leipzig 1898.
55. **Hattwich**: Wien. Ber. [2a] Bd. 117 (1908) S. 903. Weitere Literatur siehe **Schrödinger**: Handb. d. Elektrizität und des Magnet. Bd. 1 S. 222, herausg. v. Graetz.
56. **Maxwell, J. C.**: Lehrb. d. Elektrizität und des Magnet. Bd. 1.
57. **Wagner, K. W.**: Arch. Elektrotechn. Bd. 2 (1914) S. 371.
58. **Hopkinson, J.**: Phil. Trans. Bd. 166 (1877) S. 489; Bd. 167 (1878) S. 1878.
59. **Wagner, K. W.**: Ann. Physik [4] Bd. 40 (1913) S. 830.
60. **Faraday, M.**: Experimental Researches 11. Reihe S. 1252. 1837. Deutsche Ausgabe von S. Kalischer Bd. 1 S. 354. 1891.
61. **Lampa, A.**: Wien. Ber. [IIa] Bd. 104 (1895) S. 681; [IIa] Bd. 111 (1902) S. 982. **Wiener, O.**: Physik Z. Bd. 5 (1904) S. 332; Leipz. Ber. Bd. 61 (1909) S. 113; Bd. 62 (1910) S. 256.
62. **Helmholtz, H. v.**: Crelles J. Bd. 72 (1870) S. 57; Ges. Abh. Bd. 1 S. 544.
63. **Debye, P.**: Physik. Z. Bd. 13 (1912) S. 97; Bd. 13 (1912) S. 295.
64. **Maxwell, J. C.**: Philos. Trans. Bd. 155 S. 459, 1165.
65. **Nikuradse, A.**: Physik. Z. Bd. 29 (1928) S. 778.
66. **—A., u. J. Dantscher**: Noch unveröffentlicht. **Dantscher, J.**: Ann. Physik Bd. 9 (1931) S. 179.
67. **Schweidler, E. v.**: Ann. Physik Bd. 24 (1907) S. 711.
68. **Arno, R.**: Rend. R. Acc. Linc. Bd. 1 (1892) S. 284; Bd. 2 I (1893) S. 345; Bd. 2 II (1893) S. 260; Bd. 3 I (1894) S. 585; Bd. 3 II (1894) S. 294. Cim. [3] Bd. 33 (1893) S. 15.
69. **Beaulard, F.**: J. Physique [3] Bd. 9 (1900) S. 422; Compt. rend. Bd. 130 (1900) S. 1182.
70. **Schaufelberger, W.**: Diss. Zürich 1898; Wied. Ann. Bd. 65 (1898) S. 635; Bd. 67 (1899) S. 307.
71. **Arno, R.**: Rend. R. Acc. Linc. [5] Bd. 5 I (1896) S. 262; Cim. [4] Bd. 5 (1896) S. 52.
72. **Porter, A. W.**, u. **D. K. Morris**: Proc. Roy. Soc. Bd. 57 (1895) S. 469.
73. **Boltzmann, L.**, **Romich** u. **Nowack**: Wien. Ber. Bd. 70 (1874) S. 381.
74. **Wüllner, A.**: Wied. Ann. Bd. 1 (1877) S. 247.
75. **Pelatt, H.**: Compt. rend. Bd. 128 (1899) S. 1312; Ann. Chim. Phys. [7] Bd. 18 (1899) S. 150; J. Physique [3] Bd. 9 (1900) S. 313.
76. **Kitchin, W.**, Jaiee Bd. 48 (1929) S. 281.
77. **Kitchin, W.**, u. **Müller**: Physic. Rev. Bd. 32 (1912) S. 979.
78. **Kirch, E.**: Elektrotechn. Z. Bd. 53 (1932) S. 931.
79. **Wagner, K. W.**: Die Isolierstoffe der Elektrotechnik, H. Schering. Berlin: Julius Springer 1924.
80. **Nikuradse, A.**: Arch. Elektrotechn. Bd. 26 (1932) S. 362; Physik Z. Bd. 32 (1931) S. 945.
81. **Jaffé, G.**: Ann. Physik Bd. 28 (1909) S. 326; Bd. 25 (1908) S. 263; Bd. 36 (1911) S. 25.
82. **Pungs, L.**: Arch. Elektrotechn. Bd. 1 (1912) S. 329.
83. **Dieterle, R.**: Arch. Elektrotechn. Bd. 11 (1922) S. 182.

84. **Birnbaum, H. W.**: Elektrotechn. Z. Bd. 45 (1924) H. 12 S. 229.
85. **Möllinger, U.**: Arch. Elektrotechn. Bd. 18 (1927) S. 450.
86. **Kirch u. Riebel**: Arch. Elektrotechn. Bd. 24 (1930) S. 353.
87. **Bogorodizky u. Maigeldinov**: Arch. Elektrotechn. Bd. 25 (1931) S. 759.
88. **Nikuradse, A.**: Arch. Elektrotechn. Bd. 22 (1929) S. 305.
89. **Köhler, R.**: Kolloid. Z. Bd. 59 (1932) S. 143.
90. **Ornstein, L. S., G. J. D. J. Willemse u. J. H. G. Mulders**: Z. techn. Physik Bd. 9 (1928) S. 241.
91. **Gemant, A.**: Z. techn. Physik Bd. 11 (1930) S. 544.
92. **Möller, E.**: Arch. Elektrotechn. Bd. 15 (1925) S. 16.
93. **Heß, A.**: Lum. electr. Bd. 46 (1892) S. 401, 507; J. Physique Bd. 2 (1893) S. 145.
94. **Houllevigue, L.**: J. Physique [3] Bd. 6 (1897) S. 113, 120, 153.
95. **Bryan, A. B.**: Physic. Rev. 1923 S. 399.
96. **Bormann, E., u. A. Gemant**: Wiss. Veröff. Siemens-Konz. Bd. 10 (1931) Heft 2 S. 119.
97. **Johnstone, J. H. L., u. J. W. Williams**: Physic. Rev. [2] Bd. 34 (1929) S. 1483.
98. **Emanueli, L.**: High Voltage Cables S. 39. London: Chapman 1929.
99. **Ornstein, L. S., u. G. J. D. J. Willemse**: Z. techn. Physik Bd. 11 (1930) S. 345.
100. **Malsch, J.**: Physik. Z. Bd. 29 (1928) S. 770; Bd. 30 (1929) S. 837.
101. **Gundermann, H.**: Ann. Physik (5) Bd. 6 (1930) S. 545.
102. **Malsch, J.**: Physik. Z. Bd. 33 (1932) S. 383.
103. **Sack, H., u. L. Estermann**: Ergebnisse der exakten Naturwissenschaften.
104. **Briegleb, G.**: Z. physik. Chem. (B) Bd. 14 (1931) S. 97; Bd. 16 (1932) S. 249.
105. **Keyes, F. G., u. J. G. Kirkwood**: Physic. Rev. Bd. 37 (1931) S. 202.
106. **Lorentz, H. A.**: Wied. Ann. Bd. 9 (1880) S. 641.
107. **Smith, C. P., u. W. N. Stoops**: J. Amer. chem. Soc. Bd. 51 (1929) S. 3312.
108. **Mizushima, S. J.**: Physik. Z. Bd. 28 (1927) S. 419.
109. **Kockel, L.**: Ann. Physik. Bd. 77 (1925) S. 417.
110. **Malsch, J.**: Physik. Z. Bd. 30 (1929) S. 837.
111. **Mizushima, S. J.**: Physik. Z. Bd. 28 (1927) S. 419.
112. **Malsch, J.**: Physik. Z. Bd. 33 (1932) S. 19; Ann. Physik [5] Bd. 12 (1932) S. 865.

B. Dielektrikum im elektrischen Feld.

I. Elektrische Doppelbrechung (Kerr-Effekt).

113. **Kerr, J.**: Philos. Mag. Bd. 50 (1875) S. 337.
114. **Elmén, G. M.**: Physic. Rev. Bd. 20, S. 54; Ann. Physik Bd. 16 (1905) S. 350.
115. **Chaumont, L.**: Ann. de Phys. Bd. 5 (1916) S. 17.
116. **Coudres, Des**: Vers. Ges. dtsch. Naturforsch. 1893 II S. 67.
117. **Schmidt, W.**: Diss. Göttingen 1901. Ann. Physik Bd. 7 (1902) S. 142.
118. **Leiser, R.**: Habil.-Schrift Karlsruhe 1910, Abhandl. d. Bunsenges. Heft 4. Halle 1910.
119. **Blandlot, R.**: J. Physique Bd. 7 (1888) S. 91.
120. **Abraham u. Lemoine**: Compt. rend. Bd. 129 (1899) S. 209; J. Physique Bd. 9 (1900) S. 262.
121. **Gutton, C.**: J. Physique Bd. 2 (1912) S. 51; Bd. 3 (1913) S. 206 u. 445.
122. **Bearns, J. W., u. E. O. Lawrence**: Proc. nat. Acad. Amer. Bd. 13 (1927) S. 305.
123. **Coudres, Th. des**: Vers. Ges. dtsch. Naturforsch. [II] Bd. 69 (1894).
124. **Pauthenier, M.**: Ann. Physik Bd. 14 (1920) S. 239; J. Physique Bd. 2 (1921) S. 183.
125. **Bergholm, C.**: Ann. Physik Bd. 51 (1916) S. 414.
126. **Szivessy, G.**: Z. Physik Bd. 2 (1920) S. 30.
127. **Lyon, N., u. F. Wolfram**: Ann. Physik Bd. 63 (1920) S. 739.
128. **Lertes, P.**: Z. Physik Bd. 6 (1921) S. 257; Bd. 8 (1922) S. 72.
129. **Lyon, N.**: Z. Physik Bd. 8 (1922) S. 64.
130. **Bergholm, C.**: Z. Physik Bd. 8 (1922) S. 68.
131. **Voigt, W.**: Ann. Physik Bd. 4 (1901) S. 197. Handbuch der Elektrizität und Magnetismus, herausg. von Graetz Bd. 1 S. 289.
132. **Langevin, P.**: Radium Bd. 7 (1910) S. 249.
133. **Debye, P.**: Handbuch der Radiologie, herausg. von Marx. Bd. 6 (1925).

134. Havelock, T. H.: Proc. Roy. Soc., Lond. Bd. 77 (1905) S. 170; Bd. 80 (1907) S. 28; Physic. Rev. Bd. 28 (1909) S. 136.
135. Morse, L. B.: Physic. Rev. Bd. 23 (1906) S. 252.
136. Hehlgans, F.: Physik. Z. Bd. 30 (1929) S. 942; Bd. 31 (1930) S. 385; Bd. 32 (1931) S. 718, 803, 951, 971.
137. Bergholm, C.: Ann. Physik Bd. 65 (1910) S. 125.
138. Quinke, G.: Wied. Ann. Bd. 19 (1889) S. 729.
139. Lemoine, J.: Compt. rend. Bd. 122 (1896) S. 835.
140. Tauern, O. D.: Ann. Physik Bd. 32 (1910) S. 1081.
141. Kerr, J.: Rep. Brit. Ass., Edinburgh 1892 S. 152.
142. Blackwell, H. L.: Proc. Amer. Acad. Bd. 41 (1906) S. 647.
143. Hagenow, G. F.: Physic. Rev. Bd. 27 (1909) S. 196.
144. Havelock, T. H.: Physic. Rev. Bd. 28 (1909) S. 136.
145. Comb, Mc: Physic. Rev. Bd. 29 (1909) S. 525.
146. Skinner, C. A.: Physic. Rev. Bd. 29 (1909) S. 541.
147. Lamor, J.: Philos. Trans. Bd. 190 (1898) S. 232.
148. Cotton, A., u. H. Mouton: Compt. rend. Bd. 147 (1908) S. 193.
149. Drude, P.: Optik S. 362. Leipzig 1906.
150. Lippman: Z. Elektrochem. Bd. 17 (1911) S. 15; Dissert. Leipzig 1912.
151. Lyon: Dissert. Freiburg 1914; Ann. Physik [4] Bd. 46 (1915) S. 783.
152. Ilberg, W.: Physik Z. Bd. 29 (1928) S. 670.
153. Dillon, G. J.: Z. Physik Bd. 61 (1930) S. 386.
154. Möller, R.: Physik Z. Bd. 32 (1931) S. 697.

II. Elektrostriktion.

155. Debye, P.: Handb. d. Radiologie Bd. 6 S. 750. 1925.
156. Boltzmann, L.: Wiener Ber. [II] Bd. 82 (1880) S. 52.
157. Korteweg, D.: Wied. Ann. Bd. 9 (1880) S. 48.
158. Helmholtz, H. v.: Wied. Ann. Bd. 13 (1881) S. 385.
159. Lippmann, G.: Ann. Chim. Phys. [5] Bd. 24 (1881) S. 145.
160. Kirchhoff, G.: Wied. Ann. Bd. 24 (1885) S. 52; Bd. 25 (1885) S. 601.
161. Pockels, F.: Arch. Math. Phys. [2] Bd. 12 (1894) S. 57.
162. Duter, E.: Compt. rend. Bd. 87 (1878) S. 828; Bd. 88 (1879) S. 1260. Righi, A.: Compt. rend. Bd. 88 (1879) S. 1262. Röntgen, W. C.: Wied. Ann. Bd. 11 (1880) S. 786. Korteweg, D., u. V. Julius: Wied. Ann. Bd. 12 (1881) S. 647.
163. Quinke, G.: Wied. Ann. Bd. 10 (1881) S. 161 u. 513; Bd. 19 (1883) S. 545.
164. Cantone, V.: Rend. R. Acad. Linc. [4] Bd. 4 (1888) S. 344 u. 471.
165. Wüllner, A., u. M. Wien: Ann. Physik Bd. 9 (1902) S. 1217; Bd. 11 (1903) S. 619.
166. Quinke, G.: Wied. Ann. Bd. 10 (1881) S. 513. Röntgen, W. C.: Wied. Ann. Bd. 11 (1880) S. 771.
167. Polowzow: Z. physik. Chem. Bd. 75 (1911) S. 513.
168. Jung, G.: Z. physik. Chem. (B) Bd. 3 (1929) S. 204.

III. Mechanische Strömungserscheinungen.

169. Fajans, K.: Naturwiss. 1921 S. 729.
170. Faraday, M.: Exp. Res. Electr. and Magnetism 1839 S. 196.
171. Lehmann, O.: Molekularphysik I (1888) S. 825.
172. Warburg, E.: Ann. Physik Bd. 54 (1895) S. 396.
173. Gemant, A.: Elektrotechn. Z. Bd. 50 (1929) S. 1225.
174. Dantscher, J.: Ann. Physik Bd. 9 (1931) S. 179.
175. Hofmann, R.: Dissertation München 1933 oder 1934.

C. Ionisierung. Elektrizitätsleitung.

I. Allgemeine Betrachtung über Ionisierung in Flüssigkeiten.

1. Ionisation.

176. v. Wartenburg, H.: Z. Elektrochem. Bd. 27 (1921) S. 162.
177. Rubinowitsch, E., u. E. Thilo: Z. physik. Chem. Abt. B Bd. 6 (1930) S. 284.

178. Prins, J. A.: Naturwiss. Bd. 19 (1931) S. 435.
179. Herzfeld: Physik. Z. Bd. 22 (1921) S. 544.
180. Reinhardt, H., u. K. F. Bonhoeffer: Z. Physik Bd. 67 (1931) S. 780.

2. Ionisierung von Molekülen.

181. Franck u. Jordan: Anregung von Quantensprüngen durch Stöße. Berlin: Julius Springer 1925.
182. Kallmann, H., u. B. Rosen: Physik Z. Bd. 32 (1931) S. 521. Hier siehe auch die genauere Literaturangabe.
183. Auger: Compt. rend. Bd. 177 (1923) S. 169; Bd. 180 (1925) S. 65.
184. Meitner: Z. Physik Bd. 17 (1923) S. 54.

3. Beugungserscheinungen der Röntgen- und Elektronenstrahlen an Molekülen.

185. Keeson, W. H., u. J. de Smedt: Proc. Amsterdam Bd. 25 (1922) S. 118; Bd. 26 (1923) S. 112.
186. Debye, P.: Physik. Z. Bd. 28 (1927) S. 135.
187. Raman, C. V., u. K. R. Ramanathan: Proc. Ind. Ass. Cultiv. Sci. Bd. 8 [2] (1923) S. 127.
188. Zernike, F., u. J. A. Prins: Z. Physik Bd. 41 (1927) S. 184.
189. Debye, P., L. Bewilogua u. F. Ehrhardt: Physik Z. Bd. 30 (1929) S. 84.
190. Mark, H., u. R. Wierl: Naturwiss. Bd. 18 (1930) S. 205.
191. Wolf, M.: Z. Physik Bd. 53 (1929) S. 72.
192. Prins, J. A.: Naturwiss. Bd. 19 (1931) S. 435.
193. — Physica Bd. 8 (1928) S. 257.
194. — Z. Physik Bd. 56 (1929) S. 617.
195. Debye, P., u. H. Menke: Physik. Z. Bd. 31 (1930) S. 797.
196. Krishnamurti, P.: Ind. J. Phys. Bd. 3 (1929) S. 209.
197. Meyer, H. H.: Ann. Physik Bd. 5 (1930) S. 701.
198. Vaidyanathan, V. I.: Ind. J. Phys. Bd. 3 (1929) S. 391; Bd. 5 (1930) S. 501.
199. Skiner, E. W.: Physic. Rev. Bd. 36 (1930) S. 1625.

4. Absorptionsspektrum der in Flüssigkeiten gelösten Substanzen und die Ionisation.

200. Ley, H.: Handb. d. Physik Bd. 21 Kap. 1 u. 2.
201. Reinhardt, H., u. K. F. Bonhoeffer: Z. Physik Bd. 67 (1931) S. 780.
202. Hanle, W.: Z. Physik Bd. 35 (1926) S. 346.
203. Schein, M.: Helv. Phys. Act. Bd. 2 I (1929) S. 70.
204. Brazdziunas, P.: Ann. Physik Bd. 6 (1930) S. 739.
205. Herzfeld, K. F.: Physik. Z. Bd. 22 (1921) S. 544.
206. Stern, O.: Physik. Z. Bd. 23 (1922) S. 476.
207. Rabinowitsch, E., u. E. Thilo: Z. physik. Chem. (B) Bd. 6 (1930) S. 288.
208. Pauling, L.: Physic. Rev. Bd. 34 (1929) S. 954.
209. Webb, T. J.: J. Amer. Soc. Bd. 48 (1926) S. 2600.
210. Scheibe, G.: Ber. Phys. Med. Soc. Bd. 59, Erlangen 1927; Chem. Zbl. 1927 II S. 2151; Z. Elektrochem. 1928.
211. Franck, J. u. G. Scheibe: Z. physik. Chem. (A) Bd. 139 (1928) S. 22.
212. Webb, T. J.: J. amer. chem. Soc. Bd. 48 (1928) S. 2589. Siehe auch Fajans, K.: Naturwiss. Bd. 9 (1921) S. 733.
213. Bethe: Z. Physik Bd. 57 (1929) S. 815; Ann. Physik Bd. 87 (1928) S. 55.

5. Fluoreszenz und Phosphoreszenz.

214. Becquerel, E.: Lumière. Paris 1868.
215. Pringsheim, P.: Fluoreszenz und Phosphoreszenz im Licht der neuen Atomtheorie (Struktur der Materie). Berlin 1928.
216. Lenard, P., Ferd. Schmidt u. R. Tomaschek: Phosphoreszenz und Fluoreszenz (Handb. d. Experimentalphysik Wien-Harms). Leipzig 1928.

6. Elektronenaustritt aus dem kalten Metall unter der Wirkung der elektrischen Feldstärke.

217. Schottky, W.: Z. Physik Bd. 14 (1923) S. 63.
218. Sommerfeld, A.: Z. Physik Bd. 47 (1928) S. 1.
219. Houston, W. V.: Z. Physik Bd. 47 (1928) S. 33.
220. Schottky, W.: Physik. Z. Bd. 15 (1914) S. 872.
221. Lauritsen u. Millikan: Proc. nat. Acad. Sci. Jan. Bd. 14 (1928) S. 45.
222. Hoffmann, G.: Elektrostatik im Handbuch der Experimentalphysik, herausg. von W. Wien und F. Harms Bd. 10 S. 292.
223. Millikan, R. A., u. B. E. Shackeford: Physic. Rev. Bd. 15 (1920) S. 239.
224. Hoffmann, G.: Z. Physik Bd. 4 (1921) S. 363; Physik. Z. Bd. 24 (1923) S. 109; Z. Physik Bd. 31 (1925) S. 882.
225. Millikan, R. A., u. C. F. Eyring: Physic. Rev. Bd. 26 (1926) S. 51.
226. Eyring, C. F., S. S. Mackeown u. R. A. Millikan: Physic. Rev. Bd. 31 (1928) S. 900.
227. Rother, F.: Ann. Physik Bd. 81 (1926) S. 317.
228. Lilienfeld, J. E.: Physik. Z. Bd. 20 (1919) S. 280; Bd. 23 (1922) S. 506.
229. Pforte, W. S.: Z. Physik Bd. 49 (1928) S. 46.
230. Piersol, J. R.: Physic. Rev. Bd. 25 (1925) S. 112; Bd. 31 (1928) S. 441.
231. Gossling: Philos. Mag. Bd. 1 (1926) S. 609.
232. Broxan: Physic. Rev. Bd. 20 (1922) S. 476.
233. Del Rosario: J. Frankl. Inst. Bd. 203 (1927) S. 243.
234. Rohmann, H.: Z. Physik Bd. 31 (1925) S. 311; Bd. 39 (1926) S. 427.
235. Bridgman, P. W.: Rep. Congr. Solvay 1924.
236. Nordheim, L.: Physik Z. Bd. 30 (1929) S. 177. Zusammenfassender Bericht
237. — Z. Physik Bd. 46 (1928) S. 833.
238. v. Laue: Handb. der Radiologie Bd. 5, S. 452—480.
239. Schottky, W.: Handb. der Experimentalphysik Bd. 13 2. Teil (1928).
240. Wentzel, G.: Sommerfeld Festschrift Bd. 79 (1928).

II. Elektrizitätsleitung bei niedrigen Feldstärken.

241. Seeliger, R.: Handb. der Physik Bd. 3, herausgegeben von Grätz.
242. Szivessy G. u. K. Schäfer: Ann. Physik Bd. 35 (1911) S. 511.
243. Gudden, B.: Physik Z. Bd. 32 (1931) S. 825.
244. Nikuradse, A.: Ann. Physik Bd. 13 (1932) S. 851.
245. — Physik. Z. Bd. 29 (1928) S. 778.
246. Jaffé, G.: Ann. Physik Bd. 28 (1909) S. 326.
247. Nikuradse, A.: Z. physik. Chem. (A) Bd. 155 (1931) S. 59.
248. Faßbinder, J.: Ann. Physik Bd. 48 (1915) S. 449.
249. Nikuradse, A.: Arch. Elektrotechn. Bd. 20 (1928) S. 403.
250. Knorr, C. A.: Z. physik. Chem. (A) Bd. 157 (1931) S. 143.
251. Edler, H., u. C. A. Knorr: Z. physik. Chem. (A) Bd. 158 (1932) S. 433.
252. Nikuradse, A.: Arch. Elektrotechn. Bd. 26 (1932) S. 250.
253. Nikuradse, A., u. J. Dantscher: Noch unveröffentlicht.
254. Jaffé, G.: Ann. Physik Bd. 25 (1908) S. 263.
255. Quincke, G.: Wied. Ann. Bd. 28 (1886) S. 542.
256. Koller, H.: Wien. Ber. Bd. 98 [IIa] (1889) S. 201.
257. v. Schweidler, E.: Ann. Physik Bd. 4 (1901) S. 307.
258. Gädecke, H.: Diss. Heidelberg 1901.
259. Warburg, E.: Wied. Ann. Bd. 54 (1895) S. 396, 432.
260. Reich, M.: Diss. Berlin 1900.
261. Hertz, H.: Wied. Ann. Bd. 20 (1883) S. 283.
262. Welo, L. A.: Physics Bd. 1 (1931) S. 160.
263. v. Schweidler, E.: Wien. Ber. Bd. 109 (1900) S. 964.
264. — Wien. Ber. Bd. 113 (1904) S. 881.
265. Schröder, J.: Ann. Physik Bd. 29 (1909) S. 125.
266. Mie, G.: Ann. Physik Bd. 26 (1908) S. 597.
267. Jaffé, G.: Ann. Physik Bd. 36 (1911) S. 25.
268. — J. Physique [4] Bd. 5 (1906) S. 262.

269. Nikuradse, A.: Physik. Z. Bd. 32 (1931) S. 945.
270. — Arch. Elektrotechn. Bd. 26 (1932) S. 362.
271. Thomson, J. J.: Nature (Lond.) Bd. 55 (1897) S. 606.
272. Curie, P.: Compt. rend. Bd. 134 (1903) S. 420.
273. Stark, J., u. W. Steubing: Physik. Z. Bd. 9 (1908) S. 481.
274. Greinacher, H.: Physik. Z. Bd. 10 (1909) S. 991.
275. Righi, A.: Physik. Z. Bd. 6 (1905) S. 877.
276. Jaffé, G.: Ann. Physik Bd. 42 (1913) S. 331; Le Radium Bd. 10 (1913) S. 126.
277. — Physik. Z. Bd. 11 (1910) S. 571.
278. Volmer, M.: Ann. Physik Bd. 40 (1913) S. 775.
279. Przibram, K.: Wien. Ber. Bd. 114 (1905) S. 1461.
280. Böhm-Wendt, C., u. E. v. Schweidler: Physik. Z. Bd. 10 (1909) S. 379.
281. Langevin, P.: Ann. Physik Chem. Bd. 28 (1903) S. 495, Thèse, Paris 1902.
282. v. d. Bijl, H.: Verh. dtsch. physik. Ges. Bd. 15 (1913) S. 210.
283. — Ann. Physik Bd. 39 (1912) S. 183.
284. — Verh. dtsch. physik. Ges. Bd. 15 (1913) S. 102.
285. Nikuradse, A.: Arch. Elektrotechn. Bd. 22 (1929) S. 283.
286. Seeliger, R.: Einführung in die Physik des Gasentladungen. Leipzig: J. A. Barth. 1927.
287. Whitehead, J. B., u. R. H. Mervin: J. Amer. Inst. electr. Engr. Bd. 49 (1930) S. 182.
288. Schäfer, H.: Diss. Frankfurt 1930; Z. Physik Bd. 62 (1930) S. 585.
289. Quincke, G.: Wied. Ann. Bd. 10 (1880) S. 513; Bd. 19 (1883) S. 773; Bd. 28 (1886) S. 529; Bd. 59 (1896) S. 417.
290. Schmidt, W.: Ann. Physik Bd. 12 (1902) S. 842.
291. Leiser, R.: Abh. d. dtsch. Bunsen.-Ges. Nr. 4. Halle 1910.
292. Lippmann, A.: Diss. Leipzig 1912.
293. Lohaus, O.: Physik. Z. Bd. 27 (1926) S. 217.
294. Ilberg, W.: Physik. Z. Bd. 29 (1928) S. 670.
295. Möller, R.: Physik. Z. Bd. 30 (1929) S. 20.
296. Dillon, G. J.: Z. Physik Bd. 61 (1930) S. 386.
297. Dantscher, J.: Ann. Physik Bd. 9 (1931) S. 179.
298. Nikuradse, A.: Arch. Elektrotechn. Bd. 22 (1929) S. 305.
299. —, u. R. Russischwili: Ann. Physik Bd. 8 (1931) S. 811.
300. v. Hippel, A.: Z. Physik Bd. 45 (1927) S. 471.
301. Frank, J., u. G. Scheibe: Z. physik. Chem. (A) Bd. 139 (1928) S. 22.
302. Edler, H., u. C. A. Knorr: Z. physik. Chem. Bd. 158 (1932) S. 433.
303. Nikuradse, A.: Z. techn. Physik Bd. 10 (1929) S. 641.
304. Herzfeld, K. F.: Physic. Rev. Bd. 34 (1929) S. 791.
305. Whitehead, S.: Dielectric Phenomena II. El. Discharges in Liquids. C. Benn. Ltd. London 1928.
306. Whitehead, J. B.: Lectures on Dielectric Theory and Insulation. Mc. Graw-Hill Co. New York 1927.
307. Black, D. H.: Philos. Mag. [7] Bd. 6 (1928) S. 369.
308. Coehn, A., u. R. Schnurmann: Z. Physik Bd. 46 (1928) S. 354.
309. Watson, H. E., u. A. S. Menon: Proc. roy. Soc. Lond. (A) Bd. 123 (1929) S. 185 [P. Ber. 10, II (1929) S. 1617].
310. Brünninghaus, M. L.: Compt. rend. Bd. 188 (1929) S. 1386 [P. Ber. 10, II (1929) S. 1714].
311. Bos, H. G.: Physica Bd. 9 (1929) S. 128 [P. Ber. 10, II (1929) S. 1521].
312. Welo, Lars A.: Physics Bd. 1 (1931) S. 160.
313. Murray-Rust, D. M., u. H. Hartley: Proc. roy. Soc. Lond. (A) Bd. 126 (1929) S. 84.
314. Whitehead, J. B., u. R. H. Marvin: J. Amer. Inst. electr. Engr. Bd. 49 (1930) S. 182.
315. Black, D. H., u. R. H. Nisbet: Philos. Mag. Bd. 10 (1930) S. 842.
316. Ornstein, L. S., G. J. D. J. Willemse u. J. H. G. Mulders: Z. techn. Physik Bd. 9 (1928) S. 241.
317. Whitehead, J. B.: Conductivity of Insulating Oils, II, Presented at the Winter Convention of the A. I. E. E., New York, Jan. 26 (1931) S. 30.

318. **Baars:** Handb. d. Physik Bd. 13, S. 404. Berlin: Julius Springer 1928.
319. **Corvallo, J.:** Compt rend. Bd. 151 (1910) S. 717; Bd. 156 (1912) S. 1609 u. 1755; J. Physique [5] Bd. 4 (1914) S. 387; Ann. de Phys. Bd. 1 (1914) S. 171.
320. **Kautzsch, F.:** Physik. Z. Bd. 29 (1928) S. 110.
321. **Ornstein, L. S., Van Dyck, Willemse:** Elektrotechnik 1928.
322. **Curtis:** J. Amer. Inst. electr. Engr. Bd. 46 (1927) S. 1095.
323. **Tank:** Ann. Physik Bd. 48 (1915) S. 307.
324. **Kitchin, D. W., u. H. Müller:** Physic. Rev. Bd. 32 (1928) S. 979.
325. **Whitehead, J. B., u. R. H. Marvin:** J. Amer. Inst. electr. Engr. Bd. 48 (1929) S. 186.
326. **Faraday, M.:** Exp. Res. Bd. 4 (1833) S. 380.
327. **Ostwalds Klassiker, Nr. 86.**
328. **Warburg, E., u. Rump:** Z. Physik Bd. 47 (1928) S. 305.
329. **Frank, J., u. G. Scheibe:** Z. physik. Chem. Abt. A Bd. 139 (1928) S. 22.
330. **Effendi:** Compt. rend. Bd. 68 (1869) S. 1565.
331. **Gore:** Philos. Trans. Bd. 159 (1869) S. 173.
332. **Oberbeck:** Pogg. Ann. Bd. 155 (1875) S. 595.
333. **Kohlrausch:** Pogg. Ann. Bd. 159 (1876) S. 270.
334. **Herwig:** Pogg. Ann. Bd. 159 (1876) S. 65.
335. **Domalip:** Ber. Wien. Akad. d. Wiss. [2] Bd. 75 (1877).
336. **Gruss u. Biermann:** ibid. [2] Bd. 77 (1878).
337. **Bleckrade:** Wied. Ann. Bd. 3 (1878) S. 161; Bd. 6 (1879) S. 241.
338. **Hittorf, W.:** Wied. Ann. Bd. 4 (1878) S. 374.
339. **Ayrton u. Percy:** Proc. roy. Soc. Bd. 27 (1878) S. 219.
340. **Kerr:** Philos. Mag. Bd. 8 (1879) S. 100.
341. **Brooks, D.:** Elektrotechn. Z. Bd. 2 (1881) S. 112.
342. **Hertz, H.:** Wied. Ann. Bd. 20 (1883) S. 279.
343. **Arrhenius, S.:** Bigh.-Svensk. Akad. Bd. 8, Nr. 13 (1884) S. 22.
344. **Faussereau:** Compt. rend. Bd. 99 (1884) S. 80.
345. **Pfeiffer:** Wied. Ann. Bd. 25 (1885) S. 238; Bd. 26 (1885) S. 31.
346. **Faussereau:** J. de phys. [2] Bd. 4 (1885) S. 450.
347. **Sapschnikoff:** J. d. russ. physik. u. chem. Ges. Bd. 25 II (1893) S. 626.
348. **Bartoli:** Atti Accad. Linc. [4] Bd. 1 (1885) S. 546; Bd. 2 (1886) S. 132; Nuov. Cim [3] Bd. 16, S. 64; Bd. 19, S. 43; Bd. 20 (1884—1886) S. 121.
349. **Cohn u. Arons:** Wied. Ann. Bd. 28 (1886) S. 465.
350. **Quincke:** Wied. Ann. Bd. 28 (1886) S. 542.
351. **Thomson, J. A., u. H. F. Newall:** Proc. roy. Soc. Bd. 42 (1887) S. 410.
352. **Ostwald:** Z. physik. Chem. Bd. 1 (1887) S. 74.
353. **Hampe:** Chem. Ztg. 1887 Nr. 11 u. 12.
354. **Pfeiffer:** Wied. Ann. Bd. 31 (1887) S. 831; Bd. 37 (1889) S. 539.
355. **Keller:** Ber. Wien. Akad. d. Wiss. Bd. 98 IIa (1889) S. 201.
356. **Bartoli:** Nuov. Cim. [3] Bd. 28 (1890) S. 25.
357. **Nernst:** Z. physik. Chem. Bd. 8 (1891) S. 120.
358. **Lehmann, O.:** Wied. Ann. Bd. 52 (1894) S. 455; Z. physik. Chem. Bd. 14 (1894) S. 301.
359. **Bartoli:** Inst. Lomb. [2] Bd. 27 (1894) S. 41; Bd. 28 (1895).
360. **Kohlrausch, F., u. H. Heydweiller:** Wied. Ann. Bd. 53 (1894) S. 219; Bd. 54 (1895) S. 385.
361. **Warburg:** Wied. Ann. Bd. 54 (1895) S. 396.
362. **Wadsworth:** Physic. Rev. Bd. 5 (1897) S. 75.
363. **Nowak:** Philos. Mag. Bd. 44 (1897) S. 9.
364. **Nagari:** Nuov. Cim. [4] Bd. 8 (1898) S. 259; Bd. 11 (1900) S. 50.
365. **v. Schweidler, E.:** Ber. Wien. Akad. d. Wiss. Bd. 109 (1900) S. 1.
366. **Graetz:** Ann. Physik Bd. 1 (1900) S. 530.
367. **Veley u. Manley:** Philos. Mag. [6] Bd. 3 (1901) S. 118.
368. **v. Schweidler, E.:** Ann. Physik Bd. 4 (1901) S. 307.
369. **Warburg, E.:** Ann. Physik Bd. 4 (1901) S. 648.
370. **v. Schweidler, E.:** Ann. Physik Bd. 5 (1901) S. 483.
371. **Kohlrausch, F.:** Z. physik. Chem. Bd. 42 (1903) S. 193.
372. **Ciommo:** Nuov. Cim. [5] Bd. 3 (1902) S. 97; Physik. Z. Bd. 4 (1903) S. 291.

373. **Boguski:** Z. physik. Chem. Bd. 5 (1890) S. 69.
374. **Rood:** Sill. J. [4] Bd. 14 (1902) S. 161.
375. **Langley:** Electr. World Bd. 41 (1903) S. 745.
376. Siehe **Winkelmann:** Handb. d. Physik Bd. 4 (1905).
377. **Hehlgans:** Physik. Z. Bd. 32 (1931) S. 718, 803, 951, 971.
378. **Stock, J.:** Krak. Anz. A. S. 1912 S. 635.
379. **Smeluchowski:** Handb. der Elektrizität und des Magnetismus (Graetz) Bd. 2.
380. **Debye, P.:** Polare Molekeln 1929 S. 111.
381. **Malsch, J.:** Ann. Physik Bd. 12 (1932) S. 865.
382. **Mizushima, S.:** Physik. Z. Bd. 28 (1927) S. 418.
383. **Malsch, J.:** Physik. Z. Bd. 30 (1929) S. 837.
384. **Gundermann, H.:** Ann. Physik [5] Bd. 6 (1930) S. 545.
385. **Malsch, J.:** Physik. Z. Bd. 33 (1932) S. 19.
386. **Borgnis, F.:** Dissertation München (1933 oder 1934) im Druck.
387. **Schumann, W. O.:** Z. Physik Bd. 79 (1932) S. 532.
388. — Z. techn. Physik Bd. 14 (1933) S. 23.
389. — Ann. Physik Bd. 15 (1932) S. 843.
390. — Arch. Elektrotechn. Bd. 27 (1933) S. 155.
391. — Arch. Elektrotechn. Bd. 27 (1933) S. 241.
392. **Jaffé, G.:** Ann. Physik Bd. 16 (1933) S. 217.
393. **Ebert, L.:** Handbuch der Experimentalphysik Bd. 12, 1. Teil (1932). **Ulich, H.:** Z. Elektrochem. Bd. 39 (1933) S. 483. Zusammenfassender Bericht.
394. **Fuoss, R. M.:** Z. Elektrochem. Bd. 39 (1933) S. 513. Zusammenfassender Bericht.
395. **van Arkel, A. E.,** u. **W. Koopman:** Physika Bd. 13 (1933) S. 189.

III. Elektrizitätsleitung bei hohen Feldstärken in dielektrischen Flüssigkeiten.

396. **Schumann, W. O.:** Handb. d. Experimentalphysik Bd. 10. Wien, Harms.
397. **Seeliger, R.:** Handb. der Elektrizität und des Magnetismus (Graetz) Bd. 3.
398. **Nikuradse, A.:** Physik. Z. Bd. 29 (1928) S. 778.
399. **Brünninghaus, M. L.:** Compt. rend. Bd. 188 (1929) S. 1386 [P. Ber. 10, II (1929) S. 1714].
400. **Nikuradse, A.:** Arch. Elektrotechn. Bd. 26 (1932) S. 362.
401. — Arch. Elektrotechn. Bd. 22 (1929) S. 283.
402. **Ornstein, L. S., G. J. D. J. Willemse** u. **J. H. G. Mulders:** Z. techn. Physik Bd. 9 (1928) S. 241.
403. **Kautzsch, F.:** Physik. Z. Bd. 29 (1928) S. 110.
404. **Nikuradse, A.:** Arch. Elektrotechn. Bd. 20 (1928) S. 403.
405. — Arch. Elektrotechn. Bd. 22 (1929) S. 305.
406. **Ornstein, L. S., van Dyck, Willemse:** Elektrotechnik 1928.
407. **Nikuradse, A.,** u. **R. Russischwili:** Ann. Physik Bd. 8 (1931) S. 811.
408. — Z. techn. Physik Bd. 10 (1929) S. 641.
409. **Whitehead, J. B.,** u. **R. H. Marvin:** J. Amer. Inst. electr. Engr. Bd. 48 (1929) S. 186.
410. **Smoluchowski:** Handb. der Elektrizität und des Magnetismus (Graetz) Bd. 2.
411. **Stock, J.:** Krak. Anz. A. 1912 S. 635.
412. **Jaffé, A., T. Kurchatoff** u. **K. Sinjelnikoff:** J. of Math. and Physik. Bd. 6 (1927) Nr. 3.
413. **Smuroff, A.:** Genf. Int. des Grands Reseaux. El. Paris 1926 u. 1929; Arch. Elektrotechn. Bd. 22 (1929) S. 31.
414. **Monkhouse, A.:** Proc. phys. Soc. Bd. 41 (1928) S. 83.
415. **Debye, P.:** Polare Molekeln 1929.
416. **Malsch, J.:** Ann. Physik Bd. 12 (1932) S. 865.
417. — Physik. Z. Bd. 30 (1929) S. 837; Bd. 33 (1932) S. 19.
418. **Nikuradse, A.:** Z. physik. Chem. (A) Bd. 155 (1931) S. 59.
419. — Arch. Elektrotechn. Bd. 25 (1931) S. 826.
420. **Schumann, W. O.:** Arch. Elektrotechn. Bd. 12 (1923) S. 601.
421. **Nikuradse, A.:** Ann. Physik Bd. 13 (1932) S. 851.

422. Schumann, W. O.: Vertr. Ber. d. Studienges. f. Höchstspannungsanlagen 1927/28; 1929.
423. Nikuradse, A.: Z. Physik Bd. 77 (1932) S. 216.
424. Schumann, W. O.: Z. Physik Bd. 76 (1932) S. 707.
425. Nikuradse, A.: Physik. Z. Bd. 33 (1932) S. 553 (Zusammenfassender Bericht).
426. Toriyama, Y.: Arch. Elektrotechn. Bd. 19 (1927) S. 31.
427. Draeger, K.: Arch. Elektrotechn. Bd. 13 (1924) S. 366.
428. Nikuradse, A.: Arch. Elektrotechn. Bd. 26 (1932) S. 250.
429. Edler, H.: Arch. Elektrotechn. Bd. 25 (1931) S. 448.
430. Gemant, A.: Elektrophysik d. Isolierstoffe. Berlin: Julius Springer 1930.
431. Dantscher, J.: Ann. Physik Bd. 9 (1931) S. 179.
432. Hehlgans, F.: Physik. Z. Bd. 32 (1931) S. 718, 803, 951, 971.
433. Möller, R.: Physik. Z. Bd. 30 (1929) S. 20; Bd. 32 (1931) S. 697.
434. Lozier, W. W.: Physic. Rev. [2] Bd. 36 (1930) S. 1417.
435. Nikuradse, A., u. J. Dantscher (Noch unveröffentlicht).
436. Whitehead, J. B.: Lectures on Dielectric Theory and Insulation. New York: Mc. Graw-Hill Co. 1927.
437. Whitehead, S.: Dielectric Phenomena II. El. Discharges in Liquids. London: C. Benn. Ltd. 1928.
438. Gemant, A.: Z. techn. Physik Bd. 12 (1931) S. 250.
439. Reboul, G.: Compt. rend. Bd. 171 (1920) S. 1052; Bd. 173 (1921) S. 1162.
440. v. Hippel, A.: Z. Physik Bd. 80 (1933) S. 19.
441. Edler, H., u. O. Zeier: Z. Physik Bd. 84 (1933) S. 356.
442. Debye, P.: Z. Elektrochem. Bd. 39 (1933) S. 478; zusammenfassender Vortrag.

D. Potentialsprung, Elektrokinetik. Dispersoidik.

I. Potentialsprung, Elektrokinetik.

443. Freundlich, H.: Kapillarchemie 1. Aufl. 1909.
444. Smoluchowski: Handb. der Elektrizität und des Magnetismus. Herausg. von L. Graetz, Bd. 2. Leipzig 1918.
445. Lamb, H.: Philos. Mag. Bd. 25 (1888) S. 52.
446. Gony, A.: Compt. rend. Bd. 149 (1909) S. 654; J. Physique [4] Bd. 9 (1910) S. 457; Ann. de Phys. [9] Bd. 7 (1917) S. 129.
447. Chapman, D. L.: Philos. Mag. Bd. 25 (1913) S. 475.
448. Herzfeld, K. H.: Z. Physik Bd. 20 (1921) S. 28.
449. Freundlich u. Rona: Berliner Ber. Bd. 20 (1920) S. 397.
450. — u. Ettisch: Handb. der Elektrizität und des Magnetismus. Herausg. von L. Graetz, Bd. 2. Leipzig 1918.
451. Haber, H., u. Z. Klemensiewitz: Z. physik. Chem. Bd. 67 (1909) S. 385.
452. Debye, P., u. E. Hückel: Physik. Z. Bd. 25 (1924) S. 49.
453. Stern, O.: Z. Elektrochem. Bd. 30 (1924) S. 508.
454. Gemant, A.: Z. Physik Bd. 17 (1923) S. 190.
455. Perucca, E.: Atti do Torino Bd. 55 (1920) S. 339; Cim. Bd. 21 (1921) S. 275 und Bd. 22 (1921) S. 55.
456. Richards, H. F.: Physic. Rev. Bd. 16 (1920) S. 290.
457. Coehn, A., u. A. Lotz: Z. Physik Bd. 5 (1921) S. 242.
458. — u. A. Curs: Z. Physik Bd. 29 (1924) S. 186.
459. Heydweiller, A.: Ann. Physik Bd. 66 (1898) S. 535.
460. Ettisch, G.: Handb. der Physik Bd. 13. Berlin 1928. Herausg. von H. Geiger und K. Scheel.
461. Stock, J.: Krak. Anz. A. 1912 S. 635.
462. Schönfeldt, N.: Z. Elektrochem. Bd. 39 (1933) S. 103.

II. Dispersoidik.

463. Ostwald, W.: Kolloidwissenschaft, Elektrotechnik und Heterogene Katalyse. Dresden und Leipzig 1930.
464. Gemant, A.: Z. techn. Physik Bd. 10 (1929) S. 328.
465. Pungs, L.: Arch. Elektrotechn. Bd. 1 (1913) S. 329.

466. Nikuradse, A.: Arch. Elektrotechn. Bd. 26 (1932) S. 362.
467. Wagner, K. W.: Die Isolierstoffe der Elektrotechnik, Schering. Berlin 1924.
468. Retzow, U.: Eigenschaften elektrotechnischer Isoliermaterialien. Berlin 1927.
469. Stäger, H.: Kolloid-Z. Bd. 46 (1928) S. 61.

E. Durchschlag.

470. Almy, J.: Verh. dtsch. physik. Ges. Bd. 1 (1899/1900) S. 95; Ann. Physik [4] Bd. 1 (1900) S. 508.
471. Böning, P.: Z. Fernm.-Techn. Bd. 9 (1928) S. 161.
472. Burawoy, O.: Arch. Elektrotechn. Bd. 16 (1926) S. 215.
473. Draeger, K.: Arch. Elektrotechn. Bd. 13 (1924) S. 366.
474. Edler, H., u. C. A. Knorr: Forschungsheft d. Stud.-Ges. f. Höchstspannungsanlagen 1930 Heft 2.
475. — Arch. Elektrotechn. Bd. 24 (1930) S. 37.
476. — Arch. Elektrotechn. Bd. 25 (1931) S. 447.
477. Engelhardt, V.: Arch. Elektrotechn. Bd. 13 (1924) S. 181.
478. Farmer, F.: Proc. Amer. Inst. electr. Engr. 1913, S. 2193.
479. Flight, J.: B. E. A. M. A. Bd. 9 Februar 1921.
480. Friese, R. M.: Wiss. Veröff. Siemens-Konz. Bd. 1 (1921) Heft 2 S. 41.
481. Gemant, A.: Z. Physik Bd. 33 (1925) S. 789.
482. — Wiss. Veröff. Siemens-Konz. Bd. 5 (1927) Heft 3 S. 87.
483. — Wiss. Veröff. Siemens-Konz. Bd. 7 (1928) Heft 1 S. 134.
484. — Z. techn. Physik Bd. 9 (1928) S. 398.
485. — Physik. Z. Bd. 30 (1929) S. 33.
486. Güntherschulze, A.: Jb. d. Radioaktivität u. Elektrotechnik Bd. 19 (1922) S. 92.
487. Hayden, I., u. C. P. Steinmetz: Proc. Amer. Inst. electr. Engr. 1910 S. 747.
488. Hayden, J. L. R., u. W. N. Eddy: J. Amer. Inst. electr. Engr. Bd. 41 (1922) S. 138.
489. Heydweiller, A.: Wied. Ann. Bd. 48 (1893) S. 213.
490. — Ann. Physik [4] Bd. 17 (1905) S. 346.
491. Hirobe, T., W. Ogawa, S. Kubo: Electrician 1917 S. 656.
492. — Electrician Bd. 86 (1921) Nr. 2235.
493. Inge, L., u. A. Walther: Arch. Elektrotechn. Bd. 23 (1930) S. 279.
494. Joffé, A., T. Kurchatoff u. K. Sinjelnikoff: J. of Math. and Physics Bd. 6 (1927) Nr. 3.
495. Jona, E.: Atti, Assoc. Elektrot., Ital., 1907 Heft 1.
496. Kieser, W.: Arch. Elektrotechn. Bd. 20 (1928) S. 374.
497. Kock, F.: Elektrotechn. Z. Bd. 36 (1915) S. 85.
498. Langhlin, Mc.: Electrician 1921 S. 325.
499. Marx, Erwin: Arch. Elektrotechn. Bd. 20 (1928) S. 589.
500. Naeher, R.: Arch. Elektrotechn. Bd. 21 (1929) S. 169.
501. Nikuradse, A.: Arch. Elektrotechn. Bd. 20 (1928) S. 403.
502. — Physik. Z. Bd. 29 (1928) S. 778.
503. — Arch. Elektrotechn. Bd. 22 (1929) S. 283.
504. — Arch. Elektrotechn. Bd. 22 (1929) S. 305.
505. — Z. techn. Physik Bd. 10 (1929) S. 643.
506. — u. R. Russischwili: Ann. Physik Bd. 8 (1931) S. 811.
507. — Z. physik. Chem. (A) Bd. 155 (1931) S. 59.
508. — Arch. Elektrotechn. Bd. 25 (1931) S. 826.
509. — Arch. Elektrotechn. Bd. 26 (1932) S. 254.
510. — Ann. Physik Bd. 13 (1932) S. 851.
511. — Z. Physik Bd. 77 (1932) S. 216.
512. — Physik. Z. Bd. 33 (1932) S. 553.
513. Oelschläger, E.: Siemens-Z. Bd. 5 (1925) S. 29.
514. Peek, F. W.: J. Amer. Inst. electr. Engr. Bd. 34 (1857) und Elektrotechn. Z. Bd. 37 (1916) S. 246.
515. — Proc. Amer. Inst. electr. Engr. Bd. 35 (1916) S. 773.
516. — Dielectric phenomena in High Voltage Engineering. New York 1930.

517. **Pungs, L.:** Arch. Elektrotechn. Bd. 1 (1912) S. 329.
518. **Rogowski, W.:** Arch. Elektrotechn. Bd. 23 (1930) S. 569.
519. **Shaw, P.:** Proc. Phys. Soc. London Bd. 20 (1906) S. 289.
520. **Schumann, W. O.:** Elektrische Durchbruchfeldstärke von Gasen, S. 19. Berlin: Julius Springer 1923.
521. **Schumann, W. O.:** Vertr. Ber. d. Studienges. f. Höchstspannungsanlagen 1926.
522. — Z. Physik Bd. 76 (1932) S. 707.
523. **Schwaiger, A.:** Elektrotechn. Z. Bd. 48 (1927) S. 1657.
524. **Schröter, F.:** Arch. Elektrotechn. Bd. 12 (1923) S. 67.
525. **Sorge, J.:** Arch. Elektrotechn. Bd. 13 (1924) S. 189.
526. **Spath, W.:** Arch. Elektrotechn. Bd. 12 (1923) S. 331.
527. **Tobey, H.:** Trans. Amer. Inst. electr. Engr. 1910 S. 1189.
528. **Toriyama, Y.:** Arch. Elektrotechn. Bd. 19 (1927) S. 31.
529. **Vogelsang, M.:** Elektrotechn. Z. Bd. 37 (1916) S. 153.
530. **Wedmore, E.:** Electrician Bd. 87 (1921) S. 702.
531. **Whitehead, S.:** Dielectric phenomena II, London: Benn. 1928.
532. **Wöhr, F.:** Arch. Elektrotechn. Bd. 20 (1928) S. 444.
533. **Zimmermann, W.:** Arch. Elektrotechn. Bd. 15 (1925) S. 271.
534. **Nikuradse, A.:** Z. Physik Bd. 84 (1933) S. 701.
535. — Arch. Elektrotechn. (im Druck).
536. **Vieweg, R., u. G. Pfestorf:** Elektrotechn. Z. Bd. 54 (1933) S. 569.
537. **Ketnath, A.:** Arch. Elektrotechn. Bd. 27 (1933) S. 254.
538. **Koppelmann, F.:** Arch. Elektrotechn. Bd. 25 (1931) S. 781.
539. — Arch. Elektrotechn. Bd. 26 (1932) S. 135.
540. — Arch. Elektrotechn. Bd. 27 (1933) S. 448.
541. **Ornstein, L. S., C. Janssen Czn. u. C. Krygsman:** Arch. Elektrotechn. Bd. 27 (1933) S. 489.
542. **Tausz, J.:** Elektrotechn. Z. Bd. 54 (1933) S. 558.
543. **Moench, F.:** Elektrotechn. Z. Bd. 54 (1933) S. 561.
544. **Schlegelmilch, W.:** Physik. Z. Bd. 34 (1933) S. 497.
545. **Weber, W.:** Arch. Elektrotechn. Bd. 27 (1933) S. 511.
546. **Przibram, K.:** Handb. der Physik XIV, Kap. 8 (1925). Zusammenfassender Bericht.
547. **Mierdel, G.:** Handb. der Experimentalphysik 8 XIII/3 (1929) S. 282. Zusammenfassender Bericht.
548. **Pedersen, P. O.:** K. Dansk. Vidensk. math. fys. Medd. Bd. 8 (1929) Nr. 10.
549. **Marx, E.:** Arch. Elektrotechn. Bd. 24 (1930) S. 61.
550. — Elektrotechn. Z. Bd. 51 (1930) S. 1161.
551. **Toriyama, Y.:** Physic. Rev. Bd. 37 (1931) S. 619.
552. **Przibram, K.:** Physik. Z. Bd. 32 (1931) S. 481.
553. **Staack, H.:** Arch. Elektrotechn. Bd. 25 (1931) S. 607.
554. **Nikuradse, A.:** Arch. Elektrotechn. Bd. 20 (1928) S. 403; Bd. 22 (1929) S. 301.
555. **v. Hippel, A.:** Z. Physik Bd. 80 (1933) S. 19.
556. **Nikuradse, A.:** Z. Physik Bd. 77 (1932) S. 216.
557. **Alexandroff, A. P., A. F. Walther, B. M. Wul, S. S. Gutin, J. M. Goldmann, L. N. Sakheim, L. D. Inge, E. B. Kuntschinski:** Physik der Dielektrika („Физика Диэлектриков") 1932. Herausgegeben von A. F. Walther.

Sachverzeichnis.

***Elektrische Durchbruchfeldstärke von Gasen.** Theoretische Grundlagen und Anwendung. Von Professor **W. O. Schumann**, Jena. Mit 80 Textabbildungen. VII, 246 Seiten. 1923.

RM 7.20; gebunden RM 8.40

Elektrische Gasentladungen, ihre Physik und Technik. Von **A. v. Engel und M. Steenbeck.**

Erster Band: Grundgesetze. Mit 122 Textabbildungen. VII, 248 Seiten. 1932. RM 24.—; gebunden RM 25.50

Zweiter Band: Stationäre und vorübergehende Bogenentladungen (Schalterbogen), chemische Wirkung der Gasentladungen, Schalt- und Steuerrohre, Hochspannungsentladungen, Elektrofilter, Leuchtröhren und Gleichrichter. Mit etwa 160 Abbildungen. Etwa 280 Seiten.

Erscheint im Februar 1934

Lichtelektrische Zellen und ihre Anwendung. Von Dr. **H. Simon,** Berlin, und Professor Dr. **R. Suhrmann,** Breslau. Mit 295 Textabbildungen. VII, 373 Seiten. 1932. RM 33.—; gebunden RM 34.20

***Das elektromagnetische Feld.** Ein Lehrbuch von Professor **Emil Cohn.** Zweite, völlig neubearbeitete Auflage. Mit 41 Textabbildungen. VI, 366 Seiten. 1927. Gebunden RM 24.—

***Die physikalischen Grundlagen der elektrischen Festigkeitslehre.** Von Assistent-Direktor **N. Semenoff,** Leningrad, und Ingenieur **Alexander Walther,** Leningrad. Mit 116 Textabbildungen. VII, 168 Seiten. 1928. Gebunden RM 16.50

***Elektrische Festigkeitslehre.** Von Professor Dr.-Ing. **A. Schwaiger,** München. Zweite, vollständig umgearbeitete und erweiterte Auflage des „Lehrbuchs der elektrischen Festigkeit der Isoliermaterialien". Mit 448 Textabbildungen, 9 Tafeln und 10 Tabellen. VIII, 474 Seiten. 1925.

Gebunden RM 27.—

***Elektrophysik der Isolierstoffe.** Von Dr. **Andreas Gemant,** Privatdozent an der Technischen Hochschule Berlin, Mitglied der Forschungsabteilung des Siemens-Schuckert-Kabelwerks. Mit 76 Textabbildungen. VI, 222 Seiten. 1930. RM 20.—; gebunden RM 21.50

***Die Isolierstoffe der Elektrotechnik.** Vortragsreihe, veranstaltet von dem Elektrotechnischen Verein E. V. und der Technischen Hochschule Berlin. Herausgegeben im Auftrage des Elektrotechnischen Vereins E. V. von Professor Dr. **H. Schering.** Mit 197 Abbildungen im Text. IV, 392 Seiten. 1924. Gebunden RM 16.—

***Die Eigenschaften elektrotechnischer Isoliermaterialien in graphischen Darstellungen.** Eine Sammlung von Versuchsergebnissen aus Technik und Wissenschaft. Von Dr. **U. Retzow,** Abteilungsleiter der AEG-Fabrik für elektrische Meßinstrumente, Berlin. Mit 330 Abbildungen. VI, 250 Seiten. 1927. Gebunden RM 24.—

** Auf die Preise der vor dem 1. Juli 1931 erschienenen Werke wird ein Notnachlaß von 10% gewährt.*

Handbuch der Physik:

*Band XIII: **Elektrizitätsbewegung in festen und flüssigen Körpern.**
Redigiert von W. Westphal. Mit 222 Abbildungen. VII, 672 Seiten. 1928.
RM 55.50; gebunden RM 58.—

Inhaltsübersicht: Metallische Leitfähigkeit. Von E. Grüneisen, Marburg/Lahn. — Berechnung von elektrischen Strömungsfeldern. Von F. Noether, Breslau. — Lichtelektrische Erscheinungen. Von B. Gudden, Erlangen. — Austritt von Elektronen und Ionen aus glühenden Körpern. Von A. Güntherschulze, Berlin. — Thermoelektrizität. Von Gerda Laski, Berlin. — Die galvanomagnetischen und thermomagnetischen Effekte in Elektronenleitern. Von W. Gerlach, Tübingen. — Elektrolytische Leitung in festen Körpern. Von G. v. Hevesy, Freiburg i. B. — Pyro- und Piezoelektrizität. Von H. Falkenhagen, Leipzig. — Berührungs- und Reibungselektrizität. Wasserfallelektrizität. Von A. Coehn, Göttingen. — Elektrokinetik. Elektrokapillarität. Von G. Ettisch, Berlin. — Elektrizitätsleitung in Flüssigkeiten und Theorie der elektrolytischen Dissoziation. Elektrolyse. Von E. Baars, Marburg/Lahn. — Elemente. Von H. v. Steinwehr, Berlin.

*Band XIV: **Elektrizitätsbewegung in Gasen.** Redigiert von W. Westphal. Mit 189 Abbildungen. VII, 444 Seiten. 1927. RM 36.—; gebunden RM 38.10

Inhaltsübersicht: Die unselbständige Entladung zwischen kalten Elektroden. Ionisation durch glühende Körper. Flammenleitfähigkeit. Von Hildegard Stücklen, Zürich. — Über die stille Entladung in Gasen. Von E. Warburg, Berlin. — Die Glimmentladung. (Selbständige Elektrizitätsleitung in verdünnten Gasen.) Von R. Bär, Zürich. — Der elektrische Lichtbogen. Von A. Hagenbach, Basel. — Funkenentladung. Von E. Warburg, Berlin. — Die elektrischen Figuren. Von K. Przibram, Wien. — Atmosphärische Elektrizität. Von G. Angenheister, Potsdam.

*Band XV: **Magnetismus. Elektromagnetisches Feld.** Redigiert von W. Westphal. Mit 291 Abbildungen. VII, 532 Seiten. 1927.
RM 43.50; gebunden RM 45.60

Inhaltsübersicht: Magnetismus. Magnetostatik. Magnetische Felder von Strömen. Von P. Hertz, Göttingen. — Die magnetischen Eigenschaften der Körper. Von W. Steinhaus, Berlin. — Ferromagnetische Stoffe. Von E. Gumlich, Berlin. — Erdmagnetismus. Von G. Angenheister, Potsdam. — Das elektromagnetische Feld. Elektromagnetische Induktion. Von S. Valentiner, Clausthal. — Wechselströme. Von R. Schmidt, Berlin. — Elektrische Schwingungen. Von E. Alberti, Berlin. — Die Dispersion und Absorption elektrischer Wellen. Von W. Romanoff, Moskau.

---

*Ergebnisse der exakten Naturwissenschaften.

Band VIII. Mit 123 Abbildungen. III, 514 Seiten. 1929. RM 38.—; geb. RM 39.60

Enthält u. a.: Elektrische Dipolmomente von Molekülen. Von Dr. I. Estermann, Hamburg. — Dipolmomente und Molekularstruktur. Von Dr. H. Sack, Leipzig.

---

*Anregung von Quantensprüngen durch Stöße. Von Dr.

J. Franck, Professor an der Universität Göttingen, und Dr. Pascual Jordan, Professor an der Universität Rostock. („Struktur der Materie", Band III.) Mit 51 Abbildungen. VIII, 312 Seiten. 1926. RM 19.50; gebunden RM 21.—

Der Smekal-Raman-Effekt. Von Dr. K. W. F. Kohlrausch, o. ö.

Professor der Physik an der Technischen Hochschule Graz. („Struktur der Materie", Band XII.) Mit 85 Abbildungen. VIII, 392 Seiten. 1931.
RM 32.—; gebunden RM 33.80

Auf die Preise der vor dem 1. Juli 1931 erschienenen Bücher wird ein Notnachlaß von 10°/₀ gewährt.